北京四合院志 （上）

主编 段柄仁

北京出版集团公司
北京出版社

图书在版编目（CIP）数据

北京四合院志 / 段柄仁主编 . — 北京 ：北京出版
社，2016.2
ISBN 978-7-200-11591-8

Ⅰ．①北… Ⅱ．①段… Ⅲ．①北京四合院—建筑史
Ⅳ．①TU-092

中国版本图书馆CIP数据核字(2015)第214817号

出　版　人　　曲　仲
策划编辑　　于　虹
责任编辑　　白　珍　张　放
英文翻译　　黄雯雯
英文审订　　于　冰
封面设计　　鲁　筱
版式设计　　云伊若水
责任印制　　宋　超
封面题字　　欧阳中石

北京四合院志
BEIJING SIHEYUAN ZHI
段柄仁　主编
*
北 京 出 版 集 团 公 司
北 京 出 版 社 出版
（北京北三环中路6号）
邮政编码：100120
网　　址：www.bph.com.cn
北京出版集团公司总发行
新 华 书 店 经 销
北京华联印刷有限公司印刷
*
889毫米×1194毫米　16开本　86.75印张　1096千字
2016年2月第1版　2016年2月第1次印刷
印数1—5 000册
ISBN 978-7-200-11591-8
定价：1680.00元（上下册）

质量监督电话：010-58572393

《北京四合院志》编委会

主　　编：段柄仁

常务副主编：王铁鹏　谭烈飞

副　主　编：侯宏兴　张恒彬　侯兆年　韩扬

编　　　委：（按姓氏笔画排列）

王灵	王虹	王健	王颖	王永年	王国英	王铁鹏
王留艳	王海洋	王葆刚	王瑞朗	尹树国	邓献云	吕燕裙
朱民	朱华海	刘奇	刘云飞	刘永强	刘全新	刘孝存
刘望鸿	闫洪亮	孙劲松	运子微	杜德久	李强	李承刚
李洪仕	李桂清	吴永利	沈红岩	张相明	张恒彬	陈静
陈晓苏	赵鹏	段柄仁	侯兆年	侯宏兴	高洪雁	郭生河
黄晓伟	崔震	梁军	彭积东	韩旭	韩扬	谭烈飞

参与编纂单位：

北京市地方志编纂委员会办公室

北京市古代建筑研究所

北京市文物局图书资料中心

东城区地方志编纂委员会办公室

西城区史志办公室

朝阳区地方志编纂委员会办公室

海淀区史志办公室

丰台区地方志编纂委员会办公室

石景山区地方志办公室

门头沟区档案史志局

房山区史志办公室

通州区地方志办公室

昌平区地方志办公室

顺义区党史区志办公室

大兴区史志办公室

平谷区志编纂委员会办公室

怀柔区区志编纂委员会办公室

密云县地方志办公室

延庆县史志办公室

东城区文化委员会

西城区文化委员会

朝阳区文化委员会

海淀区文化委员会

丰台区文化委员会

石景山区文化委员会

门头沟区文化委员会

房山区文化委员会

通州区文化委员会

昌平区文化委员会

顺义区文化委员会

大兴区文化委员会

平谷区文化委员会

怀柔区文化委员会

密云县文化委员会

延庆县文化委员会

责任编辑：张　宁　李卫伟　朱　磊　王　岩

撰稿人： （按姓氏笔画排列）

于海宽	门学文	马志江	王夏	王鹏	王亚琴	王丽霞
王国英	王铁鹏	王海洋	王维成	王颖超	牛宇闳	叶开锋
付瑞	邢军	朱民	朱磊	朱甜甜	任友	刘云飞
刘宗永	刘继臣	齐鸿浩	纪寅	杨齐	杨超	李斌
李卫伟	李东明	李自强	李昌海	邹小艳	沈红岩	沈雨辰
宋维嘉	张宁	张柳	张隽	张鹏	张玉泉	张东升
张夙起	陈明	陈晓苏	范学新	林玉琳	庞湧	郑旭升
官庆培	宛兴伟	赵阳	赵鹏	赵龙刚	禹万新	侯兆年
姜玲	贾东昊	徐子枫	高梅	高潇潇	郭生河	郭晓钟
姬晓懿	梁玉贵	董良	韩旭	韩枫	戢征	程东东
傅向东	谭浩	谭烈飞	滕质庆			

照片及图片提供： （按姓氏笔画排列）

门学文	马志江	马志柔	王夏	王凤禄	王丽霞	王建华
王铁鹏	王维成	卞景盛	付立	邢军	朱磊	任友
刘珊	刘辉	刘云飞	刘文丰	刘望鸿	齐鸿浩	李斌
李卫伟	李东明	李自强	吴飞	何东来	沈雨辰	张隽
张夙起	张宏平	张洪连	陈晓苏	范明军	范学新	尚显英
庞湧	官庆培	赵阳	赵鹏	赵龙刚	禹万新	姜玲
姜南	贾东昊	徐子枫	高梅	高雪芬	郭生河	梁玉贵
董良	程浩	管清斌	谭烈飞	翟金鹏		

图纸提供： （按姓氏笔画排列）

马羽扬	王伟	王夏	王倩	王丽霞	刘佳	刘艳
李卫伟	何志敏	忻琳	沈雨辰	宋海欧	张涛	张景阳
范磊	周颖	庞湧	居敬泽	赵星	赵宇鹏	赵晋军
姜玲	高梅	曹志国	梁玉贵	董良	黎冬青	

索引： 王岩

凡 例

一、本志主要收录北京市辖区内（含郊区县），保存至今形制较完整、具有一定文物价值的四合院，下限至 2012 年。郊区县院落入志条件适度从宽。

二、类似四合院的民居与建筑形制改变的四合院酌情收录，宫殿、寺观、祠庙等非民居四合式建筑不予收录。

三、本志编纂主要依据各级文物保护单位文物档案、第三次全国文物普查成果和区县地方志资料。本志中文保院落专指全国、北京市、区县三级文物保护单位，未含文物普查登记项目。部分文物保护院落因形制和资料的限制等原因未收录。

四、本志所用资料源于口述采访、个人回忆和著述的在注释中标出；资料出现歧义，又有必要入志，采用诸说并存。

五、本志使用述、志、图、表等体裁，以志为主，设篇、章、节、目四个层次。

六、本志重点记述四合院的地理位置、结构规制、历史演变、文化信息、相关的人物事件等。

七、本志四合院的建筑朝向按照四合院的轴线方向（正房朝向）为准。

八、本志城区四合院图纸及照片主要有街巷示意图、院落布局图、建筑立面图、建筑结构图及室内陈设图。所选照片有部分历史旧照，大部分为 2001 年至 2010 年拍摄，对说明性的图片做了技术处理。

九、郊区县院落图纸因地理位置和资料所限，街巷示意图和院落布局图酌情收录，未做统一处理。

十、本志所引文献采用页下注的方式，一般术语、俚语采用随文注。

十一、本志新中国成立以前采用中国历史纪年，并加注公元纪年。新中国成立后使用公元纪年。

十二、本志计量单位一般按1984年2月27日《中华人民共和国法定计量单位》公布的计量单位。

十三、全市性的统计数字以市统计部门公布的为准；市统计部门缺遗的数字以各单位的为准。

EXPLANATORY NOTES

1. Siheyuan included in the Annals are those preserved in relatively intact conditions and with certain cultural significance within Beijing Municipality (including suburban counties) until the year of 2012. Threshold for suburban courtyards is somewhat relaxed.

2. Vernacular dwellings similar to Siheyuan, and Siheyuan of modified form are included as appropriate; non-residential courtyards such as palaces, temples and shrines are not included.

3. Compilation of the Annals is mainly based on documents from the cultural relics protection units (CRPUs) archives, the Third National Cultural Relics Survey results, and local annals of districts and counties. CRPU courtyards referred herein are specifically those listed as CRPUs of national, municipal, and district-county levels, while excluding registered courtyards in surveys. There are still some CRPU Siheyuan not included due to incomplete form or lack of documentation.

4. Sources used herein from oral interviews, personal memories and biographies are marked in the notes. When there exists disputed , yet necessary, information, all of them are juxtaposed herein.

5. The Annals take the forms of narration, bibliography, figures, and tables, with the bibliography as the major one. There are four classes of directory herein, i.e., volume, chapter, section, and item.

6. The Annals focuses on Siheyuan in their geographical location, structure and

form, historical evolution, cultural meaning, and related people and events.

7. The architecture orientation within Siheyuan herein is in accordance with the axial direction of the courtyard (that of the principle room).

8. Drawings and photos of urban Siheyuan herein include mainly street sketch map, courtyard layout, building elevation, building structure and interior furnishings. Some photographs included herein are historical ones, mostly taken from 2001 to 2010. Technical treatments have been made for part for illustration purposes.

9. For suburban courtyards, limited by factors such as geographical location and information availability, their street sketch map and courtyard layout are included when possible, without consistency.

10. Reference literatures herein are given in footnotes, while general glossary and slangs are noted with the text.

11. Herein Chinese historical calendar is used before the founding of the People's Republic of China, annotated with Western calendar, and Western calendar is used after the PRC founding.

12. Measurement units used herein are generally based on the PRC Legal Measurement Units promulgated on February 27, 1984.

13. Statistics published by municipal statistics authorities are used as much as available. If not, statistics by individual units are used.

序

段柄仁

这是一部与《北京胡同志》同步规划、先后完成的大型北京风物志书，是《北京胡同志》的姊妹篇。

2003 年底，北京市地方志办公室根据社会需求、专家倡议，决定在加紧完成规划第一轮 172 部志书的同时，启动编纂系列北京风物志。其中确定了两项重点工程，先编纂《北京胡同志》，再编纂《北京四合院志》。2005 年启动编纂的《北京胡同志》于 2010 年出版、发行后，社会关注度和赞扬声出乎意料，在此气氛的鼓舞下，立即启动了《北京四合院志》的编纂，经过五年努力，现在奉献于读者。

胡同和四合院是北京城市建设的基础因素、基本单元，是北京古都文明、中华传统优秀文化的实体展现，是北京历史文化魅力四射的符号、名片。它们共生于 740 多年前元代大都城的始建，发展成熟于明清两代，清朝中期渐臻完善，是其顶峰。清末、民国时期和中华人民共和国成立后，伴随改朝换代的社会巨大变革，特别是城市的现代化建设，胡同和四合院的物质形态逐步退出历史，并向文化遗产转换。在这个时期编修记述北京胡同和四合院的志书，使其文化形态长久保存于历史的记忆中，不仅具有实证性、传承性，而且带有对北京历史文化的抢救性质，必将造福于子孙后代。

如果说，胡同是北京城市的脉络，四合院就是北京城市的细胞。它由皇家宫廷、王府官邸、商贾宅院、平民家居等大、中、小院落，化身而为北京城独特壮观的基础风貌，烘托出北京气势恢宏、庄严肃穆的古都之贵、文明之光、名城之美。它是北京人生存的基点，不仅昭示着人与自然、人与人的和谐关系，展示人们对美好生活的向往和追求，而且时刻为城市提供着生机和活力。它承载着北京光辉灿烂的历史演绎和深厚的文化底蕴，饱含着作为政治、文化、国际交往中心的历史风云和中华传统理念、道德。《北京四合院志》用文字和图照相映相扶的方式，力争全面如实地记录北京四合院的缘起与形制，建筑理念和文化，以及保护、利用和嬗变，重点记述城市核心区即东城区和西城区740处院落和其他14个区县183处院落。不仅展示其方位、形制、结构等建筑特点、现状面貌，还记载了历史变迁、历史事件和居住名人的活动，以及文物遗存。每一处院落都不同程度地反映了北京特有的民俗、民风，展现着浓浓的京味。

这部大型志书的编纂是北京方志界、城市规划建设管理界、文物文化界等有关多方通力协作的结果。其中北京市古代建筑研究所做出了巨大奉献，发挥了重要作用。他们充分调动研究所的骨干人员和多年积累的档案资料、研究成果，精心参与艰辛的编纂工作，特别是对每一处已纳入全国、北京市级和区县级文物保护单位的四合院，都做了精心的测绘、计算，绘制了精确的建筑平面图，可让后人凭借这张图，对四合院进行原样复建，大大加强了《北京四合院志》的科学性和四合院的可复原性。这也是这部志书的一个亮点、一个创新之处。

　　目前，北京市的现代化建设迅速发展，城市面貌日新月异。在旧城改造中，四合院正在成片被拆除、被改建，处于逐步消失状态，总量已经由清乾隆时期的 26000 多处，变为 20 世纪 80 年代的 6000 多处，其中保存较好、较完整的有 3000 多处。到 2012 年，形制较完整的只剩 1000 多处，其中纳入文物保护的百余处。四合院建筑如何保护、利用和创新改造，成了北京市迈向现代国际大都市进程中的重大难题之一。《北京四合院志》的编纂出版，为解决这个难题，提供了基础性资料，也必将为研究北京城市发展，促进古都风貌的保护，起到无可替代的作用。

PREFACE

Duan Bingren

This Annals, a substantial work on Beijing custom and landscape, was simultaneously planned with and subsequently completed after the Annals of Beijing Hutong, its companion annuals.

At the end of 2003, the Beijing Local Annals Office decided to accelerate the completion of the first 172 annals in plan, and to commission the compilation of Beijing custom annals series. Two key projects were identified, first the Annals of Beijing Hutong, and the Annals of Beijing Siheyuan afterwards. The former, started in 2005 and published in 2010, gained unexpected social attention and acclamation. Encouraged by the atmosphere, the latter was immediately launched afterwards, which is now presented the readers after five years' effort.

Hutong and Siheyuan are the basic elements of Beijing city construction, the hard evidence of Beijing's ancient capital civilization and excellent Chinese traditional culture, and the symbol and name card of Beijing historical and cultural charm. Both of them were born in the Grand Capital of the Yuan Dynasty more than 740 years ago, developed and matured during the Ming and Qing Dynasties, gradually climaxed in the mid-Qing Dynasty to reach its peak. After the late Qing Dynasty, the Republic of China and the founding of People's Republic of China, along with a succession of enormous social changes, especially the urban modernization, the material form of Hutong and Siheyuan gradually withdrew from the historical stage, and turned to be cultural heritage. Compiling annals of Beijing Hutong and Siheyuan in this period could keep its cultural form into long-term preservation, a mission not only of recording and inheritance, but also a kind of salvage for Beijing history and culture, undoubtedly a great benefit for future generations.

If Hutong is the city skeleton of Beijing, Siheyuan will be its cell.

Large, medium and small courtyards of royal palaces, princely mansions, merchant residences, and common residential houses become unique and spectacular landscape of Beijing city, radiating a magnificent and solemn ancient capital's nobility, civilization and beauty. Siheyuan, as living essence for Beijingers, not only shows the harmonious relationship between man and nature, man and man, and people's pursuit for a better life, but also provides vigor and vitality for the city continuously. It carries the brilliant historical interpretation and profound cultural heritage of Beijing as the political, cultural and international exchange center, embodies its historical events, traditional philosophy and morals. Focusing on 740 courtyards in the city center, i.e. Dongcheng and Xicheng Districts, and 183 courtyards in other 14 districts and counties, *Annals of Beijing Siheyuan* strives to faithfully record Beijing Siheyuan's origin and structure, architectural mindset and culture, protection, utilization and evolution with both texts and pictures. The Annals not only shows architectural features and current situation of Siheyuan, but also record its historical changes, historical events, celebrities activities as well as their cultural relics. Every and each courtyard reflects unique folk custom and rich flavor of Beijing .

The Annals is the collaboration achievement of Beijing local annals community, city planning and construction management sector, cultural relics sector and other related parties, out of which the Beijing Ancient Architecture Research Institute made the greatest contribution. They have made full use of their professional team, archives and research findings of years' accumulation. Particularly for those Siheyuans listed into the national, municipal and district cultural relics protection units, they carried out careful mapping and calculation, drew accurate plan, which make the rehabilitation possible for the future generations with the drawings, and greatly strengthen the scientificity of the Annals and feasibility of Siheyuan rehabilitation. It is also the highlight and innovation of the Annals. Currently, the modernization of Beijing develops rapidly and the city appearance changes day after day. In the old city reconstruction, Siheyuan is being dismantled into pieces and reformed. It is in a state of gradually disappearance, its amount reduced from over 26,000 in the Qing Qianlong Period, to over 6000 in 1980s, among which over 3000 are relatively well and intactly preserved. By 2012, only more than 1000 ones have left with relatively complete form, which included over 100 CRPU courtyards. How to protect, utilize and innovate Siheyuan has become one of the major challenges for Beijing during its journey towards international metropolis. In order to solve this problem, the compilation and publication of *Annals of Beijing Siheyuan* will provide basic data, and will play an irreplaceable role in the study of the Beijing city development and the ancient capital protection.

清北京城街巷胡同图
乾隆十五年（1750年）

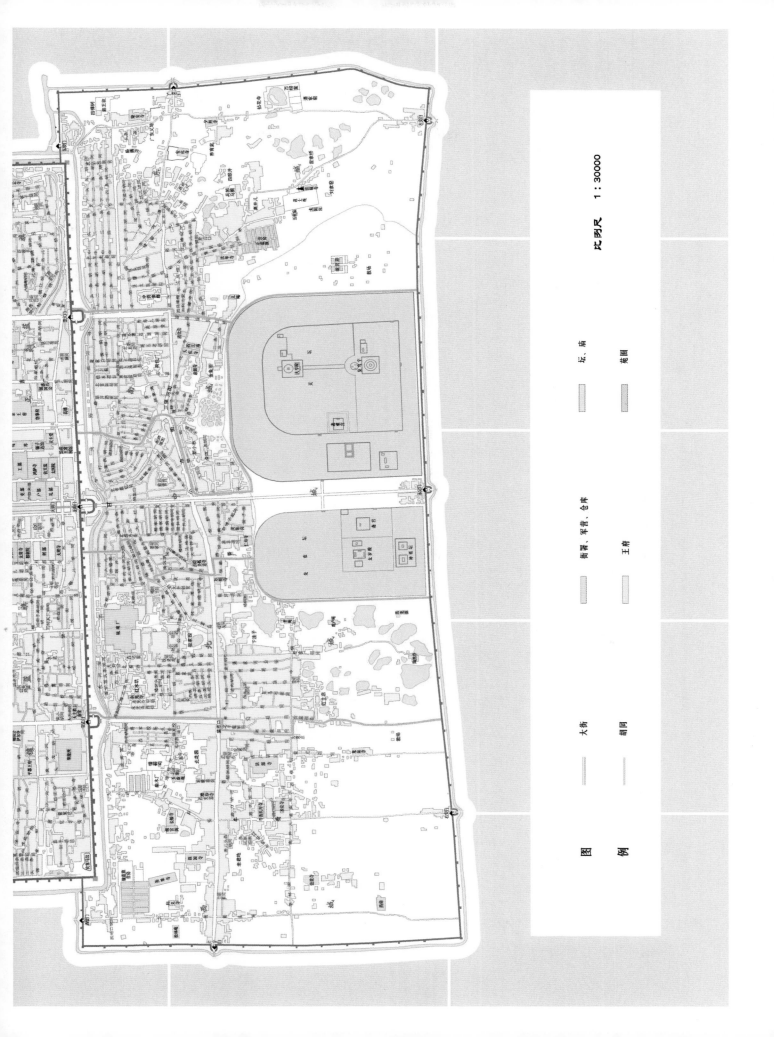

图

例

大街

胡同

衙署、军营、仓库

王府

坛、庙

苑囿

比例尺 1：30000

清乾隆时期东四地区院落图（1750年）

东四地区卫星影像图（2011年10月）

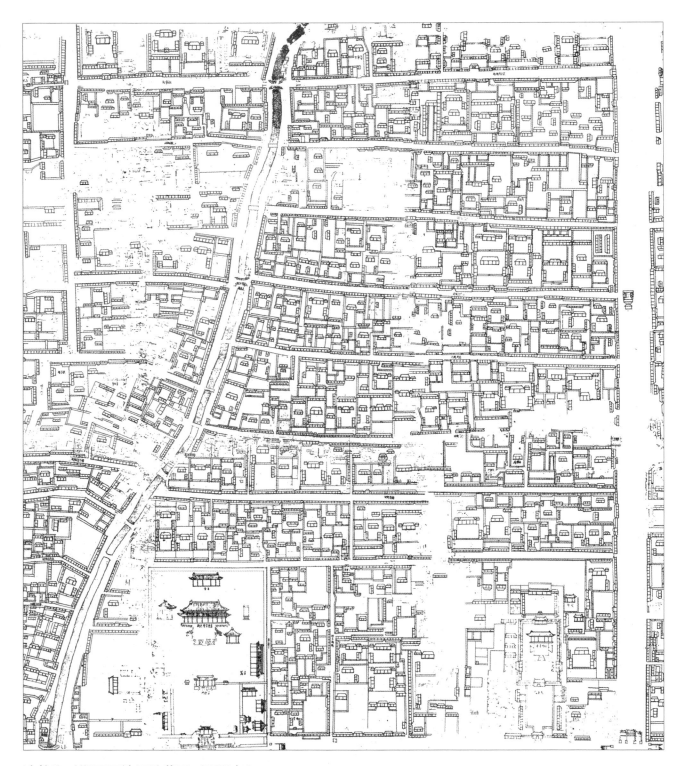

清乾隆时期西四地区院落图（1750年）

西四地区卫星影像图（2011年10月）

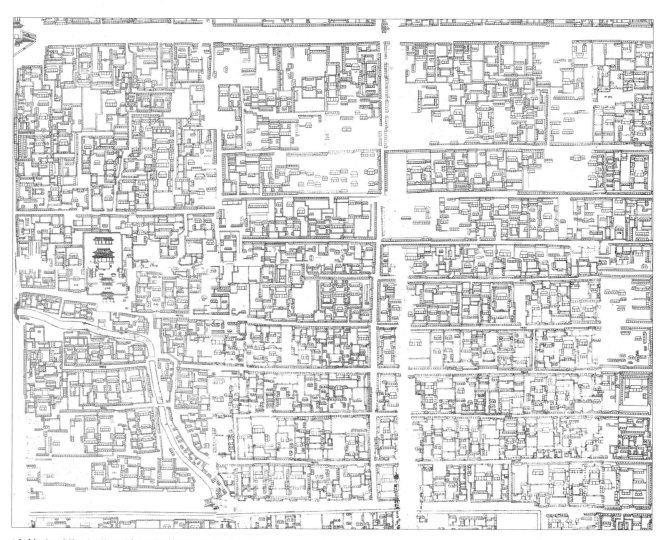

清乾隆时期交道口地区院落图（1750年）

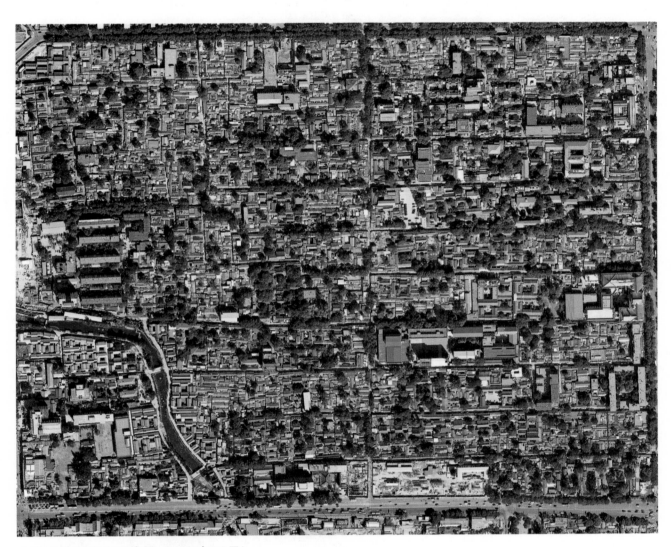

交道口地区卫星影像图（2011年10月）

四合院鸟瞰之一

四合院鸟瞰之二

三间一启门式府门之一

三间一启门式府门之二

广亮大门

如意大门

蛮子门之一

蛮子门之二

砖砌一字影壁

木影壁

一殿一卷式垂花门正面

一殿一卷式垂花门侧面

披水排山脊前出廊形式的正房

披水排山脊筒瓦屋面前出廊形式的正房

过垄脊形式的正房

前出抱厦形式的正房

披水排山脊合瓦屋面形式的厢房

清水脊前出廊形式的厢房

游廊内

房屋廊门筒子

房屋廊子

耳房上开的过道

过道内部

过道

一排通长的后罩房

带耳房的后罩房

月亮门之一（又称月洞门）

四合院的花园一角

月亮门之二

花园花厅

如意门花卉和博古图案门楣栏板砖雕之一

西洋式拱门砖雕

影壁心砖雕

大门墀头花篮图案砖雕之一

大门墀头花篮图案砖雕之二

如意门花卉和博古图案门楣栏板砖雕之二

圆形门墩之一（又称抱鼓石、圆鼓子）

方形门墩（又称幞头门墩、方鼓子）

圆形门墩之二

上马石雕刻局部

廊子彩画和倒挂楣子、花牙子

梅花图案花牙子

兰花图案木雕

垂花门梅、菊图案花罩和花板

目　录

第二篇　东城区四合院

第三篇　西城区四合院

第四篇　郊区（县）四合院

第五篇　四合院文化

第六篇　四合院的保护、利用和嬗变

CONTENTS

Part 2　Siheyuan in the Dongcheng District

Part 3 Siheyuan in the Xicheng District

北京四合院志

Part 4　Siheyuan in the Suburbs(Counties)

目录

Part 5　Siheyuan　Culture

Part 6　Protection，Utilization and Evolution of Siheyuan

北京四合院志

概　述

一

人类的居住环境与生产活动息息相关。北京民居建筑的变迁历史悠久，最早可追溯到山洞穴居时期，为距今约60万~70万年的周口店"北京人"时期。到距今7000年的新石器时代，生产技能的提高使得华夏民族的祖先纷纷告别原来的山洞穴居生活，来到靠近水源的开阔地带，开始建造半地穴式的住宅。北京平谷区北埝头有10余座居住遗址。通过考古学者对发现的柱洞和半地穴形式的建筑遗址复原，可以看到中国最古老民居的真实面貌。

元至元九年（1272），元世祖忽必烈迁都燕京，改名为大都，开始规划和建设都城，一座周长28.6千米，面积约50平方千米，纵横9条干道，划分50坊的东方大都市拔地而起。城市中东西走向街道多以胡同来命名，胡同与胡同的间距一般约为77米[①]。南北胡同辖内的空地便是居民修建住宅的空间。同时忽必烈诏命："诏旧城居民之迁京者，以贵高及居职者为先，乃定制以地八亩为一份……"[②]规定了达官显贵的宅院规模一般为八亩（一亩约为666.7平方米）。北京的四合院便在此时出现，可惜因朝代更迭的战事毁坏而没能保存至今。1965年在拆除北京德胜门附近北城墙中，有幸发现10余座元代民居的地基遗址。其中以后英房胡同元代四合院遗址为代表。根据发掘遗址判断，这座院落由主院及东西跨院组成，总面积约2000平方米。主院三间北房建于80厘米高的砖石台基上，前出廊后出厦，并有东、西耳房。北房两侧有东、西厢房。东跨院已经分成前后两部分，主建筑位于后部，四面房屋向中围合，北房，东、西厢房，南房均为三间，南北房间由一条三间柱廊串通起来，形成一个工字形的建筑格局，为宋代较常见建筑形式。反映了蒙元政权南迁后的早期建筑主要融合了宋代汉族住宅的特点。

明清两朝是中国传统民居建筑的成熟时期，合院式建筑在建筑理念、建筑文化和建筑技术等方面走向高峰，分化出不同的地域类型。除了北方典型的北京四合院之外，还有江浙一带的"四水归堂"，徽州民居的"马头墙式"，闽南和客家的土楼，两广地区的"广厦连屋"和云南地区的"一颗印"民宅。

明灭元取而代之后，对元大都既没有完全毁坏，也没有全盘利用。明代北京城的格局分布遵循了元大都城的规划理念，嘉靖三十二年（1553）修建外城，最终定格了今日北京主城区倒凸字形的格局，也正式启动了北京南城的城市发展，促使南城四合院民居建筑规模不断壮大。明代初期，北京四合院前出廊后出厦的形式得以沿用，正房去掉了砖石台基前的高露道，抄手游廊也取代了正房两侧封闭的围墙。

---

①顾军：《北京的四合院与名人故居》，第7页，光明日报出版社，2004年版。

②[元]熊梦祥：《析津志辑佚》，北京古籍出版社，1981年版。

清代四合院建造承袭明制，《天咫偶闻》记载"内城诸宅多明代勋戚之旧，而本朝世家大族，又互相仿效，所以屋宇日华"。据不完全统计，《乾隆京城全图》中共记有大小四合院 26000 多所①。清代北京四合院发展体现了城市不同地域的功能与特点，"东富西贵"现象的出现即是标志，即东城多富宅，西城多府邸。《天咫偶闻》卷十记载："京师有谚云：东富西贵，盖贵人多住西城，而仓库皆在东城。"在城东，明代以来积水潭漕运逐渐废止并被通州到朝阳门的陆路运输所取代，海运仓、南门仓、禄米仓等运粮仓库带动周边货运贸易的兴盛，迅速繁荣城东经济。在此经营致富的富豪阔商们也多在城东购地建宅。富商宅院代表了清代城东四合院的显著特点。在城西，清军入关后，八旗兵丁进驻城内外，由皇帝亲率的正黄旗驻扎皇城的西北部。皇城内，清代皇帝下朝时的办公场所多设在南书房、养心殿等，位于北京城的心脏——紫禁城的中西部。同时，清代康雍乾三朝在京城西北修建"三山五园"等举世闻名的皇家园林，皇帝夏天在其中居住办公，清代北京城的政治中心转移到城西，皇室重臣们为方便朝务政事，也多将府邸建在城西，因而这里汇聚了众多等级高、规模大的府邸和大型多路四合院。

南城的普通四合院民宅与会馆是北京四合院发展的又一主要表现。清顺治元年（1644），清兵入关并迁都至北京，进京不久，顺治五年（1648）便实行了满汉分城居住，原先的汉人全部迁到南部外城居住，内城留给满蒙贵族和八旗兵丁，每间房屋的补偿仅为四两白银。这一民族不平等的分治政策使得北京城民居分布经历又一次大变迁。大量汉族平民百姓迁至南城后，仅能居住在分布更加稠密、布局更加简单的普通一进式四合院中，元代以来的四合院格局被彻底打破。

这些建筑形制和规模等级较低的"平民"四合院基本奠定了今天北京南城民居格局的基础。这次满汉分治同时历史性地推动了北京外城的城市建设和经济、文化的发展变化。

清初，南城大量涌现出一批会馆、书院以及汉族官员住宅等大型合院式建筑群，其中尤以会馆建筑最有代表性。它出现于明初，为在京同乡或同业者提供聚会、寓居的场所。至清代，北京城会馆因满汉分治政策而全部迁往南城。据统计，巅峰时（1949 年）南城会馆数量高达 391 所②，主要集中在正阳门、宣武门、崇文门等南城较繁华的商业生活区。会馆的规模大小不一，但是建筑形制和布局大多是四合式建筑模式，有些规模较大的会馆还横向扩展，组成功能进一步细分的大型院落群。会馆的建设不仅带动了外城的城市发展和社会文化交流，也使合院式建筑在中国古代城市发展变迁中产生了新的功能类型。这种满汉分治的政策在清代中期以后开始松动，才恢复了内城汉人居住四合院的局面。

辛亥革命宣告了清王朝的覆灭，一向衣食无忧、坐享封赐的王公贵族和八旗子弟失去了优厚的俸禄，以往的"豪门"生活骤然没有了经济来源。于是，变卖和出租府邸成为遗老遗少们维持生计的重要方式之一，不少多路和多进的大型四合院开始被人为分拆成独立的小院落。北京城中许多昔日富丽堂皇的王府和大型院落开始衰败。为居住方便，分拆后的小院会施以局部的改建，尤其对大门和院墙的改动较多。例如分拆后位于东、西、北部的独立院落，一般会将原先连通的抄手游廊或者院门封死做墙，这样致使

① 张展：《北京传统民居四合院的兴衰及变迁趋向》，《北京文博》，2005 年 9 月 1 日。
② 北京市地方志编纂委员会编：《北京志·市政卷·房地产志》，第 49 页，北京出版社，2000 年版。

从原先院落的大门无法进入分拆院落，而在原先的院墙开出一些低等级的小门楼或墙垣式门。这种变化随着民国十七年（1928）国民政府迁都南京后而更加明显。至抗战胜利后，许多四合院已经由独门独院的家庭（族）宅院转变为多户人家共住的名副其实的"杂院"。当时的北京四合院虽"多有渐就颓废者，然一般而言……城内之房，则普通常为砖墙瓦顶，内有广阔之庭院"①。虽然院内居住者的组成关系发生了变化，但四合院的院落结构和建筑功能仍保留着基本属性。随着清末民初的国门渐开和西风东渐，西方的建筑、文化、风俗也随着进入城市社会，富豪商贾们普遍成为这些西洋元素的早期尝试者，北京城区同期出现了不少融入拱门、阳台、门窗等西洋建筑形制的洋楼四合院，院房的装修也吸收了西洋花砖地面和罗马柱等装修风格。据统计在清末民初，"建筑风格与形式各不相同的西式楼房已达百座以上，在古老的北京城中独具一格"②。

新中国成立后，饱经风霜的北京四合院又迎来了人口超常膨胀和住宅建设滞后的双重挑战。集中发展重工业和办公用地用房的保障需求，倒逼着本已年久失修的四合院承受更大的居住压力，再加上唐山地震灾害后北京城区自建抗震住房的大量涌现，曾经高墙林立、庭院深深的北京四合院几乎淹没于一家家激增住户的分割、改造和扩建之中。在四合院中几乎所有空闲的场地，院房两侧、中间的院子，抄手游廊和过道等均成为这些改扩建工程最直接的侵占对象。尤其是在院落的北房、厢房、南房等处，接续向院中建起简易房，原先居中空旷的院子被挤成几条仅能一人通过的走道。除却一些领导、单位用房和少数私宅保存相对完整外，大量四合院几乎被完全翻建成这种面目全非的大杂院。

改革开放以后，北京城市发展和社会环境经历着深刻变化。20世纪80年代，据北京市古代建筑研究所统计，北京城约有6000多处四合院，其中保存较好、较完整的有3000多处。市场化的住房模式与宽松的政策环境，使得北京四合院迎来了文物保护的历史机遇和搬迁拆移的巨大挑战。北京四合院厚重的历史文化与自身空间低利用率这对紧张的矛盾成为萦绕在城市建设者和古都百姓心头的一个两难抉择。20世纪80年代，对菊儿胡同破旧院落的"类四合院"改造迈出了新时期北京四合院改造的历史步伐。原先院落高度提升到二至三层，扩大了居住空间，提高了四合院利用率，也保持了原有胡同和院落的建筑格局。1990年11月23日，北京市人民政府批准南锣鼓巷和西四北头条至八条胡同为四合院平房保护区，总建筑面积约30万平方米。在2002年、2004年和2012年，北京市规划部门分三批公布了合计43片历史文化保护区，其中传统居住型保护区便是专门为保护北京旧城胡同和四合院而设立的③。规划中提出"院落划分、用地调整、人口密度分类、改善市政基础设施条件等做法"，对北京四合院的保护性改造利用进行了统一部署。2001年南池子大街危改工程正式启动，主要通过改造市政基础设施和外迁居民的方式，将改善居民生活条件与保护城区四合院街区有机结合。2005年三眼井历史文化保护区修缮工程启动，改造保持原有的胡同与建筑之间的尺度和比例关系，适当调整院落及主要建筑尺度。通过院落、房屋的高低错落、

---

① 北平社会调查所：《北平生活费之分析》，1930年，首都图书馆北京地方文献部藏。
② 北京市地方志编纂委员会编：《北京志·市政卷·房地产志》，第29页，北京出版社，2000年版。
③ 《本市新增三片历史文化保护区》，《北京日报》，2012年9月13日，第19版。

出入闪躲，创造胡同四合院的自然和谐氛围与历史厚重感。通过宅门、影壁、街头小景、砖石雕刻、牌匾楹联等细部设计，为街区四合院注入传统历史文化内涵。

二

北京四合院建筑是历史上北京城市建筑的集中体现，就院落类型而言，它代表了北京城上至皇族、下至平民各阶层、各类人群所居住的所有建筑形式，集皇家宫苑、王府官邸、名人故居、商贾宅院、平民杂院等为一体。就院落个体而言，又是一个缩小了的北京城。政治的、文化的理念与习俗通过建筑的个体充分地展现出来，而北京的城市又是通过无数大的、中的、小的四合院汇集而成，在此基础上一个伟大的城市得以创建。

四合院的建造在旧京城有明显的等级规制，特别是大的王府、达官显贵的宅第也不可能因为有财、有势而随意建造，一般平民可以根据土地面积的大小、家中人数的多少来建造，小的可以只有一进，大的可以到三进或四进，还可以建成两个四合院或带跨院的。四合院虽有一定的规制，但规模大小却又不等，大致可分为大四合、中四合、小四合三种。大四合院习惯上称作大宅门，一般是复式四合院，即由多个四合院向纵深和横向相连而成。院落呈一进、二进、三进，有正院、偏院、跨院等等。院内均有抄手游廊连接各处，占地面积大。中四合院比小四合院宽敞，一般是北房三间，东、西各带一间耳房，东、西厢房各三间，房前有廊以避风雨。另以院墙隔为前院、后院，院墙以月亮门或垂花门相连通。前院进深较浅，后院为居住房，建筑讲究。小四合院一般是北房三间，一明两暗或者两明一暗，东、西厢房各两间，南房三间。卧砖到顶，起脊瓦房。祖辈居正房，晚辈居厢房，南房用作书房或客厅。院内砖墁甬道，连接各处房门，各屋前均有台阶。另外，如果可供建筑的地面狭小，或者经济能力有限的话，四合院又可改为三合院，不建南房。

北京四合院的建筑特征可以通过以下建筑个体来体现。

门——四合院的脸面。北京四合院的大门是主人身份的象征。不同历史时期，对大门的等级规定十分严格。包括大门的形式、规模、装修和门的附属物，如影壁、门墩、上马石、下马石等都要相匹配。四合院的大门由于院主人身份等级的不同，式样也有所区别。同一阶层的人们，由于院主人财力和喜好的不同，也会形成不同的形式。在不同的历史环境下，大门还打上了时代的烙印。作为标准四合院的大门一般都建于庭院的东南部位，按八卦的方位，为"巽"位，是和风、润风吹进的方位，是吉祥之位。北京四合院的大门根据建筑形式的不同，分为广亮大门、金柱大门、蛮子大门、如意门、窄大门、西洋式大门、随墙门等。

正房——四合院的核心。北京四合院与中国传统建筑一样，有一条明显的中轴线，所有的院内主要建筑全部位于中轴线之上，是以轴线为核心，形成左右两边对称的建筑格局。正房也称上房，一般都位于院落的中轴线上，是每座院落中体量最高大、建筑等级最高的建筑，在中轴线上是最为突出的核心，四合院中的其他建筑则以它为基准而展开。居全宅中心的正房正中一间称堂屋，地位最高，通常是举行家庭礼仪、接待尊贵宾客等重要家事活动的地方。正房的屋架形式多为七檩前后廊、五檩前廊或六檩前廊，面宽以三间或五间最常见。

厢房、耳房、倒座房等——各适其位。除中轴线主要建筑外，庭院内附属建筑则建于中轴线的两侧。这些建筑主要作为卧室、厨房、餐厅、厕所等功能用房。全院建筑整齐对称，主次分明，井然有序。

廊子、过道——串通连接。四合院里的廊子是用于连接院落内各个房屋的两侧或一侧通敞的建筑物，用于下雨雪时行走。四合院内的廊子分为抄手游廊、窝角廊子、穿廊和工字廊等几种形式。

三

北京四合院蕴藏着中华传统文化的精华，其不同位置的装修和装饰将这种精华发挥和展示到了极致，图必有意，意必吉祥，把人们对美好生活的追求和向往，把世间能达到的和不能达到的美好境界都通过不同位置的装饰展现出来，视野内的各种文化符号使人们进入四合院犹如进入传统文化的艺术殿堂。

装饰充分展示不同的艺术形式。建筑的雕饰是北京四合院建筑的一大亮点，这些建筑艺术体现着民俗、民风和民族传统文化，寓意深远、内容丰富，具有很高的建筑艺术价值。雕刻艺术多以砖雕、石雕、木雕等形式在四合院建筑中体现出来。石雕、砖雕多见于大门的门头、门额、看面墙、戗檐、门墩以及影壁等众多的建筑构件；木雕多见于门窗装修以及建筑内部等，例如花罩、落地罩、圆光罩、隔扇等，既满足了建筑构件功能上的需求，又具有观赏效果，从而达到了实用性与艺术性的完美统一。雕刻手法有平雕、浮雕、透雕等。平雕是通过图案的线条来表现，用于大门内侧的象眼或者看面墙的

一些雕饰；浮雕是突出立体感，给人一种呼之欲出的真实感觉，用于戗檐砖、影壁、门头、门墩等；透雕常见于落地罩等。四合院的雕刻内容十分丰富，涉猎广泛。主要内容表现为吉祥如意、避邪、祝寿、风雅以及富贵吉祥等不同的类型。图案有动物，例如：狮子、麒麟、马、牛、羊、猴、鹿、蝙蝠等。花卉、花鸟图案有梅、兰、竹、菊"四君子"；松、柏、寿桃、石榴、莲花、牡丹、葡萄等，还有如松鹤延年、喜鹊登梅等吉祥寓意的吉祥图案等。文字图案有吉祥如意、寿字、福字、万（卍）字、平安等。风雅图案有书卷，明八仙、暗八仙等故事，诗词，博古等。

装饰充分展示主人的向往和追求。北京四合院中的各种装饰内容包括自然界中的树木花草，松、竹、梅、兰、菊、牡丹、灵芝、荷花、水仙、海棠、石榴、葫芦等，寓意深刻。如：松象征长寿；竹象征耿直气节；梅象征清高；兰象征清雅；菊象征高雅；牡丹象征富贵荣华；灵芝象征吉祥如意；荷花象征出淤泥而不染的高洁；石榴和葫芦象征多子。包括现实中和神话中的动物，如狮子、蜜蜂、喜鹊、麻雀、蝙蝠、仙鹤、大象、梅花鹿、马、猴、羊、龙、凤、麒麟是人们理想中的吉祥物。包括古玩摆饰、文房四宝、画卷等，常见题材有青铜器皿、宝鼎、酒具、宝瓶、香炉和供炉、书案、博古架、画轴等，充满文人气息。包括蕃草图案，主要有兰花纹、竹叶纹、栀子花纹等，用于配饰。用于配饰的还有锦纹图案，其中回纹、万字不到头、如意纹、云纹、扯不断、龟背锦、丁字锦、海棠锦、轱辘钱、盘长如意等可用来烘托主题，而福字、寿字、万字等文字类的锦纹有的用作周围装饰，有的则直接放置在整幅雕刻中，起到点题的作用。有人物故事，如竹林七贤、《三国演义》、《西游记》等。还有福、禄、寿题材等。包括宗教法器题材，比较常见的有暗八仙和佛八

宝。在砖雕图案中，常用道教八仙的法器葫芦、芭蕉扇、渔鼓、花篮、莲花、宝剑、横笛、阴阳板来隐喻八仙，故称暗八仙。佛八宝即法轮、宝伞、盘花、法螺、华盖、金鱼、宝瓶、莲花，统称八宝吉祥。另外，佛教纹饰中的西番莲、宝相花在四合院中应用也较多。除此之外，附在抱柱上的楹联，大门上的门联以及悬挂在室内的书画作品，更是集贤哲之古训，采古今之名句，或颂山川之美，或铭处世之学，或咏鸿鹄之志，风雅备至，充满浓郁的文化和书卷气息，给四合院建筑营造了一种书香翰墨、内涵丰富的氛围。

装饰更多的是具有象征意义的组合图案。采用象形、谐音、比拟、会意等手法，即用每种图案代表的寓意或图案发出的谐音串联起来表达含义。如：用松、竹、梅组成"岁寒三友"，象征文人雅士的清高气节；以灵芝、水仙、竹子、寿桃组成"灵仙祝寿"；以牡丹、海棠组成"富贵满堂"；以牡丹、白头翁组成"富贵白头"；以松树、仙鹤组成"松鹤延年"；以松树、仙鹤、梅花鹿组成"鹤鹿同春"；以寿字、蝙蝠组成"五福捧寿"；以葫芦及藤蔓组成"子孙万代"；以蝙蝠、石榴组成"多子多福"；以花瓶、月季组成"四季平安"；以如意、宝瓶组成"平安如意"；以柿子、花瓶、鹌鹑组成"事事平安"；以梅花、喜鹊组成"喜上眉梢"；以桂圆、荔枝、核桃组成"连中三元"；以莲、鱼组成"连年有余"；以蝙蝠及铜钱组成"福在眼前"；以柿子和万字组成"万事如意"；等等。

北京四合院文化情趣和主人的身份地位相一致。历史上北京的居住是有严格的等级限制的，划分为亲王、公侯、品官和平民四个等级，对房子的高度、建筑形式与装饰都有着严格规定。明洪武二十四年（1391）规定：官民房屋，并不许盖造九五间数及歇山转角、重檐重拱、绘画藻井……公侯伯前厅

中堂后堂各七间，门屋三间，俱黑板瓦盖……门用绿油兽面摆锡环，……一品二品厅堂各七间，……梁栋斗拱檐角青碧绘饰。门用绿油兽面摆锡环。三品至五品与二品同，但门用黑油摆锡环。六品至九品厅堂各三间，梁栋上用粉青刷饰，正门一间用黑油铁环。……庶民房屋不过三间五架，不许用斗拱色彩装饰[①]。清代，对官民房屋油饰彩画装饰的规定比明代有了较明显的放宽。据《大清会典》载，顺治九年（1652），定亲王府正门殿寝凡有正屋正楼门柱均红青油饰，梁栋贴金，绘五爪金龙及各色花草，凡房庑楼屋均丹楹朱户，门柱黑油。公侯以下官民房屋梁栋许画五彩杂花，柱用素油，门用黑饰，官员住屋，中梁贴金，余不得擅用。

北京四合院非常重视庭院内的环境美化和绿化，树木花卉是院落的重要组成部分，给院子带来无限的生机和活力。树木和花卉的选择具有以下几个特点：一是适应北方气候环境的需要，季节感明显；二是不破坏四合院内的房屋建筑；三是有美化环境的效果；四是从树木花卉的读音上有美好寓意的谐音；五是不宜有病虫害和易生对人有伤害昆虫。树木的品种基本上都是落叶、矮小的乔木和灌木，多数属于"春华秋实"（春花秋实）型，即春天的时候开花，此谓"春华"，可以美化庭院的环境，使庭院当中春意盎然，足不出户尽得春意。秋天的时候结果实，此谓"秋实"，院内果实累累，一派丰收景象，而夏天的时候可以乘凉。

---

① [清]孙承泽：《天府广记》卷之十六《礼部》下，第189页，北京出版社，1962年版。

四

北京的四合院是世界建筑史的杰作，见证了古城历史的演进，是世界上独一无二的古代建筑财富。如果没有大面积的四合院和胡同，北京城的古都风貌、北京的历史文化血脉将被割断。古老的北京离不了四合院，四合院是这座历史文化名城的细胞。

如果分析四合院的价值所在，有以下几方面尤为突出：

其一，烘托出北京不同凡响的特殊地位。作为历史文化名城、世界著名古都，城市的中心是从明初保存至今的皇城、宫城，金碧辉煌的宫殿，高低错落的红墙，这些建筑既威严肃穆，又气势恢宏，而排列在皇城外的四合院，以其特有的形状、色调、高度起到了特有的衬托作用。从清代的王府到胡同中的四合院，所有的建筑形式、规制等级都限制森严，不容僭越。从整个城市的布局来看，宫城、皇城、内城、外城都是一个相互配套的整体，中心的壮观和四周的平缓、中心的强烈色彩和四周的灰墙灰瓦，都形成巨大的反差，内城和外城中的胡同与四合院都是这个整体不可或缺的部分，没有胡同和四合院就无法烘托出城市中心帝王之都的地位。

其二，承载着北京灿烂的历史演绎。北京的历史是通过有形的建筑来反映的。四合院在北京的政治史、文化史、民族史、社会史上都具有特殊的地位，在不同的历史阶段中与北京历史行进的步伐紧密联系在一起，一些大的历史事件、历史人物都与胡同和四合院相关联，就像五四运动与火烧赵家楼联系在一起、老舍与丹柿小院联系在一起一样，四合院承载着北京历史前行脚步的印记。

其三，体现了北京厚重的文化底蕴。在胡同和四合院中，保存有不同时代的多种文化内涵，包括了内容丰富的京城传统民俗文化，城市的衣食住行、婚丧嫁娶、生老病死的各种习俗都得以体现和传承；有历代名人故居文化，北京有中国历史上乃至世界历史上的政治家、科学家、艺术家的故居，有的就是在这些院落中留下不朽著作，创造了举世瞩目的不朽篇章；有鲜明的街区文化，如城南以天桥为代表的平民文化娱乐街区，以传统会馆为代表的宣南文化区，再如以四合院民居为代表的南、北池子，南、北锣鼓巷等，其中著名的什刹海地区是元代以来逐步形成的包括王府庙宇、四合院街巷、商业老字号及历史河湖、传统园林等多种类型的文化遗存；有民族融合文化，在元代的大都城内的胡同院落就已汇集有满族、回族、蒙古族、维吾尔族、苗族等，后来发展为本民族的聚集区，牛街就是北京回民最大和最古老的聚居区。区内各民族都有自己独特的生活习俗和宗教信仰及岁时节日等，汉传佛教、藏传佛教、正一道教、伊斯兰教的各种寺、院、观、庙、堂、宫等在胡同四合院周围比比皆是。北京还有众多与四合院联系在一起的近现代革命文化及遗迹。

其四，显示着人们对美好生活的向往和追求。在四合院的装饰、彩绘、雕刻乃至于院落种植的花草树木中，无论是图案，还是吉词祥语，以及附在檐柱上的抱柱楹联，都无不体现人们的美好愿望。悬挂在室内的书画佳作，充满浓郁的文化气息。登斯庭院，犹如步入一座中国传统文化艺术的殿堂。

其五，昭示着人与人、人与自然的和谐关系。北京四合院宽敞明亮，阳光充足，视野开阔。有居房，有甬道，有天井，生活、休息、娱乐皆可。四面房屋各自独立，彼此之间有游廊连接，院落宽绰疏朗，便于起居和休息。

四合院对外是封闭式的住宅，只有一个街门，关起门来自成天地，具有很强的私密性，非常适合独家居住。院内四面房子都向院落方向开门，一家人在里面休养生息，和睦相处，其乐融融。庭院是户外活动场所，种植有葡萄、紫藤，养有小鹦鹉。天棚、鱼缸、石榴树，也是四合院里常有的。夹竹桃还有石榴树是老北京四合院常见的植物，无论开花还是结果都是火红火红的。在院落中水是必不可少的，由于水源受到限制，不可能院院都有活水，老北京四合院中央，常常摆上一只或数只很大的鱼缸，一是为了观赏，二是能够调节空气，更重要的是增加了人与自然的亲近关系。有的院落宽敞，可在院内植树栽花，饲鸟养鱼，叠石造景。居住者不仅享有舒适的住房，还可分享大自然赐予的一片美好天地。

其六，在中国城市史、建筑史上具有不可替代的地位。北京四合院属于典型的木构架建筑，是砖木结构建筑的结合体，房架子檩、柱、梁（栿）、槛、椽以及门窗、隔扇等均为木制，木制房架子周围则以砖砌墙。梁柱门窗及檐口、椽头都要油漆彩画，虽然没有宫廷苑囿那样金碧辉煌，但也是独具匠心。墙习惯用磨砖、碎砖垒，所谓"北京城有三宝，烂砖头垒墙墙不倒"。屋瓦大多用青板瓦，正反互扣，檐前装滴水，或者不铺瓦，全用青灰抹顶，习惯称"灰棚"。四合院的建筑色彩多采用材料本身的颜色，青砖灰瓦，玉阶丹楹，墙体磨砖对缝，工艺考究，虽为泥水之作，犹如工艺佳品。中国的三雕——木雕、砖雕、石雕艺术著称世界，这在北京的四合院也可以领略到。由于北京的特殊地位，在建筑艺术上得以吸纳全国各地之长，此外，又在多方面有所创新，从而形成北京独有的建筑特色。

另外，传统理念、道德在四合院中也体现得淋漓尽致。主要现伦理道德观，反映人与自然、人与人和谐相处，表现动植物的丰富多产，果实谷物的丰收，崇尚自然，赞美自然中万事万物的变与不变，变的是四季的更替，不变的是大自然状态。有的重人文教养，从道德和艺术入手进行人格理想和人生境界的展示，将传统艺术要素与现实的需要相结合。有的表现了中国传统造物文化的"物以载道"的思想。

北京城是以胡同街巷系统为骨干，以开阔平缓的平房四合院为主体的历史悠久的文化古城。由于建筑结构与建筑材料的原因，其中许多平房已经成为危旧房屋。再加上近些年建设性的破坏，北京旧城的历史风貌正在逐渐消失。胡同和四合院是北京旧城最有价值、最值得保护的部分，然而也一直是北京旧城保护的难点之一。《北京历史文化名城保护条例》的颁布，对如何保护奠定了基础。要妥善处理好保护与发展的辩证关系，用发展眼光分析旧城保护与改造，体现文化战略的要求、城市竞争的需要，循序渐进发展和以人为本等理念。要正确处理好房地产开发与危旧房改造的关系，北京的老城区62.5平方千米，每条胡同、每座四合院都要以文物的观点予以审视。严格控制旧城人口发展规模、建设规模，特别是住宅建设规模。调动群众的积极性，吸引和发挥各种投资的软、硬件环境条件。

北京古城作为一个完整的文物体系，具有严谨性与不可分割性。北京的四合院是北京的符号，是我们祖先的伟大创造，是北京古老历史与灿烂文化的象征，构成了北京历史文化名城的主体形象，这在全世界堪称独一无二，即便是在建筑多样化的今天，也没有任何其他建筑能够取而代之。北京古城悠久的历史与丰富的文化内涵不可再生、不可替代，对于这一文物属性与文化魅力我们必须倍加珍惜。

从60万~70万年前"北京人"开始繁衍生息的历史，从6500~7000年前北京地区平谷北埝头村开始有半地穴建筑，至元代时建都北京，即中国历史上著名的元大都城，北京开启了作为全国政治、文化中心的时代，元大都的城市规划、建筑格局，从根本上奠定了今天北京城规模的基础。从元大都的考古发掘资料看，四合院这种建筑形式在当时已成雏形，从西直门沿旧城墙直到东直门，曾发现数座元代院落遗址，从其中保存较完整的后英房胡同的大院子可以清晰地看到其规模和格局。

明代的北京城承袭元大都的城市格局建造而成。这个时期的四合院建筑也在元代院落基础上发展变化，无论在建筑等级、建筑技术，还是在建筑文化、建筑形制方面都日趋成熟。清代北京的四合院建筑渐臻完善，四合式建筑更加趋于定制，北京地区四合院发展达到顶峰。

清末民初，北京四合院开始分化。改朝换代瓦解了清代权贵阶层的政治经济基础，引发深刻的社会结构调整，导致独门高墙的四合院拆分，院落的房客数量逐渐增多，四合院的家族私有属性被公用院落所取代。

中华人民共和国成立后，特别是改革开放以来，现有的四合院建筑无法满足城市发展和居住需求，胡同、四合院的存废问题十分突出。在社会各界的关心下，一些规模较大、形制较好的四合院建筑群被保留下来，成为研究北京城市历史发展和城市文化延续的重要实物资料。但多数四合院成为大杂院，保护的任务十分艰巨。

第一篇
四合院的缘起与形制

DI-YI PIAN SIHEYUAN DE YUANQI YU XINGZHI

第一章 四合院的演变

DI-YI ZHANG SIHEYUAN DE YANBIAN

一种特色性的建筑从形成、发展、成熟到广泛应用，要经历较长时间的发展过程。它是一个地域建筑文化的重要标志物，是反映一个地域政治、经济、文化、民族、地理、伦理和礼制等众多综合因素的结合体。不同的自然环境，不同的民族，不同的时代，人类住宅建筑的形式各有不同。尤其是在幅员辽阔、民族众多的中国，住宅的建筑形式更是多种多样。以四合形式为代表的北京地区传统住宅就是中国传统建筑中具有典型地域特色的居住性建筑。根据考古资料显示，元代大都城内四合院住宅已经基本形成。而后经过明、清二朝数代不断创新、发展、强化、精炼和调整，特别是清代的全面发展，最后形成了布局合理、主次分明、错落有致、内外有别、礼制严谨、建筑规范的北京四合院，成为北方最有特点的居住型建筑的代表。

北京四合院建筑在数百年的发展过程中，承载了丰富的历史和文化内涵，是中国古人伦理、道德观念的集合体，艺术、美学思想的凝固物，是中华文化的立体结晶。

这些四合院建筑也是北京传统文化的载体，是最为真实的历史符号和记忆。每一座院落就是一个文物建筑本体，不但具有很好的视觉观赏价值，而且还具有研究北京的历史、建筑、风俗、艺术等方面的重要价值，是探索、研究北京城市历史发展和城市文化延续的重要实物资料，成为记述北京城数百年营建发展史的重要篇章。

第一节

四合院的源流

DI-YI JIE　SIHEYUAN DE YUANLIU

北京四合院是在北京独特的地理环境和气候环境作用下，历经元明清数百年，逐渐形成、发展和成熟的。数百年来，北京四合式建筑作为老北京人世代居住的住宅，始终是北京城的建筑主体，无论它的功能如何变化，其建筑布局始终是以四合形式围合起来的单进院落或者多进、多组院落组成的建筑群。

一、地理环境

北京位于华北平原的北端，北部及西北部以燕山山脉与内蒙古高原接壤，西部以太行山与山西高原毗连，东北与松辽大平原相通，往南与黄淮平原连片，东南距渤海约150千米。北京市西、北、东北面连绵不断的山脉形成一个向东南展开的半圆形大山湾，包围着北京小平原，使北京形成西北高、东南低的地势。北京的地貌环境决定了中部和东部的平原地带地势平坦，适宜建造大规模居住群落，因此北京城在北京中东部发展起来，并逐渐带动周边其他县城和城镇在各自平原地带的发展。作为城市细胞的北京四合院也随着城市的建设逐渐形成和完善。山区则主要是在地势较为平坦的台地地区形成了规模不大的村庄居住群落。除了大型河流和山脉对北京四合院选址产生巨大影响之外，北京的一些小型河流和湖泊也给四合院的建造带来一定的影响。如北京城内什刹海沿岸和前门外古河道一带的四合院院落多不是正南正北方向，而是沿着河湖的走势呈现出较大的偏角，与其他地区正南正北的院落布局相比较表现出了适应地形地貌的特征。此外，由于处于华北主要地震区阴山－燕山地震带的中段，北京地区存在发生中强级别破坏性地震的隐患。北京传统民居四合院建筑采用框架式木结构体系，木构架以榫卯咬合，这种建筑结构，由于不是刚性连接，本身就具有相当的韧性，加之木材本身也有一定的柔韧性，在受到地震波的冲击后，有非常强的还原性，具有良好的抗震效果。因此，北京四合院建筑大多可以保留百年以上的时间。气候方面，北京常年受西风控制，特别冬季受强大的蒙古高压影响，形成世界同纬度上最冷的地区，为典型大陆性季风气候。在这种气候条件控制下，北京的气候特征主要是四季分明，即春、夏、秋、冬。春季，时间较短，气温回升快，昼夜温差大，干旱多风沙。夏季盛行东南风，天气炎热，降水集中，多暴雨、雷阵雨，偶尔会伴有冰雹出现，形成雨热同季，全年最热的月份在7月。秋季，天高气爽，冷暖适宜，光照充足。入秋后，北方冷空气开始入侵，降温迅速。逐渐向冬季过渡。冬季盛行西北风，寒冷干燥，但日照充足，每天平均日照时间在六小时以上。对应于这样的气候特征，北京四合院的建筑布局、单体建筑和绿化陈设等表现出了良好的采光性、避风沙性、排水性和保温防晒性能及调节干燥气候等特点，这在当时的生产力条件下实现了趋利避害的作用。在北京四合院的选址和布局上，平原地区的四合院多数排布在东西向胡同，并以院墙围合，将内部与外界隔开，有效地降低了风沙的侵袭。山区的四合院也多数选在阳坡，建筑后的山峰阻挡了风沙，也有利于房屋采光。房屋与房屋之间的距离比较大，而且会互相避让，使得四合院形成比较开阔的庭院，这种布局非常利于冬季采光，良好的采光所带来的温暖也就能有效地帮助人们度过北京寒冷的冬季。

在四合院的单体建筑上，房屋体量一般都不是很高大，这样的房屋冬季利于保暖。为了防御北京寒冷的冬季和炎热的夏季，四合院房屋的屋面苫背、山墙都比较厚重。屋顶一般做法是由木椽（上铺席箔或苇箔）、望板、泥背、灰背、瓦等几层铺成，墙体则一般都厚达 37 ~50 厘米。这种屋顶和墙体冬天可以保温，夏季可以防晒，起到冬暖夏凉的作用。院门开向宅南的胡同。正房的门窗都开在南侧，这样夏天风从东南来，在炎热的夏季便于迎风纳凉，降低温度，而且房屋多数不开启后窗，以防御冬季的西北风，增加房屋的保温功能，同时也有利于防止风沙的侵袭。北京四合院房屋的坡度较陡峻，出檐都比较深远，以利于排泄雨雪，前檐的窗户开启都比较大，以利于冬季采光。而夏季的时候由于出檐较深，日光几乎晒不进房屋。冬季由于太阳高度角较小，日光属于斜射，其出檐的深度不会遮挡住阳光，阳光也能照射进屋内，满足了冬季取暖的要求。为了避免北京夏季多发生强降雨的天气造成庭院积水产生的灾害，四合院的屋顶、地基、散水、排水管道等都进行了精心的设计，有效地防止了这一灾害。四合院的地基则将整个院落抬升，高于外部地面，而院中房屋的地基又高于院子地面，这样在雨季到来时，雨水从屋顶房檐流到屋外的地面散水处，然后引流到排水管道，将雨水顺畅排走。房屋内不会进水，院内也不会积水，便于居住使用。同时，北京四合院还会在庭院内种植落叶小乔木，更增加了夏天的阴凉，而冬天落叶也不会影响采光。为了进一步调节庭院的小气候，改善较为干燥的气候，四合院中还常常摆放有盛满水的大鱼缸。

在四合院的材质上，其主体为青砖砌筑，有的墙心还会填黄土。这种建筑材质已经被证明具有良好的保温、隔热功能，且吸热后具有缓释功能，能保持室内温度相对较为均衡。青砖还具有良好的防水功能。

二、历史演变

根据考古发掘，我国合院式建筑早在

3100 多年前的周代已经形成。陕西岐山县凤雏村的一组宗庙遗址平面形式已经是一座布局严整的四合院建筑了（如图）。这座遗址由

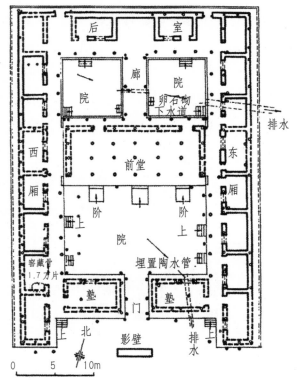

陕西省岐山县凤雏村西周四合院平面图（转引自《北京民居》）

前后二进院落组成，中轴对称，轴线上从前向后依次排列影壁、大门、前堂和后室。中轴线两侧对称建造厢房，前堂和后室之间有工字廊，院落内侧四周各建筑之间也有回廊互相连接。这座遗址被誉为中国最早的一座四合院遗址，其形式已经表现出了内外有别、主次分明的建筑秩序，体现了西周时期四合式建筑的形制。

西周以后，四合院建筑延续发展，关于四合式建筑的历史资料也逐渐增多。根据《仪礼》记载，春秋时期士大夫的住宅与考古发掘的西周时期四合院布局十分相似。中轴线的最前方为房屋三间，明间为门道，两次间为塾，之后为堂，堂既是生活起居之处也是会见宾客的地方，堂后为寝。轴线两侧建有

厢。汉代的住宅除了豪强地主的坞堡外，根据考古发掘出土的画像石、画像砖和冥器、陶屋可知，一般住宅仍然为庭院形式，有三合院、L形庭院和口字形庭院以及由二进院落组成的日字形庭院，较大规模的如四川省成都杨子山出土的东汉一组画像砖中描绘的由多进、多路院落组成的汉代大型住宅建筑（如图）。这组住宅表明汉代合院式住宅仍然非常流行。

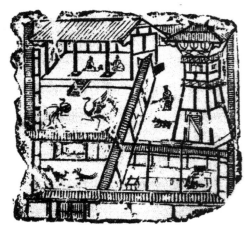

四川省成都市杨子山出土的汉代画像砖中院落图（转引自潘谷西编著《中国建筑史》）

魏晋南北朝和隋唐时期，合院式建筑进一步发展，有庭院和园林相结合的大型宅院，也有依山而建的小型三合院、四合院民宅和村舍。宋代是市井建筑大发展和大变革时期，城市从隋唐时期封闭的里坊制度开始变得开放，商品经济异常发达，这也导致了城市更加繁荣，建筑技术更加成熟和完善。从《清明上河图》和其他宋画以及史料记载看，宋代的住宅建筑在传统的基础上布局非常灵活多样。其中四合式建筑的周围多以廊屋代替回廊以增加居住面积（如图），进入第一道大门后，多会建造一座影壁，表现出与后世四合式建筑更加接近的样貌。而根据《宋史·舆服志》的记载，宋代对各级官员的住宅有了更加趋于规范化的规定，一般有爵位的官员大门建造为门屋的形式，而六品以上的官员

《清明上河图》中的宋代院落图（转引自《北京民居》）

准许用乌头门，普通百姓则只准建造一间大门，房屋最多也只能五架梁，并且不许使用斗拱、藻井和五彩的装饰彩画。这种规定与后世的四合院建筑也越来越接近了。

元代的四合院建筑更趋完善，而且发现了重要的居住遗址。在元大都的考古发掘中，于1965年和1972年两次在西城区发现的后英房元代居住遗址以及位于东城区雍和宫北侧、原明清北城墙之下发现的元代居住遗址资料表明，元代的四合院建筑布局、开间尺寸、主要建筑与附属建筑的排列关系与目前保存的北京四合院建筑已经基本一致。

历史上的元大都城平面略呈方形，内城占地面积38平方千米，城市建筑布局具有中轴为核心、整齐对称、主辅分明等严格有序的布局特点。元大都的建筑布局总体是皇城位于内城的中心，内城围绕皇城而建。居民区以坊为单位，按街道进行区划，各坊之间以街道为界，街道以棋盘式布局建置。全市各坊都规划有规则的方格道路相连，建筑格局严谨整齐。元大都城胡同与胡同之间是供臣民建造住宅的地皮，集中了达官显贵的府邸和巨宅，还有为皇宫服务的衙署等建筑。在元大都建成之际，为稳固政权、笼络人心和便于统治等多方面的需要，元世祖忽必烈下诏，将前朝旧城（金中都城）的贵族、官吏，以及赀高者（有钱人或富商）移居大都

城，优先为这些人群划定区域建造住宅。为此，元代统治阶级根据统治和生活的需要，为不同阶层的人群提供了面积不等的建房宅基地，并作为全城基本的居住性建筑，统一规划了居住性的四合式建筑形制，并将全城居民分布于各个坊巷之中。根据城市建设规范的要求，居民所建住宅必须规整划一，其朝向、纵深、高矮、大小都要受到城市整体规划的制约。从城市管理方面，对民众的控制与管理十分严格，城内居民都被控制在划地而成的坊巷居住区中，坊巷就成为一种特定的统一管理下的居住形制，体现了统治者对民众的严密控制与防范，又保证了城内的正常生活与社会秩序的稳定。

明代的北京城是在元大都的基础上建造而成的。明初，徐达攻克大都城后，将大都城的北城墙向南缩进了 2.5 千米，其他则均延续大都城的格局。永乐初年，在确定迁都北京之后，在营建北京城池时将北京城的南城墙向南拓展 0.8 千米。明嘉靖年间又在北京城南面增建了北京城外城，从而形成了北京城倒凸字形的格局。内城除了皇宫外，基本上完整地沿袭了大都城的坊巷格局和建筑功能的布局，总体建筑格局以棋盘式布局建置，街巷按经纬方向排列。因此，这种格局下建造的明代住宅基本上延续了元代的布置，院落沿着街巷平直地建造，多数为正南正北。而外城的街巷则较为复杂。一方面，明初位于北京城西南的辽金故城仍然存在，大量居民仍居住于此，因两个城之间居民的往来而在两者之间空地上自发地形成了很多斜向的道路，而这些道路在新建造外城时被包入城内，从而在今大栅栏地区和宣武门外地区形成了部分斜街。另一方面，外城历史上河道较多，因此也造成了很多地区的街巷随着河道的走势而弯曲布置或因处于两条河道之间而造成街巷空间十分狭窄。第

三个方面，外城在明代建成时地广人稀且水源较为充足，因此很多达官显贵的别墅和园林在外城大量形成。除此之外，明代北京四合式建筑在元代住宅建筑的基础上也发生了一些改变。首先是建筑布局上，从现存的明代的建筑看此时期工字廊逐渐消失了，推断四合院的工字廊的布局也会随着时代的潮流逐渐消失，工字廊的消失使得宅院有了较为宽敞的庭院。其次是明代建筑技术上砖瓦烧造的发展，使得房屋有可能广泛使用砖瓦建造，从而使房屋受到雨雪侵蚀而损坏的程度越来越小，这也促使房屋建筑由元代的悬山建筑为主渐渐地发展为硬山建筑为主。综合以上，明代是北京四合式建筑发展转折的重要阶段。

清朝定都北京以后，在城市建设层面上基本上承袭了明北京城的建筑格局，但是居住内容上却发生了一些改变。首先，清王朝以"拱卫皇居"的名义，在北京实行了满汉分城而住的限制措施，如汉人全部迁到外城居住，内城只留满族和蒙古族居住，不允许汉人进入内城营建宅第，等等。这些带有十分明显的种族歧视性政策，不利于各民族间的团结和融合，阻碍了城市建设的发展。虽然限制政策阻碍了汉族市民在内城的发展，但是在另一方面却促进了外城的经济发展和外城的城市规划和城市建设。外城的人口也因此激增，从而使外城不可能再建造大规模住宅，院落面积越来越小。明代建造的大规模私家园林也在这一时期逐渐消失。其次，由于清代不再实行分封制，北京内城修建了大量介于住宅和皇宫之间的王府建筑。这些王府建筑虽然具有居住功能，但是其建筑布局和四合院有一定的区别，其单体建筑多为官式建筑，其使用上还兼有衙署和办公的功能。因此与一般宅院有很大的区别。最后，外城也发展了一种介于民宅和官署之间的会

馆建筑。会馆建筑一方面在使用上有居住功能，但是更多的是同乡或同业人员的聚会场所或外省在北京的办事机构；另一方面在建筑形式上大部分会馆更接近王府布局，单体建筑多数是官式建筑，只有少部分会馆为四合院布局和小式建筑，因此会馆总体上与四合院也有较大区别。

清代嘉庆朝以后，由于封建礼制已经呈逐渐削弱态势，满汉分居制度也逐渐废弛，因而部分具有相当实力的汉族官僚、富商在北京内城建造了大型宅院。这一时期新建的四合院的特点是住宅营建趋于理性化阶段。自清代道光朝起，中国逐渐沦为半封建半殖民地社会，由于社会的变革和动荡，以及受到外来文化的影响，北京的四合式建筑在建筑文化方面也发生了部分的改变。一方面，伴随着西方殖民势力的入侵，西方的建筑艺术开始从沿海向内地逐渐渗透，北京四合院也有部分建筑吸收了西方的建筑元素，从而出现了很多西式的大门、楼房和装饰构件、纹样等。虽然这种形式从清代后期直至民国时期有逐渐增加的趋势，但是四合院传统的布局方式却基本保持未变。另一方面，辛亥革命后，清室覆亡，丧失俸禄的满蒙贵族和八旗子弟，随之纷纷败落，演变至变卖府邸和宅院以维持生计。部分原来的王府或者大型官宅在变卖后被不断地拆改、添建，逐渐沦为支离破碎的境地，很多建筑已失原貌。

新的官宦和生活殷实的阶层，为追求时尚，一改从前庄重、守礼、封闭之状，致使原有的居住的等级和封建规范礼尚等方面发生了急剧变革。民国十七年（1928）以后，都城南迁，北京传统的四合式建筑发展基本处于停滞状态。日本帝国主义侵华，北京受到了很大的影响，市民经济状况每况愈下，很多原来住独门独院的居民已没有能力养护更多的房子，只好将多余的房子出租，以租金来补贴生活。动荡的社会造成了这个时期独门独户的四合院居民越来越少，院里的房客越来越多，四合院的居住性质发生了变化，由单个家庭或单个家族使用的四合院，开始变成多户共用的宅院，原来单纯整齐的宅院沦为各类人等杂居和混乱的大杂院。中华人民共和国成立以后，北京传统四合式建筑在使用上出现了根本性变化。由于人口政策和城市建设滞后等多方面的缘故，现有的四合院建筑无法满足城市的发展和需求。原有建筑多年失修，面目全非，建筑格局改动很大，致使昔日的四合院被分割、改造，一户变多户、一院变多院的现象成为普遍现象。20世纪末期，胡同、四合院的消亡问题十分突出。

虽然社会激烈变迁，但是北京城和郊区县还是有部分四合院建筑群仍然保存下来，这些四合院建筑基本上保持了原有的建筑形制，而且至今仍在沿袭使用，成为发展数百年的四合院建筑的实物见证。

第二节

DI-ER JIE SIHEYUAN DE DIYU TEZHENG

四合院的地域特征

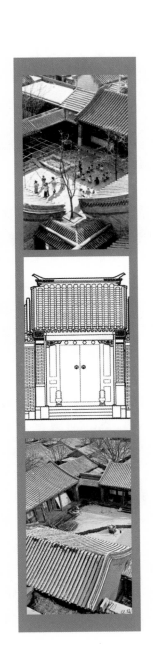

一、内、外城四合院

由于元大都城市规划对街道、胡同的宽度都做了具体的规定，街巷空间舒朗，明清北京城内城延续了这种胡同和胡同间隔较为舒朗的空间格局，从而有建造大型宅院的地基空间。因此，内城的大型宅院纵深方向可以达到80多米，可以建造多进的院落。加之皇宫和大型衙署等位于内城，为了办公和居住方便，多数的达官显贵将宅第集中建造在了内城，也造成了内城宅院空间较大。而外城由于地理环境和人口稠密等原因，街巷空间相对狭小，没有足够的空间建造纵深多进和横向多路的大型宅第。这些都使得内城的四合院普遍较外城占地规模广阔。占地规模的大小也就决定了建筑布局上的差异性，一方面内城宅院由于占地面积大，因此庭院空间则较为宽大，主体庭院的长宽比例几乎接近正方形，而外城由于庭院相对狭窄，主体庭院空间为长方形。因此，在布置单体建筑的时候，内城院落可以将厢房向两侧退开以避让开正房，这样很利于正房的采光。而外城因为庭院为长方形，纵深方向狭窄，厢房不可能向两侧避让太多空间，厢房的山墙遮挡了部分正房的前檐，从而出现了俗称的"厢压正"的现象。这样就遮挡了正房的采光，也使得庭院的空间显得较为局促。另一方面，由于占地空间大，内城宅院的单体建筑相对于外城更为高大，从而使得内城的四合院显得更为气派。而外城为了既节省空间又达到四合院的规制，于是将房屋的尺度和开间尺寸缩小，从而普遍出现了将大门建造成只占用半间房屋空间，即窄大门，而内城则多建造为占用整整一间的空间；外城很多宅院的厢房也仅为两间房屋空间体量，而内城则绝大多数为三间；外城还会在只有四间房屋地基的空间上建造五开间的房屋，做法就是缩

小两稍间的开间尺寸，即俗称的"四破五"；还有为了尽量地发挥空间的利用率，内城最常见的"三正两耳"形式，被改为耳房与正房一样高大，或干脆建造为五间房屋，而仅在屋脊上将所谓"耳房"与"正房"做出区分，或建造隔墙区分"正房"与"耳房"。这些做法都使外城的宅院显得院落空间局促，单体建筑相对矮小，与内城宽敞明亮、体量高大的宅院形成了较为鲜明的对比。

二、城区和郊区四合院

北京除了明清旧城区以内的院落，还有大量散布于郊区的县城、城镇和广大农村的四合院。这些四合院虽然布局和单体建筑形式上与城区的四合院表现出了相当的一致性，但是，也表现出了一定的差异性。首先，郊区县四合院规模相对小于城区四合院，尤其是与内城相比，多进多路的四合院所占比例相对较小。其次，由于北京郊区的四合院很多地处山区，山区的四合院表现出了因地制宜、随山就势的特色，院落朝向、布局处理较为灵活。再次，郊区院落由于建筑材料可以就地取材，因此单体建筑在材质上表现出了与内城的不同，屋面很多地方采用石片打制而成的石板瓦和泥土烧造的合瓦组合使用的情况，由于石板瓦做底，合瓦在屋面的四周和屋面中间分割摆放数垄，形式非常像棋盘，故而称为棋盘心屋面；另外，还有部分地区四合院，尤其是延庆县为主，采用了筒瓦屋面。这些都与城区四合院屋面基本上采用仰合瓦屋面形成了鲜明的对比。郊区四合院的墙面也有大量采用山上采伐的毛石砌筑而成的，与城内四合院一律使用青砖砌筑表现出了很大的差异性。最后，部分郊区县四合院建筑在装饰、构件上与城区也表现出了差异性。郊区县四合院整体的装饰风格相较于城区更加朴素，

一方面是砖、石、木等雕刻的部位相对较少；另一方面是砖、石、木雕刻的形式相对较为简单。如门窗棂心还有相当一部分保存有四合院早期建筑物常使用的一码三箭棂心、正十字方格棂心，而城区这种棂心则很少见。如门枕石在城区的都相对较大，且前部的门墩雕刻题材内容丰富，而郊区有的四合院仅使用下部的门枕石，而不使用门墩或门墩相对较小、雕刻的手法较为简单。建筑的构件上，如清水脊的蝎子尾很多郊区县不做成一条斜向上的砖条而是雕刻成某种花卉或者类似鱼尾的卷曲状。值得注意的是，郊区县的四合院本身也有一定的差异性，一般情况下，地理位置上越接近北京城，经济相对越发达的地区，其建筑也与北京城的四合院越相像。反之，距离北京城越远，处于相对偏远的山区，则与北京四合院的差异性越大。如海淀区的平原地带，尤其是"三山五园"地区一些达官显贵建造的四合院与城内没有任何区别。

第二章 四合院的类型及构成

DI-ER ZHANG SIHEYUAN DE LEIXING JI GOUCHENG

　　北京四合院在千百年的演进过程中，由于需要适应北京的自然环境、城市布局和文化背景等各种复杂情况，因此不能一成不变地遵循一种建筑模式，于是产生了北京四合院的不同类型。这种类型的不同，一方面是反映在四合院空间布局模式和占地规模大小的变化。常见的有一进院、二进院、三进院、四进及四进以上院落，一主一次并列式院落，两组或多组并列式院落，主院带花园式院落，等等。其中一进院为四合院中最基本的构成单元，而三进院的四合院则是最标准的四合院。而另一方面在封建等级时代背景下产生的四合院，为了更加明显地区分封建等级制度，因此它对各个等级人员住宅中的单体建筑也都做了严格的规定。如《明史》中就规定：官员建造房屋，不许用歇山转角、重檐、重拱、绘画、藻井；公侯建造房屋，前厅限五至七间，两厦为九架造，中堂为七间九架，后堂为七间七架，门屋为三间五架，屋顶可用黑板瓦盖，屋脊用花样瓦兽；一至二品官的厅堂为五间九架，屋顶可用黑板瓦盖，屋脊许用瓦兽、梁柱、斗拱，檐角许用青碧彩绘；三至五品官所建厅堂许为五间七架，梁柱间施青碧彩绘，屋脊许用瓦兽。六至九品官厅堂可三间五架，梁柱间不许用斗拱彩绘，只能用土黄色漆刷；庶民所居房屋，不许超过三间五架，不许用斗拱彩绘。清代同样对官员和普通民众的住宅做了严格的区分。

　　至于宅院园林，虽然明初严格控制，但是到了明代中后期随着管控的放松，园林还是迅猛发展起来，以至于一直影响到清代园林，从而使得明清成为北京园林发展的鼎盛期。其中宅院园林是明清园林的重要组成部分，宅园的建造也使得北京四合院的类型和单体建筑内容更加丰富。

第一节

SIHEYUAN DE JIBEN FANGWEI YU LEIXING

DI-YI JIE

四合院的基本方位与类型

北京四合院多数都分布在胡同内。胡同有东西向，也有南北向，还有斜向的，因此四合院在胡同内所处的位置也不尽相同，由于这种不同，其对宅院建筑的空间组合便产生了一定的影响，从而产生了四合院的不同的方位。而四合院的建筑虽然形成了一定的组合模式，但是四合院的规模也是有大有小的，其建筑等级和所包含的内容也不尽相同，遂形成了四合院的不同类型。

一、四合院的几种基本方位

四合院建筑分布在胡同两侧，而北京的胡同是以东西走向为主。所以，北京四合院多数位于胡同南北两侧，从而形成胡同北侧坐北朝南的院落和胡同南侧坐南朝北的院落两种主要方位。而分布在南北走向胡同里的宅院，位于胡同西侧的院落成为坐西朝东的方位，胡同东侧的院落成为坐东朝西的方位（以上方位都是根据大门所开的方向确定）。这样，北京四合院住宅就出现了街北、街南（这两类为主）和街西、街东（这两类为辅）的四个基本方位。除此之外，在北京还有一些四合院根据地形地貌，在以上基本方位的基础上做了相应的调整，从而使得院落的方位出现了一定偏角。另外，由于北京四合院具有轴线对称性，因此院落便具有了方向性。如果按照主体建筑（即正房）的轴线朝向来判定方位，也是有以上几种方位。

在北京地区的地理位置和气候条件下，北京四合院的房子以坐北朝南的北房为适宜起居和生活，其次为坐西朝东的西房，东房和南房的朝向较差，不是理想的居住方位。北京有一句"有钱不住东、南房，冬不暖来夏不凉"的民谚，说的就是这种情况。所以只要条件允许，人们建造住宅时，一般都要将主房定在坐北朝南的位置，然后再按次序安排厢房和倒座房。

1. 街北的院落

院落位于胡同北侧，大门位于院落东南角，朝南开启，正房为北房，称为坐北朝南的院落。如果按照轴线定方位，则院落轴线为由南向北方向。

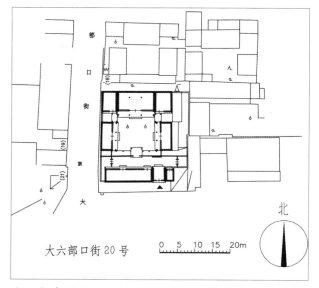

大六部口街20号　　0 5 10 15 20m

坐北朝南的院落

2. 街南的院落

院落位于胡同南侧，分为两种情况。一种是大门位于院落西北角，朝北开启，正房为南房，如果按照轴线定方位，院落轴线为由北向南方向，称为坐南朝北的院落。另一种情况是院落大门虽然开在胡同南侧，朝北

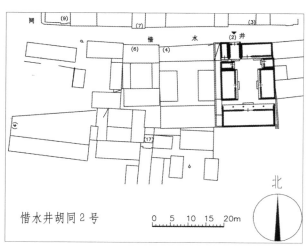

惜水井胡同2号　　0 5 10 15 20m

坐南朝北的院落

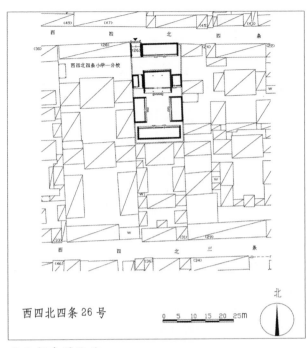

西四北四条 26 号

0 5 10 15 20 25m

北

坐北朝南的院落

开启，但是正房仍然为北房，这种院落按照
轴线方向定方位为南北轴线，也属于坐北朝
南的院落。

3. 街西的院落

院落位于胡同西侧，分为两种情况。一
种为大门位于院落东北角，朝东开启，同时
院落的上房为西房，院落轴线为由东向西方

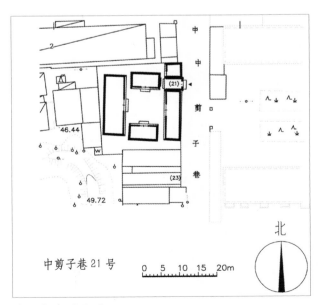

中剪子巷 21 号

0 5 10 15 20m

北

坐西朝东的院落

向，称为坐西朝东的院落。另一种为院落位
于胡同西侧，大门位于院落东南角（也有极
少数位于东北角），朝东开启。而院落的正
房为北房，因此这种情况下，按照轴线方向
判定，也属于坐北朝南的院落。

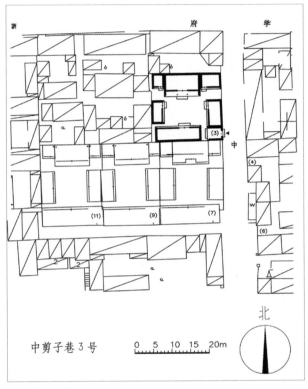

中剪子巷 3 号

0 5 10 15 20m

北

坐北朝南的院落

4. 街东的院落

院落位于胡同东侧，与街西的院落相对
应，院落也分为两种情况。一种为大门位于
院落西南角（也有少数位于西北角），朝西
开启。院落的上房为东房，轴线为由西向东
方向，称为坐东朝西的院落。另一种为院落
位于胡同东侧，大门位于院落西南角（也有
极少数位于西北角），朝西开启。而院落的
正房为北房。因此这种情况下，按照轴线方
向判定，则为坐北朝南的院落。

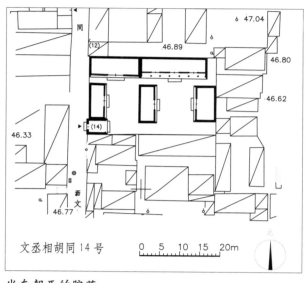

文丞相胡同 14 号

0 5 10 15 20m

坐东朝西的院落

5. 有较大偏角的院落

在北京城内和郊区，由于地势和河流等原因，有部分院落的方位不能为正南正北或正东正西，而是随着地势或河流的走势呈现

较大偏角。其偏角没有固定的角度和方向，是根据所在地基的地形、地貌决定。这种情况在明清外城和山区尤为多见。如原宣武区的铁树斜街和杨梅竹斜街一带的街巷由于历史原因形成了很多斜街，其院落随着街势多有很大的偏角。如原崇文区前门外大街的鲜鱼口街、草场胡同一带在古代存在河流，因此胡同随着河流的走势都是有一定的偏角，造成胡同内的院落也多数呈现偏向东南、东北、西南或西北的方位。而这种院落一般情况下也根据其所偏向方向，按照上述正直方向的四个方位进行定义。

四合院除了以上的五种基本方位以外，还有很多情况是做了灵活变通的调整。如西四北三条 24 号，虽然宅院位于胡同南侧，但是为了取得坐北朝南的朝向，在院落东侧开了一条南北向小胡同，直通院落东南隅朝南

杨梅竹斜街和铁树斜街地区部分院落方位图

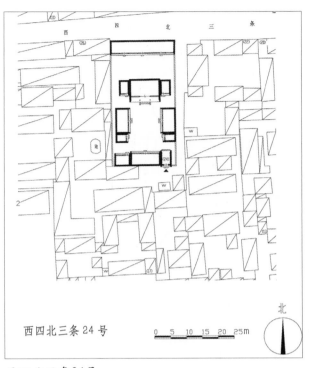

西四北三条24号

西四北三条24号

开启的大门。还有很多位于南北胡同上的院落，在胡同上开辟东西横向小巷子，在小巷子的北侧建造大门和倒座房，于是将院落调整为坐北朝南的院落。如中剪子巷7号、9号、11号，就是这样一组调整后的院落。

二、四合院的类型

四合院因为规模、等级和所包含内容的不同，形成了不同的类型。北京四合院主要有以下几种类型：

一进院落（也称基本型），由东、南、西、北房和大门组成；基本型院落通过修建二门或纵向并置一进院落的建筑内容形成二进院落。而北京四合院的二进院落通常做法是在基本型院落的基础上，在厢房前面以一座二门相隔，形成内外院。在二进院落基础上通过纵向并置或修建后罩房形成三进院落，也称标准型。标准型院落的通常做法是将第二进院落的建筑内容纵向并置形成第三进院落，也有的修建一座后罩房形成三进院落。

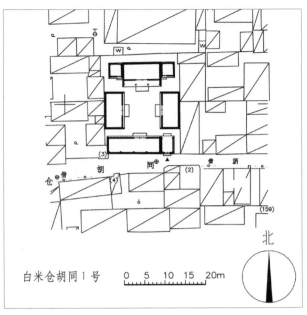

白米仓胡同1号

一进院落

四进院落和五进院落基本上是重复三进院落的做法，所不同的是四进院落和五进院落的纵深长度多数情况下是贯通了两条胡同，所以一般情况下最后一进院落都以后罩房的形式出现。由于北京的胡同和胡同间的宽度所限（宽度最宽的胡同间距90米左右），所以除了部分王公府第外，北京四合院纵深方向最多的也只有五进院落。在封建时代，虽然对单体建筑的规制做了严格规定，但是对院落规模却不加限制。如明代就规定："（洪武）三十五年复申禁饬，不许造九五间数，房屋

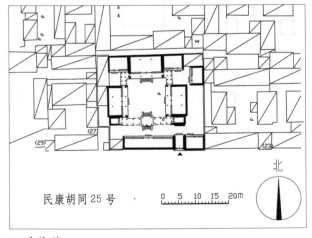

民康胡同25号

二进院落

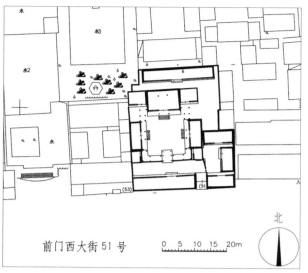

前门西大街51号

0 5 10 15 20m

北

三进院落

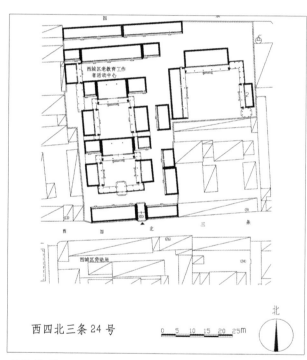

西城区老教育工作者活动中心

西四北三条24号

0 5 10 15 20 25m

北

五进院落

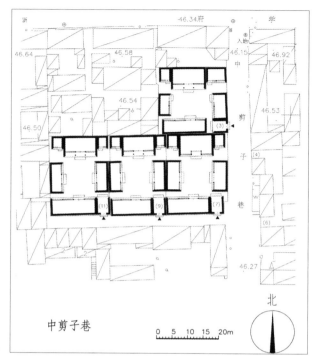

中剪子巷

0 5 10 15 20m

北

三路并联院落

一组多进多路带花园的宅院。

　　然而，并不是所有的四合院都是一成不变地按照上面的规律进行组合，有很多按照自己的实际需要而改造的四合院，如有可能某进院落没有东厢房或西厢房，也有可能在第三进院落前修建垂花门。总之，北京四合院在总体风格保持四合院格局的前提下，在局部处理上有很多灵活的处理形式。

虽至一二十所，随其物力，但不许过三间。"因此大型院落多数都会进行横向并联，少则两路或三路，有的院落横向上多至六路，还有的甚至更多，以至于占据了半条胡同。有的四合院还修建了花园建筑，成为带园林的四合院。如帽儿胡同的7号、9号、11号的文煜宅园就是一组多进多路带花园的宅院，东四六条63号、65号的崇礼住宅也同样是

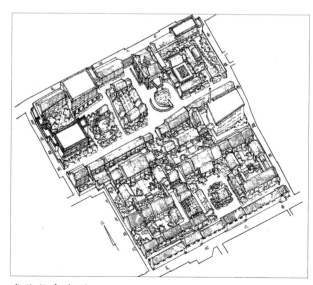

崇礼住宅鸟瞰

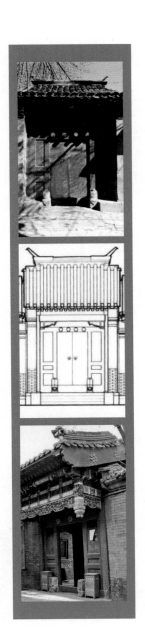

第二节
四合院的建筑要素

DI-ER JIE SIHEYUAN DE JIANZHU YAOSU

四合院是一组建筑的概念，是由多座单体建筑构成。北京四合院的建筑要素主要包括大门、门房、倒座房、影壁、二门、看面墙、正房、厢房、耳房、廊子和后罩房，有的大宅院还有花园建筑。

在封建时代，同一类型的宅院由于宅院主人的身份不同其建筑要素的式样也会不同。近代以后，受西方建筑的影响，很多带有西洋建筑元素或式样的建筑开始进入四合院，使四合院的建筑要素更加丰富。

一、大门

四合院的大门是院落出入的通道。一般情况下，东西向的胡同内，位于北侧的院子大门通常建在院落东南角的位置，南侧的院子大门通常建在西北角的位置。南北向街巷东侧的院子大门通常建在院落西南角的位置，朝向西；西侧的院子大门通常建在院落东南角的位置，朝向东。但是，也有部分院落做了随宜的调整。大门多数都是独立于倒座房而单独建造的，具有独立的屋面、屋身和台基。在古代，四合院很少建造后门，院落的唯一通道就是大门。

在北京城，四合院的大门由于宅院主人身份等级的不同，式样也有所区别。同一阶层的人们，由于宅院主人财力和喜好的不同，也会形成不同的形式。

1. 广亮大门

广亮大门是住宅类建筑中仅次于王府大门的宅门形式，是四合院建筑中等级最高的宅门形式。广亮大门的门扉安装在门洞中间位置，使得门洞前半部分形成较宽的门廊，而且广亮大门常常配合撒山影壁，更加拓展了门前空间，使得大门前显得广阔、敞亮，这有可能是广亮大门名称的来源。

广亮大门一般位于院落东南侧的第二间

正觉胡同23号院广亮大门

位置，其高度和进深都大于两侧的倒座房和门房，有独立的台基、屋身和屋面，台基一般都高于倒座房和门房。广亮大门的大木构架多数采用五檩中柱式，屋架有六根柱子，分别是前后檐柱和中柱（也有称中柱为山柱），中柱延伸至脊部直接承托脊檩，三架梁和五架梁位置就可以分为两段（前檐柱和中柱间的梁称单步梁和双步梁）插在中柱上，这样就可以利用短料加工，取材更容易。广亮大门基本上都是硬山顶。屋脊形式尤以清水脊和披水排山脊最为多见。屋面多为合瓦屋面，少部分使用筒瓦屋面。广亮大门的门扉安装在中柱（或称山柱，大门山墙中间）的位置，由抱框、门框、余塞板、走马板、门槛和门枕石等组成。广亮大门门扉和柱子的颜色为红色。在门扇中槛框的中间位置镶嵌有四枚木质门簪，门簪是起到固定和连接中槛框和连楹的构件，因其形似女

东四十一条75号院广亮大门

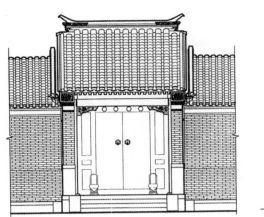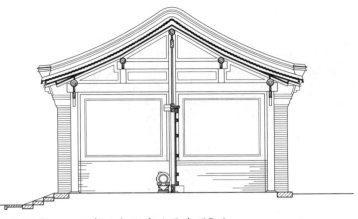

广亮大门立面图、剖面图（转引自《建筑构造通用图集——北京四合院建筑要素图》）

士头上佩戴的簪子，故名。门簪有圆形、六角形、八角形和梅花形几种形式，门簪前部多为素面，部分会雕刻花卉纹饰或文字，如花卉的题材有牡丹、菊花、梅花等，文字主要为吉祥祝语，如吉庆、如意（吉庆如意）、岁岁平安等。在门扉的下槛两侧安装石质门枕石（或称抱鼓石），门枕石中部上侧开凿有铸铁的半圆形海窝承托门扇的门轴，门枕石的门扇以外部分打凿成圆鼓形（少数为方形），称为门墩。门墩上部还常常雕刻蹲趴的狮子或者狮子头，门墩外侧面也常常雕刻有纹饰和图案。广亮大门的前檐柱上部通常会装饰有雀替，后檐柱上部装饰有倒挂楣子或雀替。门扇前后的门洞墙壁上四周常常做成海棠池线脚形式装饰。门内墙壁的海棠池线脚，中心部分砌砖或者抹白灰，称为邱门，

俗称囚子门。门外部分称为廊心墙。

广亮大门也常常在清水脊的两端镶嵌一块雕刻有花卉的砖作为装饰，称为花盘子（或花草砖）。此外，大门山面的博缝头处和戗檐墀头处有的也装饰砖雕图案。

根据目前北京四合院的现状看，北京现存使用广亮大门的清代四合院多是当时一、二品级别的官员或勋戚的住宅，如西堂子胡同的左宗棠宅、前公用胡同15号崇厚宅、沙井胡同15号奎俊宅和宝产胡同魁公府等，使

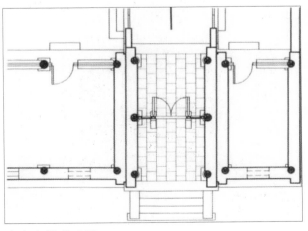

广亮大门平面图

炒豆胡同69号院广亮大门

广亮大门

用的就是这种形式的大门。民国时期也有部分富户的四合院建造成广亮大门形式，如西四北五条7号傅增湘宅。在清代，由于实行的是满汉分居政策，汉族官员和平民都只能居住在外城（原宣武区和原崇文区一部分），满蒙贵族和官员居住在内城，直至清末部分高等级的汉族官员才居住在了内城。虽然民国以后封建制度已经灭亡，但是延续下来的传统还是官员和富户多数住东城和西城。由于目前留存下来的四合院多数为清代和民国所建，所以广亮大门这种宅门形式在北京城的外城数量很少，绝大多数都在北京城的内城。北京的郊区县也很少见到这种宅门形式。另外，外城由于明清以来形成的街巷空间较为狭窄、河道交错等原因，也不利于建造大规模住宅。

2. 金柱大门

金柱大门的等级仅次于广亮大门，一般情况下也位于院落东南角的第二间位置。其门扉较之广亮大门向前檐推进了一个步架（步架长0.85~1.2米不等），设在金柱的位置，故名金柱大门。相较于广亮大门在其门洞前

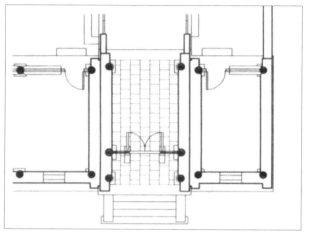

金柱大门平面图

部形成较窄的门廊。

金柱大门的大木构架多采用五檩前出廊形式，少数采用七檩前后廊形式。五檩前出廊形式有六根柱子承托屋架，前后檐各两根，前檐柱向后一步架位置设置两根金柱承托五架梁，金柱和檐柱间连接有抱头梁或者穿插枋。七檩前后廊形式平面有八根柱子，即在五檩前后廊的基础上，在后檐前一步架位置设置两根柱子，称后金柱。前后金柱承托五

钟声胡同51号院金柱大门

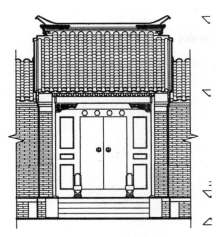
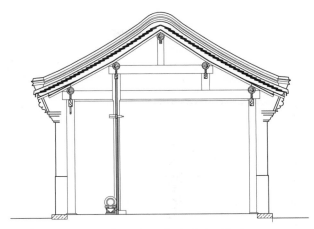

金柱大门立面图、剖面图（转引自《建筑构造通用图集——北京四合院建筑要素图》）

架梁，在前后檐柱和金柱间拉结有抱头梁或者穿插枋。金柱大门的屋脊多使用清水脊、披水排山脊，也有少部分使用鞍子脊。

同广亮大门非常相似的是，金柱大门的门扉和柱子的颜色也为红色。在门扇中槛中部也设置有二至四枚门簪（多数为四枚），下槛两侧安装有石质门枕石（或称抱鼓石），前部有圆形或方形门墩。部分大门装饰有雀替、倒挂楣子、邱门和廊心墙、花盘子（花草砖）、博缝头砖雕和戗檐砖雕。

金柱大门形式的宅门也多集中在内城，是封建社会较高品级的官员常使用的一种宅门形式。目前，北京四合院中有部分门扇开在金柱位置，但体量较小，俗称小金柱门。

3. 蛮子大门

蛮子大门的级别低于金柱大门，一般富户都能使用。蛮子门这种宅门形式在内城、外城和郊区县都被较为普遍地使用。关于蛮子门的名称由来无从考证，马炳坚先生的《北京四合院建筑》中提到有一种说法，是南方到京城经商的人将金柱门和广亮门的门扇推至前檐位置，以防止有贼人藏在门洞内伺机作案。由于过去对南方一些少数民族很不尊

金柱大门

新鲜胡同71号院蛮子大门

重的叫法称为南蛮子，故称蛮子门。

蛮子大门和金柱大门外观上的区别就是，门扇、槛框、门枕石等开在了前檐柱的位置。蛮子门的木构架一般采用五檩硬山式，也有部分采用五檩前廊式或五檩中柱式。五檩硬山式只有前后檐各两根柱子承托五架梁。蛮子门的屋脊形式以清水脊、鞍子脊和披水排山脊几种形式较为多见，屋面多为合瓦屋面，部分山区的四合院采用合瓦棋盘心

炒豆胡同39号院蛮子大门

屋面。门墩或圆形或方形，没有定式和规矩。其余装修与金柱大门相似。蛮子门有体量较小、形式较为简单者，称为小蛮子门。

4. 如意大门

如意门是广大平民百姓都可以使用的一种宅门形式。因此这种形式的大门在北京四合院中也是最为常见的一种宅门形式。其名称一说由于在门洞上方左右两角各有一个用砖雕刻成的如意形装饰（一称象鼻枭），故称如意门；也有说因为如意门的两枚门簪上经常雕刻"如意"二字而得名；还有一种说法就是因为其尺度宽窄适中，甚合人意而得名。

如意门的基本做法是在前檐柱之间用砖

西半壁街41号院如意大门

砌筑，只在中部位置留一个门洞，门洞的宽度基本上在0.9米左右，即俗语所谓的"门宽二尺八，死活一齐搭"。在古代门宽二尺八寸，红白喜事的仪仗轿辇都可以顺利通过。门洞上的门扉较前几种大门其两侧没有了余塞板，抱框和门框合二为一，余塞板部分由门墙代替了。门的抱框、槛框、门板和门枕石等构件都装在砖砌门洞上，其颜色在封建社会以黑色为基础色（部分门扇上雕刻有红色门联）。如意门的木构架一般采用五檩硬山式或五檩中柱式，即平面上布置四根或六根

宫门口头条47号院如意大门

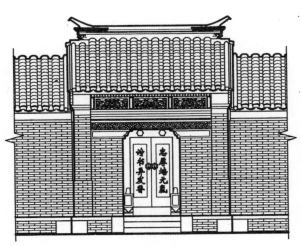

如意大门立面图（转引自《建筑构造通用图集——北京四合院建筑要素图》）

柱子承托屋架，前后檐柱头上承托双步梁或五架梁，抑或中柱直通脊檩。如意门的屋脊形式以清水脊、鞍子脊和过垄脊几种形式较为多见，屋面多为合瓦屋面，部分山区的四合院采用石板瓦棋盘心屋面。

　　如意门不同于其他形式大门的最显著特点就是其包砌在前檐柱的门墙，这是北京四合院中其他任何一种形式的门都不具备的特点。门墙立面上大致可以分为门口以上的门楣栏板部分和门口两侧的墙体部分，最上部的栏板部分常常雕刻人物故事、花鸟图案、博古器皿等题材的砖雕，也有做成素面桥栏板形状或者用合瓦拼成花瓦图案，门楣部分则常常雕刻万不断、连珠纹、缠枝花卉等图案。门口两侧墙体则一般都是以素面青砖干摆砌筑（磨砖对缝）成光洁平整的墙面。在戗檐和墙腿子的墀头部位也常常装饰砖雕图案，戗檐处砖雕题材多为花卉，墀头部位多为一个花篮图案。此外，大门内五架梁以上至山尖部位的山墙灰浆上（或者砖墙上），常常刻画有各种图案作为装饰，称为象眼灰雕或象眼砖雕。象眼砖雕虽然在广亮门、蛮子门和金柱门等其他形式的门中也有见到，但以如意门最为常见。

5.窄大门

　　窄大门也是广大平民百姓住宅使用的一种宅门形式。窄大门不像前几种宅门那样占用一间房屋，它只占用半间房子的空间，因其占用空间狭窄，故名窄大门。很多窄大门与倒座房之间共用一道山墙，而不像前面几种宅门具有独立的山墙，为了区别门与倒座房，在前后檐墙上砌出墙腿子，屋面稍稍高出倒座房。有的窄大门甚至木架结构就是与倒座房为一体，只是在倒座房一端开辟半间砌筑上山墙作为门道，在门道前檐（倒座房临街的后檐）位置安装门扉、门枕石等构件，门扉形式很像蛮子大门去掉了两侧余塞板，显得瘦长。门扉上部的走马板占了整个门扉的近三分之一。其屋面与倒座房屋面之间，在共用的山墙处，隔开一垄瓦以示区别，或在大门屋面上做出与倒座房不同形式的屋脊以示区别。窄大门的屋脊形式以鞍子脊、过垄脊和清水脊几种形式较为多见，屋面多为合瓦屋面，部分山区的四合院采用石板瓦棋盘心屋面。

　　窄大门的木架结构多为五檩硬山式，也有部分五檩前廊式和五檩中柱式，更多的是与倒座房为一个整体屋架。窄大门形式由于节省空间和建筑材料，因而在空间比较紧张和居住有大量平民的明清北京外城是很常见

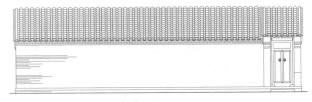

窄大门正立面及倒座房背立面

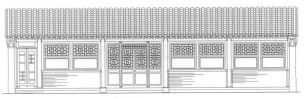

窄大门背立面及倒座房正立面

红庙街67号院窄大门　　　大江胡同108号院窄大门

的一种宅门形式，内城则相对比较少见。窄大门的特点就是空间小、形式简洁朴素，但是也有部分窄大门在门簪、戗檐和博缝头处进行装饰的，还有的在脊部装饰有花盘子。与如意门一样，在封建社会窄大门的门扉颜色也是以黑色作为基调。

此外，也有部分窄大门将门扉装在了金柱的位置，其形式很像"小金柱门"，但是由于其空间、屋身和屋面特征仍然主要表现为窄大门特征，故而也应称为窄大门。

6. 西洋式大门

西洋式大门在北京四合院中也比较多见，它是清代晚期西方建筑文化开始大量传入中国以后与中国传统建筑结合产生的一种宅门形式。这种门在宅院中所处的位置与其他大门无异，只是采取了西洋的建筑风格。西洋式大门一般分为两种形式，一种是屋宇式，另一种是墙垣式。屋宇式西洋门，其构架还是传统形式的木构架，在门道前檐位置砌筑出西洋风格的外立面。墙垣式西洋门则只砌筑出西洋门的外立面，没有后部的屋宇。西洋式大门一般采取单开间，两侧砌筑砖柱，砖柱间是砖墙，在砖墙中间位置留出大小适中的门洞，门洞有的为拱券式，门洞上和砖柱上部常常使用冰盘檐形式或者砖叠涩的方法分隔开，其上用砖砌筑出各种具有西洋建筑风格的门头造型（马炳坚著《北京四合院建筑》书中称，这种做法和如意门十分相似，砖柱上一般有二重或三重冰盘檐向外挑出，将砖柱分为二段或三段。其中，下面两重冰盘檐与柱间砖墙上的冰盘檐贯通一气，形成两道装饰线，装饰线之间为横匾，砖柱呈冲天柱式，中间顶墙做成阶梯状或其他形状。西洋式大门的门框、门扇和门枕石等做法与其他形式的大门相同，依旧采用中国传统形式）。

塞庆胡同30号院窄大门

屋宇式西洋门　　　　随墙门式西洋门

北京四合院志

东中胡同3号院西洋门

从目前保存下来的北京四合院看，西洋式大门主要是民国时期所建，其分布从内城到外城，从城里到乡村，从大型四合院到小型四合院，使用较为广泛。

7. 小门楼

小门楼属于墙垣式大门的一种，其相较于屋宇式大门更加简单，等级也相对更低，它多数使用于三合院和小型四合院。小门楼是砖结构，主要由墙腿子、门框、门扇、门楣、屋顶、脊饰等构件组成，构造简单，装饰朴素。但也有部分在门楣一周装饰砖雕图案，在清水脊两侧装饰花盘子。目前所见到的小门楼多数都为筒瓦或者灰梗屋面。

小门楼

8. 随墙门

随墙门也属于墙垣式大门。它在院墙上留出或开凿一个门洞，门洞上部做出一道木质或石质过梁，门洞上安装抱框和门扇，有的甚至都没有门墩，只简单地在一块方石上开凿一个海窝承托门轴，构造极其简单。这种形式的门主要作为四合院的便门或者三合院使用。

文丞相胡同7号院随墙门

除了以上几种大门形式之外，还有大车门、栅栏门两种形式的门，都属于墙垣式大门。而且，这两种门并不多见，一般都是四合院住宅兼商业性店铺或宅院的马圈等使用。

二、影壁及屏门

影壁是四合院中起到遮挡、屏障和美化作用的建筑物。影壁根据所处位置的不同，可以分为大门外和大门内两种。而根据影壁形式的不同，又可以分为一字影壁、八字影壁、撇山影壁和座山影壁四种。影壁的结构基本上都是由砖砌筑，屋面使用筒瓦屋面。屏门是建在大门内侧且与大门内侧的影壁相邻的一座随墙门形式的门（与垂花门组合使用的木屏门除外），其作用顾名思义也是起到屏障作用。

1. 一字影壁

一字影壁有两种形式。一种是位于大门外，与大门相对而建。如沙井胡同15号院一

沙井胡同15号院大门外一字影壁

字影壁、郭沫若故居一字影壁，这种形式的影壁在封建社会，只有王公府第一级的住宅才能使用。民国以后，少数四合院大门外也建造了一字影壁。另一种一字影壁是位于大门内正对大门处。

2. 八字影壁

八字影壁一般都位于大门外，正对大门建造，其形状呈"八"字形，故名。这种形式的影壁，在四合院建筑中也绝少见到，多为王公府第一级的住宅使用，如蒙古王府僧王府对面就建造有一座八字影壁（目前被封砌在建筑物内）。

八字影壁

3. 撇山影壁

撇山影壁是建在大门外两侧，与大门的

山墙相连。撇山影壁又分为普通撇山影壁和一封书撇山影壁两种形式。普通撇山影壁是在大门山墙两侧，这种形式的影壁多应用于广亮大门上，是封建社会高品级官员才能使用的影壁形式。而一封书撇山影壁一般使用在皇家建筑内，四合院中则绝少使用。

千面胡同61号院撇山影壁

4. 座山影壁

座山影壁建造在大门内侧，与大门相对的厢房或者厢耳房的山墙上，一半明露，一半砌筑在山墙上。

贤孝里12号院座山影壁

5. 屏门

四合院常常在大门内的一侧或两侧，即影壁与临街倒座房之间，或在倒座房远离大门的另一端最后一间的位置，在倒座房与看

大门内一字影壁及屏门

面墙之间建造起到屏障作用的门，称为屏门。大门一侧通往院内的屏门往往还向院内出一至三级不等的台阶。

三、倒座房与门房

1．倒座房

倒座房是与大门相连的临街建筑，其前檐朝向院内，后檐朝向街巷。倒座房的屋架一般采用五檩硬山式，面阔多为四间。使用窄大门的小型宅院有三间半的，超大型的宅院也有六间的。倒座房属于整个院落中建筑形制较低的建筑，其建筑形制一般情况下低于大门、正房和厢房。倒座房的前檐开门和窗，后檐则为檐墙，在古代后檐墙上极少开后窗户，目前所开窗户多为近代后开。四合院的房屋建筑中包括倒座房，其后檐墙主要有两种形式：一为封后檐形式，一为老檐出形式。较为讲究的院落中，与大门相连的一侧建造独立的山墙，很多情况下都是利用大

老檐出形式倒座房

门的山墙。

2．门房或塾

门房是与大门相连，用于值班、宿卫的建筑用房，一般都是一间。小型四合院一般都没有门房。大、中型四合院中坐北朝南的院落，一般在大门东侧建造一间，少数也有两间的。门房的建筑形制一般都和倒座房相同。另外，也有说这个位置是家庭的"塾"所在，用来聘请教书先生教育子弟的地方。

四、二门及看面墙

二门位于四合院内，供内院与外院出入之用。二门又有几种形式，即垂花门形式、月亮门形式和小门楼形式。在二门的两侧都会建造一道隔开内院与外院的围墙，称为看面墙。

1．垂花门形式

垂花门是单开间悬山顶建筑，体量不大，开间尺寸 2.5~3.3 米，进深略大于面宽，其主梁前端穿过前檐柱并向前挑出，形成悬臂梁的形式，在挑出的梁头之下，各吊一根短柱，柱头又雕刻精美的花饰，十分美观精致，垂花门也因此而得名。柱头常见纹饰为含苞待放的莲花形和方灯笼形，此外，两个短柱间还常常装饰一块雕刻着缠枝花卉等题材和

新鲜胡同71号院垂花门

内容的木板，称为花罩。垂花门的屋面与大门不同，都是采用筒瓦，而不采用合瓦。四合院中常用的垂花门有三种不同的形式：一殿一卷式垂花门、单卷垂花门、独立柱担梁式垂花门。

一殿一卷式垂花门由于形式美观，在四合院内较为常见。其屋面为两卷勾连搭形式，前面一卷为清水脊的悬山顶，后面一卷为悬山卷棚顶。

一殿一卷式垂花门平面有四根落地柱，

一殿一卷式垂花门

前卷两根檐柱，后卷两根檐柱，前檐柱位置安装槛框、门扇、门墩等构件，后檐柱安装四扇屏门。一殿一卷式垂花门的前卷往往连接抄手游廊。

单卷式垂花门是在一殿一卷式垂花门形

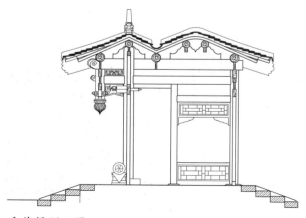

垂花门剖面图

式的基础上减去后面一卷。其形制多为五檩或六檩卷棚顶。前檐和后檐的装修与一殿一卷式垂花门基本相同。

独立柱担梁式垂花门平面只有两根柱子，梁穿过柱形成十字交叉，梁对称地挑出于柱子两侧，称为担梁。梁的两端各承托一根檐檩，梁头两端各悬挑一根垂莲柱。落地的柱子则采取深埋到地下或插在夹杆滚墩石上固定的方式。由于独立柱担梁式垂花门形式简洁、占用空间小，所以多用于庭院进深不是很大的四合院。另外，有的院落厢房没有前廊，那么也就失去了建造抄手游廊的意义，也经常采用独立柱担梁式垂花门。

2．月亮门形式

部分进深较小的院落为了节省空间采取了更为简洁的月亮门形式作为二门，即在看面墙的中部开辟一座圆形月亮门。月亮门基本上都是采用砖砌。

甘井胡同20号院月亮门

3．小门楼形式

小门楼形式也是比较简洁的一种二门形式，与大门中的小门楼形式基本相同，只是体量更小，采用砖砌筑，筒瓦屋面，两侧连接看面墙。

4．看面墙

看面墙的外观与影壁十分相似，为墙砖砌筑的一堵墙，墙心有的采用素面抹白灰，

小门楼形式二门及看面墙

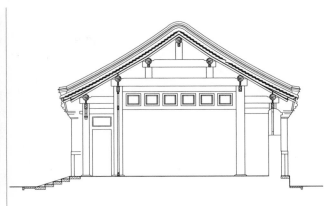

正房剖面图

有的砌筑素面方砖，有的采用四角岔花和中心花砖雕。在较为讲究的四合院内看面墙朝向内院一侧接游廊。

五、正房

正房也称上房，正房一般都位于院落的轴线上，是每座院落中体量最高大、建筑等

南池子大街32号院二进院正房

级最高的建筑。正房的屋架形式多为七檩前后廊、五檩前廊或六檩前廊，面宽以三间或五间最常见。正房的屋脊形式以清水脊、披水排山脊、鞍子脊为主，传统四合院的正房多仅在前檐明间开门，次、梢间均开窗。门的形式主要有隔扇门和夹门窗两种，窗的形式以支摘窗为主。四合院中其他房屋建筑的前檐装修也类同于正房。

少数四合院的正房在建筑风格上受西方

建筑影响，也采取了部分西式建筑装修，如柱廊、西式门窗等。目前，由于现代材料的使用，四合院门窗的装修发生了很大改变，基本上以大玻璃窗为主了。

六、厢房

厢房是位于正房前、院落两侧相向而建的房屋建筑。两座房屋的建筑形式相同，体量小于正房，屋脊形式有时也会低于正房。例如，正房采用清水脊，则厢房通常采用鞍子脊或过垄脊。但是，有的宅院也采取与正房相同的屋脊形式。厢房屋架多采用五檩硬山式、五檩前廊式和五檩中柱式。多数情况下东厢房比西厢房体量还要稍微大一点，面阔方向上宽5~20厘米不等。厢房前檐装修多数与正房一致，在明间开门，次间开窗。

厢房

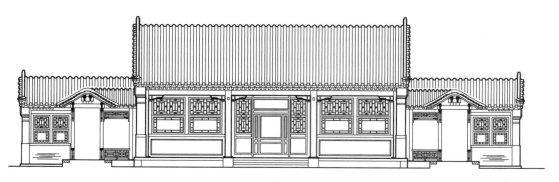

正房、耳房正立面及游廊剖面

七、耳房

最晚到清代乾隆年间已经有耳房的称呼了，清代乾隆年间修撰的《日下旧闻考》中就有耳房的记载，耳房在古代也称盝顶。在四合院中耳房又分为正房两侧的耳房和厢房一侧的耳房两种。一般称正房两侧与正房处

耳房

于一条直线上、与正房相接且比正房矮小的房屋称为耳房。而将厢房一侧、与厢房相接且比厢房矮小的房屋称为厢耳房。

八、廊子

廊子是用于连接院落内各个房屋的、两侧或一侧通敞的建筑物。四合院内的廊子也分为抄手游廊、窝角廊子、穿廊和工字廊等几种形式。廊子与房屋建筑相接的廊心墙上开一个门洞，称为廊门筒子，以便人直接从廊子进入到房屋。

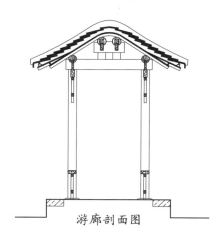

游廊剖面图

1．抄手游廊

抄手游廊是建在垂花门两侧，折向厢房连通至正房的游廊，因为其形似张开环抱的两只手臂，故称抄手游廊。

2．窝角廊子

窝角廊子顾名思义，是院落内没有通长的抄手游廊，仅在正房和厢房之间的夹角处建造矮小廊子，因其窝在一个角落内，故称窝角廊子。

抄手游廊

窝角廊子

3. 穿廊

北京的四合院内，院与院之间或路与路之间有的不以房屋或者围墙分割，而是建造一条廊子分割且沟通，这种廊子称为穿廊。

4. 工字廊

北京也有极少数四合院还保存有早期建筑常用的工字廊形式，那就是在前院正房和后院正房之间建造一条直通的廊子，从而在平面上形成工字形，故称工字廊。

廊子一般都是过垄脊筒瓦屋面，木构架多为四檩卷棚顶。廊子的柱子也多不采用房屋通常使用的圆柱，而是采用方柱或梅花方柱，柱子的颜色多为绿色。近代至民国时期的廊子也有一部分平顶廊子，不使用三角形梁架，而是直接将梁横架在柱之上，再铺屋面。

过道

九、过道

院落内用于沟通前后院而在次要房屋上开辟或单独建造的通道统称过道。坐北朝南的四合院，进深方向的过道一般都将东耳房东侧半间开辟为过道，坐南朝北的院落通常开在西南耳房靠西的半间。过道前后檐柱上一般都会装饰倒挂楣子、花牙子。

十、后罩房

后罩房是多进四合院后端临街的房屋建筑，一般都做成通长的数间房屋形式。其屋架结构多为五架梁。后罩房的形制与倒座房基本相同。在古代后罩房也极少开后窗，只在前檐方向安装门窗。

后罩房

十一、院墙

院墙是连接四合院四周各房屋形成围合状院落的围墙。北京传统四合院的围墙基本上都是用青砖砌筑。砖的摆砌方式以顺砖十字缝为主，砌筑工艺为淌白和糙砌为主，也有部分院墙采用丝缝。在北京的山区，有的院墙使用石头垒砌，其中以毛石干垒为主。

第三节

四合院的庭院绿化及园林

DI-SAN JIE　SIHEYUAN DE LÜHUA JI YUANLIN

绿化在中国古代已经被看作一种文化，很多花草树木都被人格化，形成了独具中国特色的文化现象。北京四合院继承了这一传统，在庭院的内外均有绿化，是四合院的重要组成部分。另外，北京四合院有的建造了花园。这些园林有的位于四合院的后部，有的位于四合院住宅的一侧。其建筑类型和植物品种丰富了北京四合院的建筑种类和绿化种类。从清代震钧的《天咫偶闻》卷五转引阮文达的《蝶梦园记》记载蝶梦园的建筑和绿化可见一斑："阮文达公蝶梦园在上冈。公有记云：辛未、壬申间，余在京师赁屋于西城阜城门内之上冈。有通沟自北而南，至冈折而东。冈临沟上，门多古槐。屋后小园，不足十亩。而亭馆花木之胜，在城中为佳境矣。松、柏、桑、榆、槐、柳、棠、梨、桃、杏、枣、柰、丁香、荼蘼、藤萝之属，交柯接荫。玲峰石井，嵌崎其间。有一轩二亭一台，花晨月夕，不知门外有辎尘也。"目前保存下来的清代文煜的可园、崇礼住宅花园和民国时期建造的马辉堂花园都是宅园中的精品。

一、四合院的庭院绿化

1. 庭院外的绿化

北京四合院在院外的大门和倒座房处，往往喜欢种植高大的落叶乔木，其中旧时以槐树、榆树为主（近代也有种植杨树的）。一方面高大的树干和树冠，可以助观瞻。一棵高大的树木荫蔽着宅院大门，使树荫下的大门显得更高大。再有就是树木有调节小气候的作用。另外，这些树木在历史发展过程中被赋予了美好寓意。

槐树

旧时北京的大街上和胡同内四合院前以槐树为最多，所以北京有一句谚语"有老槐必有老宅"，形象地道出了北京四合院绿化的

东四四条古槐树

现象，而槐树又以国槐最为普遍。《帝京景物略》卷之二记载了明代成国公家的一棵古槐："堂后一槐，四五百岁矣，身大于屋半间，顶嵯峨若山，花角荣落，迟不及寒暑之候。下叶已兔目鼠耳，上枝未荫也。绿周上，阴老下矣。其质量重远，所灌输然也。"古人之所以对槐树情有独钟，一方面是槐树适应我国大部分地区的气候，生命力强，且生长尚快，木质坚硬，有弹性，能够做船舶、车辆和器具等。另一方面，槐花和槐实为凉血、止血药；根皮煎汁，治疗火烫伤；花可做黄色染料。可以说槐树适应北京的气候条件且浑身都是宝，具有巨大的实用性。

槐树的种植还承载着深厚的文化渊源。周代时，朝廷在外朝区种植槐树和棘树，公卿大夫分坐其下，作为列班的位次。后来便以"槐棘"或"三槐"寓指三公九卿之位。北宋初年，官至兵部侍郎的北宋名臣晋国公王祐，在自家庭院种植了三棵槐树，期望后代能出"三公"式的人才。后来，他的三个儿子都做了官，并且次子魏国公王旦在宋真宗皇帝景德、大中祥符年间当了宰相。至王祐的孙子王巩时，与苏轼是好朋友，于是请苏轼为其宗祠题写"三槐堂"匾额，并请其作《三槐堂铭》记述家族史。苏轼在《三槐堂铭》中以植槐树寓指植德、育人、庇荫后代，并赞叹道："呜呼休哉！魏公之业，与槐俱萌。封植之勤，必世乃志。既相真守，四方砥平。

曹雪芹纪念馆门前古槐树

归视其家，槐荫满庭。"《三槐堂铭》清代时被收录到《古文观止》中，历代刊印。因此，槐树在古代又蕴含了崇高的地位和高尚的品德之义。北京四合院继承了这种文化传统，在明、清的住宅中广泛地种植槐树，用这种方式表达着其道德取向、对美好生活的期许以及对后代子孙的寄望。

如今北京地区是世界上保存古树最多的古都，而槐树是其中最大的组成部分之一，北京城区内的东城区国子监一带、锣鼓巷一带、东四一带，西城区的护国寺、西四一带的四合院前还有较为集中保留的古槐树，而这些地方正是元明清三代以来保持了格局，没有大变动的地区之一。另外，现在西山的曹雪芹纪念馆门前种植有三棵古槐，其中，门东边的一棵是著名的"歪脖槐"，有的红学家认为它是此院为曹雪芹故居的有力证明之一。原因是在香山一带有关曹雪芹传说的小曲里有"门前古槐歪脖树，小桥陵水野芹麻"一句。

榆树

榆树也称为白榆，生长于我国长江流域至东北、内蒙古等平原地区，其高可达 25 米，生长快，树龄长，木材纹理直，可做建筑用材，也可做家具、车辆、农具等用材。早春先叶开花，翅果不久成熟，嫩叶、嫩果可食用。木皮纤维可代麻用。根皮可制糊料，叶

煎汁可以杀虫。由榆树的性质可以看出，其也是非常实用的一个树种。它的翅果因为中间鼓出来，边缘处薄薄的，嫩绿扁圆，有点像古代铜钱的形状，故而被称为榆钱。明代文震亨《长物志》记载："槐、榆，宜植门庭，板扉绿映，真如翠幄。"明代李时珍撰写的《本草纲目·木部二》记载道："榆未生叶时，枝条间先生榆荚，形似钱而小，色白成串，俗呼榆钱。"明代著名的谏臣杨椒山就在自己位于北京西城区（原宣武区）的庭院种植了一株榆树："庭隅老榆盘错，阴森不昼，传为忠愍公手植者。"他同时还记载自家的旧宅："西院有榆，亭亭梢云，余兄弟三人皆生于此宅。"旧时北京人经常将榆钱和面粉等做成食物，非常受人喜爱。震钧在《天咫偶闻》中记载："以面裹榆荚蒸之为糕，拌糖而食之。"而且又因它与"余钱"谐音，寓意着富足。因此，北京四合院也有少量在庭院外种植榆树的（花园中也多有种植）。榆树在北京城内四合院的种植数量虽远不及槐树，但在广大乡村还是有一定数量的种植。其生长的榆钱因为恰是青黄不接的时候，还成为了贫困家庭充饥的重要食物。

2. 庭院内的绿化

北京四合院的庭院内相对于庭院外的绿化，其品种更为丰富多彩，既有各种树木，也有藤蔓类植物以及各种花卉、盆栽。

乔木、灌木

北京四合院庭院内的树木品种基本上都是落叶、矮小的乔木、灌木。最常见的落叶小乔木和灌木类的植物主要有海棠、石榴、丁香、月季等。

北京四合院中种植小乔木和灌木，主要是因为以下三方面原因：第一，适应北方气候环境的需要。北方气候四季分明，尤其是冬天，房屋内需要充足的阳光，落叶小乔木

和灌木由于冠幅较小不会遮挡较多的光线，而且冬天它们都落叶，保证了冬日庭院内充足的光照。第二，不破坏四合院内的建筑物。由于传统北京四合院庭院内一般都会进行硬化处理，多数会铺装砖地面，小乔木和灌木的根系都很小，不会破坏庭院内的地面铺装，也不会损坏院内建筑的地基。而如果种植高大树木，其根系长出地面则会把地面铺装掀起，并且过长的根系会伸入房屋的地基，使得院内建筑物基础的牢固性减弱。第三，大乔木多数会有病虫害，例如北京人俗称的"吊死鬼"、小腻虫等，这些虫子容易滋生细菌、不利环境卫生，而这些病虫害如果位于高大的树干，以过去的生产力很难触及树冠根治，这也是不种植高大树种的原因之一。从实用性角度讲，北京四合院内所栽种的树木多数属于"春华秋实"（春花秋实）型，而夏天的时候可以乘凉。

海棠是四合院中最为常见的树木之一。海棠属于蔷薇科，落叶小乔木，是北京四合院庭院和花园内常种植的花木，尤其是西府海棠在北京最为著名。海棠栽种的位置多为四合院的正房或正堂的东、西次间前对称种植两株。明代王象晋的《二如亭群芳谱》中"海棠四品"一名被冠于今天的四种植物：西府海棠、垂丝海棠、贴梗海棠和木瓜海棠。王象晋的这种观点影响深远，至今这四种植物虽不同属（西府海棠、垂丝海棠属于苹果属，贴梗海棠、木瓜海棠属于蔷薇科木瓜属），但名字中都带有"海棠"二字。而北京四合院内基本上都是种植前两个品种。海棠树在北京四合院中也是有寓意的，有富贵、兄弟和睦的意思，海棠花则有美女的含义。另外，老北京经常将海棠和院内的鱼缸内的金鱼联系，谐音"金玉满堂"。

元明时北京的住宅就已经有大量的海棠种植。据《日下旧闻考》卷一百四十九记载：

四合院内海棠树

"京师多海棠，初以钟鼓楼东张中贵宅二株为最。嘉靖年间，数左安门外韦公寺。万历中，又尚解中贵宅所植高明。"明代孙国敉撰《燕都游览志》曾记明代张公的古海棠："张公海棠二株，在钟鼓楼东中贵张宅，元时遗物。丛本数十围，修干直上，高数丈，下以朱栏陪之，参差敷阴，犹垂数亩。"清人震钧撰写的《天咫偶闻》中对北京种植的海棠有一段评述："京师果瓜甚繁，而足证经义者，尤莫先于棠、杜二物。……按：棠、杜之分，当以《尔雅》为定，而陆玑、郭璞亦能分别井然。《尔雅》：杜，赤棠。白者棠，又曰杜甘棠。郭注：今之杜梨。陆玑《诗疏》：赤棠与白棠同耳，但子有赤白美恶。……曰：海棠，果又小于沙棠，其色白。此即《诗》之白者曰棠。又有一种皮作赭色而厚，名曰杜梨。即《诗》之赤者曰杜，亦即《尔雅》之赤棠。"

四合院内海棠树

东旺胡同9号院盛开的海棠花

四合院内石榴树

北京中南海西花厅内广植西府海棠。1954年春，西花厅内海棠盛开，但是此时周总理正在瑞士参加日内瓦会议，无法亲临赏花，于是邓颖超剪下一枝海棠花，做成标本，夹在书中托人带给了周总理。总理看到这来自祖国蕴涵深意的海棠花非常感动，百忙中还是托人带回一枝芍药花回赠邓颖超。周恩来与邓颖超千里迢迢赠花问候，成为佳话。

石榴也是北京四合院内最为普遍的一种树木。明代文震亨的《长物志》就说："石榴，花胜于果，有大红、桃红、淡白三种，……宜植庭际。"石榴不仅具有很高的营养价值，而且具有很高的药用、保健价值。石榴独特的花、叶、枝、干、果实等形态特征以及春华秋实、多子等特性，又使石榴极具观赏价值，并被赋予诸多象征意义。石榴被人们视

为吉祥果，喻为团圆、团结、喜庆、红火、繁荣、昌盛、和睦、多子多福、金玉满堂、长寿、辟邪趋吉的象征。

石榴原产于伊朗、阿富汗、中亚及西亚一带地区，大约在汉代由中亚经丝绸之路引入我国，栽培历史已有两千多年。《博物志》载："汉张骞出使西域，得涂林安石国榴种以归，故名安石榴。"汉代时，石榴先植于上林苑、骊山温泉一带。由于石榴花果并丽，很快被中国人所接受，并逐渐传播到国内各地。

丁香虽不及石榴和海棠数量之大，也是传统四合院庭院内绿化常见的一个品种。由于其名字"丁香"有后代（丁口）兴旺发达、香满人间的寓意，故而受到了老北京人的青睐。同时，丁香在古代也有美女的含义。清初的王士禛在《香祖笔记》中记载："闻张湾

四合院内石榴花

四合院内丁香树

某氏丁香盛开。"戴璐在《藤阴杂记》卷七·西城上，引《朱竹坨集》中记载："乔侍读莱尝辟一峰草堂于宣武门斜街之南，有《看花歌》云：'主人新拓百弓地，海棠乍坼丁香含。'"同时，戴璐自己的住宅也有种植丁香，"余赁官廨七年，藤萝成阴，丁香花放，满院浓香"。

月季被称为花中皇后，又称"月月红"。常绿或半常绿低矮灌木，四季开花，多红色，偶有白色，可作为观赏植物、药用植物，也称月季花。月季花种类主要有切花月季、食用玫瑰、藤本月季、地被月季等。中国是月季的原产地之一，因其花色红艳，十分喜庆，因此有月月红火、四季花香的含义，被老北京人所喜爱，也因此成为北京市的市花。

藤蔓植物

北京四合院内的藤蔓类植物主要有紫藤、葡萄和葫芦等。这些藤蔓类植物一方面适应北京的地理气候；另一方面也都是被赋予了美好寓意的品种。

紫藤，又称藤萝、朱藤，属豆科，高大木质藤本，是我国最著名的棚荫植物，也是北京四合院的又一种特色绿化植物。紫藤大多种植在里院书房前，炎热的夏季，人们在藤萝架的浓荫下乘凉，顿感进入了清凉世界，暑汗全消。

北京历史上文人爱藤，他们不但在诗词

四合院内藤萝架

中咏藤，而且在自己居住的宅院中植藤。至今在北京的宣南地区很多宅院还种植有藤萝，尤其是很多古代文人故居中多有名藤。明代北京宣南地区海柏胡同（又名"海波胡同"，因有古刹海波寺而得名）的孔尚任居所自称"岸堂"，孔公有句云："海笔巷里红尘少，一架藤萝是岸堂。"清初的王士禛曾在其琉璃厂附近的住所种植紫藤，而且"咏者甚多"。纪晓岚《阅微草堂笔记》记载："京师花木最古者，首给孤寺吕氏藤花，……数百年物也。……吕氏宅后售与高太守兆煌，又转售程主事振甲。藤今犹在，其架用梁栋之材，始能支拄，其荫覆厅事一院，其蔓旁引，

纪晓岚故居内紫藤

又覆西偏书室一院。花时如紫云垂地，香气袭衣。"纪晓岚故居的紫藤距今已近三百年的历史。戴璐的《藤阴杂记》也记载这棵紫藤："万善给孤寺东吕家藤花，刻'元大德四年'字。"戴璐在《藤阴杂记》的序中也记载自家

大安澜营胡同22号院紫藤

院中有紫藤："寓移槐市斜街，固昔贤寄迹著书地。院有新藤四本，渐次成阴，恒与客婆娑其下。"又在书中记载："宣武门街右为陈少宗伯邦彦第。堂曰'春晖'，屋有藤花。"宣武区海柏胡同的朱彝尊故居内原有两株紫藤垂窗，故书房名"紫藤书屋"。鲁迅先生从南方来到北京后，第一处居所是宣南绍兴会馆中的一个小院，因小院内有一棵古藤，所以小院名"藤花馆"。目前，在宣南大栅栏地区大安澜营胡同22号的四合院中有一株树龄达到400多年的古藤。

葡萄是北京四合院内比较常见的一种藤蔓植物。夏天在葡萄架下既可乘凉消夏，又可以品尝其美味的果实，而且葡萄果实多而

四合院内葡萄

密，也被赋予了多子多孙的美好寓意，因而受到了人们的普遍欢迎。另外，在民间还有一个美丽的传说。每当农历七月初七日，牛郎和织女相见之日，在葡萄架下可以听到他们窃窃私语。当然，我们不可能听见牛郎织女的情话。但是，葡萄却承载了寄托对远方爱人情思的作用。

葫芦在北京四合院内是非常受欢迎的一种绿化品种。葫芦在北京主要有两个圆形的组成葫芦和半圆形的匏瓜两种。成熟前可以作为蔬菜，成熟后还是很好的实用容器和装饰物。古代夫妻结婚入洞房饮"合卺"酒，卺即葫芦，其意为夫妻百年后灵魂可合体，因此古人视葫芦为求吉、避邪的吉祥物。葫芦与仙道的关系非常密切。《列仙传》上的铁拐先生、尹喜、安期生、费长房这些传说中的神话人物，总是与葫芦为伍的，以至后来葫芦成为成仙得道的标志之一。由于"葫芦"与"福禄"谐音，它又是富贵的象征，代表长寿吉祥，民间以彩葫芦做佩饰，就是基于这种观念。另外，因葫芦藤蔓绵延，葫芦内的籽很多，它又被视为祈求子孙万代的吉祥物，古代吉祥图案中有不少关于葫芦的题材，如"子孙万代""万代盘长"等。用红绳线穿五个葫芦悬挂，称为"五福临门"。

时令花卉

北京的庭院绿化还会种植一些时令花卉，其中以牡丹、菊花、荷花、芍药和兰花最为常见。

牡丹是百花之王，花形雍容华贵，寿命很长，寓意富贵，因此古代受到了上至达官显贵下至普通百姓的广泛喜爱。北京四合院内也经常种植牡丹，是富贵吉祥的象征。戴璐《藤阴杂记》卷六记载："程篁墩谓京师最盛曰梁氏园，牡丹、芍药几十亩。"同样《日下旧闻考》卷六十一也记载："京师卖花人，

联住小城南古辽城之麓，其中最盛者曰梁氏园。园之牡丹、芍药几十亩。每花时云锦布地，香冉冉闻里余，论者疑与古洛中无异。"

芍药被称为花相。其与牡丹是一对姊妹花，花形相像，也是富贵的象征。明文震亨撰《长物志》称："牡丹称花王，芍药称花相，俱花中贵裔。"更由于北京丰台地区盛产芍药，故而尤其受到北京人的喜爱。清代汪启淑的《水曹清暇录》载："丰台芍药妙绝天下，瑰丽实过鼠姑，浓芬馥郁亦鲜其俦；且性耐久，不似钱塘、苏台、邗沟材地柔弱，午时欲睡，洵是妙品。"由于芍药的美誉和产地的原因，从而成为北京四合院内盆栽的代表品种之一。

菊花被古人称为花中隐者，代表了清雅淡远的气质。在古代菊花又有吉祥、长寿的含义。由于受到了文人的推崇，因此菊花为北京四合院盆栽中重要的品种。晋代大诗人陶渊明"采菊东篱下，悠然见南山"的名句，成为以菊言志的代表。之后，历朝历代歌咏菊花的诗句非常广泛。清代礼亲王昭梿在其著作《啸亭杂录》"宁王养菊"条记载了以文人雅士自居的宁郡王弘晈养菊的故事："京（北京）中向无洋菊，篱边所插黄紫数种，皆薄瓣粗叶，毫无风趣。宁恪王弘晈为怡贤王次子，好与士大夫交，因得南中佳种，以蒿接茎，枝叶茂盛，反有胜于本植。分神品、逸品、幽品、雅品诸名目，凡名类数百种，初无重复者。每当秋膡雨后，五色纷披，王或载酒荒畦，与诸名士酬倡，不减靖节东篱趣也。"据震钧记载，菊花是当时最受士大夫看重的花卉，"而士大夫所尤好尚者，菊也"。民国时期，刘文嘉在北京新街口建有一座婆园，曾经培植菊花100多种，共1700多盆，高者超过屋檐，大者花径近尺，备受游者赞赏。

荷花，又称莲花、芙蓉，被古人赞为花中君子，"出淤泥而不染，濯清涟而不妖，中通外直，不蔓不枝，香远益清"成为了它品质的象征，古人爱莲更爱莲所代表的高洁的精神。北京的四合院中由于缺水，种植莲花时有的砌筑一个小池子，更多的则种植于庭院内的大鱼缸内，形成了鱼戏于莲的情景，并寓意连年有余（莲年有鱼）。

兰花被誉为花中君子。据《孔子家语》记载，孔子认为："与善人居，如入芝兰之室，久而不闻其香，即与之化矣。"汉·戴德《大戴礼》也记载："与君子游，芯乎如入兰芷之室，久而不闻，则与之化矣。"因此，芝兰之室成为表达良好环境的成语。另外，《孔子家语》中还记载了孔子对兰花品性的评价："芝兰生于深谷，不以无人而不芳；君子修道立德，不为困穷而改节。"屈原在《离骚》中也多次借兰言志："扈江离与薜芷兮，纫秋兰以为佩。……余既兹兰之九畹兮，又树蕙之百亩；……时暧暧其将罢兮，结幽兰而延伫。……余以兰为可恃兮，羌无实而容长。"表达了屈原高尚的情操。之后，兰花的品性寓意被历代广泛地借喻传衍，成为广受欢迎的一种花卉品种。在这种文化背景的影响下，北京四合院也将其引入庭院绿化中。

当然，庭院的绿化与主人的喜好有很大关系，也会有一些奇花异草被移植其间，有些在主人的精心培植下甚至枝繁叶茂、花娇色艳。如《天咫偶闻》卷三记载清末北京的隆福寺花卉市场出售的花卉有："旧止春之海棠、迎春、碧桃，夏之荷、榴、夹竹桃，秋之菊，冬之牡丹、水仙、香橼、佛手、梅花之属。南花则山茶、腊梅，亦属寥寥。近则玉兰、杜鹃、天竹、虎刺、金丝桃、绣球、紫薇、芙蓉、枇杷、红蕉、佛桑、茉莉、夜来香、珠兰、剑兰到处皆是。且各洋花，名目尤繁，此亦地气为之乎。此外，西城之护国寺，外城之土地庙，与此略等。"这些花木虽也是四合院绿化的组成部分，但是本志不一一叙述，仅收录在北京四合院发展过程中被广泛接受和种植且赋予一定的文化象征意义的品种。

二、四合院的园林

北京建造私人花园已经有数百年的历史，据记载，自金代北京便已经有私家园林的建造，元代的私家园林有了进一步发展。至明代，北京的私家园林发展到了一个高潮，明人刘侗、于奕正撰写的《帝京景物略》中记载的北京私家园林达数十座。清代更是在明代的基础上将北京私家园林推上了顶峰。民国时期也建造了部分园林。这些私家园林很多都是依附住宅建造，是为宅园，其位置有的位于四合院的后部，有的位于四合院住宅的一侧，有的位于宅院的中路，其方位并没有一定之规。目前保存下来的清代文煜的可园、崇礼住宅花园和民国时期建造的马辉堂花园都是宅园中的精品。

1. 建筑构成

四合院园林的建筑构成主要可以分为以下几个部分：一是山石。园林多离不开假山的堆叠和奇石摆放，山石几乎是每一座北京宅园的必备建筑要素。二是湖池桥梁。水是使得园林具有灵气的重要因素之一，北京虽然多数地区缺水，尤其是活水，但是为了丰富园林景色，还是有不少庭园建造了小规模的湖池、水渠。有水，那么水上的建筑桥梁也随之建造。三是厅堂。北京的庭园中往往要建造一座或几座厅堂，作为游园的休息之处或观赏景色之处，抑或是宴请会客之处。四是亭台馆榭。建造了假山的庭园一般都会在山上建造亭，而有水的庭园也往往建造临水建筑——水榭。五是戏台或戏楼。曲艺在北京的发展非常迅速，尤其是京剧，由于受封建礼制的限制，住宅内不能演出，所以很多人将戏楼建在了花园内。

2. 植物构成

北京宅园中种植的乔木和灌木，除了上文中叙述的庭园绿化品种外，常绿乔木还有松、柏，落叶乔木有枣、银杏、杨、柳、桑、梧桐、梨、杏、桃、香椿、臭椿、楸、杜仲、皂荚、枫树、柰子、核桃、柿，等等。藤蔓类的植物基本上和庭园的相同，以紫藤、葡萄和葫芦为主。时令花卉也与庭园中的花卉品种基本一致。

对建筑进行装饰自春秋战国时期便已经有了描述，如《礼记》中就有"山栉藻棁……天子庙饰也"的记载。北京四合院的建筑从屋面、屋身到台基，从屋内到屋外也多进行装饰，而传统上将这些对建筑的装饰性处理统称为装修。北京四合院的装修按照材质又分为木装修、砖（瓦）石雕刻装修和油漆彩画装修。作为住宅功能，除了以上的附着于建筑物上的美化装修外，日常生活的家具和装饰性的摆件也是必需的，而这些则被统称为陈设。这些陈设品也往往会做艺术化的处理，因此很多陈设又是建筑装修的一部分，如多宝槅为木装修中起到隔断作用的装饰物，又是摆放文玩的实用陈设物，再如上马石为供人上下马的实用器，而其本身和其上的精美雕刻又对宅院起到极强的装饰性。因此，装修和陈设具有一定的相通性，它们共同将青灰色为主色调的北京四合院装扮得更加典雅、更富艺术情调。

第一节

四合院的砖雕

DI-YI JIE　SIHEYUAN DE ZHUANDIAO

砖雕是我国传统装饰手法之一，是由东周瓦当、空心砖和汉代画像砖发展而来的。北宋时形成砖雕，成为墓室壁画的装饰品。金代，墓室砖雕的内容更加丰富，技艺也有所提高。明代随着制砖技术的不断提高，烧制产量的提升，以及成本的降低，各地建筑普遍使用砖墙，砖雕由墓室砖雕发展为民居建筑装饰砖雕。到了清代，砖雕广泛用于建筑物墙面的醒目部位，在讲究的传统住宅建筑中更为突出。北京四合院砖雕所用的材料基本为青砖，材料相对容易取得，而且和墙体材料一致，使得建筑整体在施工技术、色调上达到统一，具有较好的装饰效果，因而得到广泛的应用。砖雕主要有两种做法：一种是雕泥、一种为雕砖。雕泥是在泥坯脱水干燥到一定阶段进行雕刻、模印，然后烧制成型。雕砖则是在已经烧制好的青砖上，按设计好的图谱进行雕刻，拼装成完整的图案。

一、砖雕位置

1．四合院大门门头

四合院的大门是整座宅院的缩影，透过大门可以大致了解主人的社会地位、经济情况、志趣爱好等，故历来为人们所重视。大

门便成为四合院重点装饰部位之一。由于北京四合院的宅门有多种形式，其装饰部位也存在一定的区别。

金柱大门戗檐墀头砖雕

墀头是硬山房山墙端头的总称，俗称"腿子"。北京四合院的广亮大门、金柱大门、蛮子门、窄大门会在墀头上端做醒目的砖雕。大门外侧的墀头砖雕，一般由垫花、戗檐和博缝头等部件组成。垫花图案大多为一个精美的花篮，里面插满各种花卉，构图秀美，极具观赏性。戗檐部分砖雕的题材内容则比较多样，如鹤鹿同春、松鼠葡萄、子孙万代、博古炉瓶、玉棠富贵等。博缝头砖雕最常见的题材为佛教的万字、柿子和如意组成的万事如意图案和太极图案。如意门在北京四合院大门中以砖雕著称。如意门砖雕除墀头上的垫花、戗檐和博缝头外，其最主要的部位是门楣栏板砖雕。如意门的门楣砖雕主要有四种形式：一种是在门

戗檐砖雕

博缝头砖雕万事如意图案

门楣、栏板柱子　　　门楣冰盘檐栏板

象鼻枭、如意石　　　栏板瓦花

洞上安装砖挂落，在挂落上方出冰盘檐若干层，冰盘檐上安装栏板、望柱等部分，这种形式应用较多；一种形式是在门楣挂落板上面，摆砌出须弥座形式，须弥座上面再置栏板、望柱；再有一种形式是在门楣部分用一大块花板来代替冰盘檐、栏板、望柱；还有一种是栏板部分仅使用瓦花进行装饰。这些形式的使用主要是根据四合院主人的家境或喜好。门楣砖雕的雕刻题材十分广泛，内容极为丰富，有福禄寿喜、梅兰竹菊、文房四宝、玩器博古等，多根据主人的理想抱负、志趣

小门楼砖雕

西洋门门头

爱好选材。另外，如意门的象鼻枭和象鼻枭两侧有时也会雕刻花卉。

小门楼和随墙门是北京四合院宅门中最简朴的一种，多为素活，但也有采用砖雕装饰的。砖雕多用于挂落板、头层檐及砖椽头等处。西洋门砖雕装饰多用在门楣之上的砖砌门额上或在门头上起女墙，做出砖的各种造型装饰，其檐口装饰有线脚。

2.影壁

影壁也是四合院重点装饰部位之一。北京四合院中的影壁绝大部分由砖砌筑，影壁的下碱有直方形的，不加雕饰；也有须弥座形式的，在上下枭、束腰部位做雕饰，但较为少见。影壁的上身多为仿木结构的砖框，

影壁中心和四岔砖雕

砖框之内称为影壁心。软影壁心抹白灰，硬影壁心用方砖斜砌而成，在中心和四角部分做中心花和岔角花砖雕。雕刻内容亦根据主人志趣而设计，多以四季花草、岁寒三友、福禄寿喜为题材；有些影壁则在中心部位雕出砖匾形状，其上多刻"吉祥""平安""如意""福禄"等吉词，也有一些宅院主人为了彰显自身修养，而选用古籍经典词句雕刻。影壁的檐口和墙帽部分一般也在第一层砖檐、连珠混等处做雕饰，讲究的影壁还会在砖椽头做雕饰。影壁的墙帽如有正脊时，还

影壁清水脊花草砖雕

排山脊花草砖

清水脊花草砖

会在正脊两端做花草砖雕饰。

3. 房屋墀头

除宅门外侧墀头上的砖雕外，院落中房屋的墀头和博缝头上有的也装饰砖雕，其形式和内容与大门基本一致。

4. 廊心墙

廊心墙是房屋山墙内侧廊间金柱与檐柱之间的墙体，位置在檐廊的两端，有的也会装饰砖雕。廊心墙分为下碱和上身两部分，下碱多为砖砌，不做装饰；上身多将中间砌为长方形的廊心，为装饰的重点部位。常见做法是在廊心墙上身四周做砖框，框内做砖心，称为海棠池子，内做砖额或者在中心、四角分别刻中心花和岔角花。讲究些的做法是将外圈的砖框也做出雕刻。也有些廊心墙砖雕采用密集式布局，砖雕充满整个廊心墙上身墙面。

有些四合院在正房、厢房的廊心墙上开门洞，与抄手游廊相连接。廊门上方为门头板，由八字枋子、线枋子和墙心组成，在八字枋子和墙心处做雕饰。多在墙心部分题额，诸如"朱幽""兰媚""撷秀""扬芬"等。有些稍低矮的房子，门头板尺寸较小，墙心内则留白。

5. 槛墙

槛墙是指房屋窗槛以下至地面的矮墙，一般为不抹灰的清水墙。极为讲究的四合院，在槛墙上也做雕刻。槛墙雕刻形式多样，讲究些的做法是在槛墙外圈砌大枋子，圈出小的海棠池，在大枋子和海棠池内加砖雕，雕刻题材多为花卉。也有周围做素面枋子，仅在海棠池内做砖雕。还有一种简易做法，仅圈出海棠池而不做雕刻。槛墙上的砖雕多与廊心墙上的砖雕相呼应，装点房屋前檐。

6. 围墙

围墙中做砖雕的主要就是垂花门两侧的看面墙，其装饰形式主要有两种：一种是在墙上布置什锦窗。什锦窗的窗套包括窗口和贴脸，有木质和砖质两种。什锦窗的砖质贴脸上则是砖雕装饰的主要部位，砖雕艺人依据什锦窗的不同形态，在有限的空间内，雕刻出精美的图案。另一种是没有什锦窗，在墙面上做素面墙心，或者在墙心内加砖雕装饰，做法略同于影壁。另外一些看面墙的墙头也做有砖雕或以花瓦、花砖作为装饰。

7. 屋面

在北京四合院的屋面中，主要装饰部位为屋脊、瓦当。北京四合院多为小式建筑，有起正脊和不起正脊两种形式。起正脊的屋面，多为清水脊，是用砖瓦垒砌线脚，两端有翘起的砖条，称"蝎子尾"，下面叠涩有多块砖瓦雕刻件，俗称花草砖或花盘子。其中

瓦当

陡砌在正脊两侧的雕砖花饰，称为"跨草"，平砌在蝎子尾下的雕砖花饰，称为"平草"。清水脊雕刻的内容多以四季花卉、松、竹、梅等为主，寓意美好吉祥。不起正脊的屋面中铃铛排山脊和披水排山脊带有垂脊，垂脊末端有与清水脊相似的叠涩砖瓦作为收束，其上也作花盘子砖雕，上面常常雕刻一些花草图案。

垂脊花盘子

在北京一些讲究的四合院中，屋面的檐口部分的瓦当、滴水上面有非常精美的雕刻，瓦当雕刻的题材多为花卉、盘长如意图案或福禄寿喜等吉祥祝语，滴水上多为吉祥花卉题材。

清水脊花盘子

透风砖

8. 山墙

在北京四合院中，有一小部分讲究的院落其房屋山墙的山尖部分会安装透风砖。为了美观，透风砖多为透雕和深雕的花砖，将空隙隐藏在花饰之中，使人不易察觉。其雕刻内容多为植物、花卉，少数也用动物形象。

9. 象眼

四合院房屋的很多位置都有三角形区域，统称象眼。为了做出区别则根据其位置的不同在象眼前冠以其位置名称，比如大门象眼、门廊象眼、垂带象眼等。其中房屋山墙内侧，大门象眼和门廊象眼处，比较讲究的四合院会做砖雕或彩画装饰，这两处的砖雕称为"软花活"，它使用抹灰之后再在上面刻画的方法或堆塑的方法制作，其题材内容

正房象眼砖雕

多采用各类锦纹、花鸟装饰，也有少量采用其他题材的装饰。

除了上述部位外，北京四合院的其他部位也有做砖雕的。如平顶房屋外围的砖栏杆，排放雨水的阴沟沟眼，用在花砖墙墙帽上的

砖雕、花瓦，等等，充分体现了砖雕艺术在北京四合院中的广泛应用。

二、砖雕图案

北京四合院的砖雕图案的题材十分丰富，主要有以下几类：

1. 自然花草

把自然界中的花草作为雕刻装饰题材，在砖雕中应用非常广泛，墀头、影壁、廊心墙、槛墙、什锦窗、透风砖等处均可采用。常见的题材有松、竹、梅、兰、菊、牡丹、灵芝、荷花、水仙、海棠、石榴、葫芦等。其选择的多是在历史发展过程中被赋予了美好寓意的品种。如松象征长寿，竹象征耿直气节，

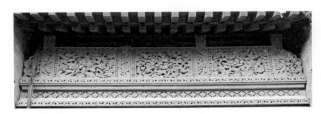

梅兰菊图案

牡丹图案

菊花图案

梅象征清高，兰象征清雅，菊象征高雅，牡丹象征富贵荣华，灵芝象征吉祥如意，荷花象征出淤泥而不染的高洁，石榴和葫芦则象征多子多福。这些题材可以单独使用，也可以和其他种类的题材配合使用。

龙图案

狮子图案

2. 动物

在北京四合院砖雕题材中，动物图案应用得也比较多，常见的有蜜蜂、喜鹊、麻雀、蝙蝠、仙鹤、大象、狮子、梅花鹿、马、猴、羊等等，大多与其他类型题材组合使用。龙、凤是人们理想中的吉祥物，但在封建社会龙、凤纹样却为皇家所独享，民间不能使用。随着封建制度的衰亡，象征吉祥、幸福的龙、凤图案逐渐也出现在民间建筑中，但写实的龙、凤形象几乎不用于砖雕中，主要以夔龙、草龙等变形为主，常与回纹、蕃草纹结合使用。

3. 博古图案

这类砖雕题材，是以古玩摆饰、文房四宝、画卷等为基本内容，多用在戗檐、大门栏板等显著位置。常见题材有青铜器皿、宝

博古图案

轱辘钱和龟背锦

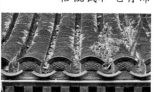
瓦当盘长纹

回纹、蕃草和万不断图案

福寿字图案

万字主题砖雕

鼎、酒具、宝瓶、炉、书案、博古架、画轴等，构图典雅。

4. 蕃草图案

蕃草图案，是自然花草图案的一种变形，基本图形是一正一反向前卷曲伸展的线条，

福寿与蕃草图案

为连续图形。北京四合院砖雕中常见的蕃草图案主要有兰花纹、竹叶纹、栀子花纹等，这类图案多用于砖檐、混砖等窄长部位，如

冰盘檐下地头层檐、砖拔檐、线枋子等处。

5. 锦纹图案

锦纹图案类型多样，应用在北京四合院中的锦纹主要有回纹、如意纹、云纹、万字不到头、扯不断、丁字锦、龟背锦、海棠锦、福字、寿字等。这些锦纹图案在雕刻中多当作花边来处理，应用在大幅砖雕的边框、线脚处，来烘托主题。而福字、寿字、万字不到头（象征万福）等一类有内涵的锦纹有的用作周围装饰，有的则直接放置在整幅雕刻中，起到点题的作用。锦纹图案与蕃草图案是一直一曲、一方一圆、一硬一软，应用在同一幅作品中时，形成强烈的对比效果。

6. 人物故事

人物故事的内容主要是大家耳熟能详的历史人物和戏文小说的人物故事。如竹林七贤、《三国演义》等。但这类题材在四合院砖雕中较为少见。

人物故事砖雕

7. 宗教神话

由于民间信仰宗教者众，宗教法器这类题材在北京四合院砖雕中也常出现。比较常见的是暗八仙。八仙是道教的八位仙人铁拐李、汉钟离、张果老、蓝采和、何仙姑、吕洞宾、韩湘子、曹国舅。这八人每人所持法器各不相同，铁拐李持葫芦、汉钟离持芭蕉

扇、张果老持渔鼓、蓝采和持花篮、何仙姑持莲花、吕洞宾持宝剑、韩湘子持横笛、曹国舅持阴阳板。在砖雕图案中，常用这八种法器来隐喻这八位仙人，故称"暗八仙"。另外佛教纹饰中的西番莲在四合院中也偶有应用，佛教八宝：法轮、宝伞、盘花、法螺、华盖、金鱼、宝瓶、莲花，统称八宝吉祥，在一些四合院的砖雕中也有应用。

8．组合图案

组合图案是以几种图案组合在一起，采用象形、谐音、比拟、会意等手法，即用每种图案代表的寓意或图案发出的谐音串联起来表达含义。这种题材在北京四合院砖雕中的应用非常广泛，往往是将几类图案结合使用。如：用松、竹、梅组成"岁寒三友"，象征文人雅士的清高气节；以灵芝、水仙、竹子、寿桃组成"灵仙祝寿"；以牡丹、海棠组成"富贵满堂"；以牡丹、白头翁组成"富贵白头"；

松竹梅菊砖雕

梅鹿同春砖雕

松鹤延年砖雕

以松树、仙鹤组成"松鹤延年"；以松树、仙鹤、梅花鹿组成"鹤鹿同春"；以寿字、蝙蝠组成"五福捧寿"；以葫芦及藤蔓组成"子孙万代"；以蝙蝠、石榴组成"多子多福"；以花瓶、月季组成"四季平安"；以如意、宝瓶组成"平安如意"；以柿子、花瓶、鹌鹑组成"事事平安"；以梅花、喜鹊组成"喜上眉梢"；以桂圆、荔枝、核桃组成"连中三元"；以莲、鱼组成"连年有余"；以蝙蝠及铜钱组成"福在眼前"；以柿子和万字组成"万事如意"；等等。随着西洋建筑在北京的增多，一些四合院内的建筑也采用了西洋风格的样式，砖雕也被用于模仿西洋雕刻手法和装饰风格，如西洋式柱头。

北京四合院的砖雕做工精细，构图均衡，画面古拙质朴，具有浓厚的民间艺术风格和地方文化气息。

西洋式柱头

第二节

四合院的石雕

DI-ER JIE SIHEYUAN DE SHIDIAO

石雕艺术的历史比砖雕艺术更为悠久，在中国传统建筑中得到广泛的应用。但在居住建筑中，石雕的应用却不如砖雕广泛，主要是因为民居建筑中采用石料的部分远远少于用砖的部分，但这并没有影响北京四合院中的石雕题材丰富，镌工精湛，且具有极高的艺术价值的特点。

一、石雕类型

北京四合院中的石雕，石料的材质主要是青白石，极少一部分民国时期或近代新建的使用汉白玉。因为封建时代汉白玉是皇家专用石料。从雕刻技法上可分为平雕、浮雕、圆雕、透雕四种。

平雕：是石雕中最简单的一种，借助于线条造型，不论用阴刻或是阳刻，花纹均在一个平面上，没有透视变化。多用来雕刻万字不到头、回纹、丁字锦、鼓钉等纹饰。

浮雕：又称凸雕，是石雕中用得较多的一种雕刻手法，通过不同深浅、多层次画面来表现题材的立体感。浮雕雕刻手法中，因层次的不同分为浅浮雕和高浮雕，浅浮雕只有一部分层次，表现雕刻图案的少部分面貌；高浮雕的层次、空间感更强烈，能表现出雕刻图案的大部分面貌。浮雕技法多用于抱鼓石、滚墩石、陈设座等石雕构件的主体图案。

圆雕：立体全形雕刻，把雕刻图案的主体、细部细画细雕完全表现出来。圆雕技法多用于抱鼓石上的石狮。

透雕：主要是通过镂空分成若干层次，把前景与后景区分开来。透雕技法在北京四合院中的应用相对较少。

门墩上的浮雕

二、石雕应用

1．门墩

门墩又写作门礅，又称门座、门台、门鼓、抱鼓石，是门枕石在大门外侧部分的石头，是石雕装饰的重点部位。北京四合院的门墩按造型主要有两种类型：一种是做成圆形鼓子样式的抱鼓形门墩，又称圆鼓子；一种是做成类似古人一种头巾样式的长方形幞头的，称幞头鼓子，又称方鼓子，现也被称为箱形门墩。其余还有狮子形门墩、柱形门墩等特殊造型。门墩的材质则几乎全为青白石。

抱鼓形门墩多用于大、中型宅院的宅门，其中尤以广亮大门、金柱大门和蛮子门为多，也有的使用在四合院的二门上。其整体可分为两部分，下部为基座，上部为圆形抱鼓

抱鼓形门墩侧面

部分，约占全高的三分之二。基座一般做成须弥座形式，由圭脚、下枋、下枭、束腰、上枭、上枋组成。须弥座的左、右、前三个立面有垂下的包袱角，其上做锦纹雕刻。须弥座上就是圆形抱鼓部分，由鼓身和鼓座组成。鼓座是位于须弥座上的部分，一般做成荷叶向两侧翻卷的造型，鼓座上部即是鼓身。鼓身两面有鼓钉，鼓面有金边，中心为花饰。鼓身两面的鼓心图案常见有转角莲、牡丹花、荷花、麒麟卧松、犀牛望月、松鹤延年、狮子滚绣球、五世同堂等等，两面鼓心图案可以相同也可不同。鼓身的正前面多用浅浮雕雕刻，图案一般为如意纹、宝相花、四世同

抱鼓形门墩正面

幞头鼓子门墩

堂等等。在鼓身的顶部一般为圆雕的兽吻或狮子造型，狮子有蹲狮、卧狮和趴狮等不同形态。蹲狮又称站狮，前腿站立，后腿俯卧，头部扬起；卧狮是俯卧的狮子形象；趴狮是对狮子造型的简化，狮身基本含在圆鼓中，前面只有狮子头略微扬起。幞头鼓子略小于抱鼓形门墩，多用于小型如意门、墙垣式门等体量较小的宅门和二门上，整体也可分为两部分：下部的须弥座，上部的幞头。幞头的金边图案多为回纹、丁字锦等等。幞头的侧面和正面多做浮雕图案，内容有回纹、汉文、各种花鸟和吉祥纹样。幞头顶部多做圆雕卧狮造型。

2. 滚墩石

滚墩石是用于独立柱担梁式垂花门、木

垂花门门墩

滚墩石

影壁两侧的支撑构件，起稳定作用。滚墩石的造型多为两个相背的抱鼓石，在中间的石材上有安装柱子的"海眼"，做成透眼，让柱子穿过透眼直达基础，起到稳定垂花门或木影壁的作用。滚墩石上的雕刻内容、纹饰与抱鼓石大致相同。

3. 上马石

上马石位于宅院门外左右两侧，成对设置，供人上下马或车轿时蹬踏使用，是显示主人身份的标志物之一。宋代《营造法式》中已经有记载，称为马台、石质。书中记载："造马台之制：高二尺二寸，长三尺八寸，广二尺二寸。其面方，外余一尺六寸，下面作两踏。身内或通素，或迭涩造；随宜雕镂华

上马石

文。"[1]北京四合院的上马石与宋代的基本相似，也多为两步的石台，只是所见实物尺寸上都稍小。有素做和雕刻两种做法。雕刻的上马石下部刻出圭脚形状，上面刻成包袱形状，包袱上面浮雕出精美的锦纹或吉祥图案。如：刻上狮子，意为驱邪避恶，避免鬼怪等对人和马的伤害；刻上猴子，意为能弼（避）马瘟，弼马瘟是齐天大圣孙悟空的雅号。

①[宋]李诫撰，《营造法式》第三卷，石作制度，马台。上海：商务印书馆，1938年12月初版，1954年12月重印，第68页。

4. 拴马桩

拴马桩

拴马桩，顾名思义就是拴马的石构件，位于宅门外。常见有两种：一种是露出地面部分高约一米左右，其上刻出穿缰绳用的"鼻梁儿"，端头部位略做雕刻；一种是在临街房屋的后檐墙上，正对后檐柱的位置，留出一个约15厘米×15厘米的洞口，在相应的后檐柱上安装铁环，用以拴缰绳。洞口一般用石块雕凿而成，有些洞口石块的里口会刻上浮雕纹样加以美化。

5. 泰山石敢当

泰山石敢当是四合院内传统风水理论中做"镇宅辟邪"之用，主要设置在朝向道路的临街房屋的墙角或山墙位置。其实它的主要作用就是防止车辆碰撞房屋，类似现代的防撞墩，只是古人加以想象推演而已。据记载元代北京的住宅已经使用石敢当了。元末陶宗仪《南村辍耕录》记载："今人家正门适当巷陌桥道之冲，则立一小石将军，或植一小石碑，镌其上曰石敢当，以厌禳之。按

鲁班经中泰山石敢当图样

西汉史游《急就章》云：'石敢当。'颜师古注曰：'卫有石碏、石买、石恶，郑有石制，皆为石氏。周有石速，齐有石之纷如，其后以命族。敢当，所向无敌也。'据所说，则世之用此，亦欲以为保障之意。"[1] 明代成书的《绘图鲁班经》一书也记载："凡凿石敢当……立于门首……凡有巷道来冲者，用此石敢当。"[2] 书中还记载了泰山石敢当的尺寸，绘制了图样。目前，北京四合院中所见的泰山石

泰山石敢当

敢当主要有三种样式，一种是与《绘图鲁班经》中的图样一样，为长方形条石，上端刻成虎头形状，虎头下面刻有"泰山石敢当"字样，条石下端也刻有纹饰。另外一种泰山石敢当的形状为长方形，上端雕凿为弯曲半圆形，素面无字。还有一种只立一块方正的石材，不做雕刻。

6. 闩眼石、闩架石

闩眼石是砌在宅院门内两侧墙上，用来安插门闩的石构件。闩架石是放在门道的地上，当门闩不用时就架在闩架石上。在讲究的北京四合院中，也会在闩眼石、闩架石上做雕刻装饰。

---

①［元］陶宗仪：《南村辍耕录》，卷之十七，石敢当。沈阳：辽宁教育出版社，1998年版，第202页。

②浦士校阅：《绘图鲁班经》，上海：洪文书局，民国二十七年（1938）版，第36页。

7. 陈设座

陈设座是庭院中用于摆放盆景、奇石、鱼缸等陈设之物所用的单独石座，又称陈设墩。陈设座的造型多样，从平面上分设有方形、圆形、六角形或者八棱形。立面造型多为方形、圆形或各种须弥座的组合形体。雕刻的内容常见有自然花草、锦纹，偶尔也有动物、人物故事等。陈设座的造型颇具匠心，是一件观赏性极强的艺术品。如今的四合院中已经很难见到了。

8. 石绣墩

石绣墩位于庭院中，供人小坐休息时用。其造型类似鼓形，鼓身表面雕刻出各种花卉、寿字、吉祥图案。雕刻技法有圆雕或透雕。目前的四合院中，已经所剩无几了。

9. 拱心石

拱心石是拱券正中间的那块上大下小的梯形石，其在拱券建造的最后放置，作用是通过上大下小外形，将拱券挤紧，使整个拱券成为一个整体。拱心石多用于西洋式拱券门中，一种是素面，只是在拱心石四周做线脚装饰，另一种是采用兽首造型。

北京四合院的砖雕构件，除上述几种外，

拱心石

还有位于井口上方，围护井口用的井口石，形状各异，是独立的圆雕做平；还有用于阴沟沟眼的沟门石，用于排水之暗沟与地面水口持平处的沟漏石，这些石构件造型简单，既不影响排水，又能阻止杂物进入，多用钱币、如意等图案；极个别四合院中，还会在山墙挑檐石或墙体转角的角柱石上做雕刻；在清代末期及民国年间，部分大型四合院的花园建造喷泉作为装饰，其喷头多采用石雕进行装饰，多采用兽首造型。

石绣墩

第三节

四合院的木雕

DI-SAN JIE　SIHEYUAN DE MUDIAO

古建筑木雕装饰是木雕刻与建筑构件进行有机结合后所形成的雕饰门类,目的在于丰富建筑空间形象,是中国传统建筑内外环境装饰中重要的装饰形式与装修处理手法之一。中国建筑木雕的相关记载于《周礼·考工记》中已有记述,文载:"凡攻木之工有七……攻木之工,轮、舆、弓、庐、匠、车、梓。"① 此七工种的梓即为梓人,是指专做小木作工艺的匠人,包括木雕刻。战国时期,木雕刻已成为宫廷建筑的常规做法。随着社会经济的发展,木雕刻也逐步制度化,宋代所著《营造法式》便将雕作细分为四种,即混作、雕插写生华、起突卷叶华、剔地洼叶华。对于每一种雕作又有相应的制度规定,如:"混作之制有八品,一曰神仙,二曰飞仙,三曰化生,四曰拂菻,五曰凤皇,六曰狮子,七曰角神,八曰缠柱龙。"② 雕刻技法方面,则主要分圆雕、线雕、隐雕、剔雕、透雕五种基本形式,其中隐雕在《营造法式》中归入剔地技法。至明清时期,木雕技艺进一步发展,在原有的五种基本木雕技法上又创造出贴雕和嵌雕技法。

古建筑木雕依照不同的雕刻部位又划分为大木雕刻和小木雕刻,大木雕刻指大木构件梁、枋上装饰物件的雕刻,如麻叶梁头、雀替、花板、云墩等;小木雕刻则指房屋内、外檐的装饰雕刻。北京四合院中,木雕装饰运用较为广泛,从室内到室外,几乎涵盖了建筑的各个构件,以宅门、隔扇门、落地罩、垂花门等部位最为集中,成为北京四合院中精美装饰艺术的构成要素之一。

一、木雕技法

中国传统的木雕技法大体包括平雕、透雕、落地雕、圆雕、贴雕和嵌雕几类,北京四合院中这几类雕刻手法均有运用。

1. 平雕

平雕技法是在平面上通过阴刻或线刻的手法表现图案实体,最常见的刻法分为三类,一是线刻,类似印章的阴纹雕刻,雕刻内容主要有花草等图案。二是镂阳刻,即将图案轮廓阴刻下去,突出图案本身的刻法,北京四合院中的门联常采用此种刻法。三是阴刻,是将图案以外的部分全部平刻出去,衬托图案本身。

2. 透雕

透雕技法是明清时期最为常见的雕刻技法之一,具体做法是将图案以外的部分全部镂空,形成玲珑剔透之感,使图案呈现立体效果,栩栩如生。北京四合院中的花牙子、花板、卡子花等常采用此种雕刻技法。

3. 落地雕

落地雕技法在宋元时期称为"剔地起突",《营造法式》载:"雕剔地起突卷叶华之制有三品,一曰海石榴华,二曰宝牙华,三曰宝相华。……凡雕剔地起突华,皆于版上压下四周,隐起身内华叶等。"③ 据此可知,落地雕技法即是将图案以外的地子剔雕下去反衬图案的技法,与平雕的区别主要是图案更具层次感,具有一定立体效果。北京四合院中的室内隔扇装修上可见此雕刻技法。

4. 圆雕

圆雕技法属立体雕刻范畴,大体上与透雕类似,主要区别在于此雕刻技法属非压缩

①李学勤主编,《十三经注疏·周礼注疏》,北京大学出版社,1999年12月第一版,卷第三十九,冬官考工记第六,第1062~1063页。

②[宋]李诫撰,《营造法式》,商务印书馆,1933年12月初版,1954年12月重印,卷第十二·雕作制度,第30~31页。

③[宋]李诫撰,《营造法式》,商务印书馆,1933年12月初版,1954年12月重印,卷第十二·雕作制度,第33页。

式。北京四合院中的栏杆花瓶常见此雕刻技法。

5．贴雕与嵌雕

贴雕与嵌雕技法兴起于清代晚期，具体做法是事先将图案雕刻成形，再贴嵌于需要装饰的表面。北京四合院中的隔扇门窗裙板、绦环板等常采用此雕刻技法。

二、木雕部位题材

北京四合院中的木雕分为室外木雕和室内木雕两部分，室外木雕包括从外檐到内檐的木构件、各式门窗装修、栏杆、挂落、楣子等；室内木雕包括分隔空间的纱隔、花罩以及形式多样、雕工精美的室内陈设家具。

1．宅门木雕

宅门木雕主要集中于门簪、雀替、门联、

木雕

倒挂楣子等部位，题材包括文字、花草、动物等。有时，体量较大的广亮大门也在走马板部位做木雕装饰。

门簪

门簪位于大门上方中槛或上槛位置，是连接中槛或上槛与连楹的构件，因其形似簪子，故名。门簪突出于大门外的簪头一端，外观常做成圆形、六边形、八边形或梅花瓣形等形状，端头有的做成素面，有的雕刻图

雕花门簪

案。尾部做成一长榫，穿透中槛或上槛及连楹，伸出头，插上木楔使连楹和中槛或上槛紧密固定。同时，门簪的数量依据宅门体量不同而有所区别，体量稍大的宅门往往安置四枚门簪，如广亮大门、金柱大门；体量稍小的宅门则仅安置两枚门簪，如蛮子大门（部分安置四枚门簪）、如意大门、窄大门。门簪木雕位于门簪的看面上，木雕花饰特点鲜明，往往蕴含吉祥、美好、平安等寓意，雕刻技法以贴雕为主。

门簪木雕题材大致可分为文字和花卉两大类，文字类木雕多为富贵平安、吉祥如意、团寿字、福禄等吉祥祝词，体现了主人的美好愿望；花卉类木雕则主要以象征一年四季富庶吉祥的四季花卉——牡丹（春）、荷花（夏）、菊花（秋）、梅花（冬）等吉祥图案为主，

刻字门簪

雕刻手法细腻，并根据不同的花卉品种饰以相应的色彩，这也是与文字类木雕的区别。

门联

门联是镌刻于街门门心板上的对联，以窄大门和如意门居多，其他形式的大门几乎不用。其字体多为楷书、隶书、魏碑等正书，

雕刻技法通常采用平雕技法中的锼阳刻。门联木雕的内容题材丰富，大多和主人的道德理想、审美情趣、治家名言、职业特点相关，文字内涵略显出宅院主人的身份及修养，常

如意门门联　　　　　　窄大门门联

见的对联内容有"忠厚传家久，诗书继世长""多文为富，和神当春""国恩家庆，人寿年丰"等。

雀替

雀替是安置在建筑的横材（梁、枋）与竖材（柱）交接处起到承托梁枋和装饰作用的木构件。北京四合院宅门中的广亮大门、金柱大门很多都在檐枋下面安装有雀替，其他形式的宅门则不使用。雀替的雕刻内容多为蕃草图案、花卉，均采用落地雕技法。

雀替

2．垂花门木雕

垂花门是四合院中木雕部位最多的建筑，雕饰包括花罩木雕、花板木雕、牙子木雕、垂柱头木雕等，雕刻技法多采用透雕形式。

花罩位于垂花门的罩面枋下，常见雕饰题材有寓意子孙万代的葫芦及藤蔓，寓意福寿绵长的寿桃及蝙蝠，寓意玉堂富贵的玉兰及牡丹，寓意岁寒三友的松、竹、梅，等等。另有少数花罩做成简单的雀替及倒挂楣子形式或雕饰由回纹、万字、寿字等汉文组合成的纹样，寓意万福万寿。

垂花门花罩　　　　　花板木雕

花板位于垂花门正面的檐枋和罩面枋之间及山面的梁架和随梁枋之间，是在由短折柱分割的空间内镶嵌的透雕花板，雕饰题材以蕃草和四季花草为主。

垂柱头主要划分为圆柱头和方柱头两种形式，其中圆柱头常雕刻成莲瓣头，形似含苞待放的莲花。有时还雕刻为二十四气柱头，俗称风摆柳。方柱头一般是在垂柱头上的四

隔扇裙板草龙纹木雕　　方垂柱木雕

个面做贴雕，雕刻题材以四季花卉为主。

牙子位于垂花门的垂柱与前檐柱之间或垂柱与花罩之间，雕刻题材多为蕃草图案。此外，有些颇讲究的垂花门也会在月梁下的角背上面做精美雕饰，凸显垂花门的富贵华丽。

3. 隔扇门、帘架及窗木雕

隔扇门是安装在建筑的金柱或者檐柱间带格心的门，由边梃、格心、绦环板、裙板及抹头组成，抹头数目有四、五、六三种。北京四合院中，隔扇门一般在建筑明间使用，依据建筑开间大小，隔扇数量有四扇、六扇、八扇不等，其中以四扇隔扇较为常见。隔扇门基本形式主要由上下两部分构成，上部为格心，是隔扇采光的部分，常用木制棂条组成步步锦、灯笼锦、拐子锦、龟背锦、十字海棠、套方、万字等各种纹饰。下部为裙板，裙板与格心之间常装设绦环板。如隔扇较高，在格心之上和裙板之下可增加一道绦环板。裙板及绦环板多为素面，但在较为讲究的四合院中，这里也成为木雕装饰的重点，题材丰富，常见自然花草、蕃草、草龙、如意纹等，有的也雕饰风景或人物故事，这些纹样均表达出美好的寓意，雕刻技法则以贴雕为主。

帘架是一种门框，固定在隔扇门外，用于挂门帘或风门之用。冬季寒冷，挂棉门帘

木隔扇

明间帘架装修

或风门以阻挡寒风；夏季炎热，挂竹帘既凉快通风，又防止蚊、蝇等飞入。帘架高度同隔扇门，宽比两隔扇略宽。帘架可分上、下两部分，上部为帘架心，用木制棂条组成步步锦、龟背锦等各种纹饰；下部挂门帘。同时，固定帘架边梃的木构件也是一件雕刻的艺术品，一般上端构件雕刻成荷叶栓斗，下端构件雕刻成荷叶墩。

帘架荷叶墩   帘架荷叶栓斗

窗是北京四合院中另一主要装修，窗的形式主要涵盖槛窗、支摘窗、横披窗和什锦窗四种，多以棂条组成各种图案，但在某些局部也做木雕装饰，如在灯笼框、万福万寿一类的棂条局部设有花卡子，分圆形与方形，常雕饰为蝠、寿、桃、松、竹、梅等吉祥纹样或自然花草纹样，一方面起到连接加固棂条的作用，另一方面也起到美化窗格、表达美好寓意的作用。

槛窗

槛窗是安装在柱间槛墙上的窗，在四合院建筑中主要应用于郑重的厅堂。槛窗也是多扇并列使用，一般房屋明间用隔扇门，两

侧开间用槛窗。槛窗顶部与隔扇门顶部同高，样式、装饰纹饰也与隔扇门上部相同，形成统一的装饰风格，木雕技法以贴雕最为常见。

支摘窗

支摘窗是安装在柱间槛墙上的窗，是北京四合院建筑中普遍使用的窗户。支摘窗是将窗框分为相等的上、下两部分，上部窗扇可向外支起，下部窗扇可以摘下，故称支摘窗。支摘窗也是多组并列使用，顶部与隔扇门顶部同高，样式、装饰纹饰也与隔扇门上部相同。支摘窗的木雕主要应用一些带有卡子的棂条图案，卡子纹样包括圆寿字、花卉等，雕刻技法以透雕者居多。

十字间海棠棂心支摘窗

横披窗

横披窗多配合隔扇门、槛窗和支摘窗使用。当房屋立柱升高，隔扇高度不能过高时，就在隔扇门、槛窗或支摘窗上部安装一横向的窗，称横披窗。横披窗不能开启，只做通风、

三正横披窗

采光之用。横披窗常以木棂条组成各纹饰，纹饰要求与隔扇、槛窗或支摘窗相同，木雕题材与技法同支摘窗。

什锦窗

四合院中的什锦窗也有用木质的，贴脸、窗口均为木质，窗口中也用棂条花格装饰。

什锦窗

4. 栏杆木雕

栏杆是用于建筑外檐的装修，按构造做法主要分为寻杖栏杆和花栏杆。寻杖栏杆由望柱、寻杖扶手、腰枋、下枋、地栿、牙子、绦环板、荷叶净瓶等组成，其他类型的栏杆则基本由寻杖栏杆变形而成。民国以前，由于等级制度不允许王府级别以下住宅建造超过一层的建筑，所以这一时期的北京四合院建筑外檐均不需要做栏杆。目前所见的四合院中栏杆主要是民国时期在四合院中建造二层楼房建筑时于外檐使用的，以寻杖栏杆为主。此类栏杆雕饰主要有镶在下枋和腰枋之间的花板、绦环板和位于腰枋与寻杖扶手之间的净瓶。花板雕饰以透雕为主，净瓶上的雕饰则主要运用圆雕技法，图案多采用荷叶纹样。

栏杆木雕

栏杆木雕

5. 楣子和花牙子木雕

楣子又称挂落，安装在檐柱之间、檐枋下面，既有实用作用，又有装饰作用，依据安装位置的不同分为倒挂楣子和坐凳楣子两类。

倒挂楣子

倒挂楣子是安装在房屋外檐或者抄手游廊的檐枋之下的木装修，有棂条楣子和雕花楣子两种形式。北京四合院中以棂条楣子最为多见，它由边框、棂条和花牙子组成，棂条样式与门窗相似，花牙子是安装于楣子的立边与横边交接处的构件，略有加固作用，也是倒挂楣子上常作木雕的地方，纹饰常见有松、竹、梅、回纹、回纹藩草等，雕刻技

灯笼锦倒挂楣子

工字卧蚕倒挂楣子

花牙子

冰裂纹倒挂楣子

法主要为透雕。雕花楣子较为少见，它由边框和花心组成。倒挂楣子在北京四合院中的应用位置很多，主要有大门后檐柱间、廊子、过道门、房屋前廊柱间、垂花门等。

坐凳楣子

坐凳楣子安装在房屋外廊檐柱之间或抄手游廊柱间、地面以上，可供人休息的木装修。坐凳楣子由坐凳面、边框和棂条组成，起到一定支撑坐凳板的作用。坐凳楣子的木雕部位类似支摘窗或横披窗的木雕，主要是

游廊坐凳楣子

卡子花雕刻，题材也与以上两者同。

此外，楣子中还有一种较为特殊的楣子，称为挂落板或挂檐板，通常安装在房屋、楼阁各层的屋檐下，尤其以平顶房子和廊子居多，就像一幅短帘子悬挂在屋檐下，用以保护房屋梁头、檩条端部免受日晒雨淋糟朽，又称封檐板或檐下花板。挂檐板有木挂檐和砖挂檐两种，比较常见的是木挂檐，以素面

如意头形木挂檐板

做法居多，不带雕饰。比较讲究的四合院则在挂檐板上雕刻各种图案，常见题材有花卉、飞鸟、动物等纹样，雕刻技法多采用隐雕，也有用浅浮雕的形式。北京四合院中最为常见的一种木挂檐板是雕刻成如意头形。

6. 隔断木雕

隔断是北京四合院居室内分隔空间的重要构件，有活动式和固定式两种，按功能又可分为间隔式和立体式两类，兼有装饰和实用作用。隔断木雕是北京四合院木雕中题材最为丰富的，雕刻技法涵盖透雕、贴雕等多种形式。

室内隔扇

碧纱橱

碧纱橱是用于分隔室内空间的隔扇，常用在进深方向的柱间，由槛框、横披和隔扇组成。根据房屋进深大小，采用6~12扇隔扇不等。碧纱橱的功能是用以分隔空间，起到隔声、阻隔视线的作用，同时也要在中间留门供人出入，有些还在门口安装帘架。室内帘架与室外帘架稍有不同，因不考虑防风、

碧纱橱

防寒等问题，故不用安装风门，只安装帘架的框架即可。碧纱橱是可以移动和改装的，需要重新组合室内空间时，只需将隔扇摘下，重新组装即可。

碧纱橱比外檐隔扇更讲究一些，格心部分做成上下两层，一层固定，一层可以拿下来，中间夹上纱或者绢，称为两面夹纱做法，碧纱橱也因此而得名。北京四合院内碧纱橱格心多采用灯笼框图案，裙板及绦环板上通常按照传统题材做落地雕或贴雕，题材以花卉和吉祥图案为主，偶有人物故事，比较常见的雕饰题材有子孙万代、鹤鹿回春、岁寒三友、灵仙竹寿、福在眼前、富贵满堂、二十四孝图等。

罩

罩是用来分隔室内空间的木构件，常用在进深方向的柱间，不似碧纱橱分隔出完全封闭的空间，罩既有分隔作用又有沟通作用。经常用在形式近似又不完全相同的室内区域之间，给人一种似隔未隔的感觉，增加室内层次感，使室内布置更显精致典雅。根据不同形式，可以分为几腿罩、落地罩、栏杆罩、床罩等。

几腿罩是花罩中最基本的一种形式，多用于进深较浅的房间。几腿罩由上槛、中槛和两根抱框组成。这种罩的两根抱框与上槛、中槛之间的关系，犹如一个几案，两根抱框恰似几腿，故而得名。上槛与中槛之间是横披，根据体量大小分成几当，内安横披窗，纹饰以棂条花格为主，中槛与抱框交角处各安一块花牙子，并进行木雕纹样装饰。

落地罩由几腿罩演变而来，在几腿罩两侧各安一扇隔扇，便是落地罩。落地罩两端的抱框落地，紧挨着抱框各安一扇隔扇，隔扇下端不是直接落地的，而是落在一个木制须弥墩上。隔扇与中槛交角处各安一块花牙

几腿罩

子进行木雕装饰。有些落地罩不作隔扇，而是在抱框内安装透雕花罩，花罩沿抱框直达须弥墩，形成"冂"形三面雕饰，十分华丽，这种形式的花罩，又称为落地花罩。

栏杆罩是带有栏杆的花罩，是在几腿罩两侧抱框内侧各加一根立框，将房屋进深间隔成中间大，两边小的三开间；在两侧的抱框和立框之间下部加装栏杆，仅中间供人走动。栏杆一般采用寻杖栏杆形式。栏杆罩上部均安装透雕的花罩，题材与花罩同。

床罩是安装在床榻前面的花罩，雕刻技法和题材与落地罩同。罩内侧挂幔帐，晚间就寝时将幔帐放下，白天将幔帐挂起。

圆光罩、坑罩、八方罩，这几种罩基本上是沿着房屋开间方向分隔空间，并在开间方向的两柱之间作装修，留出门的位置而形成的罩，门的形状可圆、可方、可六角、可八方，门的上部和两侧均满作棂条花纹。

博古架

博古架又称多宝槅，也是室内隔断的一种方式，兼具室内陈设家具和室内装饰两种功能，进深与开间两个方向均可采用，摆放位置根据主人的意愿而定。博古架由上、下两部分组成，上部是博古架的主体，由各种不规则的架格组成，用来摆放器物、书籍；下部是板柜，用来储藏古玩器物或者书籍。

有的博古架顶部安装朝天栏杆之类的装饰。博古架当作隔断使用时，设有门洞，供人出入。有的将门开在中间，也有的开在一侧。博古架多出现在豪门富户或酷爱古玩的收藏者家中，一般普通人家很少见。

板壁

板壁是用于分隔室内空间的板墙，多用于进深方向。板壁是在柱间立槛框，框间安装木板，在木板上作一些装饰，或糊纸，或油饰彩绘，或雕刻。也有的板壁做成碧纱橱样式，分成若干扇，每扇分上、下两部分，上部满装木板，木板上或刻名诗古训，或刻名人字画；下部作成绦环板、裙板样式。

7. 匾联

匾联是匾额与楹联的统称。在北京四合院中，匾额与楹联是中国传统书法艺术与传统建筑形式的完美融合，其文字内容对加深建筑意境的理解及欣赏具有画龙点睛的作用。不同的匾联内容，赋予了建筑不同的寓意和内涵。

匾额一般安置于门楣或梁枋上，分为书卷匾、册页匾、扇面匾等多种样式，以长方形横匾最为常见。四合院中的匾额题名通常为堂号、室名、姓氏、祖风、成语、典故等，字体涵盖真书、草书、隶书、篆书，文字有阴刻与阳刻之分，雕刻技法多样。

楹联一般悬挂于建筑明间入口的檐柱或金柱上，有的也悬挂于门框上。楹联多镌刻于木板上，内容丰富，其中不乏名人手笔，文字有阴刻与阳刻之分，雕刻技法多样。

8. 木雕装饰中的棂条花格

北京四合院木雕题材同石雕题材，有自然花草、动物、博古、锦纹、蕃草、吉祥图案、人物故事等，区别仅为雕刻介质的不同。而木雕装饰中的棂条花格则为木雕饰所独有。

北京四合院中的隔扇、帘架、槛窗、支摘窗、横披窗等隔心部分通常均采用棂条花格构成。常见的棂条花格有步步锦、灯笼锦、龟背锦、盘长、冰裂纹等，以及由这些基本图形组合演变出的各种图案。

花罩灯笼框加十字海棠棂心

步步锦棂条花格的基本线条是由长短不同的横棂条与竖棂条，按一定规律组合在一起而成，上下左右对称。同时，在棂条花格之间常有工字、卧蚕或短棂条连接支撑，并依照一定顺序排列出各种不同的形式。人们将这种纹饰冠以"步步锦"的美称，寓意"步步锦绣，前程似锦"，反映出人们渴望不断进取，一步步走上锦绣前程的美好愿望。

灯笼锦棂条花格是将灯笼形状加以提炼、抽象而成的棂条花格图案。这种纹饰的

步步锦棂条花格

木棂条排列疏密相间，木棂条间用透雕的花卡子连接，既有使用功能，又有装饰效果。灯笼框中间有较大的空白，有些文人雅士在其间题诗作画，使之充满文化气息。灯笼框取灯笼的造型，寓意"前途光明"。

龟背锦棂条花格是以六边形几何图形为

灯笼锦棂条花格

基调所组成的棂条花格图案。龟在我国古代是长寿的象征，用龟背上的图案作为纹饰图案，有希望健康长寿之寓意。

盘长棂条花格是用封闭的线条回环缠绕形成的图案。盘长原是佛教八种法器之一，寓意"回环贯彻，一切通明"，象征贯彻天地万物的本质，能够达到心物合一、无始无终和永恒不灭的最高境界。使用盘长纹饰，寓意家族兴旺、子孙延续、富贵吉祥世代相传。

冰裂纹棂条花格形似冰面炸裂产生的自然纹理，有回归自然之感，反映出人们对大自然美好事物的追求。

冰裂纹棂条花格

第四节 四合院的油饰彩画

DI-SI JIE　SIHEYUAN DE YOUSHI CAIHUA

中国传统建筑木构架表面施以油漆彩画是古建筑的传统做法之一，此种做法不仅有利于古建筑木构架防腐，对于色彩单一的建筑本体也起到了较好的装饰效果。四合院作为中国北方地区的代表性居住建筑，在秉承中国古建筑传统做法之一油饰彩画的同时，于色彩运用上又有别于其他古建筑，形成了自身的特点。

中国传统古建筑做法在早期并无明显的油饰彩画区分，二者的主要目的皆为防止建筑木构架腐朽，兼具一定装饰作用。随着社会政治、经济、文化等方面的进步与发展，人们越来越重视建筑的彩画装饰艺术，油饰彩画也逐步划分为油漆作与彩画作两类工种。至明清时期，工种分类进一步分化，尤其是清雍正十二年（1734）颁布《工部工程做法则例》以后，油饰彩画有了明确的分工，

梁架油饰彩画

称为油作、画作。与此同时，受中国古代封建等级礼制的影响，油饰彩画也依不同的建筑等级而有所区别。《唐会要·舆服志》记载："六品七品以下堂舍，不得过三间五架，门屋不得过一间两架。非常参官，不得造轴心舍，及施悬鱼对凤瓦兽通栿乳梁装饰。"①《宋史·舆服志》亦载："凡民庶家，不得施重拱、藻井及五色文采为饰，仍不得四角飞檐。"②

明代对于建筑油饰彩画的运用规定更为详尽，《明史·舆服志》记载："百官第宅明

初禁官民房屋，不许雕刻古帝后、圣贤人物及日月、龙凤、狻猊、麒麟、犀象之形。……洪武二十六年定制，官员营造房屋，不许歇山转角，重檐重拱，及绘藻井，惟楼居重檐不禁。"③"庶民庐舍，洪武二十六年定制，不过三间，五架，不许用斗拱，饰彩色。"④同时，明代对每一品级的官员宅第也有规定，史载："公侯，前厅七间、两厦，九架。中堂七间，九架。后堂七间，七架。门三间，五架，用金漆及兽面锡环。家庙三间，五架。覆以黑板瓦，脊用花样瓦兽，梁、栋、斗拱、檐角彩绘饰。门窗、枋柱金漆饰。廊、庑、庖、库从屋，不得过五间，七架。一品、二品，厅堂五间，九架，屋脊用瓦兽，梁、栋、斗拱、檐桷青碧绘饰。门三间，五架，绿油兽面锡环。三品至五品，厅堂五间，七架，屋脊用瓦兽，梁、栋、斗拱、檐桷青碧绘饰。门三间，三架，黑油锡环。六品至九品，厅堂三间，七架，梁、栋饰以土黄。门一间，三架，黑门铁环。品官房舍，门窗、户牖不得用丹漆。……三十五年申明禁制，一品、三品厅堂各七间，六品至九品厅堂梁栋只用粉青饰之。"⑤清代基本沿袭明代制度，油饰彩画的运用仍需遵照严格的等级制度。《大清会典》中规定："顺治九年定，……公侯以下官民房屋，台阶高一尺，梁栋许绘画五彩杂花，柱用素油，门

① [宋] 王溥撰，《唐会要》，中华书局，1955年6月第一版，卷三十一·舆服上，第575页。

② [元] 脱脱等撰，《宋史》，中华书局，1977年11月第一版，卷一百五十四·志第一百七·舆服六，第3600页。

③ [清] 张廷玉等撰，《明史》，中华书局，1974年4月第一版，卷六十八·志第四十四·舆服四，第1671页。

④ [清] 张廷玉等撰，《明史》，中华书局，1974年4月第一版，卷六十八·志第四十四·舆服四，第1672页。

⑤ [清] 张廷玉等撰，《明史》，中华书局，1974年4月第一版，卷六十八·志第四十四·舆服四，第1671~1672页。

用黑饰。官员住屋，中梁贴金。二品以上官，正房得立望兽，余不得擅用。"①

对于如此严格的等级规定，北京四合院作为北京地区主要的居住建筑，在做油饰彩画时也需严格遵守。同时，依据四合院等级或建筑的不同，又有一套更为细化的油饰彩画规定。

一、油饰

油饰作为北京四合院建筑的基本装饰技法，作用与中国古建筑油饰基本一致，主要是利于建筑木构架的防腐，按层次可分为油灰地仗与油皮两部分。受中国古代封建社会等级制度影响，油皮色彩又依据不同建筑等级略有差别，运用上作严格规定。

1. 油灰地仗

油灰地仗是油饰的基层，通常采用砖面灰、血料及麻、布等材料于木构架外包裹而成，干燥后形成保护木构架的灰壳，其上再作油饰处理。北京地区的四合院建筑在时间上多为清代中晚期至民国时期，其油灰地仗做法略不同于清代早期，主要表现在地仗厚度有所增加，出现不施麻、布的"单皮灰"等。某些较为讲究的四合院也有采用"一布四灰""一麻五灰""一麻一布六灰"等做法。

2. 油皮

油皮是木构件表面于地仗上涂刷的油漆或涂料，对于建筑裸露在外的木构架在进行完油灰地仗施工后，均需按不同的等级规定涂刷油皮。同时，在色彩的运用上还需兼顾整座四合院建筑环境色彩。

宅门油饰

宅门是四合院的出入口，不同的宅门形式代表了宅院主人的身份与地位。而宅门油饰也是如此，依据宅门形式的不同及主人身

彩画

份地位的差异，油饰的主色调也有严格的区分。

第一，作为仅次于王府大门的广亮大门和金柱大门，其主色调以红色为主，依据做法的不同又细分为高级做法与一般做法。高级做法多见于高官富民宅第的大门，具体做法是连檐瓦口施朱红油，椽施红帮绿底油或紫朱帮大绿油，望板施紫朱油，梁枋大木构架常见满作彩画，对于少量局部施彩画的构架，则在彩画余地施紫朱油，并按彩画等级制度贴金。大门雀替施朱红油地仗，按彩画等级制度贴金。门扇、抱框、门框、余塞板均施朱红油或紫朱油，框线及门簪边框贴金，有时余塞板油饰也可见施烟子油的情况，其余油饰不变。一般做法则多运用于一般官员及平民住宅的大门，具体做法是连檐瓦口施朱红油，椽望施红土烟子油或红土刷胶罩油，梁枋大木构架常作彩画，对于少量局部施彩画或不作彩画的构架，彩画余地施红土烟子油，并按彩画等级制度贴金。大门雀替施朱红油地仗，按彩画等级制度贴金，不作彩画的则雕饰大绿油。门扇、抱框、门框、余塞板均施红土烟子油，框线及门簪边框贴金或不贴金，有时也可见门扇、门框施红土烟子油，余塞板施大绿油或门扇、门框施烟子油，

① [清]昆冈等撰，《钦定大清会典事例》（光绪重修本），古籍善本，卷八百六十九，工部·第宅。

余塞板施红土烟子油的做法。

第二，介于金柱大门和如意门之间的蛮子门，其门主色调仍以红色为主，连檐瓦口施朱红油，梁枋大木构架一般不作彩画或局部作彩画，余地施红土烟子油，油饰也可见满作彩画者。走马板施红土烟子油或大绿油。门扇、抱框、门框、余塞板均施红土烟子油。

第三，四合院中最为常见的一种宅门形式——如意门和外城较多见的窄大门，其主色调是黑色。如意门门簪常施朱红色底或大青色底，门簪边框和字贴金。门扇及门框油饰依有无门联又有所区别，有门联的门扇及门框施烟子油，门联施朱红油，文字施黑油或金字，其中低等级做法也常于门扇及门框施烟子刷胶罩油，门联施朱红刷胶罩油。无门联的门扇及门框施红土烟子油或烟子油，低等级做法也常用红土刷胶罩油或烟子刷胶罩油。窄大门油饰较为简单，门扇、门框施烟子油或红土烟子油。

第四，北京四合院建筑中最为简单的随墙门，油饰与如意门同。

房屋油饰

房屋是四合院中的主体建筑，油饰也是整座四合院建筑中的重点，除王府建筑外，北京传统四合院建筑房屋油饰大体为连檐瓦口施朱红油；椽望施红土烟子油或红土刷胶罩油；梁枋大木不作彩画部分施红土烟子油；下架柱框、槛框、榻板等施红土烟子油，采用高级做法的还需在框线处贴金，否则不贴金。房屋各种扇活、门大边、边抹装修施红土烟子油，仔屉装修施三绿油，裙板等作雕饰处，高级做法需贴金，否则不贴金。此外，还有一种较为少见的油饰做法，即下架柱框、槛框、榻板等施烟子油；各种扇活、门大边、边抹装修施烟子油，其余与一般做法同。

垂花门油饰

垂花门作为北京传统四合院中的二门，依据宅院规模的不同，垂花门形式各异，如一殿一卷式、独立柱担梁式、单卷棚式等，相应的油饰也可划分为简单与繁缛两种做法。

简单油饰做法的垂花门不作彩画，连檐瓦口施朱红油，椽望施红土烟子油或红土刷胶罩油。檩、枋、梁施红土烟子油，花板、垂头等施绿油，倒挂楣子大边施朱红油，棂条施大绿油，博缝施朱红油或烟子油。梅花柱施大绿油，木框施红土烟子油或烟子油，门扇等装修则与广亮大门一般油饰相同。

繁缛油饰做法的垂花门在连檐瓦口、椽望、博缝、下架柱框、装修等油饰与简单油

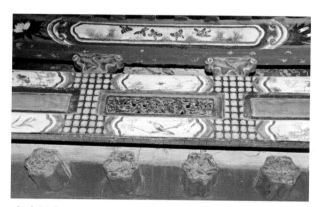

垂花门彩画

饰做法的垂花门一致，只是博缝可见施紫朱油的高级做法，梅花钉贴金，下架柱框、装修的框线也可见贴金做法。同时，由于繁缛油饰与简单油饰的最大区别在于是否作彩画，故作彩画的繁缛油饰垂花门在梁枋大木油饰上一般大多满作彩画，少量作局部彩画的，则在彩画余地施红土烟子油。

游廊油饰

比较讲究的四合院中，游廊是宅院的重要组成部分，油饰也遵循特定的规律涂刷，

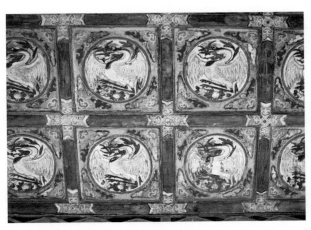

天花吊顶油饰彩画

尤其是一些高官或富民四合院中的游廊，常出现采用紫朱油代替红土烟子油的高级做法。比较普遍的游廊油饰做法一般为连檐瓦口施朱红油，椽望施红土烟子油或红土刷胶罩油。梁枋大木作彩画的，彩画按制度贴金，彩画余地或不作彩画的施红土烟子油。廊柱及坐凳施大绿油，倒挂楣子与坐凳楣子大边施朱红油，其余部分施三绿油，有时倒挂楣子其余部分也可见施画苏彩的做法，并按制度贴金。

各式屏门及什锦窗油饰

各式屏门及什锦窗是北京四合院建筑中油饰最为简单的部分，屏门门扇常施单一的大绿油油饰，什锦窗边框、仔屉、棂条分施烟子油、朱红油和三绿油。

什锦窗油饰

3. 油饰运用

通过对上述北京四合院油饰运用规律和等级规定的分析，北京四合院油饰主要有三个特点，即红土烟子油运用广泛，普遍采用红土烟子油与烟子油交替涂刷的做法，局部使用高等级色彩强调明暗对比。

红土烟子油运用较为广泛。所谓红土烟子油，是以红土（即广红土色）为主，掺入少许烟子色（黑色）入光油而成，色彩接近或略重于土红色，属紫色调的暖红色。北京四合院中，运用红土烟子油涂刷的木构架涵盖椽望、梁枋大木、下架柱框、槛框、榻板、门扇、门框等，是北京四合院中最为基本的油饰色彩，虽然某些高官或富民宅院有运用紫朱油代替红土烟子油的现象，但并不普遍。同时，北京四合院的建筑环境也决定了红土烟子油的广泛运用。北京四合院建筑多以青砖灰瓦砌筑，属冷色系，选用暖色系的红土烟子油可与院落的冷色调形成鲜明的冷暖对比效果，在色彩上营造出一种亲切与热烈的氛围。

普遍采用红土烟子油（或紫朱油）与烟子油相间涂刷的油饰运用手法。烟子油，即为黑色油，其与红土烟子油（或紫朱油）相间的油饰运用手法被称作"黑红净"。北京四合院中，"黑红净"的运用十分普遍，无论是高官富民的宅院，还是一般官员或居民的宅院，均可看见这种具有浓郁地方特色的油饰运用手法。例如，宅院广亮大门或金柱大门若在门扇与门框施朱红油或紫朱油，则余塞板需施烟子油，反之若门扇与门框施烟子油，余塞板则施红土烟子油。如意门中带门联的门扇也是如此，门扇施烟子油，门联施朱红油。这些都是"黑红净"在实际油饰做法中的运用，通过这种做法使建筑产生稳重、典雅和朴素的视觉效果。

为强调明暗对比效果，局部使用高等级油饰色彩。中国古代封建社会等级森严，对于油饰的运用有严格规定，不可越级使用。然而北京四合院中，为达到强调明暗对比的效果，往往也会用到一些高等级的油饰色彩，只不过在使用上有种种限制，最为典型的就是朱红油的运用。朱红油，一般以名贵的"广银朱"入光油而成，色彩鲜艳稳重，常在王府等高等级建筑中广泛使用，在北京四合院建筑中则只运用于连檐瓦口等特殊部位，以其鲜亮的色彩与四合院建筑中广泛运用的稍暗一些的红土烟子油形成鲜明对比，使整座四合院的色彩不致过于呆板。

二、彩画

彩画是北京四合院建筑的主要装饰手段之一，运用丰富的色彩语言，达到装饰四合院建筑构件的目的。然而，因彩画属于易脱落的装饰物，故北京四合院的彩画多为清代晚期以后的作品，并以苏式彩画为主，形式内容生动活泼。

1. 彩画形式

北京四合院彩画在以苏式彩画为主的前提下，依据具体运用上的不同形式又划分为六个等级，从繁缛的大木满作彩画到简单的仅作油饰，不同的等级施画于院内不同的单体建筑木构架上，以此强调建筑的主次及重点和非重点。

大木满作彩画

大木满作彩画是四合院内运用等级最高的彩画形式，多施画于四合院的宅门或垂花门（二门），其中又以垂花门上运用较为广泛。此类彩画做法是在单体建筑的檩、垫、枋等大木构件上满绘苏式彩画，并于橼柁头、抱

大木满作彩画

头梁、穿插枋、天花、牙子、花板及楣子等部位饰画相匹配的彩画纹样，以求达到与大木彩画的和谐统一。同时，为达到重点装饰的效果，宅院内其他建筑的彩画形式往往要相应地降低。

大木作箍头包袱彩画

大木作箍头包袱彩画是仅次于大木满作彩画的形式，以宅门或垂花门较为多见，在一般中大型宅院中，某些房屋或花园内建筑

大木作箍头包袱彩画

也有此类彩画形式的运用。此类彩画与大木满作彩画相比，仅在单体建筑的檩、垫、枋等大木构件中部绘制包袱图案，包袱内描绘各种题材的苏式彩画，两端则绘制活箍头、副箍头，箍头与包袱之间的余地涂刷油饰。与大木满作彩画一样，橼柁头、抱头梁、穿插枋、天花、牙子、花板及楣子等部位饰画相匹配的彩画纹样，以求达到与大木彩画的和谐统一。

大木作箍头彩画

大木作箍头彩画是北京四合院中运用最为广泛的彩画形式，凡是院内建筑均可见到此类彩画的运用。此类彩画无包袱图案，仅在单体建筑的檩、垫、枋等大木构件两端绘制活箍头、副箍头，其余部位均以油饰代替。同时，橼柁头、抱头梁、穿插枋、天花、牙子、花板及楣子等部位饰画相匹配的彩画纹样，以求达到与箍头彩画的和谐统一。

椽桁头作彩画或涂彩，余全作油饰

椽桁头施彩是较为简单的彩画形式，仅在椽桁头作彩画或涂彩，其余均为油饰，其中椽桁头涂彩是椽桁头彩画的简化形式，即于椽桁头部位不作任何彩画内容，仅涂刷有别于油饰的颜色。北京四合院中最常见的是椽桁头刷大青色，其余部位则作油饰。若院内建筑为两层椽，则上层飞椽刷大绿色，檐椽及桁头刷大青色，其余部位作油饰。

所有构件不作彩画，仅作油饰

此类彩画是最低级的彩画形式，即四合院建筑中的单体建筑不作任何彩画内容，所有木构件仅作油饰。

2. 彩画部位和题材

北京四合院彩画的内容丰富，题材多样，根据所饰画部位的不同，内容与题材也有所区别，体现了各自的特点。

大木构架彩画

大木构架彩画以苏式彩画为主，色彩多为青绿色，某些基底色上也作诸如香色、三青色、紫色等其他颜色装饰。大木构架彩画依构图形式的不同，大致可划分为包袱苏式彩画、枋心苏式彩画、海墁苏式彩画三种主要形式，此三种形式的彩画在北京四合院中均有所表现。

包袱苏式彩画的构图是在大木构架中央绘制包袱图案，包袱面积约占整个构件面积的1/2，轮廓线多采用烟云类纹饰描绘。包袱内图案多样，早期以吉祥图案为主，力求表达人们对现实生活的美好祝愿。随着时代的发展变迁，图案转变为以写实绘画为主，与人们生活紧密相连，例如风景山水、历史人物故事、花卉园林等均属于这一时期包袱内彩画的题材范畴。大木构架两端绘制卡子和箍头彩画，其中卡子有软、硬卡子之分，绘

制于苏式彩画的找头部分，纹样丰富且富于变化。箍头彩画则常见回文或者寿字等纹样，两侧辅以连珠带装饰。

枋心苏式彩画的构图与王府等高等级建筑所用旋子彩画构图基本一致，即大木构件中间1/3部分为枋心，两端各有1/3为找头。枋心及找头的图案丰富，除一般包袱彩画中经常采用的风景山水、历史人物故事、花卉园林等，类似博古一类的纹样也有所采用。

海墁苏式彩画是最为特殊的一类苏式彩画，特点是不画枋心或包袱，而是采用全开放式构图，突破了原来分三停的构图原则，绘画形式丰富，回旋性大，使彩画整体变得灵活、自由。海墁苏式彩画的内容题材与包袱彩画、枋心彩画基本一致，但更为广泛与丰富。

椽桁头彩画

椽桁头彩画常见于中大型的北京四合院中，题材单一，构图简单，而在小型四合院中则通常不作此类彩画，仅采用大青色、大绿色涂刷的油饰。椽头彩画划分为飞椽彩画及檐椽彩画两类，飞椽彩画多采用万字、圆寿字或栀花图样，其中万字图样由于具有工整、醒目、精细的特点，且适合于方形飞椽的构图，故在北京四合院中运用广泛。檐椽彩画则以寿字纹样为主，也可见蝠寿、柿蒂花等纹样图案。

桁头彩画常见纹样包括博古、花卉、汉瓦等，其中博古纹样要掏格子，构图上以透

大门走马板彩画

视的方法绘制，并根据不同的透视效果细分为左视线博古、正视线博古、右视线博古三类，而博古中的器物则采用仰视画法，不能用俯视画法。

天花彩画

天花多运用于北京中大型四合院室内或门道内，是室内顶部的装修，具有保暖、防尘、限制室内高度和装饰等作用。宋代天花称为平棋，划分为平暗天花、平棋天花和海墁天花三类，《营造法式》载："其名有三，一曰平机，二曰平撩，三曰平棋，俗谓之平起，其以方椽施素板者，谓之平暗。"①明清时期，天花主要分为井口天花与海墁天花两类。天

团鹤天花彩画

花彩画题材多样，除龙凤题材及宗教题材不用于四合院外，其余彩画题材在北京四合院中均有所运用，常见的题材有团鹤、五蝠捧寿、玉兰花卉、牡丹花卉、百花图等。同时，天花四岔角则以五彩云或耙子草纹修饰。

门簪彩画

北京四合院的门簪彩画一般与门簪的形式相配合，无雕刻的门簪常以油饰涂刷，不作彩画装饰。对于门簪刻字或雕花者，则作相应的彩画装饰，如雕刻寿字贴金，雕刻四季花卉则涂以相应的色彩。

雀替及花活彩画

雀替是北京四合院中广亮大门、金柱大门和垂花门上使用的构件，表面常雕刻花纹，并施画相应的色彩。花活则主要指额、枋间的花板以及相关的花牙子、楣子等，这类彩画在垂花门或游廊上常见，色彩以内容或大木彩画作参考施画。此外，垂花门的垂头又依照形式不同作彩画，如垂莲柱头在各瓣的色彩以青、香、绿、紫为序绕垂头排列；而方形垂头则依照各面雕刻内容的不同作相应的彩画装饰。

3. 彩画寓意

北京四合院彩画除丰富的形式和内容外，所绘内容往往反映了主人对幸福、长寿、喜庆、吉祥等美好生活的向往与追求，与石雕、砖雕等的寓意相通，只不过是表现形式略有不同。北京四合院中比较常见的寓意以吉祥、如意为主，如代表性题材五蝠捧寿纹样，构图上由五只蝙蝠环绕寿字组成，由于蝙蝠的"蝠"字与"福"同音，在中国古代往往象征福气，所以"五蝠捧寿"也就常常被写成"五福捧寿"，《尚书》记载："五福，一曰寿，二曰富，三曰康宁，四曰攸好德，五曰考终命。"②此五福之意与寿字共同寄予了人们对多福多寿的向往。又如椽栀头彩画中的卍字与寿字纹样，"卍"通"万"，两者组合在一起合称"万寿"，取长寿之意。此外，北京四合院彩画中的博古纹样构图包括花瓶、书籍、笔筒等，寓意主人博古通今，才学出众。

　　①[宋]李诫撰，《营造法式》，商务印书馆，1933年12月初版，1954年12月重印，卷八·小木作制度三，第163页。
　　②《尚书》，远方出版社，2004年3月第1版，周书·洪范，第83页。

第五节

四合院的陈设

DI-WU JIE　SIHEYUAN DE CHENSHE

四合院作为人们日常生活的居所，其装饰不仅体现在房屋构件的装饰上，也体现在四合院室内外的各种陈设布置中，其中又分为室内陈设和室外设施。

一、室内陈设

室内陈设是人们生活中不可缺少的物品，与人们的生活息息相关，历来受到人们的重视。四合院内传统的室内陈设不仅仅满足人们日常生活的需要，还与四合院所体现的文化内涵息息相关。

1. 室内陈设分类

室内陈设按用途可以划分为：满足日常生活使用需求的实用性陈设和满足空间美化和精神需求的装饰性陈设这两类。实用性陈设包括椅凳类陈设、床榻类陈设、桌案类陈设、箱柜类陈设等各类陈设；装饰性陈设包括空间分隔类陈设、观赏类陈设等。在传统的四合院室内陈设中这两种陈设之间既相互独立，又有共通之处。

椅凳类陈设。椅凳类陈设为传统的坐具。包括凳和椅两大类，凳又分为杌凳、坐墩、交杌、长凳、靠背椅、扶手椅、圈椅、交椅等。杌凳是无靠背坐具的统称，分为有无束腰、有束腰、直腿、弯腿、曲枨、直枨等多种造型。坐墩又称圆杌、绣墩，是一种鼓形坐具，有三足、四足、五足、六足、八足、直枨和四开光、五开光等多种造型。交杌又称马扎，起源于古代的胡床，是一种可折叠、易携带的简易坐具。长凳是供多人使用的凳子，有案形和桌形两种。椅是有靠背的坐具的统称，又可细分为：靠背椅、扶手椅、圈椅、交椅。靠背椅只有靠背没有扶手；扶手椅既有靠背又有扶手，常见的有官帽椅和太师椅两种；圈椅又称圆椅、马掌椅；交椅是交杌和圈椅的结合。

床榻类陈设。传统的床榻类陈设主要用于日常起居休息之用，既是卧具，也可兼作坐具，主要有榻、罗汉床、架子床，以及附属于床榻的脚踏。榻是指只有床身，没有后背、围子及其他任何装置的坐卧用具。床上有后背和左右围子的被称为罗汉床，因后背和围子的形状与建筑中的罗汉栏板十分相似，故名罗汉床。架子床因床上有顶架而得名，顶架由四根以上的立柱支撑，四周可安装床围子，是最讲究的传统卧具。脚踏是古代坐卧用具前放置的一种辅助设施，用以上床、就座、放置双腿、放鞋等用途，在一些非正式场合里也是身份相对较低的人所坐的坐具。

架子床

桌案类陈设。桌案类陈设主要用于工作、休息的依凭，并起到承托物体的作用，主要有炕桌、炕几、炕案、香几、酒桌、半桌、方桌、条形桌案、宽长桌案等。炕桌、炕几、炕案是在炕上或床上使用的矮形家具。用时放在炕或床的中间；炕几、炕案较窄，放在炕的两侧端使用。香几因放置香炉而得名，以圆形居多。酒桌是一种较小的长方形桌案，桌面边缘多起阳线一道，名曰"拦水线"，因多用于古代酒宴而得名。半桌相当于半张八仙桌的大小，当八仙桌不够使用时，可与之相拼接，故又名"接桌"。方桌是应用最为广泛的桌子，根据大小的不同，可以分为"八仙""六仙""四仙"。条形桌案有条几、条桌、条案、架几案，多用于陈列摆放物品。宽长桌案因面积较大便于书画阅读，故多作为画桌、画案、书桌、书案。

箱柜类陈设。箱柜类陈设其功能是储存放置物品，兼有美化环境的作用。箱一般呈长方形，横向放置，多数为向上开盖，少数正面开门。根据功能不同可分为衣箱、药箱、小箱、官皮箱等。柜一般立向放置，体量大小不一，高的可达到3米以上，小的约1.5米，有门的称为柜，无门的称为架，包括格架、亮格柜、圆角柜、方角柜、连橱、闷户橱等。格架又称书格或书架，多放置书籍及其他器物。亮格柜是由上部的格架和下部的柜子结合而成。圆角柜是一种带柜帽的柜子，柜帽转角处做成圆形，一般上小下大。方角柜无柜帽，上下等大。

空间分隔类陈设。四合院室内空间呈长方形，为了满足室内不同的功能，必须通过空间分隔类陈设对室内空间进行分隔。空间分隔类陈设包括碧纱橱、花罩、博古架、屏风、衣架，以及帘帐等。传统四合院的分隔方式主要有：封闭式分隔、半开放式分隔、弹性分隔和局部分隔几种。封闭式分隔就是使被分割部分形成独立的空间，保持空间的私密性的一种分隔方式。半开放式分隔则是通过屏障、透空的格架，使人能够在区分空间的同时视线可相互透视，保持空间内的连续性和沟通。弹性分隔是以可活动的隔扇、帘帐等来分隔两个空间。局部分隔则是在一个空间内进行空间划分。碧纱橱是用于室内的隔扇，一般用于进深方向，用于分隔明间、次间、梢间各间。花罩包括几腿罩、落地罩、落地花罩、栏杆罩、床罩、圆光罩等，和碧纱橱一样也多用于进深方向，但与碧纱橱不同，其在有分隔作用的同时兼有沟通作用。博古

架又称多宝槅，形似亮格柜，兼有空间分隔和储藏功能。既可用于进深柱间的空间分隔也可贴墙摆设。屏风是屏具的总称，有座屏和围屏两种。

观赏类陈设。观赏类陈设是摆放或悬挂在室内供人品鉴欣赏的艺术品的总称，包括青铜器、瓷器、玉器、竹木雕刻、漆器、刺绣、字画等。

2. 房间陈设配置

传统四合院的陈设与不同功能的房间息息相关。不同的房间其陈设的内容、形式、格局、特点不尽相同。现以堂屋、居室、书房为例分别介绍。

堂屋陈设。堂屋一般设在正房的明间，是日常生活、会客和举行一些仪式的场所。堂屋的布置既要体现出庄严肃穆，又要保持有一定的文化和生活气息。一般在堂屋的中心是靠墙的翘头案，案前放有八仙桌，桌两侧各配一把扶手椅。翘头案上的陈设因堂屋使用性质不同而异，一般摆设物品不超过五件，并采用中心对称分布。其上墙面正中悬挂中堂字画，两侧配以挑山。八仙桌上一般仅放置果盘或茶具。堂屋两侧往往摆设靠背椅，用于待客，座椅之间摆放有半桌。

居室陈设。居室是供人们休息和日常活

正房明间内陈设

动的房间，由于四合院往往是聚族而居，不同家族内不同成员分居于各屋，故正房或厢房的次间，耳房及后罩房均可作为居室。正房的东次间一般由家中长辈居住，晚辈则居住于东、西厢房，未出嫁的女子的闺房一般设在后罩房。居室的陈设核心是床榻或炕。床榻或炕一般设置于临窗的位置便于采暖和采光，其上放有炕桌、炕柜、炕箱等。床一般放置于靠后檐墙位置。在山墙一侧放置连二橱、连三橱或闷户橱。其上放着各种生活用具，如帽镜、胆瓶等，其余物品的放置则根据主人的身份、喜好而定。比如男性屋内一般放置多宝槅或书架，女性的闺房则设置梳妆台、绣台等。

书房陈设。书房又称书斋，是供人读书使用的房间，兼有会客之用，一般设置于次间、梢间或套间，或另在跨院单独设置。中国历代文人雅士都十分重视自己的书房，体现着主人的精神世界。明代戏曲家高濂说："书斋宜明朗，清净，不可太宽敞。明净则可以使心舒畅，神气清爽，太宽敞便会损伤目力。"

书房的设置具有多样性，但一般都是以书桌作为布置核心，常见的布置方式有以下两种：书桌放置于室内中央，并配置圈椅或扶手椅，背后放置多宝槅或是书架，而桌案

两侧一般设置方桌及椅子以作待客之用。这种布置多为官宦人家使用，书房兼有办公之用。另一种是将书桌、画案设置于临窗的位置，便于读书作画时采光，其余陈设则随主人喜好而定，一般都放有琴几、棋桌、多宝槅或书架，此外书房内一般都悬挂有书法字

书房陈设

画，其内容因人而异，往往表明主人的情趣与志向。

二、室外设施

四合院的室外设施多采用石材，避免因风吹日晒造成损坏，主要的室外设施有上、下马石，泰山石，木影壁，鱼缸，石桌，石礅等。

上马石位于大门前两侧，一般是成对设置，供人站在上面便于蹬鞍上马，亦是显示

落地罩

上马石

主人身份的标志物之一。大型的上马石造型呈阶梯状，为高低两个方形平面，侧面为"L"形；小型的上马石为单层，侧面呈长方形。

泰山石敢当

　　泰山石一般位于宅院外墙正对街口的墙面上或者房屋转角处正对街口处，为避邪之物，用来镇压街口及其他对宅院有冲犯的邪气。在现实生活中放置于房屋转角处的泰山石，往往起到防止车轿碰撞房屋的作用。

　　木影壁一般放置于独立柱担梁式垂花门内。因为独立柱担梁式垂花门仅有门板，而没有屏门，所以为了保持院内的私密性，在门后设置木影壁。

木质小影壁

鱼缸

　　鱼缸一般设置于庭院之中。金鱼是我国传统的观赏鱼，寓意"年年有余""富贵有余"等，四合院中备缸饲养金鱼，既可以陶冶情操，又可改善庭院环境和身心健康，是四合院庭院中不可缺少的摆设和点缀。鱼缸多为大口的陶泥缸或瓦盆，也有少量使用木海，一般需要数个鱼缸，以便倒鱼、分鱼时使用。有些鱼缸里还兼种养着荷花、睡莲、河柳、水草等植物。鱼缸的下面设有木架或用砖块垫高，以便于喂养和观赏。

　　石桌、石墩位于庭院和花园中，供人小憩休息时用。石桌由桌盘和桌座两部分组成，桌盘呈圆形，桌座一般作荷叶净瓶造型。石墩其造型类似鼓形，鼓身表面雕刻出各种花卉、寿面、吉祥图案。

第四章 四合院的设计与施工

北京四合院的设计与施工，从建造程序和建造方法上和庙观、商铺、书院、客栈、茶馆等各种类型的民间传统砖木结构的古建筑基本一致，都是采用传统材料和传统的施工方法，砖、瓦、木、石、油饰、彩画等各工种密切配合，工序繁多。

清雍正十二年（1734）颁布的工部《工程做法则例》是清代建筑设计与施工的规范。清代的建筑设计有"样房""算房"之分，样房的职责大致和现代建筑师相同，主要任务是设计。算房的职责主要和用工、用材、工程量等经济方面的职责有关。明清时期传统建筑的设计通过画图样、烫样（相当于今天的作模型）来对建筑群体进行规划，然后再根据批准的图样进行施工。而一般的民居建筑，由于构造相对简单，往往省去了绘图样、烫样和扎小样的程序，由工匠（通常是有经验的木匠）与业主共同商量，排定尺寸，确定房子的面宽、进深、柱高、举架等，然后根据已成定规的权衡比例关系确定木构架各部分的详细尺寸和具体做法后便开始施工。施工中瓦、石、土各工种则随木作的规矩和约定俗成的尺度做法进行砖、石工程和地面排水工程。另外，在北京四合院的传统设计过程中，人们为了使宅院处于吉利吉祥之位，往往请风水师运用五行八卦、阴阳学说及房主的生辰八字等来判别吉凶，确定院落房间的位置朝向。

现代四合院的施工过程中，多数四合院仍然是按照传统流程和工艺进行施工。但是，也有些传统材料逐渐被新材料所代替。另外，现代的仿古四合院还增加了许多新内容，如汽车库、暖气等现代生活设施等。

第一节
设　计

DI-YI JIE　SHEJI

传统四合院的建造与设计是建立在选址与相地基础上的，由风水先生来完成。风水先生以堪舆为基础，选择与居住人的身份、地位、生辰相匹配来相地，明清时期这成为四合院设计的基础。

四合院择地有若干种要求，其中，宅外形尤为重要，是择地首先要考虑的，"凡宅左有流水，谓之青龙；右有长道，谓之白虎；前有汙池，谓之朱雀；后有丘陵，谓之玄武，为最贵地。"（《阳宅十书》），在北京城市之内有所谓最贵地者，实难寻觅，在北京郊区这样的贵地是可以见到的。在北京城市之内判别吉地有以下方法：长方形的宅地为最吉地，南短北长的倒"凸"字形、东北或东南方缺角的矩形，以及正方形等都属于吉地。相反，南长北短的"凸"字形、不规则的曲尺形等被视为不吉。（如图）

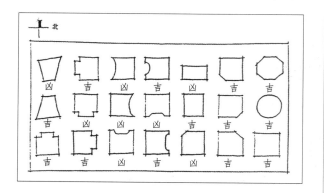

在择地上除了形状以外，对周围的环境也有要求，宅地面迎或背对大道不吉；宅院背靠大树不吉；周围房屋过高不吉。另外，毗邻寺庙也不是好的建宅之地。

北京四合院的设计建造，定方位也是一件大事，也是由风水先生来完成，也有一套风水理论进行支撑，用八卦、阴阳五行之说定出四合院中各房间的朝向、位置、间距、规模、高低。

首先，是定院落的方位，以坐北朝南的院子为例，用罗盘对准正南，定准中轴线，其他房子的建造以此为基准。

其次，是确定四合院的大门的方位，一般放在东南方向开门，在《易经》中属巽位，为"风"的含义。

最后，是确定各房门的位置、门窗的大小，以及院子的排水方向。住宅中各房的房门不可正对，院子多采用东向排水，即"左青龙"的位置，给龙添水。

在四合院的建造中要因地制宜，难免有不合意的地方，遇到不吉之地也要建宅，就需要四合院的建造中由风水先生给出回避与改造的方法。主要有以下几种办法：一是避让法，让四合院的大门不对着道路要冲，不对着不利的方向，不对烟囱、屋角，不对兽头；二是改造法，让院落的地势平整，调整排水的方向，重新确定院子的井位；三是增建法，在院门外增建影壁，增加屋顶的高度等；四是符镇法，最为普遍的方法是在宅院正对道路要冲，或倒座和后罩房的外部屋角处立石敢当。如果对面的建筑物过高，院子对面有古人认为的不吉之物等，多在宅房门或外墙上放镜子，更多的是在大门、房门上贴门神，也有在屋顶高处放置兵器的。

第二节

基础施工

DI-ER JIE　JICHU SHIGONG

在四合院基础施工之前，首先要确定院子的高度标准，根据这个标准决定院内所有建筑的标高，这个高度标准称为"平水"。平水线的高度一般是四合院内最重要的建筑正房的台基高度。同时还要确定院内各建筑的轴线定位，包括确定四合院的中轴线，各建筑面阔、进深的轴线，各种墙体之间的轴线等。根据轴线和标高确定墙体位置和基槽宽度、深度，然后挖槽。

一般把建筑露出地面至柱顶石上皮之间的砖石包砌部分称为台基，台基直接承受房屋上部荷载并将其传递到地基的地下结构部分称为基础。

一、基础

基础主要指柱下结构，包括直接承受柱子的柱顶石，柱顶石下的磉墩，磉墩下的灰土。

1. 灰土

素土夯实。传统做法是用大硪拍底1~2遍，现代做法是用机械夯实。

打灰土。一般民居的基础灰土比例为3：7，即三成白灰，七成黄土，搅拌均匀，在槽内虚铺7寸（约22厘米），耙平，先用人工踩1~2遍，称为"纳虚踩盘"，然后用夯筑打。

传统筑打程序有"行头夯"（又称"冲海窝"）、"行二夯"（又称"筑银锭"）、"行余夯"（又称"充沟"或"剁梗"）、"掖边"（冲打沟槽边角处），然后用铁锹铲平。这种夯打称为"旱活"，可重复1~3次。

为使灰土密实，在"旱活"之后还要"落水"，又称"漫水活"，即用水将灰土洇湿，水量控制在将最底层的灰土洇湿为度，判断方法是"冬见霜""夏看帮"。即冬天看灰土表层结霜，夏天槽帮侧面洇湿高度相当于灰土厚的2~3倍。"落水"一般在晚上进行。第二天在筑打之前为防灰土黏夯底，应先撒砖面灰一层，称为"撒渣子"，然后再进一步夯打密实。基础灰土一般为1~3步，每步均按以上程序进行。现代做法也常在基槽夯实后打灰土或打素混凝土垫层。

2. 磉墩

砌磉墩揾栏土。传统基础多为独立基础，支撑柱顶的独立基础称为"磉墩"。磉墩之间的墙称为"栏土"。它是为栏挡回填土用的，一般不与磉墩连接。

3. 柱顶石

摆放柱顶石。磉墩砌至一定高度（室内地平高度减去柱顶石鼓镜以下部分），即可在上面摆放柱顶石。摆放柱顶石时要注意，柱顶石上面的十字中线要与柱网轴线相对，外圈柱子一定要加出侧脚尺寸，柱顶石顶面要平。

二、台基

包砌台明。房屋台基露出地面部分称为台明。台明四周应用砖石砌筑，包砌台明可与砌磉墩揾栏土同时进行，也可滞后进行，需根据具体工程情况而定。

三、砖、石、灰浆的加工

1. 砖料加工

中国传统建筑所用的砖瓦材料的形成和发展历史悠久、品种繁多。这些材料多为手工制作，经砖瓦窑焙烧而成，外形比较粗糙。但传统建筑的墙体摆砌却十分考究，有干摆、丝缝等多种，对砖料的精度要求很高。为适应墙体摆砌的需要，要对砖料预先进行加工。

四合院常用的砖料有停泥砖（分大、小停泥砖）、方砖（有尺二、尺四、尺七等不同规格）、开条砖、四丁砖等等。需加工的种类主要有摆砌墙身用的停泥砖，墁地用的方砖，做盘头、博缝、戗檐用的檐料砖，屋脊上用的脊料砖以及影壁、檐口、须弥座等处用的杂料砖等。砖料加工是凭砍、磨等方式，将糙砖加工成符合尺度和造型要求的细料砖。现以干摆、丝缝墙所用的砖料为例简要介绍如下：根据墙体尺寸和做法（如墀头宽度、山墙进深等），定出所需砖料的尺寸（长短薄厚都应小于糙砖尺寸），砍出"官砖"（标准砖），并按"官砖"尺寸定出制子（确定砖尺寸的简易度量工具）。

2. 石活加工

用于四合院的石构件主要有阶条、土衬、埋头、垂带、踏跺、柱顶、角柱、腰线、挑檐石等。其中，阶条、土衬、埋头等用于台基部分；角柱、腰线、挑檐石用于墙身部分。由于石活要在台基、墙体施工时使用，所以也需要事先进行加工。四合院建筑所用石料多为长方形，属一般材料。这种一般石料的加工程序主要有：选定荒料、打荒、打大底（即打出大面）、弹线打小面、砍口齐边、刺点或打道（找平）、截头、砸花锤、剁斧（通常剁

垂带踏跺

三遍）、打细道等，需要进行雕刻的石构件还要作石雕。现代石料加工多采用机械，程序要简化得多。

3. 灰浆调制

传统古建筑瓦石工程所用灰浆种类繁多，有"九浆十八灰"之说。

按灰的炮制方法分：

泼浆灰，经水泼过的生石灰过细筛后用青灰浆分层泼洒，闷15天后使用；煮浆灰，即石灰膏，用生石灰加水煮后过滤而成；老浆灰，青浆、生石灰过细筛后共同发涨而成。

按灰内掺和麻刀的程度分：

素灰，灰内无麻刀；大麻刀灰，灰与麻刀重量比为100：5；中麻刀灰，灰与麻刀重量比为100：4；小麻刀灰，灰与麻刀重量比为100：3，且麻刀较短。

按灰的颜色分：

纯白灰，泼浆灰加水搅拌，需要时添加麻刀；月白灰，泼浆灰加青浆搅拌，需要时添加麻刀；葡萄灰，即红灰，泼灰加红土或氧化铁红；黄灰，泼灰加包金土或地板黄。

按用途分：

则可有驮背灰、扎缝灰、抱头灰、节子灰、熊头灰、花灰、护板灰、夹垄灰、裹垄灰等。因用途不同，灰浆中还可加添加剂，调出江米灰、油灰、纸筋灰、砖面灰、青浆、桃花浆、烟子浆、红土浆、包金土浆、江米浆等。这些灰浆，要根据不同位置的不同用途，事先进行调制。

第三节

房屋大木构架

DI-SAN JIE　FANGWU DAMU GOUJIA

北京四合院民居建筑，属于典型的抬梁结构体系，梁、柱承重，墙体为围护结构，单体以七檩、六檩、五檩硬山小式建筑最为普遍。在中国传统建筑营造过程中，将梁、柱、枋、檩等木构件的制作安装称为大木作，传统的门窗装修和室内的隔断、碧纱橱、花罩等的制作安装称为小木作也称木装修。人们在长期的实践工程中，总结出一整套大木的构造与施工方法，并在礼制的约束下达到了等级化、标准化。作为古建筑设计和参考的主要书籍——清雍正十二年（1734）颁布的工部《工程做法则例》就是这样一部经典性文献，总共74卷，其中主要章节都是描述大木的各种构造和尺度的。

以标准四合院主要建筑大木构架为例。大木构架由梁、柱、枋、檩、垫板等木构件组成。木构件是在安装前就已加工好，在基础工程完成后进行组装。古建木构架是凭借卯榫结合在一起，大木构件按尺度和构造要求加工，做出构件及其卯榫。各类大木构件在加工之前应做好以下工作：

一、大木构架

1．前期加工

备料。按设计要求，以幢号为单位开出料单。备料时要考虑"加荒"，材料的长度及截面尺寸都要留出供加工的余量。

验料。根据工程对木材质量的要求，检验有无腐朽、虫蛀、劈裂、空心，以及节疤、裂缝、含水率等瑕疵程度，不合质量要求的木材不能使用。

材料初步加工。将荒料加工成制作木构件所需要的规格材料。如柱、檩等圆构件的砍圆刨光，梁、枋等方形构件的砍刨平直，以备画线制作。

排丈杆。丈杆是古建筑大木制作和安装时使用的一种既有度量功能又有施工图作用的特殊工具，用优质干燥木材制成，有总丈杆和分丈杆，分别在上面标注梁、柱、枋、檩等构件的实际长度和卯榫位置、尺寸。排丈杆是一项非常严格细致的工作，绝对不能出差错，一般都由技术最高的工匠师傅或工地技术负责人进行。丈杆排出后至少需经两人严格检查，确认无误后方可使用。

大木构件制作的首要工作是画线。大木画线的工具除丈杆之外还有弯尺、墨斗，画檩碗用的样板，画榫头用的样板，岔活用的岔子板，等等。大木制作的传统工具有锯、锛子、刨子、斧子、扁铲、凿子等。大木画线有一套传统的、独特的符号，分别用来表示中线、升线、截线、断肩线、透眼、半眼、大进小出眼、枋子榫、正确线、错误线等等。至今仍在工程中承传应用。

由于一幢建筑的木构架是由千百件木构单件所组成的，为使这些构件在安装时有条不紊，安装有序，在木构件制作完成后需标注它的具体位置。大木位置号的标写有一套传统方法。以柱子的位置号为例，通常要写明所在幢号、在明间的哪一侧、前或后檐、什么柱、所标的位置号朝哪个方向等等。梁、枋、檩等构件，也都有具体标注方法。这些方法至今仍在施工中沿用。大木构件分为柱

垂花门垂帘柱

梁架

类、梁类、枋类、檩类、板类，以及椽子、连檐、望板等不同类别，分别用不同的丈杆画线，然后按线制作。木构件制作的成品应妥善保管，不可日晒雨淋，碰撞损伤，以备顺利安装。

2．构件安装

大木构件安装是在基础和台基工程完成之后的工序，大木安装又称"立架"，即立木构架。大木安装之前要对预制加工的木构件进行一次尺寸和数量的全面核对工作，同时，还要对柱顶石操作的摆放质量进行认真检查。应重点检查有无偏离轴线、有无加出侧脚、有无侧偏不平。大木安装之前还要做好操作人员的组织分工和必要的物质准备工作。大木安装的一般程序和注意事项可以概括为这样几句话："对号入座，切记勿忘；先内后外，先下后上；下架装齐，验核丈量，吊直拨正，牢固支戗；上架构件，顺序安装，中线相对，勤校勤量；大木装齐，再装椽望；瓦作完工，方可撤戗。"

其中，"对号入座，切记勿忘"，是说必须按木构件上标写的位置号来进行安装，不得以任何理由调换构件的位置，更不能安错位置。"先内后外，先下后上"，是讲要按照先内、后外、先下、后上的顺序进行安装，一幢建筑不论有多少间，应先从明间安起，明间应先从内檐柱安起，逐步向外发展，不

能违背规律。"下架装齐，验核丈量，吊直拨正，牢固支戗"，是讲大木以柱头为界，分为下架和上架两部分。当安装至柱头位置时，应当对尺寸进行一次严格的校核，以防闯退中线（实际尺寸大于或小于图纸轴线要求的尺寸）。尺寸验核完毕后应将下架卯榫及构件固定，这就是卯榫处掩卡口（背楔子）和支戗杆，完成这些工作以后才能继续向上安装。"上架构件，顺序安装，中线相对，勤校勤量"，是讲上架构件的安装，也要遵循由内向外，由下向上的顺序进行，在安装过程中要不断验核尺寸，以确保安装质量。"大木装齐，再装椽望；瓦作完工，方可撤戗"，是讲大木和椽子、望板安装的顺序。特别强调了墙身、屋面工程完工以后才能撤掉戗杆。这64字要诀，是在总结前人的施工经验和技术的基础上提出来的，按照这些要诀去做，就能保证大木安装工程的顺利进行。

二、木装修

我国传统建筑木装修是建筑木构造的重要组成部分，是体现建筑风格形式、艺术效果的重要方式。北京四合院建筑木装修按位置功能分为外檐装修和内檐装修，外檐装修包括大门、帘架风门、支摘窗、楣子、坐凳、栏杆等；内檐装修即室内装修，在选材、制作、油饰等方面比外檐装修更为精致讲究，包括碧纱橱、花罩、天花、护墙板等。木装修的施工安装是将预先加工好的木构件卯榫连接、安装就位的过程。

大门。大门包括实榻门、棋盘门（攒边门）、撒带门、屏门等。大门尺寸根据门口大小按"门光尺"①排出。

实榻门一般用于城门、宫门，是用厚木

---

①门光尺：门光尺为清代营造司制定，又称"门尺"。长度为一尺四寸四分营造尺（一营造尺等于31厘米）。

板拼装起来的实心门，所以称为实榻门，是各种板门中形制最高、体量最大、防卫性最强的大门。

棋盘门（攒边门）一般用于府邸民宅，门的四周边框采用攒边、门心装薄板背后加四根穿带的做法，称攒边门。因其形似棋盘，又称棋盘门。

撒带门一般用于街门和屋门，是一种一侧有门边，另一侧没有门边的门，因其门板后的穿带一端做出透榫插入门边的榫眼，另一端撒着头，故称撒带门。

屏门常用在垂花门的后檐柱之间或随墙门、月亮门上，主要起遮挡视线、分割空间的作用。屏门一般为四扇，体量较小，一般没有门边门轴也不使用合页，而使用鹅项、碰铁、海窝等铁件。其门口有四方、六方、八方、圆门等形式。

门窗安装。首先是槛框、榻板的安装，槛框是门窗的外框，相当于现代建筑的门窗口。它是由单件组成，凭榫卯连接，附着在柱枋之间。槛框、榻板的安装要求平、直、方正，如门窗安于檐柱间，要随柱升线，因为升线是垂直于地面的线，如果随中线（有侧脚的柱子中线与地面不垂直），那么，门窗开启时就会走扇。抱框与柱子结合面应当有抱豁，以保证牢固严实。窗扇安装时，扇与扇之间要留缝路，并应留出地仗油漆所占余量，以保证开启自如，外檐倒挂楣子安装，应保证各间之间高低出入平齐跟线，以求整齐美观。

帘架风门。帘架由横披、楣子、腿子、风门组成，是用在明间隔扇外挂门帘用的装置。帘架高同隔扇，宽为两扇隔扇加一边梃看面。帘架两侧大边上端装有莲花状楹斗内用兜绊，下端装有荷叶墩。风门按"门光尺"定高宽。

支摘窗。在传统四合院民居住宅建筑中，支摘窗一般安装于建筑前檐檐柱或金柱，位于两柱之间的槛墙之上，起分隔内外空间、采光等作用。一般分为内外两层，外层为棂条窗，糊纸或安玻璃起保温作用；内层装纱屉，天热时可支起外层棂条窗用于通风。支摘窗的边框断面尺寸一般根据与柱径比例关系而定。

楣子、坐凳。四合院里的楣子、坐凳等外檐装修一般安装在带前（后）廊的正房、厢房、花厅或抄手游廊上。楣子包括倒挂楣子和坐凳楣子，坐凳安装除应平齐之外还需坚固耐用，以供人凭坐休息。

坐凳楣子

碧纱橱、花罩。碧纱橱、花罩等室内木装修，主要起分隔室内空间和美化的作用，一般是活的，可以随拆随安。碧纱橱是安装于室内的隔扇，其制作原理与外檐装修并无大差异，但选料严格、制作精细，通常安装于进深方向的柱间，根据进深不同每樘碧纱橱可由6~12扇隔扇组成。其中，只有两扇可以开启，其余为固定扇。花罩分为落地罩、栏杆罩、几腿罩、飞罩和博古架等。

第四节

墙体、屋面、地面

一、墙体

（一）墙体类型

在四合院中，墙体按所处位置不同，一般有以下几种：檐墙，檐柱与檐柱之间的墙

廊心墙

照壁墙

马头墙

体；山墙，建筑两侧的维护墙体；廊心墙，两山廊下檐柱与金柱之间的墙体；槛墙，窗下的矮墙；隔断墙，建筑内部柱与柱之间分隔室内空间的墙体；室外墙体有：院墙、卡子墙、影壁墙；等等。按采用砖料的加工程度和砌筑方法不同，可以分为：干摆、丝缝、淌白墙、糙砖墙等。按墙体所使用材料不同，可以分为：土墙、砖墙、石墙等。土墙、石墙在北京四合院中很少用到。在以木构为主要构造体系的古建筑中，墙体主要起御寒、隔热、隔音、分隔等围护作用。

（二）墙体砌筑

干摆、丝缝、淌白做法是传统四合院中最常见到的墙体砌筑方法。在传统四合院中，建筑墙体的下碱和上身，依规制等级或主次关系常常有不同的做法，一般有：干摆—丝缝（即下碱干摆砌筑，上身丝缝砌筑），丝缝"落地缝"，干摆—淌白，丝缝—淌白，干摆—糙砖抹灰，淌白"落地缝"等组合形式。

干摆

干摆的砌筑方法即指"磨砖对缝"做法。这种做法常用于讲究的墙体下碱或其他较重要的部位。砖料采用事先加工好的干摆砖即"五扒皮"，在摆砌过程中需要有人专门处理砍砖时未能做到的工作即"打截料"。施工基本程序：

拴线、衬脚。在砌体两端拴好两道立线，即"拽线"。拽线之间拴两道横线，下面的叫"卧线"，上面的叫"罩线"。检查基层是否平整，如有偏差，用灰找平，称"衬脚"。

用经过砍磨加工的砖料摆砌第一层砖，干摆砖之间不坐灰，因而无缝隙，里口有包灰，凭灰浆（一般是用白灰和黄土调成的桃花浆）灌筑成为一体。

干摆墙每摆一层即需灌浆一次，并且要将不平之处磨去，以求上口平齐，称为"刹

干摆廊心墙

趟"。

每摆三层抹一次线，五层以上应放置一段时间，待灰浆初凝后再继续作业，称为"一层一灌，三层一抹，五层一蹲"。

摆砌完成以后还要对墙面进行打点修理，主要工序有：

墁干活，将砖接缝突出之处磨平；

打点，用砖面灰将残缺部分和砖上面的砂眼勾抹填平；

墁水活，用磨头沾水将打点过的地方以及砖接缝处磨平，并将整个墙面通磨一遍；最后，通过冲水将墙面洗净使墙体完全现出砖的本色。

丝缝

丝缝是与干摆相配合采用的另一种讲究砌法，一般常将墙体下碱做干摆，上身做丝缝。

丝缝即细缝的意思，砖与砖之间留有2~4毫米的细砖缝。

砌筑丝缝墙时，要在砖棱处用老浆灰打灰条，在里口打两个灰墩（称为瓜子灰），然后进行砌筑。丝缝墙也要在里口灌浆，凭灰浆筑成套体。

丝缝墙砌完后也要进行打点、墁干活、水活，还要进行耕缝，以使墙面美观。

淌白墙

淌白墙是细砖墙中最为简单的一种做法，可以在资金有限的情况下，做出墙体细致的感觉，或用干摆、丝缝结合营造墙体的主次变化，例如在墙体的下碱用干摆做法，上身四角用丝缝做法，上身墙心用淌白做法。淌白墙可分为仿丝缝做法即"淌白缝子"、普通淌白墙、淌白描缝等三种做法。

糙砖墙

糙砖墙砖料不需要加工，只求完整。一般规制低的民居建筑多用糙砌。分为带刀缝做法和灰砌糙砖。

除以上两种讲究的砌法之外，还有淌白、糙砌等不同做法，分别用在不同部位。传统四合院建筑墙面除砌筑讲究之外，还常采用许多艺术形式使灰色的墙面显出活泼变化的效果，常见的有落膛做法、砖圈做法、五出五进做法、圈三套五做法、砖池子做法、方砖陡砌、人字纹砌法、砖墙花砌、花瓦墙帽砌法等等。

槛墙雕花

二、屋面

（一）屋面形式

按房屋大木构架形式的不同，屋面形式可分为硬山、悬山、歇山、庑殿等四种屋面形式。庑殿顶只有在最尊贵的宫殿庙宇中才会用到，在传统四合院民居建筑中主要采用硬山顶，歇山顶屋面用在高等级四合院及王府四合院建筑中。四合院建筑中具有典型意义的垂花门，屋面通常采用的是悬山顶。

按屋面做法的不同，可分为：琉璃瓦屋面、布瓦屋面。其中布瓦屋面包括：筒板瓦屋面、阴阳合瓦屋面、棋盘心屋面、仰瓦灰梗屋面、干槎瓦屋面等。筒板瓦屋面常用在高等级的四合院中，或四合院中较为主要的建筑上。经济比较富裕但没有官阶的普通住户，屋面多用阴阳合瓦。棋盘心、仰瓦灰梗和干槎瓦屋面多用在较低等级的四合院建筑中。

（二）屋面做法

传统民居建筑四合院通常采用阴阳合瓦屋面，其主要特点是底瓦、盖瓦都是用板瓦，按一正一反排列，即"阴阳合瓦"。下面以此为例按施工顺序介绍屋面做法，从木基层开始向上依次为护板灰、滑秸泥背、青灰背、宽瓦泥、瓦面。

护板灰。在木望板上抹一层深月白麻刀灰，厚度一般为1~2厘米，这层灰叫护板灰，是用泼灰和麻刀按一定配比加水调制而成，主要用于保护望板和起找平层作用。

滑秸泥背。在护板灰上苫背2~3层泥背，每层不超过5厘米，为防止泥背过厚，可事先将一些板瓦反扣在护板灰上，以减轻屋面重量。每苫完一层，待七八成干时用杏儿拍子拍打密实。泥背用料在配制时将灰与泥掺入适量滑秸（即麦秸）用水闷透调匀。

青灰背。在滑秸泥背之上苫2~3厘米的

歇山顶侧立面

青灰背，采用大麻刀灰，反复刷青浆和轧背，轧实赶光，不少于"三浆三轧"。然后在上面打一些浅窝，俗称"打拐子"，以防止瓦面下滑。

扎肩灰。为使屋面前后坡交点成为一条直线，苫背完成后要在脊上抹扎肩灰。抹扎肩灰时要在脊上拴一道横线，前后坡扎肩灰各宽约30~50厘米。

晾背。苫背完成以后晾干的过程叫"晾背"。如果因赶工期灰背没有完全晾干就宽瓦，容易造成水分不易继续蒸发而造成椽望糟朽引发漏雨现象。

宽①瓦。宽瓦包括冲陇、瓦檐头、瓦底瓦、瓦盖瓦、捉节夹陇等工序。宽瓦一般用掺灰泥，瓦与瓦之间的搭接应做到"三搭头"，即瓦的十分之七部分被上面的瓦压住，俗称"压七露三"。

---

①宽：动词，wà。后文同。

三、地面

（一）室内地面

传统四合院房屋地面经常采用的做法，按砖加工的程度可分为细墁地面、淌白地面、糙墁地面等。其中细墁地面最讲究，方砖加工最为精细，常用于室内地面；淌白地面不如细墁地面讲究，砖料加工简单，多用于一般建筑；糙墁地面用砖不需砍磨加工，因砖缝较大，室内较少使用。

细墁地面

细墁地面所用砖料事先经过砍磨加工，砖的规格统一、平整度高，一般要加工砖的五个面，俗称"五扒皮""盒子面"。细墁地面方砖的灰缝很细，经生桐油钻生过的地面有较好的防潮性能，并且光洁、亮泽、坚固、耐磨。讲究的室内地面均采用此种做法。墁地常用的工具有木宝剑、镦锤、瓦刀、油灰槽、浆壶、麻刷子等，施工程序如下：

垫层处理。素土或灰土夯实。

按设计标高抄平。按平线在四面墙上弹出墨线。如建筑带廊，廊心地面应向外留出泛水，即内高外低。

冲趟。为使砖缝与房屋轴线平行，并将中间一趟方砖铺墁在房屋正中，施工时需在

花砖地面

花砖地面

房子两侧分别按平线拴好拽线，各墁一趟标准砖；并在室内正中拴好垂直的十字线，居中墁一趟标准砖；这种做法称为"冲趟"。

样趟。在已拴好的两道拽线间拴一道卧线，以卧线为标准铺泥墁砖。墁砖用泥的白灰与黄土配比为 3：7。

揭趟。将墁好的砖揭下来并做好记号，以便对号入座，补垫泥的低洼处，在泥上泼洒白灰浆。

上缝。在砖的里口抹上油灰，按原位重新墁好，墁砖后用镦锤轻轻拍打，使砖和泥接触严实，并使砖平顺，砖缝严密。油灰是用面粉、细白灰粉、烟子、桐油按一定配比搅拌均匀而成。

铲齿缝。也叫墁干活，用竹片将挤出的多余油灰刮掉，然后用磨头或砍砖用的工具斧子将砖与砖之间接缝不平之处磨平或铲平。

剎趟。以卧线为准检查砖棱，将侧面突出的砖棱磨平。

打点。所有地面砖墁好以后，砖面上如果有残缺或砂眼，要用砖药将表面打点齐整。砖药的配制方法是：七成白灰三成砖面，少许青灰加水调至均匀。

墁水活。重新检查地面，如有局部凸凹不平，用磨头沾水磨平，将地面整体沾水揉

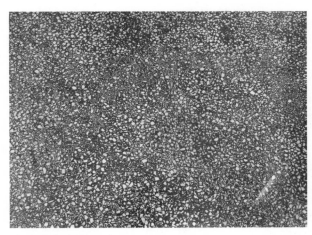
民国时期水刷石地面

磨一遍后擦拭干净，露出真砖实缝。

钻生。待地面完全干透后，用生桐油在地面上反复涂抹或浸泡。具体做法如下：在地面上倒生桐油，厚度在3厘米左右，用灰耙来回推搓，待油无法继续渗入砖内时，起出多余的桐油。在生石灰面中掺入青灰面，搅拌成砖色，将灰撒在地面上，厚约3厘米左右，两三天后将灰刮除扫净，并用软布反复揉擦地面。

淌白地面

淌白地面的砖料的砍磨加工程度不如细墁地面用料那么精细，一般砖表面不处理，但要铲磨四肋，称"干过肋"。可以视为细墁地面的简易做法，施工程序基本相同。

糙墁地面

糙墁地面的特点是墁地用砖不需要砍磨加工，因而造成砖缝较大，地面平整度不够，显得粗糙。这种做法常用在一般建筑的室外，在室内较少采用。

（二）室外地面

室外地面包括散水、甬路、海墁地面等，其铺墁方法根据重要性同室内墁砖一样分细墁、淌白、糙墁等做法。室外墁地的顺序是先墁散水称"砸散水"，然后墁甬路称"冲甬路"，最后做海墁地面。

散水

散水是用来保护地基不受雨水侵蚀，沿房屋台基四周铺设的墁砖。散水的宽度由出檐决定，并要有泛水，外侧砖牙子高度不低于室外地坪，里侧与台基土衬金边同高。四合院院落中的散水常用的铺墁形式有"一顺出""裤子面"等。

甬路

甬路是庭院中的交通线，一般采用方砖铺墁。甬路的宽窄按所处位置的重要性决定，院子中最重要的甬路趟数最多，然后依次递减。甬路砖的趟数一般采用单数。

海墁

庭院内地面除散水、甬路之外其他地方也墁砖的做法叫海墁。四合院中被十字甬路分开的四块海墁地面俗称"天井"，其铺墁过程称为"装天井"。海墁应考虑全院的排水问题，向排水方向做出泛水。由于室外地面较室内地面容易受到雨水的侵蚀和重物的冲压，所以基础必须用灰土夯实找平。

室外地面

第五节

油饰彩画

DI-WU JIE　YOUSHI CAIHUA

油饰彩画是在木作、瓦作、石作等各项工程完成以后，对建筑木结构进行的最后保护和装饰美化。北京四合院建筑中的油饰彩画根据房屋主人的社会地位和经济财力的不同，在形式色彩工序繁简上都有很大的不同。传统工艺中的油饰彩画，包括油漆作和彩画作两个工种。油漆作主要起保护木构的作用，彩画作主要起美化木构的作用。

一、油漆作

1. 备料

传统工艺的地仗油饰中经常使用到的材料有：桐油、面粉、血料、砖灰、石灰水等，还有一些需要有经验的师傅现场配制，包括：油灰熬制、油满配制、熬炼光油、发血料、配制砖灰、加工麻丝、配制地仗材料等等。

2. 木基层处理

木基层处理的主要作用是使地仗和木构件结合紧密。工序包括：斩砍见木、撕缝、揾缝、下竹钉、汁浆等。

斩砍见木。为使地仗和木构件结合紧密衔接牢固，不论新旧木构件都要进行这道工序。新料用小斧子在木料表面砍出斧迹；旧料首先要去除老旧灰皮，见到木纹为止，但不能损伤木骨，然后用挠子挠干净，称为"砍

菰头彩画

净挠白"。

撕缝、揾缝、下竹钉。由于木构件的特性所致，无论新老构件，其表面都会有或大或小的裂缝，如果木料潮湿，裂缝还会发生涨缩现象。为解决这些问题，使木构件表面大致平整，并易于油灰和木件的结合，在施工时将较小的裂缝用铲刀铲成"V"字形，称为"撕缝"；较大的裂缝用木条嵌入，并用胶粘牢，称为"揾缝"；为防止木料裂缝涨缩，根据木缝的宽窄，将竹钉削成需要的形状嵌进木料缝隙，称为"下竹钉"。

汁浆。为使油灰和木件结合牢固，将油满、血料、水按一定的比例调制成均匀的油浆，涂刷在木构件表面的过程称"汁浆"。

3. 地仗

传统工艺的地仗相当于新建油饰在木构件上抹腻子找平，但程序要繁复很多。在清工部《工程做法则例》[①]中列有三麻两布七灰、二麻一布七灰、二麻五灰、一麻四灰、三道灰、二道灰几种地仗做法。其中加麻做法称麻灰地仗，主要用于重要建筑或建筑中易受到雨淋的部位如柱子、槛框等处；不加麻的做法称单披灰地仗，常用于一般建筑或建筑中不易受到风吹雨淋的部位如室内梁枋、室外椽望等处。

四合院建筑中常采用一麻五灰地仗，主要工序为：第一遍捉灰；第二遍通灰；第三遍通麻；第四遍压麻灰；第五遍中灰；第六遍细灰；第七遍磨细钻生油等。每遍地仗的用灰是由油满、血料和砖灰按不同比例配制而成，由捉灰至细灰，逐遍增加血料和砖灰的所占比例。

4. 油漆

在北京的四合院建筑中，对于柱身、门

①清工部《工程做法则例》，卷五十六。

窗、橡望等部位，待生桐油干后，即可在表层刷色油。光油加入所需的颜料用丝头搓于地仗之上，使油均匀一致，干后光亮饱满，油皮耐久不易变色。工序按传统的三道油操作工艺有：浆灰；细腻子；垫头道光油；二道油（本色油）；三道油（本色油）；罩清油等。

传统古建筑的光油是各种熟桐油的总称，可分为：入灰光油、颜料光油、罩面光油、金胶油等，虽然主要成分是桐油，但因用途不同，各种原料的比例和配制方法也有所不同。

二、彩画作

1. 分类

彩画是我国传统古建筑特有的一种建筑装饰艺术，一般分为两大类：殿式彩画和苏式彩画。殿式彩画，包括各种和玺彩画和不同等级的旋子彩画。其中和玺彩画，是彩画等级最高的一种，仅用于宫殿、坛庙的主殿等重要建筑。旋子彩画，等级次于和玺彩画，有明显、系统的等级划分，可以做得很素雅，也可以做得很华丽。一般用于官衙、庙宇的主殿，坛庙的配殿以及牌楼等建筑。苏式彩画，其风格和形式完全不同于和玺彩画和旋子彩画，主要用于园林和住宅。

北京四合院民居建筑上的彩画主要就是采用苏式彩画，一般在建筑的外檐檩条、垫板、枋子、柱头等部位施画彩画，主要起装饰美化作用，根据四合院的规制等级的不同和在建筑中的使用部位不同，彩画也是不同的。苏式彩画有相对固定的格式，主要由图案和绘画两部分组成，采用写实的笔法和画题，各种图案和绘画题材互相交错，形成灵活多变的画面。图案多画各种回纹、万字、夔纹、汉瓦、连珠、卡子、锦文等，绘画包括各种人物故事、自然山水、花鸟鱼虫等，

此外还有一些寓意美好、吉祥的装饰画，如蝙蝠、鹿、各种异兽、博古（笔砚、书画）、竹叶梅等。苏式彩画最具代表性的构图是将檩、垫板、檐枋三部分连起来，在枋心中间画成半圆形图案，称"搭包袱"。

在北京四合院建筑中，彩画根据房屋主人的社会地位和经济财力的不同，在形式、色彩、工序繁简上都有很大的不同。以苏式彩画为例，根据工艺的繁简，常见的有金琢墨苏画、金线苏画、黄线苏画、墨线苏画与海墁苏画。此外，取苏式彩画的某一部分，如箍头包袱，也可以形成极简单的苏式彩画，常见的是掐箍头。

大木作箍头包袱彩画

2. 施工

古建筑彩画的施工，由于不同等级建筑的彩画制度不同，做法虽有所不同，但程序大体相同。现以北京四合院中应用最多的苏式彩画为例，简述其施工过程。

磨生过水。首先，对要作彩画的构件表面磨生过水，通过用砂纸打磨及过水等工序，去掉地仗面层的油痕、浮灰，为彩画创造良好的作业条件。

分中。中国传统建筑彩画的图案一般都是以中线为准，左右对称，因此，在进行绘画之前首先要找到构件的中线，以便在二分之一构件的范围内布置纹饰（起谱子）。

起谱子、扎谱子。在厚纸（一般用比较结实的牛皮纸）上按构件实际尺寸画出彩画的线描图，称为起谱子。画谱的图案要准确、清晰。然后，沿图案线条用大针扎出均匀的针孔，称为扎谱子。

拍谱子。拍谱子又称打谱子，是将扎好的彩画谱子覆于构件表面，用白粉包沿谱子拍打，使白粉透过谱子上的针孔印在构件之上。拍出的画谱应准确、清晰、花纹连贯不走样。

沥大、小粉。沥粉是通过沥粉工具和材料使彩画图案线条成为突起的立体线条，固结在构件上，其目的是为强调彩画主线的立体效果和贴金箔后的光泽效果。沥粉材料主要由土粉、青粉、胶液、少量光油和水合成，工具有粉袋和粉尖子。沥粉的程序应先沥大粉后沥小粉。大粉用来表现彩画中起主体轮廓作用的线条，如箍头线、方心线等；小粉用来表现细部纹饰线条。沥粉应严格按谱子进行，准确表现纹饰图案。要达到粉条饱满，图案对称、端正，线条流畅，具有连贯性，且要求粉条的粗细高低一致。

刷色。刷色包括刷大色、抹小色、剔填色、掏刷色。刷色应先刷大色（如大青、大绿色），后刷各种小色。无论涂刷何种颜色，都应按彩画施色制度进行。要求涂刷均匀、整洁、不虚不花、不掉色。

接天地。苏式彩画的白活（用白色做衬

彩画

底的绘画内容称为白活），如线法山水、洋抹自然过渡的画面底色。一般应将浅蓝色涂于上方谓之"接天"，下方谓之"接地"。这是画白活之前的一项重要的工作，它的主要作用是创造出置身于自然天地间的画面效果。

包黄胶。将画面中要贴金的部位涂上黄颜色或黄色油。这种黄色起着标示贴金范围和衬托其上的金胶油不被地仗吸吮的作用。包黄胶要求涂刷的范围准确、齐整，不能有多出和脱落的地方。

拉晕色、拉大粉。晕色是表现彩画色彩层次的一种手段，它通过色阶的过渡，达到由青至白、由绿至白或由其他颜色（如紫、红、黑等）至白的晕染效果，使颜色间过渡自然柔和。其施工程序应是先拉晕色后拉大粉。拉晕色是用捻子（彩画中专用的一种刷色工具）沿大线的轮廓画出（要求画浅于大色的二色、三色）。拉大粉即画最浅的一道白色。晕色的色度要准确，色阶要匀，无论晕色或大粉，都应直顺、均匀、不虚不花、整齐美观。

画白活。白活包含彩画中各种绘画内容，如翎毛、花卉、山水、人物等等。白活多画在包袱、枋心、聚饰、池子内及廊心等处，有"硬抹实开""落墨搭色""样抹""拆垛"等各种不同制度和做法，须严格按这些做法进行，才能达到各自的制度要求和工艺水准。

攒退活。攒退活包含两个内容，其一为"攒

斗拱及彩画

活"，泛指一般的工细图案的装色。其中运用同一色相但分为不同色度的颜色，须分层次施色，使图案装点成有层次感的晕染效果。其二为"退活"，一般特指退烟云，即包袱边框，方心岔口等处，用同一颜色由浅至深分道摹画，以便产生强烈的立体效果。无论攒活还是退活，其色度应用都应准确，色阶层次自然分明，无骤深骤浅，不虚不花，洁净美观。

刷老箍头、拉黑掏、压黑老。这三项都是用黑颜色完成的工序。"刷老箍头"是用黑色刷构件最端头的部分。"拉黑掏"是用黑色拉饰两个构件相交的秧角部分，如檩与垫板、檩与随檩枋的相交处，还有某些金线老的外圈等部位，可起到齐色或齐金的作用。"压黑老"用于彩画的某些特殊部位，如斗拱、角梁、霸王拳等处。这项工艺，起着对彩画某些部位的强调、突出、衬托和齐界的作用。

打点活。这是彩画的最后一道工序，即用颜色对已完成的彩画部位进行全面的检查、修饰、校正，使之达到尽善尽美的程度。

古建彩画是不同于其他传统绘画艺术的一种艺术形式。它专门用于装饰建筑，为我们的生活环境增添了迷人的色彩，其高雅的艺术形式和丰厚的文化底蕴，值得我们认真继承和弘扬。

东城区地域范围包括原东城区和崇文区。东城区四合院类型以官商大型院落、会馆与平民院落为主，据统计的现存建筑形制较完整、保存较完好的院落 500 余座，可谓占据北京城四合院的半壁江山。其中，被列为全国重点文物保护单位的四合院 3 处，市级文物保护单位的 27 处，区级文物保护单位的 17 处。

东城区四合院最早可追溯至元代，经考古发掘于雍和宫北侧、原明清北城墙夯土之下，为一座三合小院的元代院落遗址。据考古人员推测，这座建筑可能是元代某衙署的办公场所。

明清时期漕运兴盛，城东集中了海运仓、南门仓、禄米仓等货物集散地，带动繁荣了城东经济，富豪商贾们也多在城东购地建宅，"东富"之称便由此而来。四合院比较集中的地区包括东四三条至八条和南锣鼓巷等地区。现今保存较好的代表性四合院有：东四六条崇礼住宅、帽儿胡同可园、国祥胡同那王府、府学胡同志和府、黑芝麻胡同奎俊宅、秦老胡同索家绮园、芳嘉胡同桂公府、黄米胡同麟庆宅、什锦花园、马辉堂花园等。其中，崇礼住宅在 1988 年公布为第三批全国重点文物保护古建筑类单位，可园在 2001 年公布为第五批全国重点文物保护古建筑类单位。

明代扩建南城和清代的满汉分治政策，使南城四合院逐渐多了起来。在崇文门至前门一带，当时云集了大量会馆和排列紧密的一进式平民四合院。如西打磨厂街山西临汾会馆、新革路湖北黄安会馆、大席胡同安徽石埭会馆、奋章胡同原湖南会馆等。

第二篇

东城区四合院

DI-ER PIAN DONGCHENGQU SIHEYUAN

清末民初，清王朝覆灭使八旗王公贵族失去了赖以生存的政治和经济基础，东城原先许多大型院落从此时开始拆分瓦解。民国时期的军政要员和新文化运动以来的学者文人成为了部分院落的新主人，这个时期保存至今的代表性四合院有：帽儿胡同冯国璋府、张自忠路顾维钧宅、东四七条阎锡山宅、福祥胡同王树常故居、箭杆胡同陈独秀旧居、豆腐池胡同杨昌济故居、东堂子胡同蔡元培故居等。同时，西洋式建筑风格的引入也出现在一些四合院的建筑结构上，罗马柱、拱券门窗等西洋风格建筑形式开始风靡，典型院落有：张自忠路欧阳予倩故居、仓南胡同段祺瑞宅、东棉花胡同 15 号院、珠市口东大街 161 号院等。

从新中国成立到改革开放时期，一些用作机关办公和首长、名人及私人住宅的四合院在东城区得以基本完好地保存至今，现存完整的大型院落还有史家胡同好园宾馆，礼士胡同宾俊宅，前鼓楼苑胡同 7 号、9 号院，美术馆东街杜聿明旧居，前永康胡同 7 号院，沙井胡同奎俊宅等。

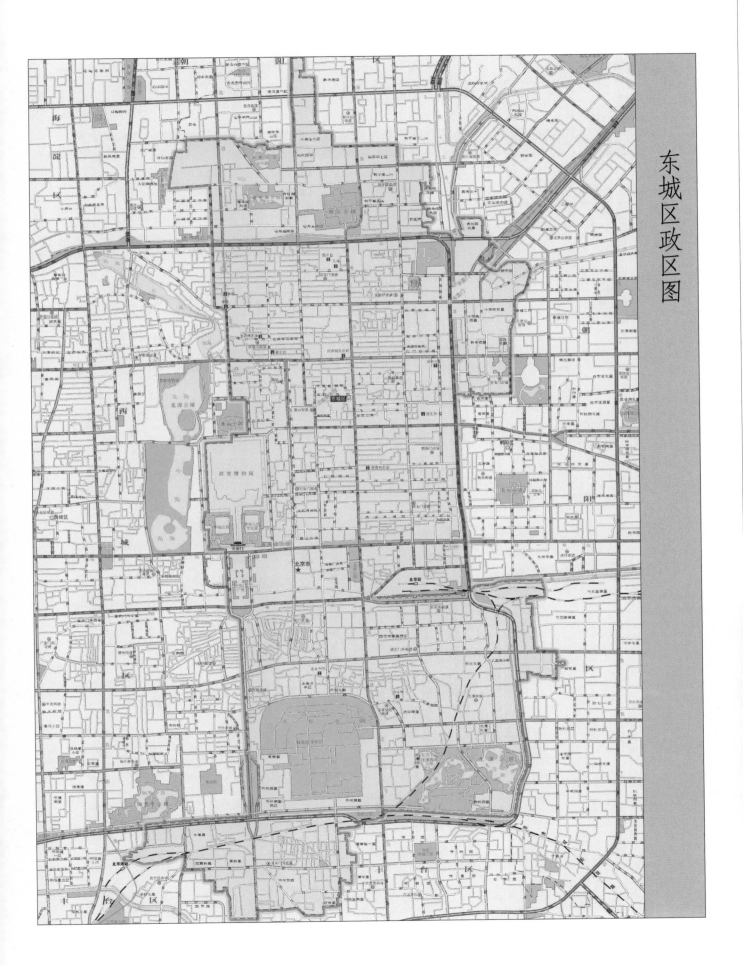

东城区政区图

东城区四合院文物保护单位一览表

名称	地址	保护级别	年代	公布时间
杨昌济故居	安定门街道豆腐池胡同 15 号	区级文物保护单位	民国	1984
国祥胡同甲 2 号四合院	安定门街道国祥胡同甲 2 号	市级文物保护单位	清	1984
板厂胡同 27 号四合院	交道口街道板厂胡同 27 号	区级文物保护单位	清	1986
僧王府	交道口街道炒豆胡同 75 号、77 号、79 号，板厂胡同 30 号、32 号、34 号	市级文物保护单位	清	2003
鼓楼东大街 255 号四合院	交道口街道鼓楼东大街 255 号	市级文物保护单位	民国	2001
府学胡同 36 号（包括交道口南大街 136 号）四合院	交道口街道府学胡同 36 号，交道口南大街 136 号	市级文物保护单位	清	1984
荣禄故宅	交道口街道菊儿胡同 3 号、5 号，寿比胡同 6 号	区级文物保护单位	清	1986
帽儿胡同 5 号四合院	交道口街道帽儿胡同 5 号	市级文物保护单位	清	2001
可园	交道口街道帽儿胡同 7 号、9 号、11 号、13 号	全国重点文物保护单位	清	2001
旧宅院（婉容故居）	交道口街道帽儿胡同 35 号、37 号	市级文物保护单位	清	1984
前鼓楼苑胡同 7 号、9 号四合院	交道口街道前鼓楼苑胡同 7 号、9 号	市级文物保护单位	清	2001
绮园花园	交道口街道秦老胡同 35 号	市级文物保护单位	清	2003
沙井胡同 15 号四合院	交道口街道沙井胡同 15 号	市级文物保护单位	清	2003
田汉故居	交道口街道细管胡同 9 号	区级文物保护单位	民国	1986
孙中山行馆	交道口街道张自忠路 23 号	全国重点文物保护单位	民国	2006
雨儿胡同 13 号四合院	交道口街道雨儿胡同 13 号	区级文物保护单位	清	1986
黑芝麻胡同 13 号四合院	交道口街道黑芝麻胡同 13 号	市级文物保护单位	清	2003
东棉花胡同 15 号院及拱门砖雕	交道口街道东棉花胡同 15 号	市级文物保护单位	民国	2001
茅盾故居	交道口街道后圆恩寺胡同 13 号	市级文物保护单位	民国	1984
子民堂	景山街道北河沿大街甲 83 号	市级文物保护单位	1947	1995
黄米胡同四合院	景山街道黄米胡同 5 号、7 号、9 号，亮果厂 6 号	区级文物保护单位	清	1986
毛主席故居	景山街道吉安所左巷 8 号	市级文物保护单位	民国	1979
美术馆东街 25 号四合院	景山街道美术馆东街 25 号	市级文物保护单位	清	2001
马辉堂花园	景山街道魏家胡同 18 号，小细管胡同 15 号	市级文物保护单位	民国	2011
什锦花园胡同 19 号四合院	景山街道什锦花园胡同 19 号	区级文物保护单位	清	1986
东皇城根南街 32 号宅院	东华门街道东皇城根南街 32 号	市级文物保护单位	清	2011

名称	地址	保护级别	年代	公布时间
富强胡同6号、甲6号、23号四合院	东华门街道富强胡同6号、甲6号、23号	区级文物保护单位	清	1986
陈独秀旧居	东华门街道箭杆胡同20号	市级文物保护单位	民国	2001
老舍故居	东华门街道丰富胡同19号	市级文物保护单位	1949	1984
西堂子胡同25—37号四合院	东华门街道西堂子胡同25号、27号、29号、33号、35号、37号	市级文物保护单位	清	1990
蔡元培旧居	建国门街道东堂子胡同75号	市级文物保护单位	民国	2011
东总布胡同53号宅院	建国门街道东总布胡同53号	区级文物保护单位	民国	1982
朱启钤故宅	建国门街道赵堂子胡同3号	区级文物保护单位	民国	1984
礼士胡同129号四合院	朝阳门街道礼士胡同129号	市级文物保护单位	民国	1984
内务部街11号四合院	朝阳门街道内务部街11号	市级文物保护单位	清	1984
史家胡同51号、53号、55号四合院	朝阳门街道史家胡同53号，内务部街甲44号	市级文物保护单位	清	2011
桂公府	朝阳门街道芳嘉园胡同11号，新鲜胡同40号、42号	区级文物保护单位	清	1986*
东四四条5号四合院	东四街道东四四条5号	区级文物保护单位	清	1986
东四六条55号四合院	东四街道东四六条55号	区级文物保护单位	清	1986
崇礼住宅	东四街道东四六条63号、65号	全国重点文物保护单位	清	1988
东四八条71号四合院	东四街道东四八条71号	区级文物保护单位	清	1986
前永康胡同7号四合院	北新桥街道前永康胡同7号	市级文物保护单位	清	2003
北沟沿胡同23号	北新桥街道北沟沿胡同23号	区级文物保护单位	清	1986
新革路20号四合院	前门街道新革路20号	市级文物保护单位	民国	1984
奋章胡同四合院	前门街道奋章胡同53号	区级文物保护单位	清	1989
福建汀州会馆北馆	前门街道长巷二条48号	市级文物保护单位	明	1984*
兴隆街四合院	前门街道东兴隆街52号	区级文物保护单位	清	1984*

注：标注*院落本书未收录

第一章 安定门街道

DI-YI ZHANG ANDINGMEN JIEDAO

安定门街道位于东城区西北部，东起雍和宫大街、南至鼓楼东大街、西起旧鼓楼大街、北至北二环，辖区处在古都风貌保护区和故宫缓冲区内，辖区内国子监地区是北京市历史文化保护区。面积1.76平方千米，有大街3条，胡同69条。全国重点文物保护单位有北京鼓楼、钟楼，国子监，北京孔庙，市级文物保护单位有方家胡同13号、15号清循郡王府，国祥胡同甲2号那王府等，区级文物保护单位有豆腐池胡同15号杨昌济故居等。

第一节

文保院落

DI-YI JIE WEN-BAO YUANLUO

豆腐池胡同15号（杨昌济故居）

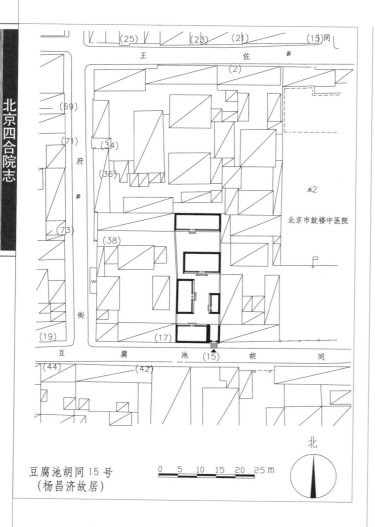

豆腐池胡同15号
（杨昌济故居）

门墩

合瓦屋面、脊饰花盘子，门头装饰有花瓦，红色门板两扇，门板上原有门钹一对，现仅存一个。梅花形门簪两枚，方形门墩一对，前出踏跺五级。大门西侧倒座房三间，清水脊，合瓦屋面、脊饰花盘子。

一进院正房三间，清水脊，合瓦屋面、脊饰花盘子。东厢房二间，西厢房三间，现均已改为机瓦屋面。二进院后罩房四间，为合瓦屋面，后改机瓦屋面。灰顶平台房半间。南北房之间有一隔墙，中开四扇屏门，靠东墙有一株枣树。

这里曾是民国时期杨昌济在京时的住宅，当年大门上曾挂着"板仓杨寓"的铜制门匾。杨昌济（1871—1920），又名怀中，字华生，湖南长沙县人，杨开慧之父，毛泽东

位于东城区安定门街道。旧时的门牌是豆腐池9号。该院坐北朝南，二进院落。

东南隅开门，如意大门一间，清水脊，

大门

正房

东房

的老师。民国七年（1918）6月，杨昌济被北京大学聘为文科哲学教授，全家从湖南迁京居住在此。杨昌济夫妇及女儿杨开慧住外院，其子杨开智住里院。外院北房为居室，一明两暗，中间明间为堂屋，杨昌济夫妇住东里间，杨开慧住西里间。南房隔成两明一暗，西边的二间为明间，作为客厅。东边的一间为暗间，供客人临时居住。民国七年（1918）8月，毛泽东来京，与蔡和森曾同住在南房靠院门的单间里，后来毛泽东在北京大学图书馆当管理员时，经常到该院拜访杨昌济。

　　杨昌济任北京大学教授期间，讲授伦理学。任教期间，协助蔡和森等筹措赴法勤工俭学旅费，介绍毛泽东去北大图书馆工作，以"欲栽大木拄长天"诗句明志。民国八年

院内古树

（1919），杨昌济与同人发起组织北大哲学研究会，著有《治生篇》《劝学篇》《伦理学之根本问题》《各种伦理主义之略述及概评》等，译有《西洋伦理学史》等书。他最钟爱的两个学生蔡和森和毛泽东实现了他"欲栽大木拄长天"的宏愿。

　　1984年，豆腐池胡同15号作为"杨昌济故居"公布为东城区文物保护单位。现为居民院。

后罩房

国祥胡同甲2号（那王府）

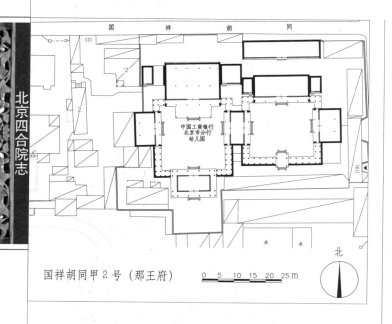

国祥胡同甲2号（那王府）

位于东城区安定门街道。该院坐北朝南，为原那王府中路最北边的两个并排的院落，仅存二进院落。清代末期建筑。

原大门已拆，现大门为后开，位于院落西北角，北向，鞍子脊，合瓦屋面，红色板门两扇，前出如意踏跺三级。

西路：过厅三间，四周带回廊，歇山顶过垄脊，筒瓦屋面，明间为龟背锦五抹隔扇门，次间为龟背锦玻璃窗，上有龟背锦横披窗，廊部、檐部均有苏式彩绘，前后各出垂带踏跺四级。正殿前出三间抱厦，卷棚顶筒瓦屋面，带披水，前檐及木构架绘有苏式彩画，前出垂带

西路过厅梁架彩画

踏跺四级，带倒挂楣子、坐凳楣子。正殿五间，前后出廊，两卷勾连搭过垄脊，筒瓦屋面，带披水、铃铛排山，老檐出后檐墙，前后檐及木构架均绘有苏式彩画。明、次间与抱厦相连，梢间廊部带倒挂楣子、坐凳楣子。明间为五抹隔扇门，龟背锦棂心，前带帘架，上带横披窗；次间、梢间为支摘窗，上带横

西路正殿

披窗，象眼处雕有万不断纹饰。后檐明间为夹门窗，次、梢间为支摘窗，龟背锦装修，明间北出如意踏跺三级。正殿东西两侧各带耳房二间，过垄脊，筒瓦屋面，带披水，箍头彩画，工字步步锦棂心装修，西耳房东侧半间辟为过道。东配殿为过厅连接东西两院，三间，前后出廊，过垄脊，筒瓦屋面，带披水、铃铛排山，前后檐均绘有苏式彩画，明间为卧蚕步步锦棂心隔扇风门；次间为支摘窗，东西各出垂带踏跺三级。西配殿三间，前后出廊，过垄脊，筒瓦屋面，带披水、铃铛排山，前檐绘有苏式彩画，明间为卧蚕步步锦棂心隔扇风门，次间为支摘窗，前出垂带踏跺三级。院内有回廊相连各房。

东路：一进院有一殿一卷式垂花门一座，带大花板、雀替，走马板绘有彩画，门上梅

北京四合院志

西路正殿抱厦前檐彩画

花形门簪四枚，红色板门两扇带门铍一对，门前门墩一对，前出垂带踏跺四级，内置屏门四扇。正房五间，过垄脊，筒瓦屋面，带披水、铃铛排山，前出廊，前檐绘有苏式彩画，明间为隔扇风门；次间、梢间为支摘窗，其上均带横披窗，前出垂带踏跺五级。正房两侧各一间耳房，过垄脊，筒瓦屋面，前檐箍头彩画，卧蚕步步锦棂心装修。东配殿三间，

垂花门

过垄脊，筒瓦屋面，带披水、铃铛排山，前出廊，前檐绘有苏式彩画，明间为隔扇风门；次间为支摘窗，其上均带横披窗，前出垂带踏跺五级。南侧有耳房二间，过垄脊，筒瓦屋面，带披水，卧蚕步步锦棂心装修。西配殿即东路的东配殿。院内有回廊相连各房。二进院后罩房七间，过垄脊，筒瓦屋面，带披水、铃铛排山，前出廊，前檐绘有苏式彩画，明间及梢间为隔扇风门，明间前出垂带踏跺

三级，梢间前出如意踏跺三级，次间、尽间为支摘窗，象眼处有砖雕。

按照金寄水、周沙尘合著《王府生活实录》的说法："那王府，是外蒙古亲王在北京仅有的一处王府。"第一代亲王策凌的封号为"蒙古喀尔喀大扎萨克和硕赛音诺颜亲王"，因有"超勇"赐号，王府亦称"超勇亲王府"。又因最后一代亲王名叫那彦图，王府遂有

东路东配殿

"那王府"的俗称。另据《燕都丛考》记载："超勇亲王府在宝钞胡同。案：王讳策凌，尚纯悫公主，圣祖十女额附也[谥曰襄]，配享太庙。按：今其后人那彦图袭爵，府曰那王府。"

宝钞胡同西侧的那王府，坐北朝南，南北贯通国兴胡同和国祥胡同。王府南面，临街建有面南的府门（宫门）三间，作为王府的正门。府门东、西两侧各有阿斯门一座。

进入正门有一座木质影壁。影壁后面正殿五间，建筑宏伟、结构紧凑，均按宫内殿宇形式建造，只是规模小些。这里是那王府举行婚丧大典之处。后面一进大殿，是清室下嫁来的公主居住的，殿前各有东、西配殿，后面有罩房。这些殿堂与正门处的总管处、回事处、随侍处连缀在一起，形成了一个大单元。

那彦图住的是位于府内东北隅的一所院落。内中主房五间，前出抱厦三间。室内的

木影壁

家具，均为金丝楠木，按照室内的形式分别制造。会客厅设在西院，上悬"缀云轩"匾额。办公处则上悬"辑熙堂"匾额。这两处房子也都是正殿五间，室内摆着红木镶螺钿的家具，陈列着古铜彝器、文玩书画等物。"辑熙堂"藏着《大清会典》及那王衙门的档案，其中最多的则是有关蒙古事务的文书、档案等。儿子祺诚武会客的地方，则是由进口的沙发、钢琴和西式家具布置的客厅。

王府西北隅的花园内有假山和花木，另

那王府廊

有小楼一座，前面主墙贴着粉色瓷砖，仿照新疆蒙古亲王帕勒塔府内的小红楼建造。府外另有两所房子，靠西边的是一座寺庙，原名高公庵。内有大殿三间，供有泥塑的佛像。另一所在东阿斯门对面，是王府的马号，有房50多间，养着80多匹由外蒙古部落送来的高头大马，还存放着十几辆大、小鞍车，以及那彦图买的五辆汽车和四辆四轮马车。

与京城内的满洲王府、内蒙古王府相比，

那王府保持着明显的蒙古习俗。每年腊月二十三，都在王府的佛堂院内搭一座大蒙古包，中间生一个大火炉，主人率领府内的喇嘛和其他人等，围着火炉唪经。

清末，那彦图连任高官，用搜刮来的大量金钱，在府后购买地皮，扩建了几座院落。那时，全府共有房屋320余间。房与房、院与院都用抄手游廊连接在一起，气势更加宏伟。

辛亥革命后，那彦图失去了以往丰厚的经济来源，不得不东挪西借艰难度日。据王之鸿《国祥胡同甲2号——那王府》记载，那彦图赌场失利，一夜之间将王府以两万元押给西什库天主教堂用于抵债，到期无力还款反而再向教堂神甫包世杰借款7万元。民国二十年（1931），包世杰为讨债将那彦图诉至法院，两年后，那彦图败诉，迁出了那王府，租住在豆腐池胡同4号。

20世纪40年代，教堂将那王府转给金城银行、精神病院。新中国成立后，一部分归北京市人民银行，一部分为鼓楼中学、第七幼儿园等单位。

此院1984年公布为北京市文物保护单位。现为单位用房。

砖雕

第二节
一般院落
DI-ER JIE YIBAN YUANLUO

国盛胡同18号

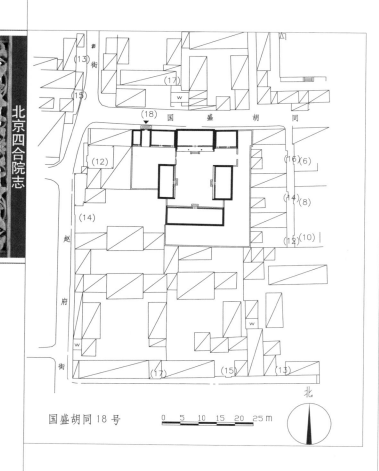

国盛胡同18号

0 5 10 15 20 25m

位于东城区安定门街道。该院坐北朝南，一进院落。清代末期建筑。

大门

如意大门一间，进深五檩，北向，清水脊，合瓦屋面。双扇红漆板门，门钹一对。装饰六角形门簪两枚，门头花瓦装饰，门内采用软心邱门做法。西接门房一间，过垄脊，合瓦屋面。

院内北房三间，前出廊，清水脊，合瓦屋面，戗檐保存有较好的砖雕花卉。明间出

北房

踏跺三级，前檐装修为现代门窗。两侧各接耳房二间，过垄脊，合瓦屋面，前檐装修为现代门窗。东耳房与东厢房之间有月亮门一座。东厢房三间，鞍子脊，合瓦屋面，戗檐砖雕现已无存，前檐装修为现代门窗。西厢房三间，为落架翻建，清水脊，合瓦屋面，脊饰花盘子，明间夹门窗，步步锦棂心亮子窗，次间步步锦棂心支摘窗，绘箍头彩画。南房五间，为落架翻建，鞍子脊，合瓦屋面，明间夹门窗，步步锦棂心亮子窗，次间步步锦棂心支摘窗，绘箍头彩画，明间出如意踏跺三级。院内原有影壁及二门一座，现已拆除。

现为居民院。

国祥胡同17号

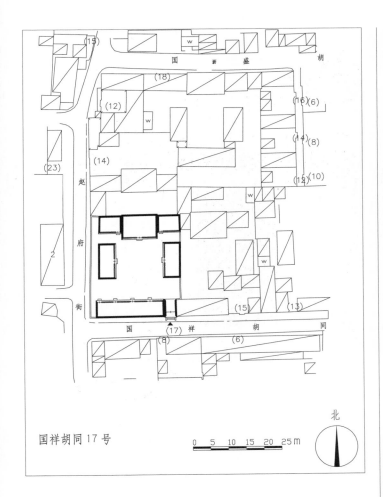

国祥胡同17号

大门

正房

位于东城区安定门街道。该院坐北朝南，一进院落。民国时期建筑。

原有金柱大门一间，现已烧毁。后于院落东南角辟一座便门，双扇红漆板门。大门西接倒座房四间，鞍子脊，合瓦屋面，封后檐墙，前檐装修为现代门窗。院内正房三间，清水脊，合瓦屋面，脊饰花盘子，前檐装修为现代门窗。正房两侧各接耳房二间，鞍子脊，合瓦屋面，前檐装修为现代门窗。东、西厢房各三间，清水脊，合瓦屋面，脊饰花盘子，前檐装修为现代门窗。

段祺瑞曾在此院居住。现为居民院。

宝钞胡同71号

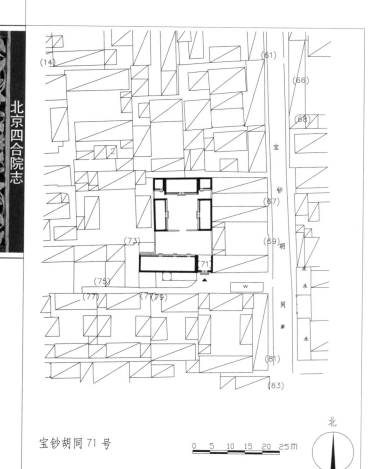

宝钞胡同71号

大门

位于东城区安定门街道。该院坐北朝南，二进院落。民国时期建筑。

大门位于院落东西隅，如意门形式（经现代改造），进深五檩，清水脊，合瓦屋面，脊饰花盘子，双扇红漆板门，门头套沙锅套花瓦装饰，门内后檐装饰步步锦棂心倒挂楣

大门清水脊花盘子

子。大门西接倒座房四间，鞍子脊，合瓦屋面，封后檐墙，前檐装修为现代门窗。院内原有二门一座，现已拆除。

二进院正房三间，清水脊，合瓦屋面，脊饰花盘子，前檐装修为现代门窗。正房两侧各接耳房一间，合瓦屋面，前檐装修为现代门窗。东、西厢房各三间，鞍子脊，合瓦屋面，前檐装修为现代门窗。

现为居民院。

宝钞胡同113号

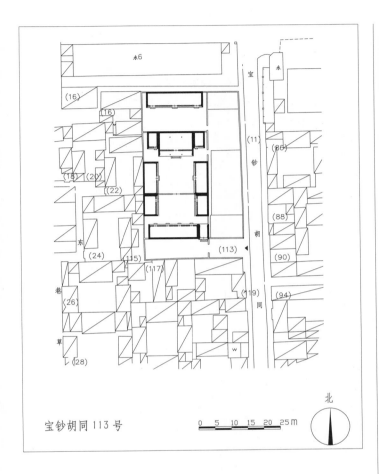

宝钞胡同 113 号

大门

位于东城区安定门街道。该院坐北朝南，三进院落。民国时期建筑。

大门一间，清水脊，合瓦屋面，脊饰花盘子，戗檐装饰砖雕，博缝头现已无存，大门现已封堵。大门西接倒座房四间，鞍子脊，合瓦屋面，前檐装修为现代门窗，其东半间现辟为便门，双扇红漆板门，装饰六角形门

门楣

簪两枚，镌刻"平安"二字，前出踏跺四级。

一进院东厢房二间，平顶屋面，前檐装饰素面挂檐板，前檐装修为现代门窗。西厢房二间，为原址翻建。院内原有二门，现已拆除。

二进院正房三间，前后廊，清水脊，合瓦屋面，脊饰花盘子，前檐装修为现代门窗。左右各带耳房一间，过垄脊，合瓦屋面，前檐装修为现代门窗。东、西厢房各三间，鞍子脊，合瓦屋面，前檐装修为现代门窗。

三进院后罩房五间，鞍子脊，合瓦屋面，前檐装修为现代门窗。

据当地居民讲，民国时期一位军官曾在此居住。现为居民院。该院东侧毗邻宝钞胡同有一院落，原为其花园，现为单位用房。

宝钞胡同121号

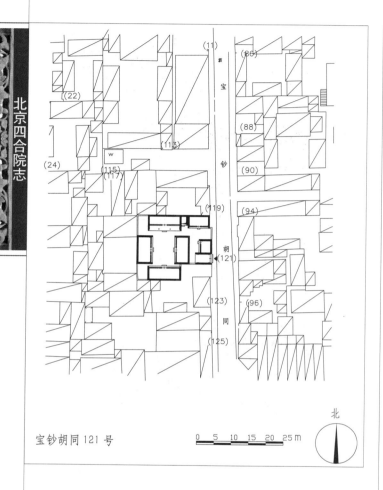

宝钞胡同121号

北房

西房

位于东城区安定门街道。该院坐北朝南，二进院落。民国初期建筑。

原大门一间，位于院落东南隅，东向，清水脊，合瓦屋面，脊饰花盘子，现已封堵。原大门北接东房一间，过垄脊，合瓦屋面，现辟为门道，为便门，双扇红漆板门。一进院北房三间，过垄脊，合瓦屋面，前檐装修为现代门窗。

二进院北房三间，前出廊，清水脊，合瓦屋面，脊饰花盘子，山墙丝缝砌法，前檐装修为现代门窗。东、西厢房，南房各三间，均为过垄脊，合瓦屋面，前檐装修为现代门窗。南房墙体已翻为红机砖。

现为居民院。

郎家胡同6号

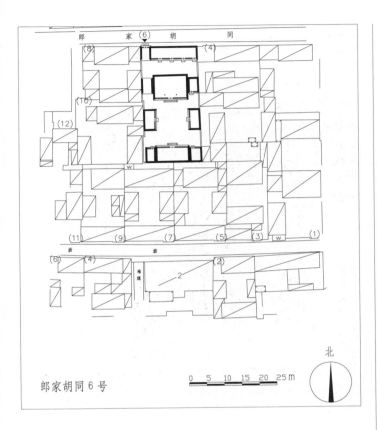

郎家胡同6号

二进院南房

位于东城区安定门街道。该院坐北朝南，二进院落。清代末期建筑。

大门开于院落西北角，与一进院北房连为一体。北向，双扇红漆板门，门外如意踏跺三级。一进院北房四间，过垄脊，合瓦屋面，前檐装修为现代门窗。

二进院北房三间，过垄脊，合瓦屋面，

前檐装修为现代门窗。北房两侧各接耳房一间，进深五檩，过垄脊，合瓦屋面，其中西耳房为过道，后檐装饰步步锦棂心倒挂楣子。南房三间，过垄脊，合瓦屋面，前檐装修为现代门窗。南房两侧各接耳房一间。东、西厢房各三间，除木构架外均已翻建。

现为居民院。

大门及北房

郎家胡同32号

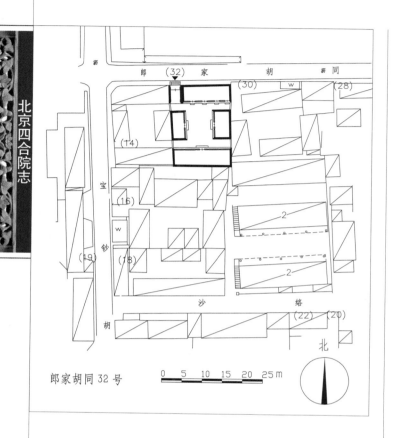

郎家胡同 32 号

大门

南房

位于东城区安定门街道。该院坐南朝北，一进院落。民国时期建筑。

大门位于院落西北隅，金柱大门一间，北向，清水脊，合瓦屋面，脊饰花盘子，双扇红漆板门，两侧带余塞板，六角形门簪两枚，门外如意踏跺四级。院内北房四间，鞍子脊，合瓦屋面，门连窗装修，上饰十字方格棂心亮子窗。南房五间，鞍子脊，合瓦屋面，前檐装修为现代门窗。东、西厢房各三间，鞍子脊，合瓦屋面，前檐装修为现代门窗。

此院曾为门头沟区煤矿孙姓煤炭商人所有。现为居民院。

净土胡同1号

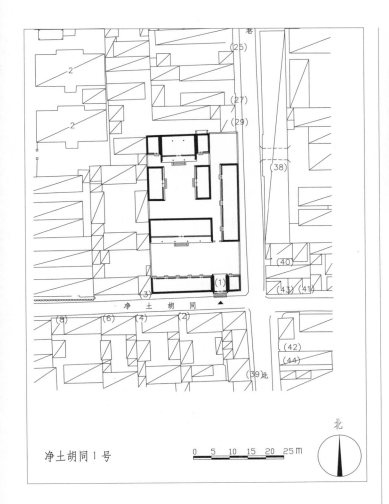

净土胡同1号

0 5 10 15 20 25m

北

一进院正房

辰年冬日题（1917）。

二进院正房三间，前后廊，清水脊，合瓦屋面，脊饰花盘子，明间拱券形式装修，前出垂带踏跺五级，箍头彩画。正房两侧各接耳房一间，鞍子脊，合瓦屋面，拱券形式门窗。东、西厢房各三间，鞍子脊，合瓦屋面，拱券形式门窗，民国样式地面花砖。东跨院东房九间挑顶。

现为居民院。

位于东城区安定门街道。该院坐北朝南，二进院落。清代末期至民国时期建筑。

大门位于院落东南隅，如意大门一间，过垄脊，合瓦屋面，墙体丝缝砌法。海棠池素面方形门墩一对。大门东接门房一间，西接倒座房五间，均为过垄脊，合瓦屋面，前檐装修为现代门窗。

一进院正房五间，前出廊，清水脊，合瓦屋面，脊饰花盘子，墙体丝缝砌法，前檐拱券式门窗装修，箍头彩画。东侧有石砌月亮门一座，上饰石质匾额："山林真趣"，丙

二进院正房

净土胡同3号

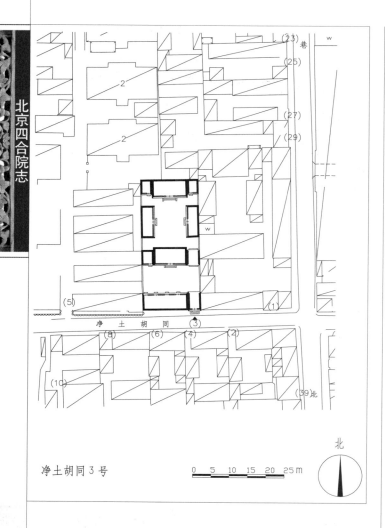

净土胡同3号

0 5 10 15 20 25m

北

过道

二进院正房

檐墙，东耳房为过道，进深五檩，清水脊，合瓦屋面，脊饰花盘子，过道为如意门形式，门头花瓦装饰，后檐饰十字海棠棂心倒挂楣子。

二进院正房三间，清水脊，合瓦屋面，脊饰花盘子，前檐装修为现代门窗。正房两侧各接耳房一间，合瓦屋面，前檐装修为现代门窗。东厢房三间，过垄脊，合瓦屋面，前檐装修为现代门窗。西厢房三间，过垄脊，合瓦屋面，明、次间前檐装修为现代门窗。西厢房北接平顶房一间，十字方格棂心窗装修。

现为居民院。

位于东城区安定门街道。该院坐北朝南，二进院落。民国时期建筑。

大门位于院落东南隅，如意大门一间，清水脊，合瓦屋面，墙体丝缝砌法。双扇红漆板门，装饰梅花形门簪两枚。海棠池素面方形门墩一对，门内后檐饰十字海棠棂心倒挂楣子和花牙子。大门西接倒座房四间，已翻机瓦屋面，前檐装修为现代门窗。

一进院正房三间，鞍子脊，合瓦屋面，前檐装修为现代门窗，老檐出后檐墙。正房两侧各接耳房一间，其中西耳房为过垄脊，合瓦屋面，前檐装修为现代门窗。老檐出后

北锣鼓巷97号

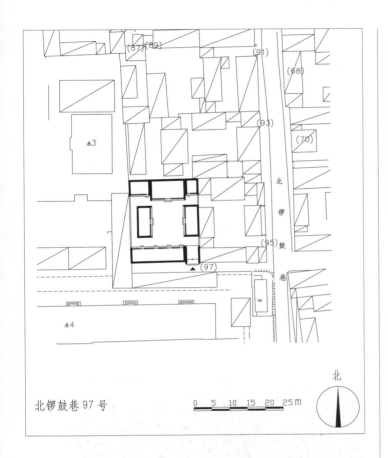

北锣鼓巷97号

0 5 10 15 20 25 m

北

大门彩绘及雀替

正房

　　位于东城区安定门街道。该院坐北朝南，一进院落。民国时期建筑。

　　大门位于院落东南隅，金柱大门形式，过垄脊，合瓦屋面，墙体上身丝缝，下碱干摆砌法。双扇板门，梅花形门簪四枚，前檐柱装饰花草纹雀替，檐下檩三件绘彩画。有

圆形门墩一对，上为趴狮，大鼓装饰鼓钉，两侧鼓面雕刻转心莲纹，小鼓卷云纹雕刻。门内后檐装饰倒挂楣子，现已无存。大门西接倒座房四间，已翻机瓦屋面，前檐装修为现代门窗。

　　院内正房三间，清水脊，合瓦屋面，脊饰花盘子，前檐装修为现代门窗。东接耳房一间，西接耳房二间，合瓦屋面，前檐装修为现代门窗。东、西厢房各三间，合瓦屋面，前檐装修为现代门窗。

　　现为居民院。

纱络胡同33号

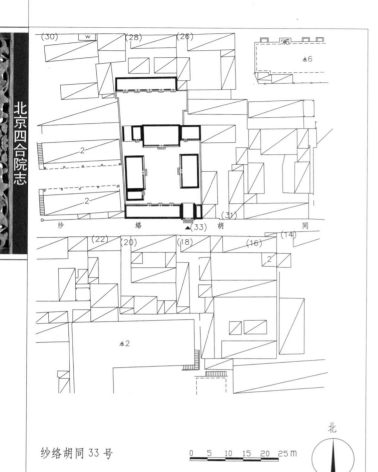

纱络胡同33号

0 5 10 15 20 25 m

北

侧各接耳房二间，其西耳房为清水脊，合瓦屋面，脊饰花盘子，东侧间夹门窗，步步锦棂心，西侧间为过道，饰步步锦棂心倒挂楣子。东耳房为清水脊，合瓦屋面，脊饰花盘子，前檐装修为现代门窗。东、西厢房各三间，清水脊，合瓦屋面，脊饰花盘子，前檐装修为现代门窗。其西厢房南接平顶耳房一间，前檐装修为现代门窗。

二进院后罩房五间，为原址翻建。

此宅院原为内蒙古一位王爷的住宅，后为内蒙古驻京办事处使用，现为居民院。

位于东城区安定门街道。该院坐北朝南，二进院落。民国时期建筑。

大门位于院落东南隅，如意大门形式，进深五檩，清水脊，合瓦屋面，脊饰花盘子，戗檐处原有砖雕，现已无存，双扇红漆板门，梅花形门簪两枚，门外如意踏跺四级，门内两侧采用邱门做法，后檐柱间饰倒挂楣子，棂心无存。大门东接门房一间，清水脊，合瓦屋面，脊饰花盘子，西接倒座房五间，清水脊，合瓦屋面，脊饰花盘子，前檐装修为现代门窗。

一进院正房三间，清水脊，合瓦屋面，脊饰花盘子，前檐装修为现代门窗。正房两

西耳房

张旺胡同15号

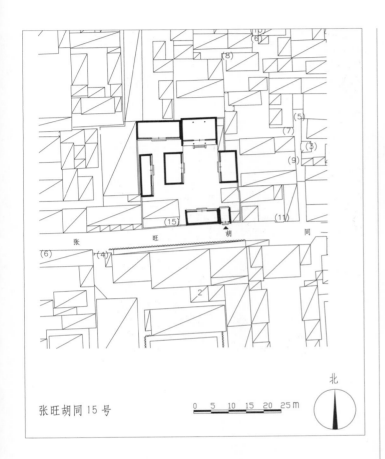

张旺胡同15号

0 5 10 15 20 25 m

北

原大门

正房

东厢房

位于东城区安定门街道。该院坐北朝南，一进院落带跨院。清代末期建筑。

原有大门为如意门形式，位于院落东南角，清水脊，合瓦屋面，脊饰花盘子，门头栏板装饰，现已封堵，现于院落西北辟便门一座，双扇红漆板门，踏跺两级。原大门西接倒座房三间，鞍子脊，合瓦屋面，前檐装修为现代门窗。院内正房三间，前出廊，过垄脊，合瓦屋面，墙体丝缝砌法，前檐装修为现代门窗，局部存步步锦棂心横披窗。东、西厢房各三间，过垄脊，合瓦屋面，墙体采用丝缝砌法，前檐装修为现代门窗。西跨院北房三间，西厢房四间，均为原址翻建。

现为居民院。

张旺胡同19号、国旺胡同24号

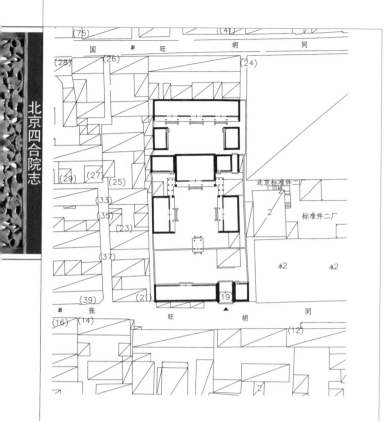

张旺胡同19号、国旺胡同24号 0 5 10 15 20 25m

北

大门

位于东城区安定门街道。该院坐北朝南，三进院落。清代晚期建筑。

广亮大门一间，位于院落东南隅，戗檐原有砖雕，现已无存，博缝头装饰花卉图案雕刻，双扇红漆板门，饰六角形门簪四枚，上为红色走马板装饰，圆形门墩一对。大门东接倒座房二间，西接倒座房四间，过垄脊，合瓦屋面，前檐装修为现代

门墩

门窗。一进院内北侧原有垂花门，现已拆除。

二进院正房三间，前出廊，披水排山脊，合瓦屋面，明、次间前檐装修为现代门窗。正房两侧耳房各二间，合瓦屋面，前檐装修为现代门窗，其东耳房外侧半间为门道。东、西厢房各三间，前出廊，披水排山脊，合瓦屋面，明、次间前檐装修为现代门窗。二进院内各房原有游廊环绕，现已拆除。

三进院（国旺胡同24号）后罩房七间，前出廊，鞍子脊，合瓦屋面，前檐装修为现代门窗。东、西厢房各二间，鞍子脊，合瓦屋面，前檐装修为现代门窗。

民国八年（1919）至民国十三年（1924），此院为清末代皇帝溥仪英语老师庄士敦宅院之一。庄士敦（1874—1938），生于苏格兰首府爱丁堡，原名雷金纳德·弗莱明·约

二进院东厢房

翰斯顿（Reginald Fleming Johnston）。光绪二十四年（1898）作为英国政府东方见习生被派往香港。从此，庄士敦以学者兼官员的身份在华工作生活了34年。庄士敦于民国八年（1919）2月来京，与民国内务部、清室内务府签订聘任合同，为逊帝溥仪教授英文、数学、历史、博物、地理，并由内务府预备中国式房屋一所，不取租金。于是庄士敦在安定门内张旺胡同租用一处标准的北京四合院，内外院共有30多间房子。庄士敦居住在二进院北房，其中从地板到顶棚摆满高大书架，存藏着数千卷各类书籍。平时他总是坐在一张特制的大书桌旁读书。他还信奉独身主义，把书籍当作是终身伴侣。[1]

庄士敦为溥仪授课，从单词和会话教起，教授《英文法程》《伊索寓言》《金河王》《爱丽丝漫游奇境记》等。他给溥仪讲述世界历史、地理知识，以及一篇篇英文故事，还能教溥仪翻译《论语》等儒家经典著作。溥仪在《我的前半生》中说："他的中国话比陈师傅（陈宝琛）的福建话和朱师傅（朱益藩）的江西话还好懂。"[2]

庄士敦还向溥仪介绍西方的先进文化，鼓励在紫禁城开通电话，教溥仪学会了打网球、开汽车、骑自行车，使他离开紫禁城以后仍然喜欢穿西装。民国十年（1921）秋天，庄士敦发现溥仪的眼睛近视，力排陈宝琛和内务府大臣们的反对意见，给溥仪配了第一副美国式眼镜。

庄士敦也得到了溥仪的信任，溥仪在《我的前半生》中指出庄士敦在"帝师"中对他的影响排在第二位，仅次于陈宝琛。庄士敦常得到银钱、古瓷、书籍、字画和玉器等赏赐。几位皇贵妃也常常赏赐水果或点心，命太监一直抬到张旺胡同。当年的《时报》还曾报道过端康皇贵妃向庄士敦赏赐野山参和西洋参的事情。[3]

民国十一年（1922）1月10日，当庄士敦首任期满之际，溥仪希望其留任，遂续签合同。溥仪传旨赏赐二品顶戴和貂褂一件。民国十三年（1924）4月，溥仪谕旨命庄士敦管理颐和园、静明园、玉泉山事务。庄士敦在紫禁城和颐和园的时间各占一半。民国十三年（1924）10月，溥仪等清室被冯玉祥逐出紫禁城，庄士敦遂搬离张旺胡同。

现为居民院。

①王庆祥：《溥仪交往录》，《"合同"师傅——溥仪和庄士敦》，东方出版社，1999年版。

②王庆祥：《溥仪交往录》，《"合同"师傅——溥仪和庄士敦》，东方出版社，1999年版。

③刘东黎：《北京的红尘旧梦》，人民文学出版社，2009年版。

豆腐池胡同8号、10号、12号、14号

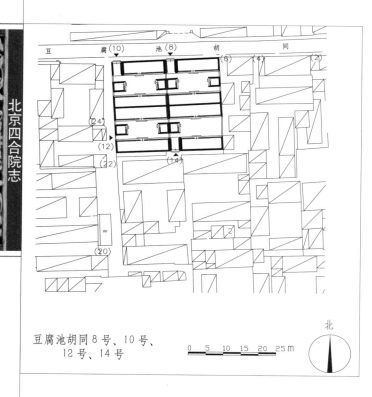

豆腐池胡同8号、10号、
12号、14号

0 5 10 15 20 25m

北

10号院北房

位于东城区安定门街道。为四组形制相同院落。民国时期建筑。

12号院：坐北朝南。南房五间，已翻机瓦屋面，前檐装修为现代门窗。北房五间，清水脊，合瓦屋面，脊饰花盘子，存十字方格棂心装修，东、西平顶厢房各一间。西厢房南侧有随墙门一座，西向。

10号院：坐南朝北。北房五间，清水脊，合瓦屋面，脊饰花盘子，其西侧半间辟为门道，前檐装修为现代门窗。南房五间，鞍子脊，合瓦屋面，前檐装修为现代门窗，东西平顶厢房各一间。

12号院北房与10号院南房呈两卷勾连搭形式。

8号院：坐南朝北。南房五间，鞍子脊，合瓦屋面，前檐装修为现代门窗。北房五间，西侧一间为大门门道。清水脊，合瓦屋面，脊饰花盘子，前檐装修为现代门窗，东西平顶厢房各一间。

14号院：坐北朝南。北房五间，清水脊，合瓦屋面，脊饰花盘子，前檐装修为现代门窗。南房五间，鞍子脊，合瓦屋面，前檐装修为现代门窗，其西侧一间辟为门道。西侧平顶厢房一间。

14号院北房与8号院南房呈两卷勾连搭形式。

现为居民院。

大门及北房

8号院南房

136

豆腐池胡同17号

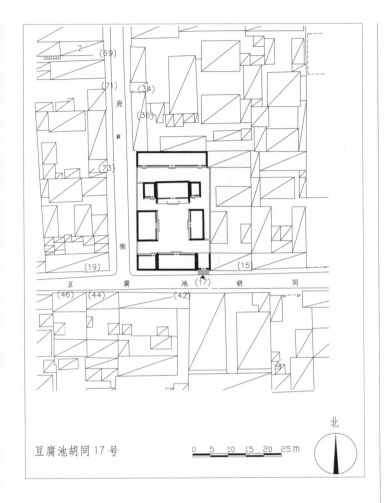

豆腐池胡同17号

0 5 10 15 20 25 m

北

门头

头装饰砖雕，墙体丝缝砌法，双扇红漆板门，门楣栏板砖雕，方形门墩一对，门前出如意踏跺五级。大门西接倒座房五间，清水脊，合瓦屋面，脊饰花盘子，前檐装修为现代门窗。

一进院正房三间，前出廊，清水脊，合瓦屋面，脊饰花盘子，前檐装修为现代门窗，两侧各带耳房一间。东、西厢房各三间，清水脊，合瓦屋面，脊饰花盘子，前檐装修为现代门窗。

二进院后罩房五间，清水脊，合瓦屋面，脊饰花盘子，其两侧梢间为耳房（仅在脊上加以区分），前檐装修为现代门窗。

现为居民院。

位于东城区安定门街道。该院坐北朝南，二进院落。民国时期建筑。

大门位于院落东南隅，如意大门一间，进深五檩，清水脊，合瓦屋面，戗檐与博缝

大门及倒座房

戗檐砖雕

豆腐池胡同19号

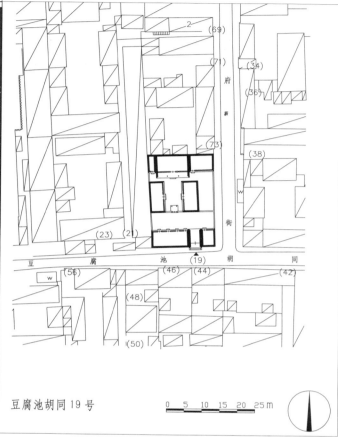

豆腐池胡同19号

0 5 10 15 20 25m

大门

位于东城区安定门街道。该院坐北朝南，二进院落。民国时期建筑。

大门位于院落东南隅，金柱大门一间，披水排山脊，合瓦屋面，双扇红漆板门，饰六角形门簪四枚，前檐柱间装饰雀替，方形门墩一对，门前出如意踏跺三级，门内檐柱装饰步步锦棂心倒挂楣子。大门东接门房一间，过垄脊，合瓦屋面，西接倒座房四间，已翻机瓦屋面，封后檐墙，前檐装修为现代门窗。

一进院单卷四檩卷棚垂花门一座，披水排山脊，合瓦屋面，装饰花板与花罩，板门两扇，饰梅花形门簪两枚，两侧装饰垂莲柱头。

二进院正房三间，前出廊，鞍子脊，合瓦屋面，两侧饰披水，明、次间前檐装修为现代门窗，正房东侧北房二间。东、西厢房各三间，过垄脊，合瓦屋面，明、次间前檐装修为现代门窗。

现为居民院。

垂花门花板和雀替

豆腐池胡同68号

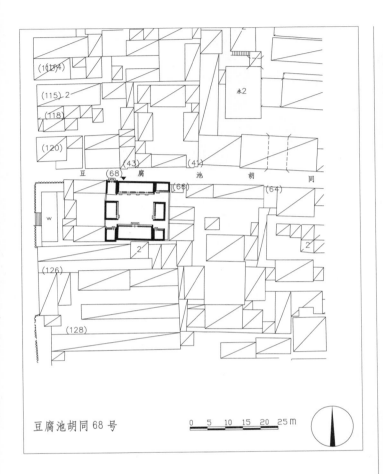

豆腐池胡同68号

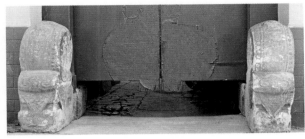

门墩

饰梅花形门簪两枚，圆形门墩一对，后檐柱间饰步步锦棂心倒挂楣子。院内北房四间，鞍子脊，合瓦屋面，前檐装修为现代门窗。东侧耳房二间。南房五间，鞍子脊，合瓦屋面，前檐装修为现代门窗。正房两侧耳房各一间。东、西厢房各二间，鞍子脊，合瓦屋面，前檐装修为现代门窗。

现为居民院。

位于东城区安定门街道。该院坐南朝北，一进院落。民国时期建筑。

大门位于院落西北隅，如意大门一间，北向，进深五檩，清水脊，合瓦屋面，脊饰花盘子，双扇红漆板门，上饰门钹一对，装

南房

大门外景

官书院胡同7号

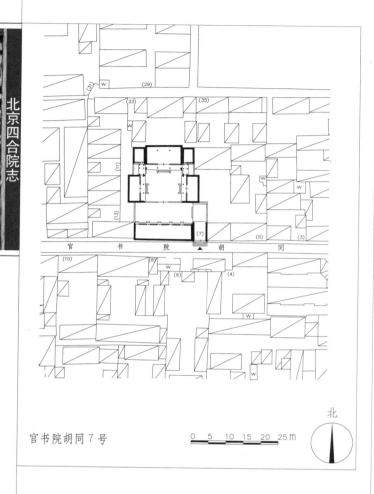

官书院胡同7号

0 5 10 15 20 25m

北

大门象眼线刻

位于东城区安定门街道。该院坐北朝南，二进院落，民国时期建筑。

大门位于院落东南隅，蛮子门一间，清水脊，合瓦屋面，脊饰花盘子，戗檐砖雕，

梅花形门簪四枚，上书"吉祥如意"，红漆门板两扇，圆形门墩一对，前出如意踏跺五级，大门后檐柱间带步步锦棂心倒挂楣子。大门西侧有倒座房五间，清水脊，合瓦屋面，前檐装修为现代门窗。一进院北侧原有月亮门一座，现已毁。二进院正房三间，清水脊，合瓦屋面，脊饰花盘子，前后廊，前檐装修为现代门窗。正房两侧耳房各一间，过垄脊，合瓦屋面。东、西厢房各三间，过垄脊，合瓦屋面，前出廊，前檐装修为现代门窗。该院落房屋均已翻修。

现为居民院。

大门及倒座房

大门戗檐砖雕

国子监街9号

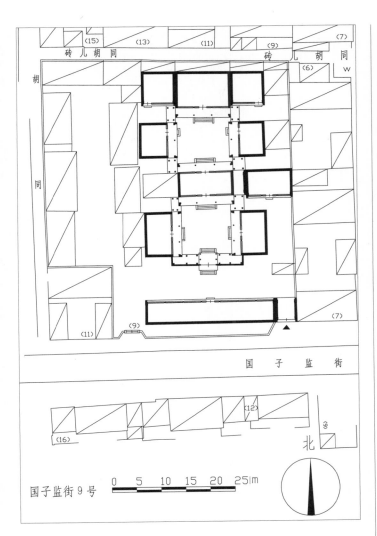

国子监街9号

倒座房裙板

位于东城区安定门街道。该院坐北朝南，三进院落。清代末期建筑。

大门一间，位于院落东南隅，大门原形制应为如意大门，现已修改。清水脊，合瓦屋面，墙体采用丝缝砌法。大门西侧倒座房七间，过垄脊，合瓦屋面，封后檐墙，鸡嗉檐形式，山墙做五进五出形式，墙体采用丝缝砌法，前檐装修为现代门窗。

一进院北侧设一殿一卷式垂花门一座，前卷清水脊，后卷为卷棚顶，筒瓦屋面，垂柱头及大小花板均已遗失。垂花门设双扇红

一殿一卷式垂花门

漆板门，梅花形门簪两枚，木雕"福寿"字样，梁架可见苏式彩画。门前圆形门墩一对，鼓面雕刻精美纹样，前踏跺改为水泥形式，后踏跺两级，青石质。一进院北侧一殿一卷式垂花门一座，垂花门两侧砌看面墙，丝缝砌法。

二进院正房三间，进深七檩，前后廊，

二进院正房

清水脊，合瓦屋面，墙体采用上身丝缝，下碱干摆的砌法，素面戗檐，青石踏跺两级，梁架可见箍头彩画，前檐装修为现代门窗。正房两侧各接耳房一间，进深七檩，过垄脊，合瓦屋面，其中东耳房为过道，廊心墙和邱门子上身均为抹灰做法，下碱砖砌丝缝，穿插当可见线刻纹样。东、西厢房各三间，前出廊，过垄脊，合瓦屋面，局部翻建为机瓦，封后檐墙，山墙采用丝缝砌法，局部翻建为红机砖，前檐装修为现代门窗。二进院各房

三进院西房

之间均有四檩卷棚游廊衔接，部分游廊民国时期改建为平顶形式。另在东耳房东侧接顺山房三间，进深七檩，已翻建。

三进院正房三间，前出廊，清水脊，合瓦屋面，墙体采用上身丝缝，下碱干摆的砌法，素面戗檐，门前设青石质垂带踏跺三级，前檐装修为现代门窗。正房两侧接耳房各一间，过垄脊，合瓦屋面，前檐装修为现代门窗。东、西厢房各二间，前出廊，合瓦屋面，穿插当及象眼可见线雕纹样，门前设如意踏跺两级，前檐装修为现代门窗，其中东厢房已翻建为机瓦屋面。三进院各房之间也设有平顶廊相互衔接，素面挂檐板，卧蚕步步锦棂心倒挂楣子。

据院内居民讲述，民国时期北平市公安局局长曾在此居住。

现为居民院。

箍头彩画

夹杆石

琉璃寺胡同1号

琉璃寺胡同1号

0 5 10 15 20 25m

北

位于东城区安定门街道。该院坐北朝南，三进院落。民国时期建筑。

后改建便门一间，开于院落东南角，进深五檩，已翻建机瓦屋面，双扇红漆板门。

大门及倒座房

二进院正房

大门西接倒座房四间，过垄脊，合瓦屋面，菱角封后檐墙，前檐装修为现代门窗。

一进院原有垂花门一座，现已拆除。

二进院正房三间，前后廊，清水脊，合瓦屋面，脊饰花盘子，墙体丝缝砌法，明、次间前檐装修为现代门窗，老檐出后檐墙。正房西接耳房二间，过垄脊，合瓦屋面，前檐装修为现代门窗。正房东侧原有木隔扇门（可通三进院），现已拆除。东厢房三间，鞍子脊，合瓦屋面，墙体丝缝砌法，前檐装修为现代门窗。西厢房三间，已翻建机瓦屋面，前檐装修为现代门窗。

三进院后罩房五间，前出廊，除房内木构架外，均已全部翻建。东、西厢房各三间，为原址翻建。

现为居民院。

琉璃寺胡同6号

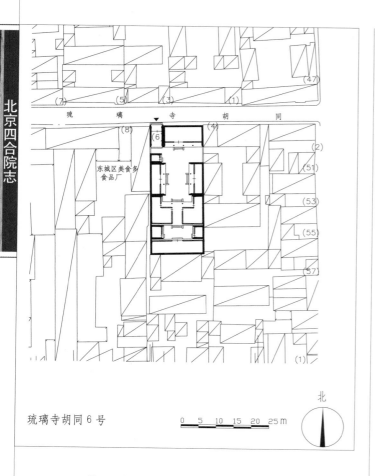

琉璃寺胡同6号

0　5　10　15　20　25 m

北

位于东城区安定门街道。该院坐南朝北，二进院落。民国时期建筑。

大门位于院落西北隅，北向，金柱大门一间，进深七檩，披水排山脊，合瓦屋面，戗檐原装饰砖雕，后因地震遗失，墀头雕刻花篮图案，双扇红漆板门，上有门钹一对，两侧带余塞板，六角形门簪两枚，与走马板

大门门头

之间原有彩绘，现已模糊不清。门外前檐下绘彩画，圆形门墩一对，踏跺三级，门内后檐柱间饰步步锦棂心倒挂楣子，民国花砖墁地。院内原有屏门，现已拆除。

一进院北房四间，前出廊，过垄脊，合瓦屋面，前檐装修为现代门窗，抽屉檐封后檐墙。一进院南房五间为过厅，前出廊，过垄脊，合瓦屋面，明、次间前檐装修部分改为现代门窗，局部存十字方格棂心窗装修，两侧各接窝角房二间，十字方格棂心支摘窗。东厢房三间，前出廊，过垄

南房

脊，合瓦屋面，前檐装修部分改为现代门窗，局部存十字方格棂心装修。西厢房三间，前出廊，过垄脊，合瓦屋面，十字方格棂心装修。北接平顶耳房一间，前檐饰素面挂檐板，十字方格棂心装修。

二进院后罩房五间，为原址翻建，前檐装修为现代门窗。东、西厢房各一间，平台顶。

现为居民院。

琉璃寺胡同21号

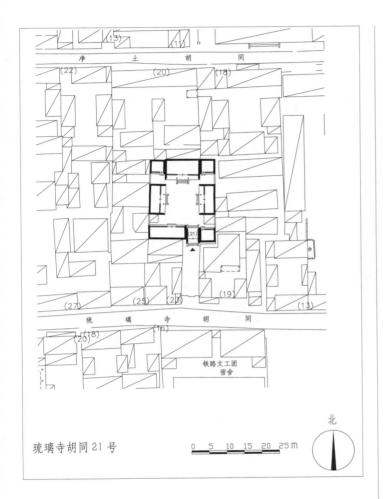

琉璃寺胡同 21 号

正房

位于东城区安定门街道。该院坐北朝南，一进院落。民国时期建筑。

大门位于院落南侧偏东，金柱大门一间，进深五檩，清水脊，合瓦屋面，脊饰花盘子，墙体丝缝砌法，双扇红漆板门，六角形门簪四枚，上为走马板装饰，门外檐柱饰雀替，圆形门墩一对，后檐柱间饰步步锦棂心倒挂楣子及花牙子，现已残缺。大门东接门房一间，西接倒座房四间，平券式门窗，均已翻机瓦屋面。院内正房三间，前出廊，披水排山脊，合瓦屋面，前檐装修为现代门窗。两侧各接耳房一间，已翻建。东厢房三间，机瓦屋面，为原址翻建。西厢房三间，前出廊，披水排山脊，合瓦屋面，明间出垂带踏跺三级，前檐装修为现代门窗。

现为居民院。

东厢房

琉璃寺胡同27号

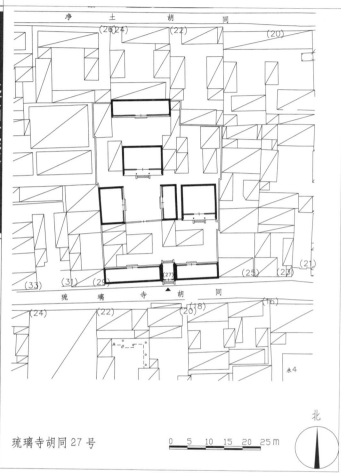

琉璃寺胡同27号

0 5 10 15 20 25m

北

大门

位于东城区安定门街道。该院坐北朝南，三进院落。清代末期至民国时期建筑。

如意大门一间，进深五檩，清水脊，合瓦屋面，脊饰花盘子，双扇红漆板门，门头花瓦装饰，门内邱门做法。东接倒座房四间，已翻机瓦屋面，西接倒座房五间，过垄脊，合瓦屋面，前檐装修为现代门窗。

一进院东跨院有正房三间，前出廊，清水脊，合瓦屋面，脊饰花盘子，明、次间前檐装修为现代门窗。一进院原有二门一座，现已拆除。

二进院正房三间，前出廊，披水排山脊，合瓦屋面，明、次间前檐装修为现代门窗。

东厢房三间，过垄脊，合瓦屋面，明间夹门窗，次间支摘窗，十字方格棂心。西厢房三间，过垄脊，合瓦屋面，明、次间前檐装修为现代门窗，屋内铺民国式地板砖。

三进院后罩房五间，清水脊，合瓦屋面，脊饰花盘子，十字方格棂心窗装修，墙体为丝缝砌法。

现为居民院。

东跨院正房

琉璃寺胡同35号

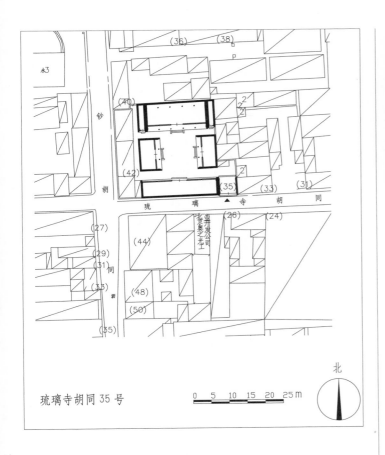

琉璃寺胡同35号

正房

大门一间，开于院落东南角，清水脊，合瓦屋面，墙体丝缝砌法，现已改造。大门西接倒座房五间，已翻机瓦屋面，前檐装修为现代门窗。正房五间，前后廊，清水脊，合瓦屋面，脊饰花盘子，前檐装修为现代门窗。两侧各接耳房一间，平顶屋面，前檐装修为现代门窗。东、西厢房各三间，清水脊，合瓦屋面，脊饰花盘子，墙体丝缝砌法，前檐装修为现代门窗。

现为居民院。

位于东城区安定门街道。该院坐北朝南，一进院落。清代末期建筑。

大门

西厢房

华丰胡同11号

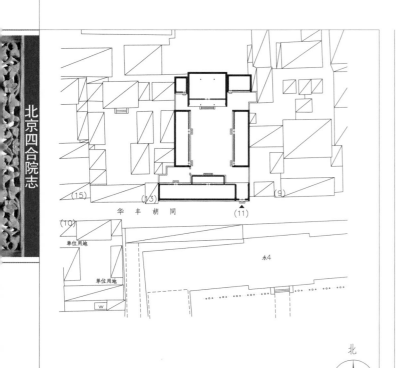

华丰胡同11号

位于东城区安定门街道。该院坐北朝南，一进院落。民国时期建筑。

大门位于倒座房最东间，铁质门板。清水脊，合瓦屋面，脊饰花盘子，墙体丝缝砌法，老檐出后檐墙。东侧博缝头装饰花卉砖雕，西侧博缝头砖雕现已遗失。大门西侧有倒座房七间，前出三间抱厦，前檐装修为现代门窗。

院内正房三间，前后廊，披水排山脊，合瓦屋面，戗檐及博缝头砖雕装饰，明间前出垂带踏跺四级，前檐装修为现代门窗。正房东接耳房二间，西接耳房一间，均已翻建。东、西厢房各四间，均为原址翻建。西厢房与倒座房之间有月亮门一座。

现为单位用房。

正房

华丰胡同13号

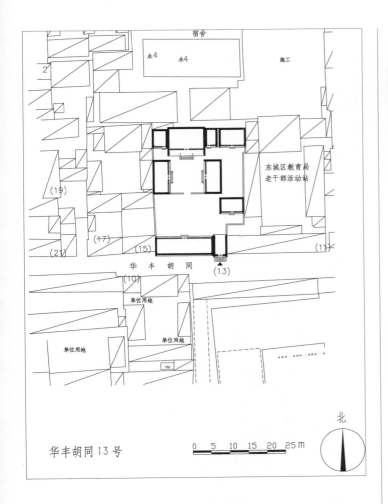

华丰胡同13号

0 5 10 15 20 25 m

北

大门

位于东城区安定门街道。该院坐北朝南，二进院落。清代末期建筑。

大门位于院落东南隅，如意大门一间，进深五檩，清水脊，合瓦屋面，脊饰花盘子，戗檐装饰砖雕，现已被灰浆涂抹，博缝头砖雕仅存西侧部分，双扇红漆板门，梅花形门簪两枚，门楣砖雕装饰，方形门墩一对，门两侧有上马石一对。大门西接倒座房五间，清水脊，合瓦屋面，脊饰花盘子，前檐装修为现代门窗。

院内原有二门，现已拆除。二进院正房三间，前后廊，披水排山脊，合瓦屋面，明间出踏跺三级，前檐装修为现代门窗。正房两侧各接耳房一间，合瓦屋面，前檐装修为现代门窗。东、西厢房各三间，披水排山脊，合瓦屋面，明、次间前檐装修为现代门窗，老檐出后檐墙。

东跨院前后各有北房三间，过垄脊，合瓦屋面，墙体丝缝砌法，前檐装修为现代门窗。

该院曾为清朝给皇宫配送茶叶的李家住宅。现为居民院。

西院二进院正房

汤公胡同21号、23号

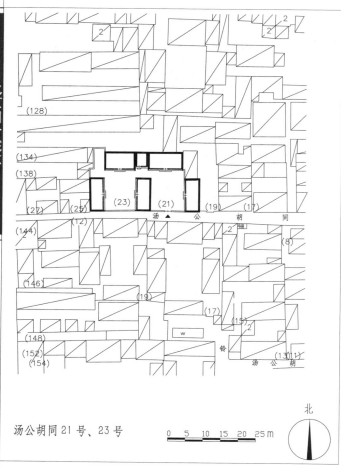

汤公胡同21号、23号

0　5　10　15　20　25m

北

檐出后檐墙。

西院（23号）正房三间，清水脊，合瓦屋面，脊饰花盘子，前檐装修为现代门窗。东厢房三间，鞍子脊，合瓦屋面，前檐装修为现代门窗。东西院正房之间有耳房一间，鞍子脊，合瓦屋面，前檐装修为现代门窗。

现为居民院。

位于东城区安定门街道。该院坐北朝南，两座并联三合式院落。民国时期建筑。

大门开于东院（21号）南墙中部，为西洋式小门楼，门头花瓦装饰。院内正房三间，清水脊，合瓦屋面，脊饰花盘子，前檐装修为现代门窗。东、西厢房各三间，鞍子脊，合瓦屋面，其中东厢为封后檐墙，西厢为老

21号院小门楼

北京四合院志

铃铛胡同13号

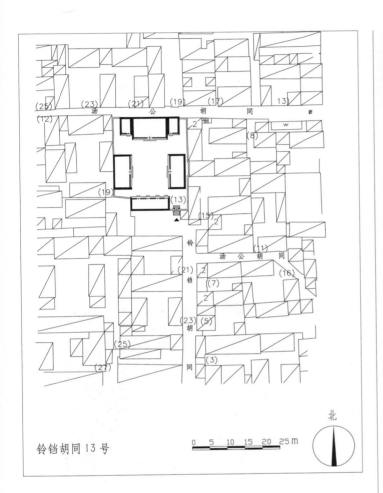

铃铛胡同13号

小门楼

正房

位于东城区安定门街道。该院坐北朝南，一进院落。民国时期建筑。

大门开于院落东南角，为小门楼形式，双扇红漆板门，方形海棠池素面门墩一对，门前出如意踏跺四级，门内如意踏跺三级。院内正房三间，过垄脊，合瓦屋面，前檐装修为现代门窗。正房两侧各接耳房一间，过垄脊，合瓦屋面，前檐装修为现代门窗。南房四间，为原址翻建。东、西厢房各三间，过垄脊，合瓦屋面，前檐装修为现代门窗。

现为居民院。

方家胡同23号、25号、27号

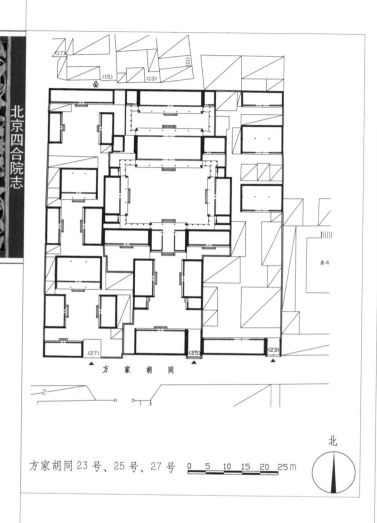

方家胡同 23 号、25 号、27 号   0 5 10 15 20 25m

北

置梅花形门簪四枚，前檐柱间装饰有雀替。墙体上身丝缝砌法，下碱为角柱石形式，原有戗檐砖雕已遗失，墀头作花篮雕刻，廊部象眼及穿插当均作线刻纹样，廊心墙作方砖硬心，门内邱门子采用落膛做法。门前圆形门墩一对，鼓面做雕刻，门前一条石坡道。大门西侧倒座房三间，清水脊，合瓦屋面，后檐改为临街商铺门面，前檐装修为现代门窗。过厅三间，前后廊，清水脊，合瓦屋面，明间为过道，墙体上身丝缝砌法，下碱为角柱石形式，戗檐砖雕博古、松鹤、鹊梅等纹样，

中路过厅前檐西戗檐雕刻（博古）

前檐装修为现代门窗。建筑柁头、椽头隐约可见彩画痕迹，前后各设青石质垂带踏跺三级。过厅两侧各接北房三间，清水脊，合瓦屋面，前檐装修为现代门窗。东、西厢房各三间，前出廊，清水脊，合瓦屋面，墙体采用丝缝砌法，前檐装修为现代门窗。厢房南侧各接厢耳房一间，合瓦屋面，前檐装修为现代门窗。过厅及厢房间设有屏门，仅存框架。二进院正房五间，前后廊，清水脊，合瓦屋面，墙体采用丝缝砌法，前檐装修为现代门窗。正房两侧耳房各二间，西耳房东侧一间为过道，均已翻建。东、西厢房各三间，

位于东城区安定门街道。该院坐北朝南，为东、中、西三路，三进院落。清代中晚期建筑。

中路（25号）：大门位于该院东南隅，金柱大门一间，七架梁，清水脊，合瓦屋面，双扇红漆板门，两侧带余塞板，

中路金柱大门

25号院屏门

合瓦屋面，局部已翻建为机瓦，前檐装修为现代门窗。院内各房之间均有抄手游廊连接，游廊大部分已拆改。三进院后罩房五间，清水脊，合瓦屋面，前檐装修为现代门窗。两侧各接耳房一间，均有改建。后罩房与二进院正房之间原有回廊相连，现已改建。

东路（23号）：前后四进院落，建筑多已无存。大门一间，进深五檩，清水脊，合瓦屋面，门板已改建。大门西侧倒座房四间，清水脊，合瓦屋面，前檐装修为现代门窗。一进院建筑已原址翻建无存，二、三进院各有两卷勾连搭北房三间，过垄脊，合瓦屋面，前檐装修均为现代门窗。四进院后罩房三间，

东路大门

墙体已翻建，屋面改为机瓦。

西路（27号）：为花园，三进院落。大门一间，已改建。大门西侧倒座房五间，过垄脊，合瓦屋面，封后檐墙，前檐装修为现代门窗。一进院正房三间，前后廊，过垄脊，筒瓦屋面，东山墙已翻建为红机砖，条石台明，前檐装修为现代门窗。东、西厢房各三间，过垄脊，筒瓦屋面，墙体丝缝砌法，前檐装修为现代门窗。二进

东路二进院正房

西路一进院正房

西路一进院正房彩画

27号院一进院正房后檐

27号院二进院正房

院正房三间，前后廊，屋面已翻建为机瓦，条石台明，青石质垂带踏跺三级，前檐装修为现代门窗，后檐在民国时期添建平顶房。东、西厢房各三间，均已改建。三进院后罩房五间，已翻建。东、西厢房各三间，鞍子脊，合瓦屋面，后期进行过翻建，前檐装修为现代门窗。

27号院二进院正房垂带踏跺

该院曾为清刑部尚书和瑛的宅第。和瑛（？—1821），字太庵，额勒德特氏，属镶黄旗人。和瑛原名和宁，道光帝时为避讳改名，乾隆三十六年（1771）进士，历任按察使、布政使等职，并领侍卫内大臣之职。乾隆五十八年（1793）任西藏办事大臣，在藏八年间对西藏的地形、民俗、物产等多有著述。嘉庆五年（1800）改任理藩院侍郎，嘉庆二十三年（1818）任兵部尚书，次年接任荣禄，迁刑部尚书。道光元年（1821）卒，谥简勤。

23号、25号、27号院现均为居民院。

三进院东厢房

方家胡同29号

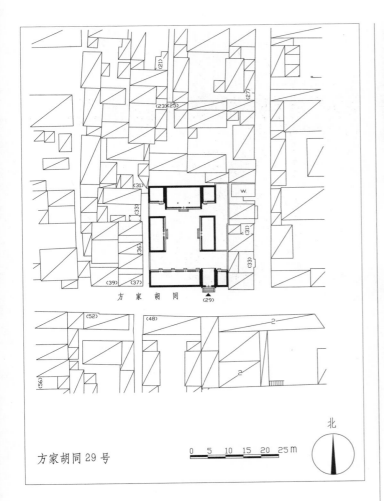

方家胡同29号

大门象眼雕刻

大门后檐倒挂楣子、花牙子

位于东城区安定门街道。该院坐北朝南，一进院落。清代末期建筑。

院门位于院落东南侧，如意大门形式，清水脊，合瓦屋面，门楣为砖雕，戗檐饰花草图案砖雕。梅花形门簪两枚，双扇门红色，方形门墩一对。门前出如意踏跺五级，分别添加水泥垂带，门内象眼处均有精美花草、博古砖雕，保存完整。大门内檩垫枋和椽头均绘有彩画，后檐柱间饰盘长如意和圆寿字图案组成的倒挂楣子、花牙子装饰。大门东侧有倒座房一间，大门西侧有倒座房四间，均为过垄脊，合瓦屋面，房门前被自建房遮挡。房后临街，为封后檐。院内正房三间，六檩，前出廊，清水脊，合瓦屋面，前檐装修为现代门窗。正房两侧耳房各一间。东、西厢房各三间，进深五檩，过垄脊，合瓦屋面，戗檐为素面青砖。

现为居民院。

门楣栏板砖雕

草厂胡同13号

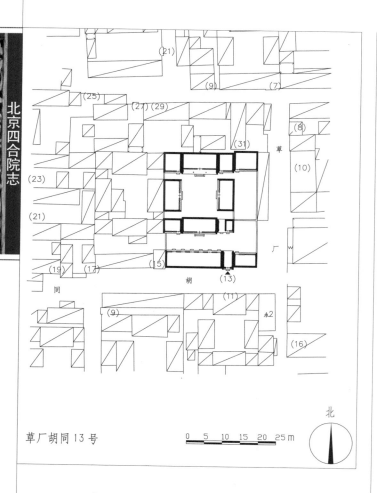

草厂胡同13号

0 5 10 15 20 25m

北

大门

位于东城区安定门街道。该院坐北朝南，二进院落。民国时期建筑。

如意大门一间，清水脊，合瓦屋面，脊饰花盘子，双扇红漆板门，饰梅花形门簪两枚，门头栏板装饰，方形门墩一对。两侧接倒座房八间，进深五檩，西侧六间，鞍子脊，合瓦屋面，东侧二间，已翻机瓦屋面，前檐装修为现代门窗。

一进院北房三间，前出廊，过垄脊，合瓦屋面，墙体丝缝砌法，明、次间前檐装修为现代门窗，两侧各接耳房二间，前檐装修为现代门窗，其中东耳房西间辟为门道，老檐出后檐墙。

二进院正房三间，前出廊，过垄脊，合瓦屋面，明、次间前檐装修为现代门窗，屋内铺设民国式地板砖，两侧各接耳房二间，前檐装修为现代门窗。东厢房三间，鞍子脊，合瓦屋面，墙体丝缝砌法，明、次间前檐装修为现代门窗。西厢房三间，已翻机瓦屋面，墙体丝缝砌法，明、次间前檐装修为现代门窗。东跨院北房二间，已翻机瓦屋面，花式门。

13号与15号原为一体。15号院翻新严重。据院内住户讲，此处原为两位日本姑娘居住，大姑娘住13号院，二姑娘住15号院。

现为居民院。

二进院正房

草厂北巷21号

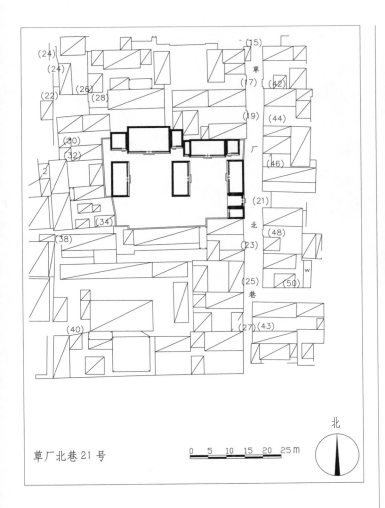

草厂北巷21号

0　5　10　15　20　25m

北

位于东城区安定门街道。该院坐北朝南，东西并联二进院落。清代末期建筑。

如意大门一间，东向，进深五檩，清水脊，合瓦屋面，脊饰花盘子，墙体丝缝砌法，双扇板门，梅花形门簪两枚，门楣万不断雕刻，门头套沙锅套花瓦装饰，门内后檐装饰步步锦棂心倒挂楣子。大门两侧共接东房四间（北侧三间，南侧一间），鞍子脊，合瓦屋面，前檐装修为现代门窗。

一进院（东院）北房三间，鞍子脊，合瓦屋面，前檐装修为现代门窗。两侧各接耳房一间，合瓦屋面，前檐装修为现代门窗。西房三间，清水脊，合瓦屋面，脊饰花盘子，

大门

前檐装修为现代门窗。

二进院（西院）北房三间，过垄脊，合瓦屋面，前檐装修为现代门窗。西房三间，清水脊，合瓦屋面，脊饰花盘子，前檐装修为现代门窗。

院内有两棵二级保护古树，树种为枣树，编号为11010100235、11010100238。

据院内居民讲述，清朝末年，慈禧身边的近臣曾在此居住。男主人娶德国女人为妻，生有一男一女。新中国成立后，男主人过世，女人带着儿子回了德国，女孩留在国内。

现为居民院。

北房

草厂东巷5号

草厂东巷5号

0 5 10 15 20 25 m

北

位于东城区安定门街道。该院坐北朝南，二进院落。民国时期建筑。

大门位于院落东南隅，如意大门一间，

大门外景

正房

进深五檩，清水脊，合瓦屋面，脊饰花盘子，双扇红漆板门，门钹一对，梅花形门簪两枚，门头套沙锅套花瓦装饰，方形门墩一对，门内后檐柱间装饰步步锦棂心倒挂楣子。大门东接门房一间，西接倒座房五间，已翻机瓦屋面，抽屉檐封后檐墙。院内二门一座，随墙门形式，门板遗失。

二进院正房三间，前出廊，披水排山脊，合瓦屋面，前檐装修为现代门窗。正房两侧各接耳房，东侧二间，西侧一间，已翻机瓦屋面，前檐装修为现代门窗。东厢房三间，原为鞍子脊，合瓦屋面，现已挑去扣瓦，呈干槎灰梗屋面，前檐装修为现代门窗。西厢房三间，已翻机瓦屋面，保留原木构架，前檐装修为现代门窗。

现为居民院。

草厂东巷13号

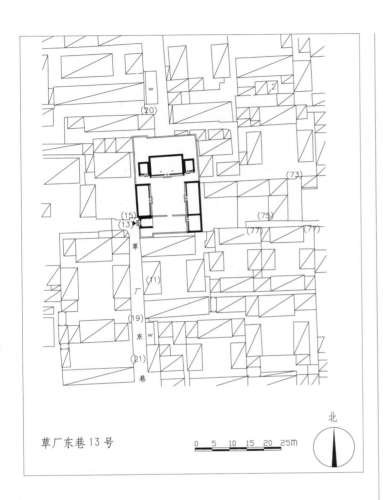

草厂东巷13号

0 5 10 15 20 25m

北

大门

位于东城区安定门街道。该院坐北朝南，二进院落。民国时期建筑。

大门位于院落西南隅，如意大门一间，西向，清水脊，合瓦屋面，脊饰花盘子，双扇红漆板门，装饰梅花形门簪两枚，圆形门

门墩

墩一对。

一进院东房二间，与二进院东厢房为一体，合瓦屋面，前檐装修为现代门窗。院内北侧有二门一座，随墙门形式。

二进院正房三间，前出廊，鞍子脊，合瓦屋面，前檐明间夹门窗，次间槛墙、支摘窗，棂心后改。两侧各带耳房一间，合瓦屋面，前檐装修为现代门窗。东、西厢房各三间，合瓦屋面，前檐装修为现代门窗。

现为单位用房。

草厂东巷19号、21号

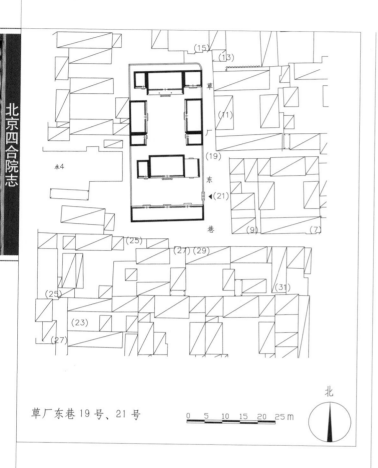

草厂东巷19号、21号　　0 5 10 15 20 25 m　北

大门

丝缝槛墙、支摘窗，十字方格棂心，各间均饰步步锦棂心横披窗。西厢房三间，前出廊，清水脊，合瓦屋面，脊饰花盘子，前檐装修为现代门窗。厢房南侧各接耳房一间，已翻建。

现为居民院。

一进院正房东耳房

位于东城区安定门街道。该院坐北朝南，二进院落。民国时期建筑。

大门为随墙门，开于一进院东墙上，墙体丝缝砌法，厚木包铁门两扇，上饰万不断装饰，梅花形门簪两枚，方形门墩一对。

一进院（21号）正房三间，过垄脊，合瓦屋面，前檐装修为现代门窗，老檐出后檐墙。两侧各接耳房一间，过垄脊，合瓦屋面，前檐装修为现代门窗，其东耳房为门道，门头花瓦装饰，现已封堵。南房七间，鞍子脊，合瓦屋面，前檐装修为现代门窗。

二进院（19号）正房三间，前出廊，清水脊，合瓦屋面，前檐装修为现代门窗。正房两侧各接耳房一间，已翻建。东厢房三间，前出廊，合瓦屋面，前檐明间夹门窗，次间

草厂东巷22号

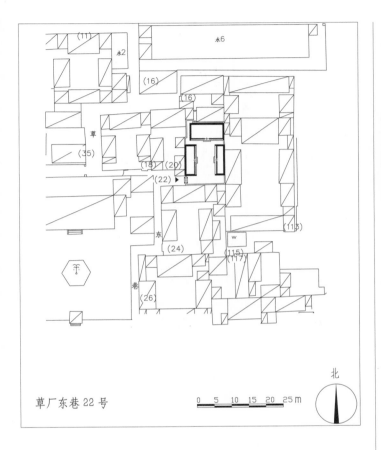

草厂东巷22号

大门

位于东城区安定门街道。该院坐北朝南，一进院落。民国时期建筑。

小门楼，西向，位于院落西南角，清水脊，筒瓦屋面，双扇板门，上饰门钹一对，下饰荷叶形门包叶，梅花形门簪两枚，镌刻"平安"二字，方形门墩一对。院内正房三间，鞍子脊，合瓦屋面。东、西厢房各三间，鞍子脊，合瓦屋面。

院内有枣树一棵，约300年。

现为居民院。

门簪

门墩

草厂东巷26号

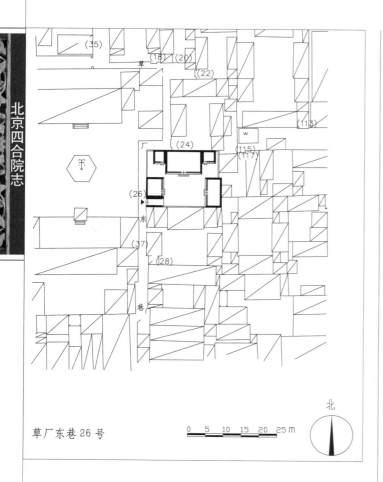

草厂东巷26号

0　5　10　15　20　25 m

北

大门

位于东城区安定门街道。该院坐北朝南，一进院落。民国时期建筑。

西洋式小门楼一座，西向，位于院落西南隅，双扇板门，门内后檐装饰步步锦棂心倒挂楣子及花牙子。院内北房三间，清水脊，合瓦屋面，脊饰花盘子，前檐装修为现代门窗。北房两侧各接耳房一间，过垄脊，合瓦屋面，前檐装修为现代门窗。东房三间，鞍子脊，合瓦屋面，前檐装修为现代门窗。西房三间（南一间为门道），鞍子脊，合瓦屋面，前檐装修为现代门窗。

现为居民院。

东房

交道口北头条11号及11号旁门

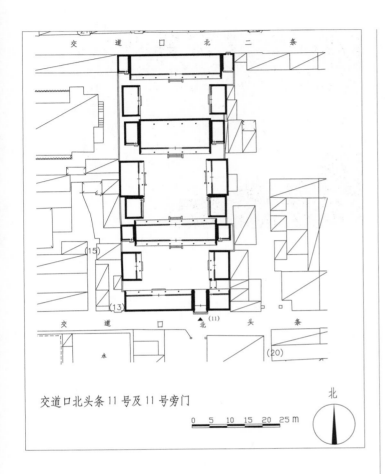

交道口北头条11号及11号旁门

0 5 10 15 20 25 m

北

位于东城区安定门街道。该院坐北朝南，三进院落。清代末期建筑。

金柱大门一间，位于院落东南隅，过垄脊，合瓦屋面，山面饰铃铛排山，戗檐和博缝头装饰砖雕，墀头饰花篮砖雕。门内井口

大门

天花保存完好，仙鹤图案，象眼处绘苏式彩画，保存完好。大门东接倒座房二间，西接倒座房五间，前出廊，均为过垄脊，合瓦屋面，封后檐墙，前檐装修为现代门窗。

大门后檐戗檐砖雕

一进院正房七间，前后廊，过垄脊，合瓦屋面，明间出垂带踏跺三级，前檐装修为现代门窗。正房左右各接耳房一间，过垄脊，

大门天花

合瓦屋面，前檐装修为现代门窗。东厢房三间，前出廊，过垄脊，合瓦屋面，山面饰铃铛排山，戗檐、博缝头及墀头均饰砖雕。厢房南侧有过廊（连通厢房与东倒座房），过垄脊，筒瓦屋面，装饰万字棂心倒挂楣子及花牙子。西厢房三间，前出廊，过垄脊，合瓦屋面，戗檐、博缝头及墀头均饰砖雕。

二进院正房五间，前后廊，披水排山脊，合瓦屋面。正房两侧接耳房各一间。东、西厢房各三间，前出廊，披水排山脊，合瓦屋面。厢房南侧接耳房各二间。

三进院正房七间，前出廊，披水排山脊，合瓦屋面。正房两侧接耳房各一间。东、西厢房各三间，披水排山脊，合瓦屋面。

该院现已被分割。其中第一进院落为居民院，被分割为11号与11号旁门。

交道口北头条21号

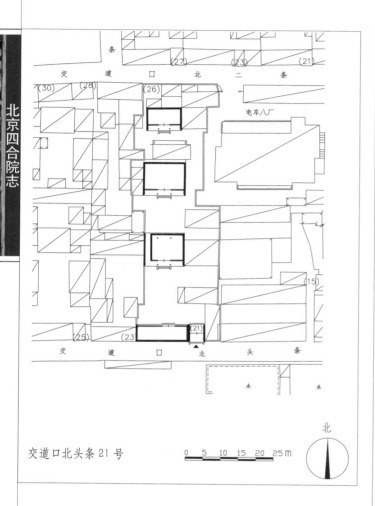

交道口北头条21号   0 5 10 15 20 25 m   北

大门雀替

一进院正房三间，前后出廊，过垄脊，筒瓦屋面，前檐装修为现代门窗，其西侧半间为门道（可通二进院），檐下饰卧蚕步步锦棂心倒挂楣子。

二进院正房三间，前出廊，过垄脊，合瓦屋面，前檐装修为现代门窗。

现为居民院。

位于东城区安定门街道。该院坐北朝南，三进院落。清代中期建筑。

大门位于院落东南隅，广亮大门一间，清水脊，合瓦屋面，脊饰花盘子，戗檐原装饰砖雕，现已无存，双扇红漆板门（东侧已部分拆改），饰六角形门簪四枚，门外前檐柱绘箍头彩画，并饰雀替，圆形门墩一对，大鼓侧面雕荷花图案。大门西接倒座房四间，已改机瓦屋面，前檐装修为现代门窗。

门墩

二进院正房

交道口北头条25号

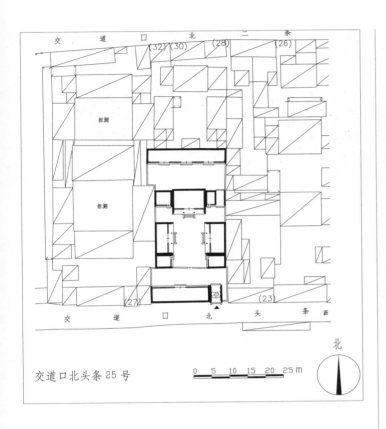

交道口北头条25号

大门

位于东城区安定门街道。该院坐北朝南，三进院落。清代末期建筑。

大门位于院落东南隅，金柱大门一间，清水脊，合瓦屋面，戗檐及博缝头装饰砖雕，墀头饰花篮图案砖雕，双扇红漆板门，两侧带余塞板，饰六角形门簪两枚，门外檐柱饰雀替，箍头彩画，圆形门墩一对，大鼓侧面雕转心莲。大门西接倒座房五间，鞍子脊，合瓦屋面，前檐装修为现代门窗。院内原有二门，现已拆除。

二进院正房三间，前出廊，过垄脊，合瓦屋面，前檐装修为现代门窗。

戗檐墀头砖雕

正房两侧各带耳房二间，合瓦屋面，其东耳房东间为过道，前檐装修为现代门窗。东、西厢房各三间，前出廊，过垄脊，合瓦屋面，明间出垂带踏跺三级，前檐装修为现代门窗。厢房南侧各接厢耳房一间，合瓦屋面，前檐装修为现代门窗。

三进院后罩房七间，鞍子脊，合瓦屋面，前檐装修为现代门窗。

现为居民院。

二进院正房

交道口北头条29号

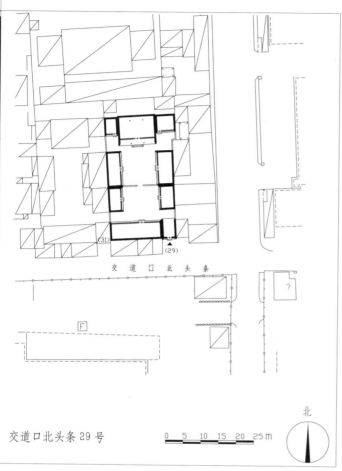

交道口北头条29号　　0　5　10　15　20　25 m

北

倒挂楣子

楣栏板砖雕，墙体丝缝砌法，方形海棠池素面门墩一对，门内两侧采用邱门做法，象眼雕刻圆圈纹，后檐柱间装饰十字海棠棂心倒挂楣子。大门西接倒座房四间，鞍子脊，合瓦屋面，绘箍头彩画，前檐装修为现代门窗。

一进院东、西配房各三间，为原址翻建，院内原有二门，现已拆除。

二进院正房三间，前后廊，披水排山脊，合瓦屋面，前廊柱有卷云纹穿插枋头，绘箍头彩画，前檐装修为现代门窗。正房两侧各接耳房一间，鞍子脊，合瓦屋面，前檐装修为现代门窗。东、西厢房各三间，鞍子脊，合瓦屋面，墙体丝缝砌法，前檐装修为现代门窗。该院建筑形式与交道口北头条31号一致，推测曾为一家所有。

现为居民院。

位于东城区安定门街道。该院坐北朝南，二进院落。民国时期建筑。

大门位于院落东南隅，如意大门一间，清水脊，合瓦屋面，脊饰花盘子，饮檐装饰砖雕，双扇红漆板门，六角形门簪两枚，门

门楣栏板砖雕

二进院东厢房

交道口北头条31号

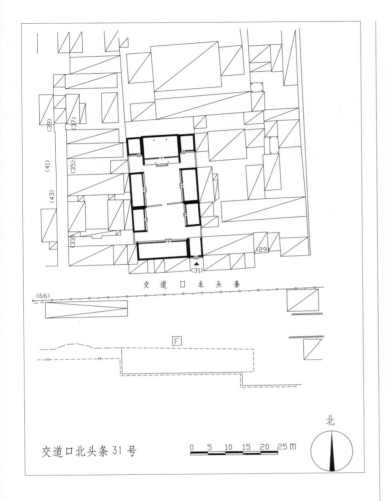

交道口北头条31号

大门

头彩画，前檐装修为现代门窗。正房两侧各接耳房一间，鞍子脊，合瓦屋面，前檐装修为现代门窗。东、西厢房各三间，鞍子脊，合瓦屋面，墙体丝缝砌法，前檐装修为现代门窗。

该院建筑形式与交道口北头条29号一致。现为居民院。

位于东城区安定门街道。该院坐北朝南，二进院落。民国时期建筑。

大门位于院落东南隅，如意大门一间，清水脊，合瓦屋面，脊饰花盘子，戗檐装饰砖雕，双扇红漆板门，饰六角形门簪两枚，门楣栏板砖雕，墙体丝缝砌法，门外海棠池素面门墩一对，门内两侧采用邱门做法，象眼雕刻圆圈纹。大门西接倒座房四间，鞍子脊，合瓦屋面，前檐装修为现代门窗。

一进院东、西配房各三间，为原址翻建，院内原有二门，现已拆除。

二进院正房三间，前后廊，披水排山脊，合瓦屋面，前廊柱有卷云纹穿插枋头，绘箍

正房

第二篇 东城区四合院

交道口北头条39号、41号、43号

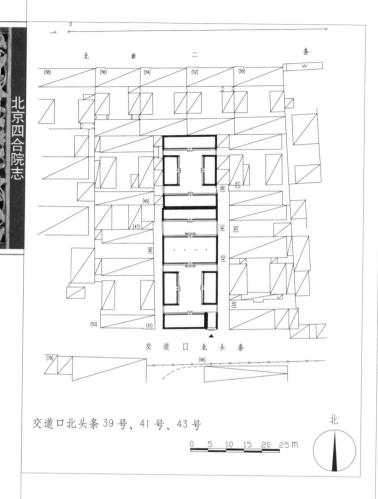

交道口北头条 39 号、41 号、43 号

0 5 10 15 20 25m

北

后开小门

原大门及倒座房

位于东城区安定门街道。该院坐北朝南，三进院落。民国时期建筑。

大门一间，开于院落东南角，清水脊，

合瓦屋面，现已封堵。西接倒座房四间，鞍子脊，合瓦屋面，前檐装修为现代门窗，老檐出后檐墙。

一进院（43 号）正房五间为过厅，鞍子脊，合瓦屋面，两卷勾连搭形式，前檐装修为现代门窗。东、西厢房各三间，鞍子脊，合瓦屋面，前檐装修为现代门窗。

二进院（41 号）正房五间，鞍子脊，合瓦屋面，前檐装修为现代门窗。

三进院（39 号）正房五间，南房五间，东、西厢房各三间，均为鞍子脊，合瓦屋面，前檐装修为现代门窗。

现为居民院。

交道口北头条53号

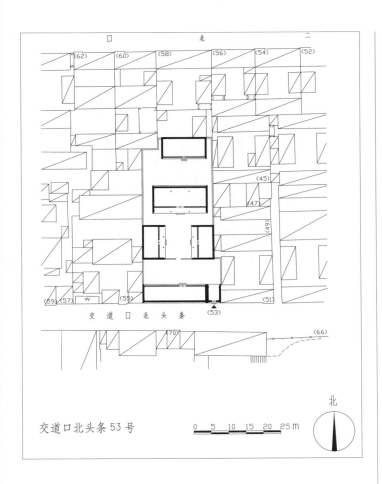

交道口北头条53号

0 5 10 15 20 25 m

北

位于东城区安定门街道。该院坐北朝南，三进院落。清代末期建筑。

如意门一间，位于院落东南角，进深五檩，清水脊，合瓦屋面，双扇红漆板门，六角形门簪两枚，门内后檐柱间装饰步步锦棂

大门及倒座房

二进院正房

心倒挂楣子。大门西接倒座房四间，鞍子脊，合瓦屋面，墙体丝缝砌法，次间保存十字方格棂心支摘窗装修。一进院内原有二门及影壁，现已拆除。

二进院正房三间，前后廊，铃铛排山脊，筒瓦屋面，前檐装修为现代门窗，老檐出后檐墙。东、西厢房各三间，前出廊，过垄脊，合瓦屋面，墙体丝缝砌法，前檐装修为现代门窗，老檐出后檐墙。

三进院正房五间，平顶，前檐装饰素面挂檐板，前檐装修为现代门窗。

现为居民院。

二进院西厢房

交道口北头条59号

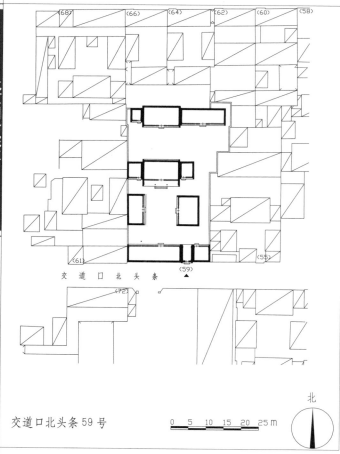

交道口北头条59号

北

0 5 10 15 20 25 m

正房

位于东城区安定门街道。该院坐北朝南，二进院落。清代中期建筑。

大门位于院落东南隅，如意大门一间，

大门

进深五檩，过垄脊，合瓦屋面，双扇红漆板门，六角形门簪两枚，门楣套沙锅套花瓦装饰，方形门墩一对。大门内采用随门做法，后檐柱间装饰卧蚕步步锦棂心倒挂楣子。大门东接门房一间，已翻机瓦屋面，西接倒座房四间，鞍子脊，合瓦屋面，前檐装修为现代门窗，老檐出后檐墙。一进院正房三间，前出廊，清水脊，合瓦屋面，脊饰花盘子，老檐出后檐墙，前檐保存步步锦棂心支摘窗。两侧各接耳房一间，合瓦屋面，前檐装修为现代门窗。东厢房三间，为原址翻建，西厢房三间，清水脊，合瓦屋面，脊饰花盘子，明间门连窗，上饰十字方格棂心亮子窗，次间支摘窗，步步锦棂心。

二进院正房三间，清水脊，合瓦屋面，脊饰花盘子，墙体丝缝砌法，前檐装修为现代门窗。正房西接耳房一间，东接北房三间，均已翻建。

现为居民院。

交道口北头条61号

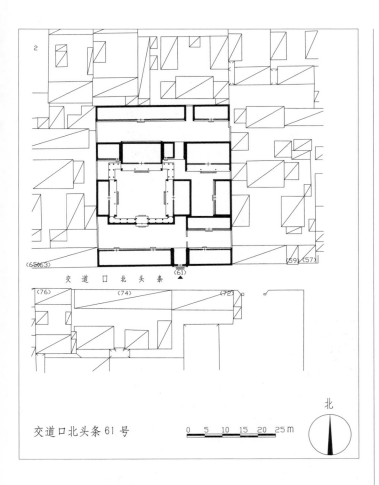

交道口北头条61号

二进院正房

位于东城区安定门街道。该院坐北朝南，三进院落。清代晚期建筑。

大门位于院落东南隅，如意大门一间，清水脊，合瓦屋面，脊饰花盘子，门楣栏板装饰砖雕，门楣砖雕花卉图案，戗檐装饰花卉砖雕，六角形门簪两枚，双扇板门，方形门墩一对，门墩上趴狮雕刻已

戗檐砖雕

毁。大门东侧倒座房四间，西侧六间，均为过垄脊，合瓦屋面，前檐装修为现代门窗，封后檐墙。一进院原有垂花门一座，现已拆除。一进院东侧有一座小跨院，院内北房三间，过垄脊，合瓦屋面。

二进院分为东、西两院，西院有正房三间，前出廊，披水排山脊，合瓦屋面，老檐出后檐墙。正房两侧耳房各二间，披水排山脊，合瓦屋面，其东耳房内侧间为门道（可通三进院），檐下装饰卧蚕步步锦棂心倒挂楣子，梁架绘箍头彩画。东、西厢房各三间，前出廊，披水排山脊，合瓦屋面。其东厢房北山墙作海棠池软白灰心装饰。西院内各房与垂花门之间原有游廊环绕，现已无存。东院正房三间，前出廊，披水排山脊，合瓦屋面，前檐次间十字方格棂心夹门窗，冰裂纹棂心横披窗。东厢房三间，过垄脊，合瓦屋面。

三进院后罩房八间，东侧三间，西侧五间，披水排山脊，合瓦屋面。此院房屋前檐装修除个别房屋外，均为现代门窗。

据院内居民讲此宅曾与民国时期的一贯道有关。现为居民院。

交道口北头条63号

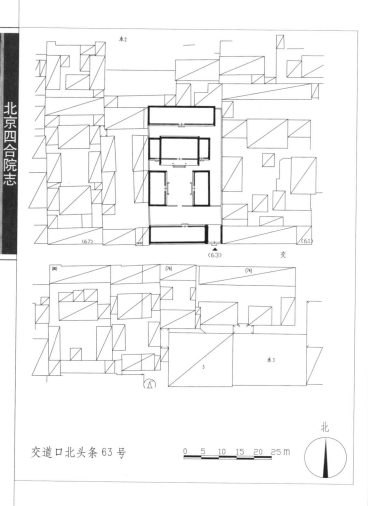

交道口北头条63号

0　5　10　15　20　25 m

北

屋面，戗檐装饰梅花图案砖雕，双扇红漆板门，门外素面方形门墩一对。大门现已封堵。大门西侧倒座房四间，进深五檩，清水脊，合瓦屋面，前檐装修为夹门窗形式，老檐出后檐墙。倒座房西侧一间现辟为门道。院内原有二门，现已拆除。

原大门戗檐砖雕

二进院正房三间，前出廊，过垄脊，合

二进正房

位于东城区安定门街道。该院坐北朝南，三进院落。清代末期建筑。

原大门位于院落东南隅，清水脊，合瓦

瓦屋面，廊柱为覆盆式柱础，墙体丝缝砌法，台基前出连三踏跺两级，前檐装修为现代门窗，老檐出后檐墙。正房两侧耳房各一间，过垄脊，合瓦屋面。东、西厢房各三间，过垄脊，合瓦屋面，前檐明间台基前出垂带踏跺两级，前檐装修为现代门窗，墙体丝缝砌法，封后檐墙。

三进院后罩房五间，为原址翻建。

现为居民院。

大门及倒座房

交道口北头条65号

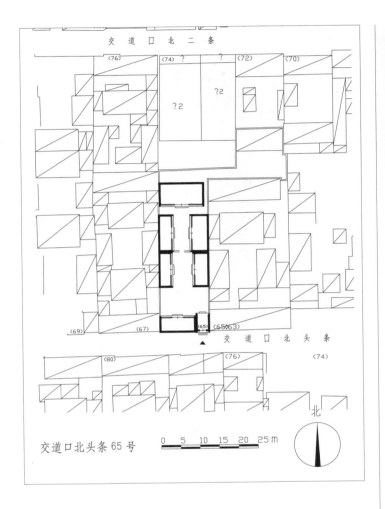

交道口北头条65号

门楣砖雕

门簪两枚，门头装饰砖雕栏板，海棠池素面门墩一对，门内邱门做法，后檐柱间装饰卧蚕步步锦棂心倒挂楣子。大门西接倒座房三间，清水脊，合瓦屋面，脊饰花盘子，封后檐墙，前檐装修为现代门窗。一进院东、西配房均为原址翻建。二门一座，现已拆除。

二进院正房三间，清水脊，合瓦屋面，脊饰花盘子，其东半间为过道，前檐装修为现代门窗。东、西厢房各三间，清水脊，合瓦屋面，前檐装修为现代门窗。

现为居民院。

位于东城区安定门街道。该院坐北朝南，二进院落。清代晚期建筑。

大门位于院落东南隅，如意大门一间，清水脊，合瓦屋面，双扇红漆板门，六角形

大门及倒座房

正房

交道口北头条67号

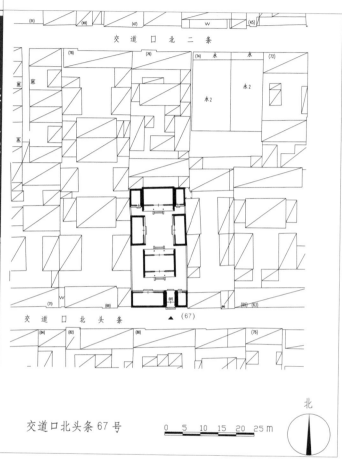

交道口北头条67号

大门

瓦屋面，脊饰花盘子，前檐装修为现代门窗。两侧各带耳房一间，现已翻建。东、西厢房各三间，清水脊，合瓦屋面，脊饰花盘子，前檐装修为现代门窗。

现为居民院。

一进院正房

位于东城区安定门街道。该院坐北朝南，二进院落。清代晚期建筑。

大门位于院落东南隅，金柱大门一间，清水脊，合瓦屋面，双扇红漆板门，两侧带余塞板，上有走马板，门外檐下绘箍头包袱彩画，前檐柱间装饰蕃草纹雀替（右侧雀替已遗失），方形门墩一对，门内邸门做法。大门东接门房一间，西接倒座房三间，均为鞍子脊，合瓦屋面，墙体采用丝缝砌法，前檐装修为现代门窗。一进院正房三间，前后出廊，清水脊，合瓦屋面，脊饰花盘子，前廊柱有穿插枋麻叶头修饰，檐下饰箍头彩画，前檐装修为现代门窗。

二进院正房三间，前出廊，清水脊，合

交道口北头条69号

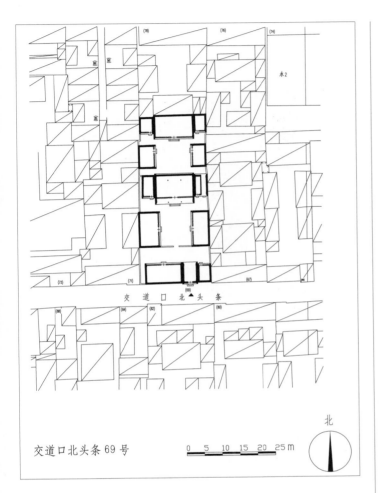

交道口北头条69号

花盘子，前檐装修为现代门窗，老檐出后檐墙。两侧各接耳房一间，过垄脊，合瓦屋面，其东耳房东侧半间为过道，可通三进院，后檐装饰卧蚕步步锦棂心倒挂楣子，前檐装修为现代门窗。东、西厢房各三间，清水脊，合瓦屋面，其中东厢房明间为夹门窗，步步锦棂心，次间为槛墙、槛窗，棂心后改，西厢房前檐装修为现代门窗。

三进院正房三间，清水脊，合瓦屋面，脊饰花盘子，戗檐原有砖雕，现已无存，前檐装修为现代门窗。东、西耳房各一间，过垄脊，合瓦屋面，前檐装修为现代门窗。东、西厢房各二间，清水脊，合瓦屋面，脊饰花盘子，前檐装修为现代门窗。

现为居民院。

二进院东厢房

位于东城区安定门街道。该院坐北朝南，三进院落。民国时期建筑。

大门位于院落东南隅，如意大门一间，进深五檩，清水脊，合瓦屋面，脊饰花盘子，戗檐处原有砖雕，现已抹灰遮盖，博缝头装饰万事如意图案砖雕，其左侧博缝头已经遗失，双扇红漆板门，装饰六角形门簪两枚，方形门墩一对，踏跺两级。大门东带门房一间，为原址翻建，西接倒座房三间，清水脊，合瓦屋面（脊已残），脊饰花盘子，封后檐墙，墙体采用丝缝砌法，前檐装修为现代门窗。

二进院前原有二门，现已拆除。院内正房三间，前后廊，清水脊，合瓦屋面，脊饰

交道口北头条70号

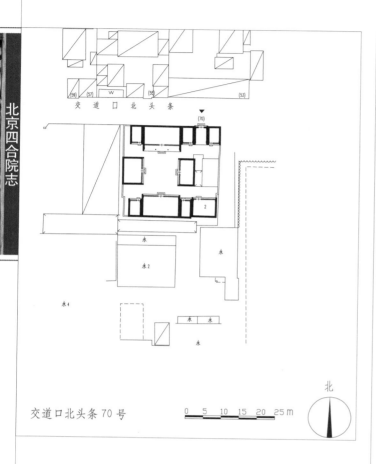

交道口北头条70号

北

0　5　10　15　20　25 m

大门

位于东城区安定门街道。该院坐北朝南，一进院落。民国时期建筑。

大门位于院落东北隅，北向，如意大门一间，进深五檩，清水脊，合瓦屋面，脊饰花盘子，双扇红漆板门，饰六角形门簪两枚，门头套沙锅套花瓦装饰，墙体采用丝缝砌法，门外方形海棠池素面门墩一对，门内采用邱门做法，象眼处雕刻回字纹和圆圈纹。大门两侧各接门房一间，鞍子脊，合瓦屋面，前檐装修为现代门窗。院内北房三间，前出廊，过垄脊，合瓦屋面，门窗采用盘长如意棂心。正房西接耳房一间，过垄脊，合瓦屋面，前檐装修为现代门窗。南房三间，过垄脊，合瓦屋面，前檐装修为现代门窗，墙体丝缝砌法。南房两侧耳房各一间，过垄脊，合瓦屋

面，前檐装修为现代门窗。东、西厢房各三间，过垄脊，合瓦屋面，前檐装修为现代门窗。南房东侧有一座跨院，院内有二层楼房一栋，北向，二间，清水脊，合瓦屋面，前檐装修为现代门窗。

现为居民院。

一进院北房

交道口北头条78号

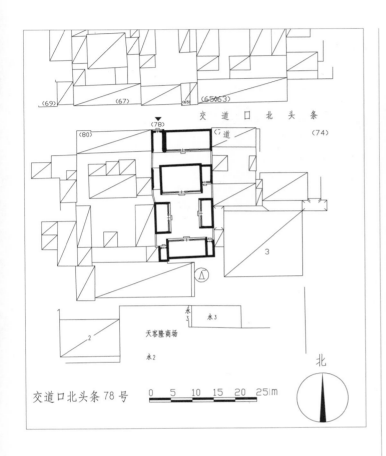

交道口北头条78号　0　5　10　15　20　25m　北

大门

位于东城区安定门街道。该院坐北朝南，二进院落。民国时期建筑。

大门位于院落西北隅，北向，如意大门一间，进深五檩，清水脊，合瓦屋面，脊饰花盘子，双扇红漆板门，饰六角形门簪两枚，门头装饰素面栏板，方形海棠池素面门墩一对，门内墙壁邱门做法，象眼处装饰花卉纹彩绘，后檐柱间饰卧蚕形步步锦棂心倒挂楣子和花牙子。一进院北房四间，位于大门东侧，过垄脊，合瓦屋面，封后檐墙，前檐装修为现代门窗。二进院北房三间，过垄脊，合瓦屋面，明间前檐装修为现代门窗，次间为步步锦棂心支摘窗装修，墙体采用丝缝砌法。北房西侧有过廊（连通一、二进院），过廊进深五檩，已翻机瓦屋面，檐下饰盘长如意棂心倒挂楣子和花牙子，墙体采用丝缝砌法。东厢房三间，平顶屋面，前檐装饰素面挂檐板，明间为夹门窗，上饰盘长如意棂心亮子窗，次间为步步锦棂心支摘窗装修。西厢房三间，平顶屋面，前檐装饰素面挂檐板，前檐装修为现代门窗，墙体均为丝缝砌法。南房三间，过垄脊，合瓦屋面，明间前檐装修为现代门窗，次间为支摘窗，步步锦棂心。

现为居民院。

二进院北房

交道口北二条23号

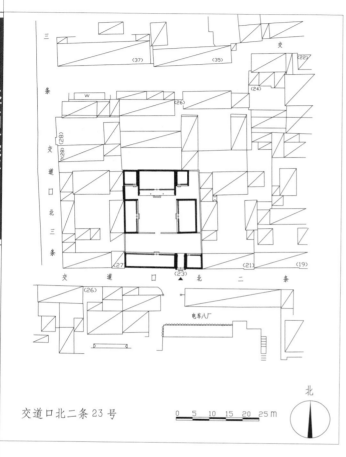

交道口北二条23号

东厢房

位于东城区安定门街道。该院坐北朝南，二进院落。清代末期建筑。

大门位于院落东南隅，蛮子大门一间，清水脊，合瓦屋面。双扇红漆板门，两侧带余塞板，梅花形门簪四枚，门内后檐柱间饰卧蚕步步锦棂心倒挂楣子。大门东接门房二间，西接倒座房四间，鞍子脊，合瓦屋面，封后檐墙，前檐装修为现代门窗。

院内原有二门，现已拆除。二进院正房三间，前出廊，披水排山脊，合瓦屋面，前檐装修为现代门窗。正房两侧各接耳房一间，鞍子脊，合瓦屋面，前檐装修为现代门窗。东、西厢房各三间，鞍子脊，合瓦屋面，前檐装修为现代门窗。

现为居民院。

大门及倒座房

西厢房

交道口北二条49号

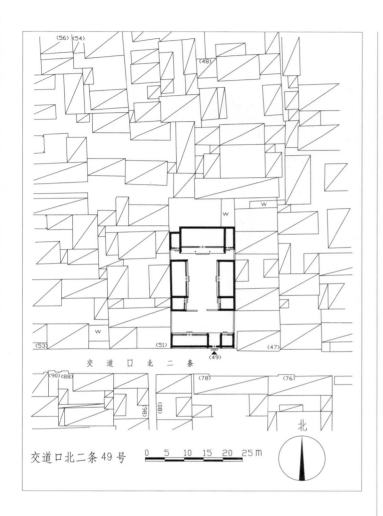

交道口北二条

交道口北二条49号　0　5　10　15　20　25m

北

大门

　　位于东城区安定门街道。该院坐北朝南，二进院落。清代末期建筑。

　　大门位于院落东南隅，如意大门一间，清水脊，合瓦屋面，脊饰花盘子。双扇红漆板门，门楣装饰万不断图案雕刻，门内后檐柱间饰步步锦棂心倒挂楣子。大门东接门房一间，西接倒座房三间，已翻机瓦屋面，前檐装修为现代门窗。

　　院内原有二门，现已拆除。二进院正房三间，前出廊，鞍子脊，合瓦屋面，前檐装修为现代门窗。正房两侧耳房各一间，鞍子脊，合瓦屋面，前檐装修为现代门窗。东厢房三间，为原址翻建。西厢房三间，鞍子脊，合瓦屋面，前檐装修为现代门窗。厢房南侧各带厢耳房一间，现已翻建。

　　现为居民院。

二进院正房

交道口北二条78号

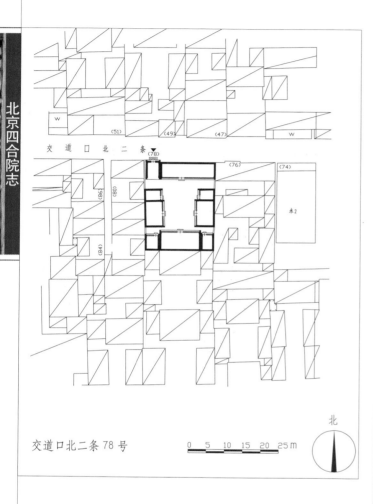

交道口北二条78号

大门

大门东接北房三间，鞍子脊，合瓦屋面，前檐装修为现代门窗。南房三间，合瓦屋面，前檐装修为现代门窗。南房两侧各接耳房一间，鞍子脊，合瓦屋面，前檐装修为现代门窗。东、西厢房各二间，过垄脊，合瓦屋面，前檐装修为现代门窗。北侧各接厢耳房一间，平顶屋面，前檐饰素面挂檐板。

现为居民院。

位于东城区安定门街道。该院坐南朝北，一进院落。民国时期建筑。

大门位于院落西北隅，如意大门一间，进深五檩，清水脊，合瓦屋面，脊饰花盘子。双扇红漆板门，门环一对，饰梅花形门簪两枚。方形门墩一对，门内后檐柱间装饰步步锦棂心倒挂楣子。迎门内座山影壁一座，清水脊，筒瓦屋面，脊饰花盘子，抹灰软影壁心。

门墩

南房

交道口北三条73号

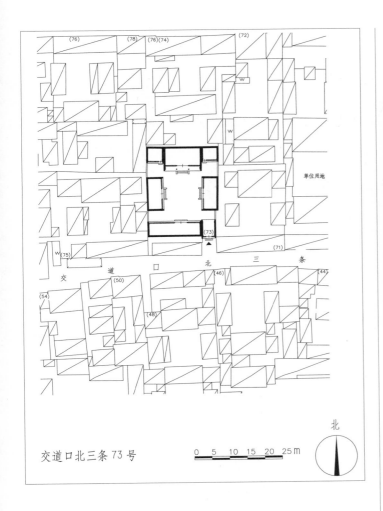

交道口北三条 73 号

0 5 10 15 20 25m

北

大门

位于东城区安定门街道。该院坐北朝南，二进院落。民国时期建筑。

大门位于院落东南隅，如意大门一间，

清水脊，合瓦屋面，脊饰花盘子，戗檐及墀头装饰砖雕，双扇红漆板门，饰六角形门簪两枚（现仅存一枚），门楣栏板饰雕刻，方形门墩一对，上面装饰趴狮，门后檐柱间饰步步锦棂心倒挂楣子。迎门内座山影壁一座，筒瓦屋面。大门西接倒座房四间，进深五檩，鞍子脊，合瓦屋面，灯笼锦棂心装修，饰箍头彩画。

院内原有二门，现已拆除。二进院正房三间，前出廊，清水脊，合瓦屋面，脊饰花盘子，前檐装修为现代门窗。正房两侧各接耳房二间，合瓦屋面，前檐装修为现代门窗。东、西厢房各三间，鞍子脊，合瓦屋面，前檐装修为现代门窗。

现为居民院。

门楣栏板

第二章 交道口街道

DI-ER ZHANG JIAODAOKOU JIEDAO

　　交道口街道位于东城区西北部，东起东四北大街，南至地安门东大街、张自忠路，西靠地安门外大街，北接鼓楼东大街、交道口东大街。面积1.47平方千米，有大街5条、胡同42条。辖区除交东小区外均处于北京市历史文化保护区。有体现北京古都风韵的南锣鼓巷文化休闲街。保存较好的四合院有全国重点文物保护单位张自忠路23号孙中山行馆、帽儿胡同可园等；市级文物保护单位有炒豆胡同僧王府、府学胡同36号志和宅第、帽儿胡同婉容故居、秦老胡同35号绮园等；区级文物保护单位有细管胡同9号田汉故居等。

第一节

文保院落

DI-YI JIE　WEN-BAO YUANLUO

板厂胡同27号

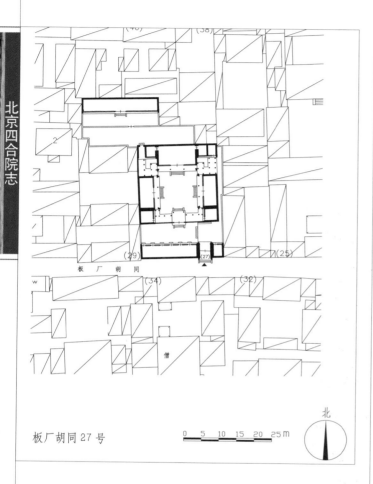

板厂胡同27号

板厂胡同

0 5 10 15 20 25m

北

大门里侧外檐装修

别刻有"天开文运"四个繁体字，双扇红漆板门，圆形门墩一对，门前礓磴儿踏跺。院门两侧共接倒座房八间。其中，东侧一间，西侧七间，均为清水脊，合瓦屋面，封后檐墙，砖砌丝缝墙体。门内有一字形影壁一座，硬山过垄脊，灰筒瓦屋面，砖质冰盘檐，下碱、撞头部分为砖砌丝缝。由大枋子、砖柱子、线枋子围成的影壁心内，现被水泥抹平。

二进院，二门为一殿一卷式垂花门一座，垂莲柱头为方形，双扇红漆板门，两侧带余塞板，装饰梅花形门簪一对，门口两侧置长方形砖雕、方形门墩一对，垂带踏跺两级。垂花门两侧游廊被改造成居民用房。二进院

位于东城区交道口街道。该院坐北朝南，三进院落。清代末期建筑。

大门位于院落东南隅，为广亮大门形式，清水脊，合瓦屋面，戗檐为龙头松叶图案砖雕，前檐柱间装饰卷草纹雀替。走马板绘有挂角攻读苏式彩画，饰梅花形门簪四枚，分

大门门环

垂花门门墩

大门内影壁

二门垂花门

正房三间，清水脊，合瓦屋面，戗檐雕刻精美松针麋鹿图案。六檩前出廊，前檐饰绿色步步锦棂心倒挂楣子、花牙子，前檐装修为现代门窗。前廊东侧接游廊的廊门筒子被封堵。东侧耳房二间，西侧耳房一间，过垄脊，合瓦屋面，戗檐雕刻喜鹊登梅图案。窗改为玻璃窗装修，未开门，内与正房相通。二进院有东、西厢房各三间，过垄脊，合瓦屋面，

戗檐及雀替

前出廊，廊间饰绿色步步锦棂心倒挂楣子、花牙子，前檐装修为现代门窗，前廊两侧接游廊的廊门筒子均被封堵。二进院西北角有转角游廊五间，通往三进院。转角游廊为木质方柱，柱间饰步步锦棂心倒挂楣子、花牙子，下有步步锦棂心栏杆坐凳，如意条石踏跺三级。

二进院与三进院在西北侧有走道相通。

三进院，院门为砖砌月亮门，门扇无存。月亮门西侧内外均建有自建房。院内正房七间，屋面已改机瓦，原踏跺已改水泥砖砌。

另外，该院大门前有老槐树两棵，二进院有石榴树四棵。

该院1986年公布为东城区文物保护单位。现为居民院。

二门垂花门内侧门扇

二进院正房

炒豆胡同73号、75号、77号（僧王府）

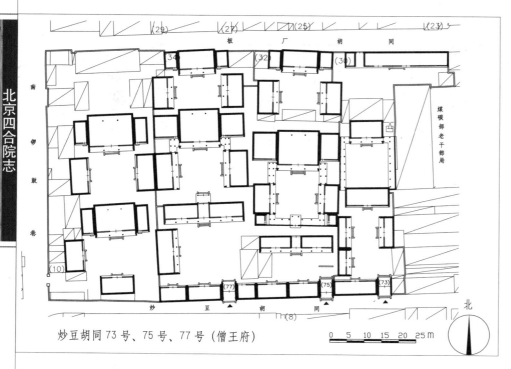

炒豆胡同73号、75号、77号（僧王府）

位于东城区交道口街道。该院仅为僧王府的一部分，皆坐北朝南，四路院落。清代建筑。

73号院：该院前后四进院落，院落东南隅开门，广亮大门一间，过垄脊，合瓦屋面，现已封堵，大门西侧倒座房五间，过垄脊，合瓦屋面。一进院内西配房三间。二进院正房五间，过垄脊，合瓦屋面，前檐装修为现代门窗。东、西厢房各三间，过垄脊，合瓦屋面，前檐装修为现代门窗。三进院内正房三间，前出廊，两卷勾连搭，机瓦屋面，戗檐处有砖雕。正房西侧有耳房一间开为过道，通往四进院。过道廊柱间有冰

街门石雕

裂纹倒挂楣子，檐柱间内有卧蚕步步锦棂心装修。三进院内环以游廊，四檩卷棚顶覆盖灰筒瓦，方柱，柱间装饰有工字卧蚕步步锦棂心倒挂楣子。四进院后罩房十一间，过垄脊，合瓦屋面，封后檐墙，前檐绘有苏式彩画及箍头彩画，西数第二间开如意门一间，第四、第七间为隔扇门。

75号院：该院前后三进院落，院落东南隅开门，广亮大门一间，过垄脊，灰筒瓦屋面，红色板门两扇，门上梅花形门簪四枚，门前门墩一对，墀头处雕刻有花篮，大门象眼处有砖雕。大门西侧有倒座房六间，过垄脊，合瓦屋面，前檐装修为现代门窗。迎门一字影壁一座，硬心做法。一进院北房七间，明间开为过厅，前檐装修为现代门窗。二进院垂花门一座，院内正房三间，前出廊。正房两侧耳房各二间。东、西厢房各三间，前出廊，南

门内影壁

186

正殿

侧带厢耳房一间。三进院现为板厂胡同32号，院内正房三间，前出廊，过垄脊，灰筒瓦屋面，前檐装修为现代门窗。

77号院：即板厂胡同34号朱家溍故居。

清道光六年（1826），僧格林沁出银6690两，认买前任杭州织造福德入官的房屋117间。进行改建，与西部的原府连在一起，构成由东、中、西三所四进院组成的王府。其中东所除正院四进外，还有东院四进。东所的大门被改建成五脊六兽三开间的府门，以符合亲王府制。王府的正殿仍在中所正院。僧格林沁（1811—1865），蒙古族，成吉思汗的胞弟哈撒尔的第二十六代孙。清末著名将领。曾任御前大臣、领侍卫内大臣都统。因剿灭太平天国北伐军有功，晋封亲王，世袭罔替。后在和捻军的作战中被杀。僧格林沁死后，其长子伯彦讷谟祜袭爵，此府遂称"伯王府"。伯彦讷谟祜死后，因其长子那尔苏早死，故由其长孙阿穆尔灵圭袭爵，此府又称"阿王府"。阿穆尔灵圭曾任清廷銮仪卫大臣，清廷退位后又曾任民国的国会议员，家道日趋衰落。阿穆尔灵圭死后，因欠族中赡养费而被控告，法院受理公开拍卖"僧王府"。

该府西部成为温泉中学，中部卖给了朱姓人家，东部除留一部分为阿穆尔灵圭之子和琳自住，其余卖给了西北军。1954年，煤炭部买下原"僧王府"的大部分院落作为宿舍。

该院1986年公布为东城区文物保护单位，2003年12月21日公布为北京市文物保护单位。

板厂胡同34号院（僧王府后小门）

鼓楼东大街255号

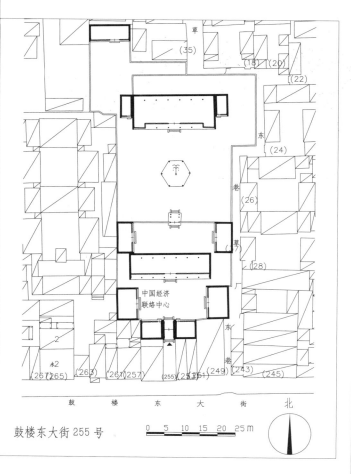

鼓楼东大街255号

一进正房

位于东城区交道口街道。该院坐北朝南，三进院落。民国时期建筑。

原大门位于院落东侧中部，东向，为三间一启门形式，现已改为二进院东房。现大门位于院落南房中部。一进院北房七间，前后廊，过垄脊，筒瓦屋面，前檐装修为现代门窗，老檐出后檐墙，后檐墙有一座现代制作的正方形汉白玉影壁，筒瓦屋面，中心四叉砖雕，中心雕刻有盘龙。南房五间，过垄脊，筒瓦屋面，明间开为门道。东、西厢房各三间，过垄脊，筒瓦屋面，前檐装修为现代门窗。

二进院东、西厢房各三间，过垄脊，合瓦屋面，明间为隔扇风门，次间为支摘窗，均为步步锦棂心，前出踏跺两级。二进院北

侧有一殿一卷式垂花门，方形垂莲柱头，前出垂带踏跺三级。

三进院正房七间，前出廊，明间、次间及梢间吞廊，过垄脊，筒瓦屋面，前檐绘有箍头彩画，明间为隔扇风门，卧蚕步步锦棂心，裙板雕刻有精美图案，其余各间为支摘窗，饿檐处有砖雕。正房室内有硬木砖雕落地罩、博古架、隔扇风门。后山墙外侧有一座砖雕影壁。后院墙上镶有五座长卷式石雕。正房两侧耳房各一间，过垄脊，合瓦屋面。正房前有一座双层六边形汉白玉水池，水池中间有汉白玉立柱，柱头雕刻有莲花造型，其下有四个龙头作喷水口，柱身雕刻有云纹。水池内外围栏作须弥座形式，并雕刻装饰有莲花，各角处均有一石狮。正房西北角另有北房四间。

该院2001年公布为北京市文物保护单位。现为商业用房。

府学胡同36号、交道口南大街136号

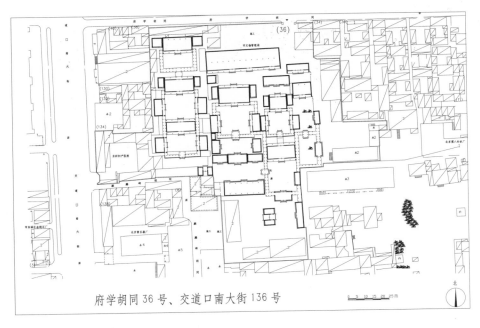

府学胡同 36 号、交道口南大街 136 号

位于东城区交道口街道。该院坐南朝北，分为东、西两部分。清代晚期至民国时期建筑。

东部宅院(今府学胡同 36 号)分为东、中、西三路院落。宅门为三间一启门形式，西向，硬山顶，铃铛排山脊，筒瓦屋面。门前两侧有上马石一对，雕刻麒麟和海水图案。进门为中路第一进院，院内现有东房五间，原为轿厅，北房三间为过厅，均为硬山顶，铃铛排山脊，筒瓦屋面。第二进院内北侧过厅五间，前后廊，东厢房三间，均为硬山顶，铃铛排山脊，筒瓦屋面。院落西侧开廊罩式门

一座，可通西路院。第三进院南侧有一殿一卷式垂花门一座。院内正房三间，前后廊，正房两侧接耳房各一间，均为硬山顶，铃铛排山脊，筒瓦屋面。东、西厢房各三间，前出廊，均为硬山顶，铃铛排山脊，筒瓦屋面。一进院、二进院、三进院内各房之间均有四檩卷棚游廊相连接。第四进院内后罩房五间，铃铛排山脊，筒瓦屋面。

东路为花园部分，现存三进院落。一进院内东侧敞厅三间，歇山顶，过垄脊，筒瓦屋面，两侧接四檩卷棚顶游廊与中院连通。院落北侧设廊罩门一座，歇山顶，过垄脊，筒瓦屋面，过门即进入二进院。二进院内正房三间，前后廊，东房三间，均为硬山顶，铃铛排山脊，筒瓦屋面。三进院正房四间，硬山顶，过垄脊，筒瓦屋面。

西路第一进院倒座房九间，硬山顶，披水排山脊，合瓦屋面。过厅三间，左右连接耳房各三间，均为硬山顶，披水排山脊，合瓦屋面。二进院内东、西厢房各三间，披水

中路一进院过厅

东院东路敞厅

东院西路三进院正房

西院三进院正房

排山脊，合瓦屋面。二进院北侧有一殿一卷式垂花门，前卷为清水脊，筒瓦屋面，脊饰花盘子，后卷为卷棚顶，筒瓦屋面。三进院内北侧正房（过厅）三间，前后廊，铃铛排山脊，合瓦屋面。正房两侧各带耳房一间，均为硬山顶，披水排山脊，合瓦屋面。东、西厢房各三间，前出廊，其中西厢房南接厢耳房二间，均为披水排山脊，合瓦屋面。各房之间均有四檩卷棚游廊相互连接。四进院内后罩房十三间，前出廊，铃铛排山脊，合瓦屋面。西厢房二间，硬山顶，披水排山脊，合瓦屋面。

西部宅院（今交道口大街136号）为一组独立的院落。原宅门三间，位于麒麟碑胡同，大门封闭后，于宅院西南隅辟门，临交道口南大街，即现北京市东四妇产医院大门。宅院原有四进院落，今仅存三进院。原南部一进院有三间一启门大门一座。倒座房已经改造。二进院南侧垂花门一座，院内有正房（过厅）五间，前后廊，铃铛排山脊，合瓦屋面。东、西厢房各三间，前出廊，铃铛排山脊，合瓦屋面。三进院正房（过厅）五间，前后廊，

东院西路四进院后罩房

铃铛排山脊，合瓦屋面。正房两侧耳房各一间，披水排山脊，合瓦屋面。东、西厢房各三间，前出廊，铃铛排山脊，合瓦屋面。四进院正房五间，前后廊，铃铛排山脊，合瓦屋面。正房两侧带耳房各二间，披水排山脊，合瓦屋面。东厢房五间，铃铛排山脊，合瓦屋面。西厢房已改建。最北端府学胡同南侧还有后罩房九间，后期添建。该组院落内各房均由四檩卷棚顶游廊相互连接。

据《天咫偶闻》《道咸以来朝野杂记》两书记载，该院是光绪朝兵部尚书志和宅第。志和属满洲费莫氏，从康熙朝到光绪朝共出了六名大学士。志和曾任同治朝礼部侍郎，督察院左副都御史、内务府大臣，光绪朝理藩院尚书等职，光绪七年（1881）任兵部尚书，光绪九年（1883）被革职，不久去世。

据朱家溍回忆，光绪二十九年（1903），李鸿章之孙，袭肃毅侯授散秩大臣李国杰，买此宅奉母居住。民国十三年（1924）起，中、东路院（府学胡同36号）曾为清同治遗妃敬懿、荣惠二位太妃所居，直至民国二十一年（1932）、民国二十二年（1933）先后去世。"文化大革命"期间由文物管理部门使用。1984年公布为北京市文物保护单位。

西院（交道口南大街136号）在民国八年（1919）为海军总长刘冠雄的官邸，民国八年（1919）至民国十五年（1926）为燕京神学院所用，民国二十年（1931）后作为助产学校、产院。现为单位用房。

菊儿胡同3号

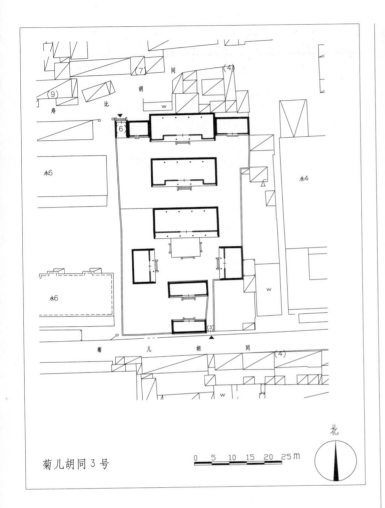

菊儿胡同 3 号

大门

梅花形门簪两枚。北房三间，铃铛排山脊，筒瓦屋面，老檐出后檐墙。南房三间，铃铛排山脊，合瓦屋面，老檐出后檐墙。

二进院正房五间，前后廊，过垄脊，筒瓦屋面，前檐绘有箍头彩画，廊柱间装饰有雀替。正房前有月台，月台前出垂带踏跺两级。东、西厢房各三间，前出廊，过垄脊，筒瓦屋面，前出垂带踏跺三级，前檐装修为现代门窗。

三进院正房五间，前后廊，前檐明间及

位于东城区交道口街道。该院坐北朝南，四进院落。清代建筑。

一进院南房东侧开便门，红色板门两扇，

倒座房

一进院北房

二进院北房

二进院东房

二进院北房横披窗

次间吞廊，过垄脊，筒瓦屋面，前出垂带踏跺四级。

四进院正房五间，前后廊，前檐明间及次间吞廊，过垄脊，筒瓦屋面，前出垂带踏跺三级。正房东西两侧耳房各三间。西耳房

二进院北房次间装修

西侧一间开为门道。

此院曾是荣禄的宅第。荣禄（1836—1903），字仲华，谥文忠。瓜尔佳氏，满洲正白旗人。曾任清朝总理各国事务大臣、兵部尚书、协办大学士等职。清光绪二十四年（1898），光绪帝起用康有为、谭嗣同等参与新政，实行戊戌变法，引起了一班守旧大臣的极度恐慌。慈禧和光绪要去天津阅兵，朝中的维新派想利用倾向维新的袁世凯在天津阅兵时，乘机杀掉荣禄。不料袁世凯回到天津，立即把此事向荣禄告密。荣禄得知这一情况，连夜赶到颐和园，向慈禧报告。次日，慈禧发动政变，捕杀谭嗣同等维新派人士。6月，荣禄被授予直隶总督兼北洋大臣。八国联军进北京，荣禄授计负责议和的李鸿章和奕劻：只要不追究慈禧的责任，不让慈禧交权归政，一切条件都可以答应。最终签订了《辛丑条约》。光绪二十九年（1903）去世。

菊儿胡同3号1986年公布为东城区文物保护单位，现为居民院。菊儿胡同5号院现为居民院。菊儿胡同7号院现存有一座欧式别墅，也是当年荣禄宅的主要建筑之一。新中国成立后，做过很长时间的阿富汗大使馆，后来交给某单位管理，现为单位用房。

北京四合院志

192

帽儿胡同5号

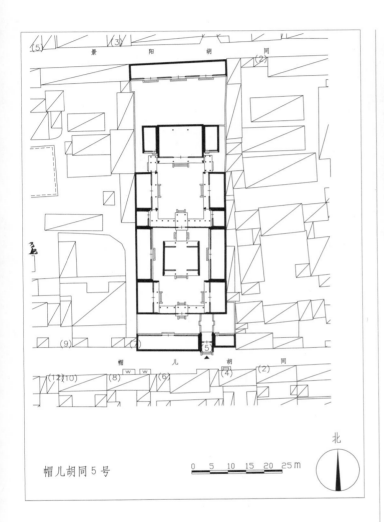

帽儿胡同 5 号

0 5 10 15 20 25 m

北

位于东城区交道口街道。该院坐北朝南，四进院落。清代末期建筑。

大门

大门位于院落东南隅，广亮大门一间，清水脊，合瓦屋面，脊饰花盘子，前檐柱间装饰雀替，梅花形门簪四枚，圆形门墩一对。门内一字影壁一

内景

座，清水脊，筒瓦屋面，白灰软心影壁心。影壁左右两侧各有四扇屏门。大门东侧倒座房二间，西侧五间，均为清水脊，合瓦屋面。

一进院北侧小门楼形式二门一座，清水脊，筒瓦屋面，脊饰花盘子，门墩位置为青白石雕刻的小型石狮子一对，门前出垂带踏跺五级。

二进院内过厅三间，前后廊，披水排山脊，合瓦屋面，前后檐明间均为隔扇风门四扇。东、西厢房各三间，前出廊，披水排山脊，合瓦屋面，前檐明间隔扇风门。过厅两侧顺山房各五间，披水排山脊，合瓦屋面。过厅后檐明间有高甬道与三进院前的垂花门台基相连。

三进院前垂花门为一殿一卷形式，两侧连接看面墙和抄手游廊，看面墙上开辟各种形式的什锦窗。院内正房三间，前后廊。正房两侧耳房各一间，东、西厢房各三间，前出廊。院内建筑均为披水排山脊，合瓦屋面。

四进院内后罩房七间，披水排山脊，合瓦屋面。

此院 2001 年公布为北京市文物保护单位。现为单位用房。

帽儿胡同7号、9号、11号、13号（可园）

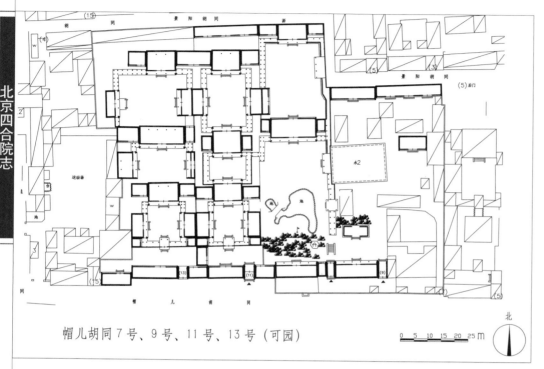

帽儿胡同7号、9号、11号、13号（可园）

0 5 10 15 20 25 M

北

　　位于东城区交道口街道。该院坐北朝南，五路五进院落。清代晚期建筑。

　　帽儿胡同7、9、11、13号，是一座带有私家园林的大型四合院建筑群。宅院的东路和中路以园林为主，西路以住宅为主，各建筑群体之间既独立又相互联系。

　　7号院：分为东路和西路。东路建筑改建严重，古建筑仅存一座三间的北房和一座七间的后罩房。西路：大门一间，过垄脊，筒瓦屋面，大门装修为现代新作，门前为礓䃰儿坡道。大门西侧倒座房四间，过垄脊，合瓦屋面。院内堆砌假山一座，假山上敞轩一座，三间，歇山顶，筒瓦屋面。假山西侧有廊子与9号院的假山相通。假山北侧一座民国时期二层楼房。楼房北侧后罩房五间，披水排山脊，合瓦屋面，大木构架绘箍头彩画，前檐装修为现代门窗，室内木地板，碧纱橱保存。

　　9号院：此院是可园的花园部分，分为前后两院，两院以院子东部的长廊贯通。第一进院：大门位于院落东南隅，经过现代改造。大门西侧倒座房五间，前出廊。大门与倒座房之间有门房一间。入门后过其东侧通道为一座假山，山南有一条小径，尽头向北折有一座山洞，上横一块青石，刻"通幽"二字。过山洞有两条卵石甬路。分别通向北房及东廊敞轩。过小石拱桥右行可至另一座假山。院内前部正中垒筑有假山一座，假山上六角亭一座，六角攒尖顶，筒瓦屋面，花脊，宝顶，大木架绘苏式彩画，柱间带倒挂楣子及花牙子，坐凳楣子。假山北侧不规则"U"字形曲折水池一方，水池西部架设单孔拱桥一座，荷叶净瓶桥栏板，方形柱头。院

前院敞轩

内北侧正中为花厅五间，前后廊，披水排山脊，合瓦屋面，红色圆柱，柱间带雕花骑马雀替，坐凳楣子，大木构架绘苏式彩画，前后檐明间均为隔扇风门四扇，上带横披窗，次、梢间为槛窗和支摘窗。明间前出垂带踏跺五级，前檐廊心墙开廊门筒子与两侧抄手游廊相连。正房两侧耳房各一间，披水排山脊，合瓦屋面。院落东西两侧有游廊，四邻卷棚顶，筒瓦屋面，绿色梅花方柱，柱间带倒挂楣子和坐凳楣子。东侧为爬山廊子，南半段中部建有方形亭子一座，坐东朝西，单檐四角攒尖顶，筒瓦屋面，红色方柱，柱间带雕花倒挂楣子和坐凳楣子，方砖墁地，砖石台基。廊子北半段中部建有敞轩一座，悬

可园中厅

山顶，披水排山脊，筒瓦屋面，柱间带雕花倒挂楣子，下部有坐凳楣子。园中点缀有太湖石、日晷、刻石等小品，点缀于松槐浓荫之间。刻有可园园名及志和园记的碑文，镶砌在刻石座下。

二进院北侧正中为花厅三间，歇山卷棚顶，筒瓦屋面，柱间带有雕花雀替、坐凳楣子，前檐明间出垂带踏跺三级。花厅两侧耳房各二间，过垄脊，合瓦屋面。院落两侧有抄手廊子与正房相连。东侧廊子为爬山廊形式，其中部建有敞轩一座，筑于堆砌的太湖石之上，为全园的制高点，面阔三间，歇山卷棚顶，筒瓦屋面。前檐明间隔扇风门，次间槛墙、

支摘窗，敞轩南、北、西三面出廊，廊间建有美人靠护栏，建筑的两侧接游廊。敞轩下山石堆砌成浅壑，有雨为池，无水为壑。

可园建筑墙面以砖墙为主，抹刷白粉，厅榭均为红色圆柱，廊子为绿色梅花方柱，梁枋上均为箍头包袱彩画，建筑檐下的倒挂楣子均为各式木雕，且各不相同，题材有松、竹、梅、兰、荷花、葫芦等。院内还保存有多株古树。

11号院：此院为住宅建筑格局和建筑单体，五进院落。大门位于院落东南隅，广亮大门一间，清水脊，合瓦屋面，红漆板门两扇，梅花形门簪四枚，圆形门墩一对，门前两侧有上马石，门前建有礓磋坡道。大门对面原来有影壁一座，现在已经无存。门内一字影壁一座。大门东侧倒座房二间，西侧五间，进深五檩，清水脊，合瓦屋面，前檐装修为现代门窗。一进院北侧一殿一卷式垂花门一座，前卷清水脊，筒瓦屋面，后卷为卷棚顶，筒瓦屋面，红漆板门两扇，方形门墩一对，前出垂带踏跺三级。二进院过厅三间，前后出廊，清水脊，合瓦屋面，前后檐装修均为现代门窗。明间出垂带踏跺五级。正房两侧耳房各二间，清水脊，合瓦屋面。东、西厢房各三间，前出廊，清水脊，合瓦屋面，前檐装修为现代门窗，明间前出垂带踏跺三级。东厢房后檐开一座门通向9号院花园。厢房

11号院大门

南侧厢耳房各一间，清水脊，合瓦屋面。三进院由正房三间，前后出廊，皮条脊，合瓦屋面，木构架绘箍头彩画，前后檐装修均为现代门窗，明间前出垂带踏跺五级。正房两侧耳房各一间，清水脊，合瓦屋面。院内四周环以游廊。四进院正房三间，前后廊，清水脊，合瓦屋面，前檐明间隔扇风门，上带有横披窗，次间槛墙、支摘窗，明间前出垂带踏跺五级。东耳房二间，清水脊，合瓦屋面。东、西厢房各三间，前出廊，清水脊，合瓦屋面，前檐明间隔扇风门，次间槛墙、支摘窗。院内各房屋以抄手游廊相连接。五进院后罩房九间，清水脊，合瓦屋面，前檐装修为现代门窗，封后檐墙。

13号院：此院也是住宅建筑格局和单体建筑，五进院落，与11号院相似。大门位于院落东南隅，已毁。大门东侧倒座房二间，西侧四间，已翻建。一进院北侧垂花门以及两侧游廊已经拆除，在原址上新建了一座锅炉房。二进院正房三间，前后廊，披水排山脊，合瓦屋面。正房两侧耳房各二间。东、西厢房各三间，前出廊，披水排山脊，合瓦屋面。三进院五间正房，前后廊，披水排山脊，合瓦屋面。正房西侧耳房二间，东侧一间为过道。东、西厢房各三间，西厢房前后廊，东厢房除前廊外，进深不足一米，正中开一座

小亭

门通11号院。四进院正房三间，前后廊，披水排山脊，合瓦屋面。正房西侧耳房二间，东侧连接北房三间。西厢房位置为一座敞轩，三间，明间前出悬山卷棚顶抱厦，东厢房面阔三间，前出廊。整个院落以游廊相连，并有一株枣树和三株柏树，均为百年以上古树。此院原来是后花园，西厢房下有池塘和山石，山石上还建有一座小亭子，可惜今亭、山、池均已经无存。五进院后罩房十一间。

可园始建时仿苏州拙政园和狮子林。园北是大式硬山合瓦顶的正房五间，左右各带耳房三间，正房东廊北后园，有假山水榭。北面是五间前后廊的正房。全园南北长不过100米，东西宽不过30米，前园疏朗，后园幽曲，建筑物小巧多姿，有凉亭、水榭、暖阁、假山、走廊、拱桥、清池、怪石、花木、翠竹，布置精巧，错落有致。故园主人将其命名为"可园"，意为"极可人意"。可园建筑均用灰色筒瓦，墙面以清水砖墙为主，未刷白粉，较为质朴。厅榭等均为红柱，长廊为绿柱。梁架上作苏式彩画，但并未满铺，仅

13号院大门

在籁头、枋心包袱位置加以装饰。建筑檐下的倒挂楣子均为木雕，细致繁复，各不相同，主题有松、竹、梅、荷花、葫芦等，比寻常的步步锦楣心图案显得精美清雅。全园存在着明显的中轴线和正厢观念，布局疏朗有致，建筑精巧大方，山石玲珑，水池曲折，且有多株珍贵的松、槐、桑等古树，整体至今保存尚好，是晚清北京私家园林富有代表性的作品。

可园建成于清咸丰十一年（1861）夏，是刚从山东巡抚调任直隶总督的显臣文煜的府宅之园。可园本与帽儿胡同11号院文煜故宅相通，后因文煜子孙分割出售园、宅而被封堵，另于园之南墙辟一新门而自成一园。可园建成后，文煜命其侄兵部尚书志和撰文勒碑以记其事。此园南北长不过100米，东西宽不过30米，却诸景咸备，曲折幽静，在极狭长的天地中布景，却极尽湖山亭台之美，可谓备具疏朗幽曲之趣，景致实属可人。文煜身后，此宅被其后人售予北洋政府要人冯国璋。冯国璋（1859—1919），字华甫，河北河间人。袁世凯任中华民国临时大总统后，冯担任直隶都督兼民政厅长，后任江苏督军，曾反对袁世凯称帝。民国五年（1916）10月经国会选举为中华民国副总统。民国六年（1917）张勋复辟失败后，冯以副总统代理大总统，民国七年（1918）去职。冯国璋当民国代总统时，从文家买下了这两处宅子，下台后居住在这里。民国八年（1919）年12月28日，因伤寒不治，冯国璋在帽儿胡同去世。

抗日战争时期，可园又归伪军司令张兰峰。新中国成立后，此宅被分隔作不同单位的宿舍，其中9号、11号院还曾一度用作朝鲜驻华使馆。该院2001年公布为全国重点文物保护单位。

后轩

帽儿胡同35号、37号（婉容故居）

帽儿胡同 35 号、37 号（婉容故居）

0 5 10 15 20 25m

北

位于东城区交道口街道，旧时门牌号为帽儿胡同 15 号。该院坐北朝南，东西两路院落，西路四进院落，东路三进院落。清代末

大门

期建筑。

原大门开于院落东南隅，大门三间一启门形式，铃铛排山脊，筒瓦屋面，前檐绘有箍头彩画。大门明间开门道现已封闭，改建为住房。大门东侧门房一间，西侧倒座房八间，西侧倒座房处开两门，一为 35 号，一为 37 号。

西路一进院北侧垂花门，檐下及花罩装饰有彩画，现已模糊不清，红色板门两扇，门板上门钹一对，门上梅花形门簪两枚，门前门墩一对，前

西路大门

出踏跺一级。垂花门两侧有看面墙。

西路二进院过厅三间，前后出廊，过垄脊，筒瓦屋面，前檐装修为现代门窗。过厅两侧各有耳房一间，过垄脊，筒瓦屋面。院内有抄手游廊围合二进院。

西路三进院正房五间，前后廊，过垄脊，合瓦屋面，檐下有倒挂楣子及花牙子，前檐绘有苏式彩画及箍头彩画，现已模糊不清，明间为隔扇风门，工字卧蚕步步锦棂心，前出垂带踏跺三级。次间及梢间为支摘窗，盘长如意棂心。饿檐处有砖雕。正房两侧耳房各一间。院内东、西厢房各三间，过垄脊，合瓦屋面，前出廊，前檐装修为现代门窗。

西路四进院有后罩房七间。

东路为花园。一进院北侧有月亮门一座。二进院内有假山石。过厅三间，前出廊，两卷勾连搭，合瓦屋面，前后檐绘有苏式彩画及箍头彩画。明间为隔扇风门，前出垂带踏跺四级。次间有盘长如意棂心装修。二进院两侧各有一条游廊通往后院，游廊廊墙上开有什锦窗，梁架绘有苏式彩画及箍头彩画，装饰有卧蚕步步锦棂心倒挂楣子、花牙子及步步锦棂心坐凳楣子。

东路三进院北房三间，过垄脊，合瓦屋面。

此院落为清末代皇帝溥仪之妻末代皇后婉容婚前住所。郭布罗·婉容（1906—1946），字慕鸿，别号植莲。此院是其祖父郭布罗·长顺所建，后其父郭布罗·荣源住在此，被称为荣源府。清光绪三十二年（1906）婉容生在荣源府，俗称娘娘府。婉容被确定为历史上最后一位皇后。当年婉容从天津返回北京，住在此院落，学习宫中礼仪。此院原只是较普通的住宅。婉容被册封为皇后后，其父被封为三等承恩公，该宅升格为承恩公

花厅

府。作为"后邸"，加以扩建。西路正房即为婉容所居。正房五间内的隔扇、落地花罩雕镂精细。东院花厅装修基本保存原状，明间迎面墙满嵌巨镜一方，为婉容婚前演礼之处。民国十一年（1922）12月1日零时前后，迎

花厅内玻璃墙

娶婉容的凤舆出宫，前往帽儿胡同。从帽儿胡同到皇后宫邸，沿途观者数万，军警林立。汽车、马车、洋车难以计数。迎亲队伍有步军统领衙门马队、警察厅马队、保安马队、军乐两班……，最后是皇后所乘的22抬金顶凤舆及清室随从。

1984年，帽儿胡同35号、37号宅院公布为北京市文物保护单位。帽儿胡同35号院现为办公用房，37号院现为居民院。

东路花园

前鼓楼苑胡同7号、9号

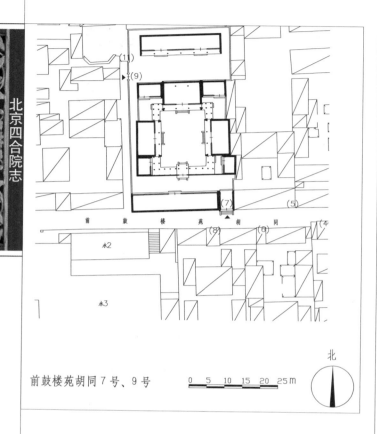

前鼓楼苑胡同7号、9号

大门

位于东城区交道口街道。该院坐北朝南，三进院落。清代末期建筑。

大门位于院落东南隅，蛮子大门形式，清水脊，合瓦屋面，脊饰花盘子，梅花形门簪四枚，圆形门墩一对，门前出如意踏跺四级，两侧有上马石。门前影壁一座，过垄脊，

筒瓦屋面，硬心做法。门内迎门有座山影壁一座，过垄脊，筒瓦屋面，硬心做法。

大门西侧倒座房七间，过垄脊，合瓦屋面，前檐新作木制装修，十字海棠棂心，后檐为冰盘檐封后檐。

一进院北侧有一殿一卷式垂花门一座，

门外影壁

门内影壁

垂花门

二进院正房

清水脊，筒瓦屋面，脊饰花盘子，有大花板、小花板、花罩，方形垂柱头，门墩一对。两侧看面墙为清水脊筒瓦，脊饰花盘子，墙面硬心做法，看面墙北侧为四檩卷棚顶游廊，筒瓦屋面。二进院正房三间，清水脊，合瓦屋面，脊饰花盘子，前出廊，廊柱间有倒挂楣子、花牙子，老檐出后檐墙，明间四扇卧蚕工字步步锦棂心四抹隔扇门，门前有帘架，垂带踏跺三级，次间为支摘窗，上有卧蚕工字步步锦棂心横披窗。东西两侧各有耳房二间，清水脊，合瓦屋面，脊饰带花盘子，老檐出后檐墙，外侧一间开门，卧蚕工字步步锦棂心四抹隔扇风门，门前有帘架，内侧一间为支摘窗。东、西厢房各三间，清水脊，合瓦屋面，脊饰花盘子，前出廊，廊柱间有倒挂楣子、花牙子，明间四扇卧蚕工字步步

锦棂心四抹隔扇门，门前有帘架，垂带踏跺三级，次间为支摘窗，上有卧蚕工字步步锦棂心横披窗，厢房南侧各带耳房一间，院内四隅有抄手游廊连接各房屋。

三进院有后罩房六间，清水脊，合瓦屋面，脊饰花盘子，前出廊，廊柱间有倒挂楣子、花牙子，前檐为门连窗及槛墙、支摘窗，步步锦棂心。

该院 2001 年 3 月 8 日公布为北京市文物保护单位。现为商业用房。

看面墙

后罩房

秦老胡同35号（绮园）

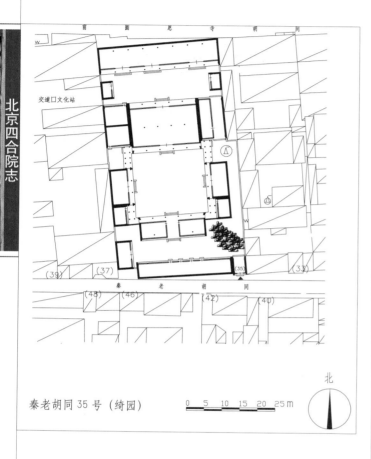

秦老胡同 35 号（绮园）

0 5 10 15 20 25m

北

大门

戗檐墀头砖雕

戗檐墀头砖雕

位于东城区交道口街道。该院坐北朝南，三进院落。清代晚期建筑。

大门位于院落东南隅，如意大门形式，清水脊，合瓦屋面，脊饰花盘子，门头栏板、门楣及象眼处均有砖雕，红色板门两扇，门板上带有门钹一对，梅花形门簪两枚，有"平

安"两字，方形门墩一对，大门中柱位置原大门走马板彩画绘有八仙。戗檐、墀头及博缝头均有砖雕，迎门有假山一座。大门西侧有倒座房九间，过垄脊，合瓦屋面，封后檐墙，前檐梁架绘有苏式彩画，前檐装修为现代门窗。一进院正房五间，前后出廊，过垄脊，合瓦屋面，老檐出后檐墙，前后檐均绘有苏式彩画，明间为过厅，地面铺设有花砖，前檐装修为现代门窗。一进院内原有西房三间现已改作车库。

二进院正房五间，两卷勾连搭形式，前后出廊，过垄脊，合瓦屋面，老檐出后檐墙，前后檐梁架均绘有苏式彩画，明间装修为隔扇风门，前出垂带踏跺两级，次、梢间为夹门窗。正房两侧各有平顶耳房二间，檐下有挂檐板，东耳房东侧一间为过道，通往三进院。二进院内东、西厢房各三间，前出廊，

一进院假山

过垄脊，合瓦屋面，前檐梁架绘有苏式彩画，前檐装修为现代门窗。东厢房南侧新建厢耳房二间，过垄脊，灰梗屋面，前檐绘有苏式彩画，前檐装修为现代门窗。西厢房三间，前出廊，过垄脊，合瓦屋面，前檐绘有苏式彩画，明间为隔扇风门，次间装修为现代门窗。西厢房南北两侧各新建厢耳房二间，过垄脊，灰梗屋面，前檐绘有苏式彩画，前檐装修为现代门窗。院内有四檩卷棚顶游廊连接各房，筒瓦屋面，檐部绘有苏式彩画。

三进院后罩房八间，前出廊，过垄脊，合瓦屋面，前檐绘有苏式彩画，前檐装修为现代门窗，东数第二间现开为后门。三进院东西两侧各有平顶厢房二间，檐下有挂檐板，前檐装修为现代门窗。

该院原为清晚期内务府总管大臣索家宅第的花园部分，名"绮园"，至今院内假山上仍有"绮园"二字的刻石。园内原有假山、水池、桥、亭等建筑，还有船形敞轩一座。索氏后代是曾崇，因曾崇的儿媳妇为清末代皇后郭布罗·婉容之姨，故民间流传这所房子是"皇后的姥姥家"。后索家后代将花园分割出售，新房主将花园内建筑全部拆除，重盖房屋，只留下大门东隅的一组假山，故该院庭院宽敞，不似一般四合院。

需要说明的是，2012 年 2 月，南锣鼓巷地下停车场的修建项目开始拆迁，涉及秦老胡同 37 号院一部分。秦老胡同 37 号院与"绮园"仅一墙之隔，拆迁中，索家后人察先生证实，真正的"绮园"并非 35 号院，而是已经开拆的 37 号院。后经多名文保人士现场调查、查阅史料、寻访后人，多重证据指向"绮园"当初可能存在认定错误，37 号院更应是"绮园"的主体。文保人士已就 37 号院提起"不可移动文物认定"申请，相关部门表示将查证。

秦老胡同 35 号院 1986 年公布为东城区文物保护单位。2003 年公布为北京市文物保护单位。现为单位用房。

二进院西厢房

后罩房

沙井胡同15号

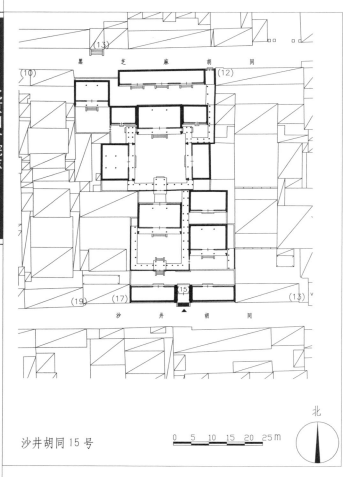

沙井胡同15号

门内一字影壁

清水脊，合瓦屋面，脊饰花盘子，前后檐柱间均有雀替。红色板门两扇，门板上有门钹一对。门上有雕"福"字梅花形门簪四枚，走马板有彩绘画。圆形门墩一对，门前出垂带坡道。门前有影壁一座，过垄脊，筒瓦屋面，软心做法。门内迎门有一字影壁一座，清水脊，筒瓦屋面，脊饰花盘子，硬心做法。大门西倒座房四间，清水脊，合瓦屋面，脊饰花盘子，前檐绘有箍头彩画，前檐装修为现代门窗，卧蚕工字步步锦棂心，老檐出后檐墙。东倒座房已改为车库。一进院北侧有一殿一卷式垂花门一座，屏门四扇，前出垂带

位于东城区交道口街道。该院坐北朝南，四进院落带东西跨院。清代建筑。

大门位于院落东南隅，广亮大门形式，

大门

西倒座房

204

二进院正房

三进院垂花门

踏跺四级，后出垂带踏跺三级。二门两侧有看面墙，过垄脊，筒瓦屋面。

二进院正房三间为过厅，前后廊，过垄脊，合瓦屋面，老檐出后檐墙，前后檐均绘有箍头彩画，前檐明间为隔扇风门，前带帘架，次间为支摘窗，其上均有横披窗，均为工字卧蚕步步锦棂心，明间有垂带踏跺三级。院内四周环以四檩卷棚顶游廊，筒瓦屋面，绘有箍头彩画，柱间带工字卧蚕步步锦棂心倒挂楣子、花牙子及卧蚕步步锦棂心坐凳楣子。二进院东南角开门，通往东跨院。

三进院一殿一卷式垂花门一座，两层方椽装饰有万寿彩画，檐檩绘有锦枋心，大花板与檩之间用荷叶墩相连，垂莲柱头，柱间雀替装饰，檐柱与垂帘柱之间用骑马雀替相连。门上有梅花形门簪四枚，雕有"吉祥如意"，方形门墩一对。垂花门两侧有看面墙，看面墙北侧为四檩卷棚顶游廊。三进院正房三间，前后廊，鞍子脊，合瓦屋面，老檐出后檐

墙，前后檐均绘有箍头彩画，前檐明间为隔扇风门，前带帘架，次间为支摘窗，其上均有横披窗，均为工字卧蚕步步锦棂心，房前有垂带踏跺四级。正房东西两侧各有耳房二间，鞍子脊，合瓦屋面，封后檐墙，东耳房东侧半间为过道通往四进院，西耳房旁有一座月亮门，通往西跨院。三进院东厢房三间，鞍子脊，合瓦屋面，前出廊，前檐绘有箍头彩画，明间为隔扇风门，前带帘架，次间为支摘窗，其上均有横披窗，均为工字卧蚕步步锦棂心，房前有如意踏跺两级。西厢房三间，前后出廊，两卷勾连搭屋面，前檐绘有箍头彩画，明间为隔扇风门，前带帘架，次间为支摘窗，其上均有横披窗，均为工字卧蚕步步锦棂心，房前有如意踏跺两级。

四进院后罩房七间半，鞍子脊，合瓦屋

三进院垂花门垂莲柱头及雀替

三进院西厢房山面

垂花门门簪

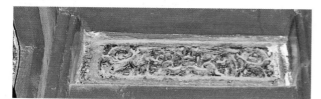

三进院垂花门花板

西跨院正房

面，前出廊，封后檐墙，前檐绘有箍头彩画，西数第二间及第五间为夹门窗，门前有垂带踏跺三级，其余各间为支摘窗，其上均有横披窗，均为工字卧蚕步步锦棂心，东侧半间开为后门，门道上有天花装饰。

东跨院一进院有正房三间，前后廊，清水脊，合瓦屋面，老檐出后檐墙，前后檐均绘有箍头彩画。明间为隔扇风门，次间为支摘窗，其上均有横披窗，均为工字卧蚕步步锦棂心，房前出垂带踏跺三级。院东侧有游廊与房相连。北房三间半，明间为套方灯笼锦隔扇风门，门前有如意踏跺两级。

西跨院正房三间，前后出廊，鞍子脊，合瓦屋面，老檐出后檐墙，前檐绘有箍头彩画，明间为隔扇风门，前带帘架，次间为支摘窗，其上均有横披窗，均为工字卧蚕步步锦棂心，房前有垂带踏跺四级。

该院为清光绪朝内务府大臣奎俊的又一所宅院，与沙井胡同17号、19号院原为一院，是奎俊黑芝麻胡同宅院的前院。院落大门原位于沙井胡同17号，15号是东路院。2003年公布为北京市文物保护单位。

现为单位用房。

四进院后罩房

四进院廊子

细管胡同9号（田汉故居）

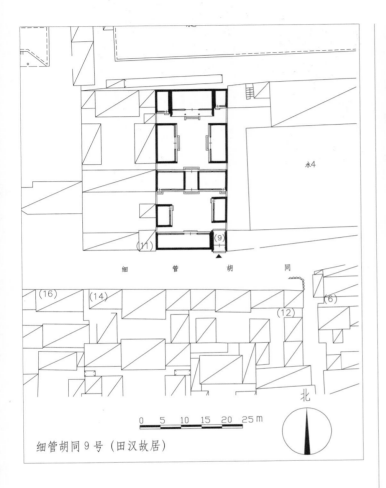

细管胡同9号（田汉故居）

倒座房

　　位于东城区交道口街道。该院坐北朝南，二进院落。民国时期建筑。

　　大门位于院落东南隅，金柱大门一间，清水脊，合瓦屋面，脊饰花盘子，梅花形门

簪四枚，板门两扇，大门前檐柱间饰雀替，圆形门墩一对，门前如意踏跺两级，门内象眼处万不断砖雕，戗檐、墀头处亦有砖雕。门内迎面有座山影壁一座，现仅存墙帽。大门西侧倒座南房四间，过垄脊，合瓦屋面，前檐装修为现代门窗，封后檐墙。一进院正房五间，过垄脊，合瓦屋面，明间为过厅，隔扇风门，前后各出如意踏跺三级，次、梢间装修为现代门窗。东厢房二间，过垄脊，合瓦屋面。西厢房已改建为平顶房。

　　二进院正房三间，前出廊，披水排山脊，合瓦屋面。正房两侧耳房各一间，过垄脊，合瓦屋面。东、西厢房各三间，鞍子脊，合

大门及倒座房

影壁瓦面

第二篇

东城区四合院

戗檐及墀头砖雕

二进院东厢房

瓦屋面，前檐装修为现代门窗。

该院是田汉新中国成立后在北京的居住之所。田汉（1898—1968），湖南长沙人，话剧作家、戏曲作家、歌词作家。1953年，中国戏剧家协会根据周恩来总理指示为田汉购得此宅。当时田汉与夫人安娥一家住在里院，秘书居外院，后来田汉又将老母亲从湖南接来同住。据田汉长子田申回忆："书房、客厅、卧室自南向北排开，房间都是相通的，卧室在西首耳房，书柜从书房一直通到客厅。父亲的书房里有很多书，差不多10万册，种类很多。书房里还有许多珍贵的照片、信件、创作手稿和字画。其中有毛主席、周总理写给父亲的亲笔信，徐悲鸿、梅兰芳绘赠的《奔马》《梅花》等画作。"在这个小院里，田汉改编了京剧《白蛇传》《谢瑶环》，创作了历史剧《关汉卿》等作品。

20世纪70年代末，该院成为中国戏剧家协会的职工宿舍。1986年公布为东城区文物保护单位。

现为单位用房。

院内全景

张自忠路23号（孙中山行馆）

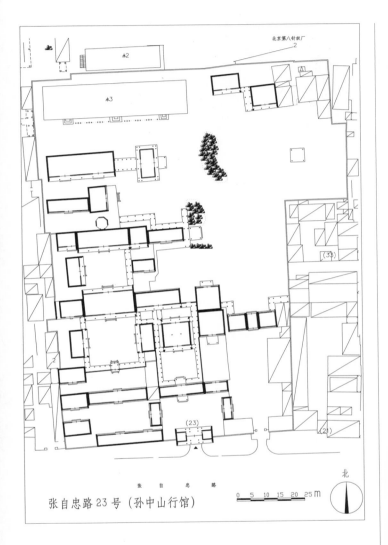

张自忠路23号（孙中山行馆）

位于东城区交道口街道。该院坐北朝南，分东、西两路，东北部为花园。宅第范围南

大门外景

起张自忠路，北至府学胡同，东距中剪子巷20余米，西迄麒麟碑胡同和交道口南大街。民国时期建筑。

东路：大门位于东路，五间，过垄脊，筒瓦屋面，两山饰披水及铃铛排山，明间红漆实榻大门两扇，梅花形门簪四枚。

一进院两侧东西过厅各三间，过垄脊，筒瓦屋面，中央开门，前檐装修为现代门窗。院内北侧为福寿厅院大门，五间，进深五檩，过垄脊，筒瓦屋面，前檐装修为现代门窗。大门明间前后各出廊式四檩卷棚抱厦，悬山顶，过垄脊，筒瓦屋面，两山饰披水及铃铛排山，前厦前檐柱间饰雀替，后檐柱装双扇红漆板门，两侧带余塞板。后厦檐柱间饰绿色板门四扇，金柱与前檐柱间装饰栏杆型坐

抄手游廊

凳楣子，与后檐柱间为连通抄手游廊的过道。院内福寿厅三间，进深十檩，为两卷勾连搭形式，过垄脊，筒瓦屋面，两山饰披水及铃铛排山。明间为隔扇风门，次间支摘窗，均为后改。福寿厅与院门之间有抄手游廊相连，其西侧廊开一过道可通西路第二进院。

西路：二进院，北侧有垂花门一间，悬山顶，六檩卷棚筒瓦屋面，两山饰披水及铃

铛排山，双扇红漆板门，两侧带余塞板，梅花形门簪四枚，前檐绘苏式彩画，饰垂莲圆柱及柱头，柱间有雀替，门前有圆形门墩一对。垂花门两侧接看面墙，过垄脊，筒瓦屋面，墙间装饰什锦花窗。过垂花门为西路三进院，名银杏院。院内正房五间，前后出廊，硬山顶清水脊，合瓦屋面，脊饰花盘子。正房明间夹门窗装修，门上有木匾一块，书"银杏堂"。次间槛墙、支摘窗，均为后改。正房两侧各带耳房三间，前出廊，过垄脊，合瓦屋面，前檐装修为现代门窗，其西耳房为孙中山逝

孙中山逝世地（西耳房）

世地，现已辟为孙中山纪念室。院内东西配房各三间，前出廊，硬山顶清水脊，合瓦屋面，脊饰花盘子。院内各房间有四檩卷棚游廊相连。正房西侧耳房外半间为门道，可通西路四进院。

四进院内正房五间，前出廊，硬山顶清水脊，合瓦屋面，脊饰花盘子。正房明间夹

四进院正房

舒琴亭

门窗，门上有木匾一块，书"黄杨厅"。次间槛墙、支摘窗，均为后改。正房两侧各带耳房二间，前出廊，清水脊，合瓦屋面，脊饰花盘子，前檐装修为现代门窗。院内西配房三间，清水脊，合瓦屋面，脊饰花盘子。配房明间夹门窗，次间槛墙、支摘窗，均为后改。院内东侧为平顶廊五间半，檐下挂素面木檐板。其北侧间为过道，可通花园。

花园位于宅院东北部，内有建筑数栋。舒琴亭位于花园西南，黄杨厅东侧。亭子为四角攒尖方亭，宝顶宝珠，灰筒瓦屋面，梅花方柱四根，柱间装饰卧蚕步步锦楾心倒挂楣子及花牙子，东侧出如意踏跺两级，西侧开圆形月亮门。亭子北侧为一组假山，山上矗立刻石两方，其一为"有凌云志"，其二为"凌云洞"。花园西北为"松竹厅"，该建筑五间，梢间较窄，歇山顶灰筒瓦屋面，采用工字卧蚕步步锦楾心支摘窗装修。松竹厅明间

"有凌云志"刻石

前出四檁卷棚抱厦一间，悬山顶灰筒瓦屋面，东侧五抹隔扇门四扇，上托黑底金字木匾一块，书"松竹厅"。松竹厅西侧明间出东西向平顶廊三间，装饰素面木挂檐板。花园东北角有北房三间，前出廊，硬山顶过垄脊，筒瓦屋面，两侧饰披水及铃铛排山，戗檐装饰砖雕。北房西侧接平顶廊三间半。北房西侧为牡丹厅，三间，前出廊，过垄脊，筒瓦屋面，明间夹门窗，次间槛墙、支摘窗，均为后改。

丁香树

花园西侧为丁香园，面向花园西房三间，清水脊，合瓦屋面，脊饰花盘子，明间夹门窗，次间支摘窗，前檐装修为现代门窗。建筑前出月台，方砖墁地。建筑南侧有八角攒尖亭一座，灰筒瓦屋面，前檐装修为现代门窗。亭子东侧与花园假山间有游廊相连。亭子与西房间有过道，门内即为丁香园（西路第五进院）。院内北房五间，过垄脊，合瓦屋面，

月亮门

五进院正房

前檐装修为现代门窗。花园松竹厅后有圆形月亮门，门内为西路第六进院。院内有北房六间，前出廊，鞍子脊，合瓦屋面，前檐装修为现代门窗。

此处原为明思宗崇祯皇帝宠幸的田贵妃之父左都督田弘遇的住宅。清康熙年间，成为靖逆侯张勇的府第，名"天春园"。清道光末年，竹溪以万金买下天春园，修葺之后改名增旧园。清末民初，院落随着主人的衰败被逐步分割出售。

民国十一年（1922）顾维钧任外交总长，买下增旧园的东南部作寓所。民国十三年（1924）北京政变，顾离京，此宅闲置。孙中山应冯玉祥之邀扶病进京，共商国是。段祺瑞执政府将此院作为孙中山在北京的行馆。孙中山于12月31日抵京，受到两万多群众欢迎，随后入住北京饭店。民国十四年（1925）1月26日，孙中山被确诊为肝癌，在协和医院接受手术。2月18日，移至行馆接受中医治疗。3月11日，自知不起，由夫人扶腕，在《孙中山国事遗嘱》《孙中山致苏联遗书》上签字。3月12日上午9时25分病逝于此院，在行馆中住了不足一个月。

1984年5月24日，该院作为"孙中山逝世纪念地"公布为北京市文物保护单位。2006年作为"孙中山行馆"公布为全国重点文物保护单位。

雨儿胡同13号

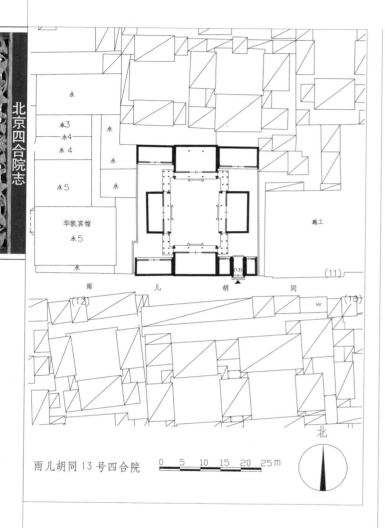

雨儿胡同13号四合院

0 5 10 15 20 25m

北

位于东城区交道口街道。该院坐北朝南，一进院落。清代建筑。

院落东侧南房明间开门道，作如意大门形式，前部为披水排山脊，筒瓦屋面，后部为过垄脊，合瓦屋面，红色板门两扇，门板上门钹一对，梅花形门簪两枚，圆形门墩一对，大门后檐柱间装

西侧门墩

大门

饰有步步锦棂心倒挂楣子及花牙子。大门东西各有南房一间，过垄脊，合瓦屋面，封后檐墙。院落回廊南部东西两侧各有屏门一座，屏门两侧有冰裂纹棂心什锦窗。

院内正房三间，前后廊，披水排山脊，合瓦屋面，明间为隔扇风门，前出垂带踏跺四级，次间为支摘窗。正房两侧耳房各有三间，过垄脊，合瓦屋面。东、西厢房各三间，

院内屏门

正房

廊门筒子上部砖雕

前出廊，披水排山脊，合瓦屋面，明间为隔扇风门，前出垂带踏跺三级，次间为支摘窗。南房三间，前出廊，披水排山脊，合瓦屋面，明间为隔扇风门，前出垂带踏跺三级，次间为支摘窗。南房西侧有耳房三间，过垄脊，合瓦屋面。各房饿檐处均有砖雕，各房廊部廊门筒子上有福寿造型砖雕。院内有游廊相连各房，游廊装饰有倒挂楣子、花牙子及坐凳楣子。

廊子

雨儿胡同13号与其东侧的11号和其西侧的15号原为一体，民国时，是北海公园董事会长董叔平的宅院，时称"董家大院"，后分割出售。

《啸亭续录》载："公布舒宅在雨儿胡同。"冯其利在《雨儿胡同叶布舒宅寻踪》一文中认为，《啸亭续录》中"公布舒"丢掉一个"叶"字，应为"公叶布舒"。叶布舒是清太宗（皇太极）的第四子，康熙八年（1669）晋封辅国公，今雨儿胡同11号、13号、15号的位置就是历史上的辅国公叶布舒宅。

中华人民共和国成立后，文化部购买了雨儿胡同13号房产，1955年将其分配给齐白石居住。

齐白石（1864—1957），书画家、篆刻家，原名纯芝，字渭清，号兰亭，后改名璜，字濒生，号白石，别号借山吟馆主者、寄萍老人等，湖南湘潭人。1953年，齐白石当选为中国美术家协会主席，被中央人民政府授予"中国人民杰出的艺术家"荣誉奖状。1963年，齐白石被选为世界十大文化名人之一。其作品有：《齐白石作品集》《齐白石绘画精品集》《白石诗草》《齐白石书法篆刻》《齐白石谈艺录》等。

齐白石在此只住了不足半年，就又搬回了自己的旧宅——跨车胡同15号，此院改为"齐白石纪念馆"。"文化大革命"中齐白石纪念馆被撤销，改为"北京画院"。

1986年，雨儿胡同13号作为"四合院"公布为东城区文物保护单位。现为单位用房。

黑芝麻胡同13号

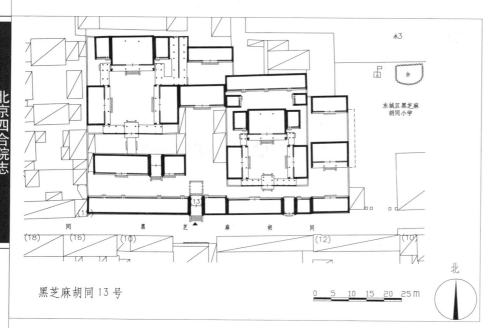

黑芝麻胡同13号

北京四合院志

0 5 10 15 20 25m

北

上马石

三进院正房戗檐砖雕

位于东城区交道口街道。该院坐北朝南，两路三进院落。清代晚期建筑。

西路院落东南隅开门，广亮大门一间，清水脊，合瓦屋面，脊饰花盘子，前后檐均装饰有雀替，红色板门两扇，门上有走马板及梅花形门簪四枚，圆形门墩一对，前出垂带踏跺六级。大门前两侧有上马石一对。门外有八字影壁一座，硬山顶，过垄脊，筒瓦屋面，硬心做法，中心原雕刻有字现已无存。门内迎门有一字影壁一座，硬山顶，过垄脊，筒瓦屋面，硬心做法，下端为须弥座。大门

东侧倒座房二间，西侧倒座房八间半，清水脊，合瓦屋面，脊饰花盘子，前檐装修为现代门窗，老檐出后檐墙。

一进院北侧有二门一座，广亮门形式，清水脊，合瓦屋面，脊饰花盘子，戗檐及博缝头处有砖雕。前后檐柱间装饰雀替，红色板门两扇，门上有走马板及砖雕梅花形门簪四枚，圆形门墩一对，前出垂带踏跺四级。二门东侧北房二间，西侧五间，清水脊，合瓦屋面，脊饰花盘子，老檐出后檐墙，西侧北房明间前出如意踏跺三级。

大门及倒座房

大门内一字影壁及屏门

西路二门

二进院垂花门前有甬道，甬道东西两侧有如意踏跺两级。一殿一卷式垂花门，装饰有大花板，雀替，门上有砖雕梅花形门簪四枚，门前方形门墩一对。

三进院正房三间，前出廊，过垄脊，合瓦屋面，明间为五抹隔扇门，前带帘架，前出垂带踏跺四级，戗檐及博缝头处有砖雕。正房两侧耳房各一间，过垄脊，合瓦屋面。三进院东、西厢房各三间，前出廊，过垄脊，合瓦屋面，明间为隔扇风门，前出如意踏跺三级，戗檐及博缝头处有砖雕。西路东跨院的一进院正房三间，清水脊，合瓦屋面，明间前出踏跺三级。二进院北房三间，干槎瓦屋面，前檐装修为现代门窗。

东路院落东南隅开门，如意大门形式，现已封闭，清水脊，合瓦屋面，脊饰花盘子，门上梅花形门簪两枚，门头装饰有花瓦，门前圆形门墩一对，博缝头处有砖雕。大门东侧门房一间半，西侧倒座房五间，封后檐墙。

一进院北侧一殿一卷式垂花门一座，清水脊，筒瓦屋面，脊饰花盘子，装饰有大花板，小花板，雀替，红色板门两扇，门上砖雕梅花形门簪四枚，门前方形门墩一对。

二进院正房三间，前出廊，清水脊，合瓦屋面，脊饰花盘子，明间为隔扇风门，前出垂带踏跺三级，正房两侧耳房各一间，清水脊，合瓦屋面，脊饰花盘子，东、西厢房各三间，前出廊，清水脊，合瓦屋面，脊饰花盘子，明间为隔扇风门，前出如意踏跺三级。三进院北房七间，清水脊，合瓦屋面，脊饰花盘子，前檐装修为现代门窗。

三进院东西各有平顶厢房一间。

东路东跨院倒座房三间，干槎瓦屋面，前檐装修为现代门窗，老檐出后檐墙。一进院北房三间，前出廊，过垄脊，合瓦屋面。二进院北房三间，鞍子脊，合瓦屋面，明间为夹门窗，前出踏跺一级。

该院曾为奎俊宅邸。奎俊（1843—1916），字乐峰，谥恤靖。清末满洲正白旗人，瓜尔佳氏，蒙古族。书法家，工书，近赵孟頫，得其精髓。曾历任四川总督、刑部尚书、内务府大臣等职。清光绪二十九年（1903）任理藩院尚书，先后任正白旗蒙古都统、兼任署都察院左都御史、刑部尚书、吏部尚书、内务府大臣，上驷院兼管大臣等职。宣统三年（1911）任内阁弼德院顾问大臣。

此院在民国时期为外交总长顾孟余居住。顾孟余，原名兆熊，清光绪十四年（1888）生于顺天府宛平（今北京市），原籍浙江。幼读译学馆，后留学德国，毕业于柏林大学。民国六年（1917）回国，任北京大学教授兼文科德文门主任，继而任经济系主任兼教务长。在此期间，顾孟余还积极为《新青年》撰稿。

该院 2003 年公布为北京市文物保护单位。现为居民院。

后圆恩寺胡同13号（茅盾故居）

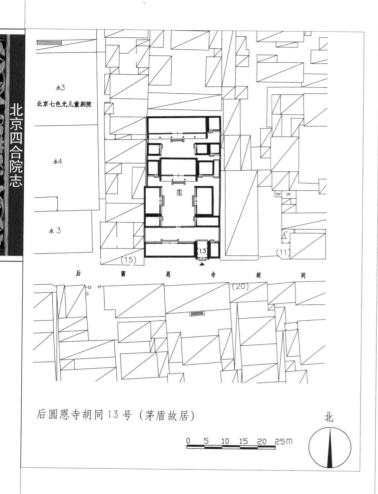

后圆恩寺胡同13号（茅盾故居）

0 5 10 15 20 25m

北

清水脊，合瓦屋面，脊饰花盘子，红漆板门两扇，方形门墩一对，大门后檐柱间饰步步锦棂心倒挂楣子。迎门有座山影壁一座，影壁中心镶有邓颖超题"茅盾故居"金

如意大门后檐

字黑底大理石横匾。大门东侧门房一间，西侧倒座房三间，清水脊，合瓦屋面，脊饰花盘子，倒座房明间装修为隔扇门，前出垂带踏跺两级。院内原有二门及看面墙，现已拆除。二进院正房三间，前出廊，清水脊，合瓦屋面，脊饰花盘子，前檐明间前出垂带踏跺三级。正房东侧耳房二间，东侧半间辟为过道，西侧耳房一间，清水脊，合瓦屋面。东、西厢房各三间，清水脊，合瓦屋面，脊饰花

位于东城区交道口街道，该院坐北朝南，三进院落。民国时期建筑。

大门位于院落东南隅，如意大门一间，

倒座房及大门

倒座房前檐

二进院正房

后罩房

盘子，前檐明间前出踏跺一级。厢房南侧平顶耳房各一间。三进院后罩房五间，清水脊，合瓦屋面，脊饰花盘子，前檐明间前出垂带踏跺三级。后罩房东侧带耳房一间。三进院内东厢房二间，东侧一间为过垄脊合瓦屋面，南向开门，西侧一间为平顶房，西向开门。西厢房一间，为平顶房。

　　茅盾自1974年后在此居住，现作为茅盾故居纪念馆对社会开放。茅盾（1896—1981），原名沈德鸿，字雁冰，生于浙江桐乡，中国现代文学家、社会活动家。民国十年（1921），茅盾参加了上海共产主义小组，并在中国共产党成立后，成为中国共产党的早期党员，后因党的工作需要长期以党外民主人士的身份在党的领导下从事文艺战线工作。新中国成立后，历任全国人民代表大会代表、全国政协委员会常务委员、文化部部长、中国作家协会主席等职。临终前，茅盾捐献25万元稿费作为奖金，设立了茅盾文学奖，以鼓励优秀长篇小说的创作。茅盾文学奖是我国最高荣誉的文学奖之一。

　　1984年公布为北京市文物保护单位。

正房东耳房

三进院西厢房

东棉花胡同15号

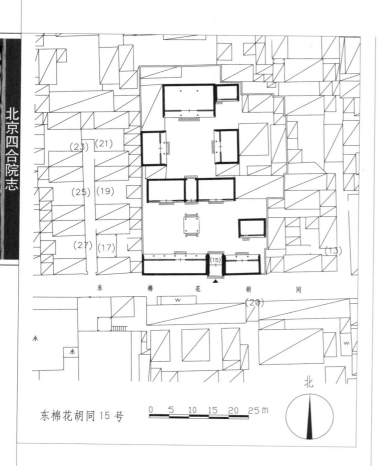

东棉花胡同15号

0 5 10 15 20 25 m

北

拱券

殿一卷式垂花门一座，悬山顶，清水脊，筒瓦屋面，脊饰花盘子，现已改建成住房。一进院东侧与东倒座房相对有北房二间，过垄脊，合瓦屋面，前檐装修为现代门窗。

一进院北房七间，过垄脊，合瓦屋面，前出平顶廊，封后檐墙。中间一间开门道，为砖雕拱券门形式，顶部有朝天栏板柱子，栏板上雕有岁寒三友松竹梅，门楣连珠纹饰，拱券雕刻有花卉及万不断图案，拱券立柱两端雕刻有须弥座，立柱中间配以砖雕花篮装饰，前出踏跺一级，后出踏跺三级。拱门两侧雕多宝格，有暗八仙图案，门内顶部有套环连珠装饰。拱门东西两侧北房各三间，明间拱券式门，前出廊子，铁制镂雕盘长如意纹及钱纹如意头挂檐板，次间为拱券窗。

二进院正房三间，过垄脊，合瓦屋面，前后廊，明间前出如意踏跺四级，前檐装修为现代门窗。正房两侧耳房各二间，东耳房鞍子脊，合瓦屋面，前檐装修为现代门窗。西耳房已改建为现代房屋。东、西厢房各三间，鞍子脊，合瓦屋面，前出廊子，前檐装修为现代门窗。

2001年公布为北京市文物保护单位。现为居民院。

位于东城区交道口街道。该院坐北朝南，二进院落。民国时期建筑。

大门位于院落东南隅，广亮大门一间，铃铛排山脊，合瓦屋面，板门两扇，梅花形门簪四枚，圆形门墩一对，前出如意踏跺两级，象眼处有万不断、龟背锦及变形龟背锦砖雕。大门东侧倒座房三间，过垄脊，合瓦屋面，抽屉封后檐墙，前檐装修为现代门窗。

大门西侧倒座房六间，过垄脊，合瓦屋面，抽屉封后檐墙，前檐装修为现代门窗。一进院内有一

拱门局部

第二节 一般院落

鼓楼东大街144号

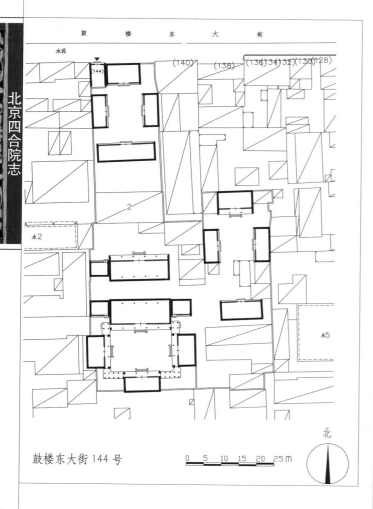

鼓楼东大街144号

0 5 10 15 20 25 m

北

位于东城区交道口街道。该院落坐南朝北，四进院落，东侧带一进跨院。民国时期建筑。

大门位于院落西北隅，如意大门一间，

大门

北向，清水脊，合瓦屋面，门楣花瓦做法，梅花形门簪两枚。大门东侧北房三间，清水脊，合瓦屋面。一进院内南房五间，清水脊，合瓦屋面，梁架绘箍头彩画，前檐装修为现代门窗。东、西厢房各三间，清水脊，合瓦屋面，前檐装修为现代门窗。

二进院已翻建，现为一幢20世纪50年代所建二层小楼。三进院内南房五间，前后廊，铃铛排山脊，筒瓦屋面，前檐装修为现代门窗。南房西侧耳房一间，翻建。

四进院内北房五间，前后廊，铃铛排山脊，筒瓦屋面，前檐门窗步步锦棂心横披窗装修部分保存，其余为现代门窗，明间前出垂带踏跺三级。北房两侧耳房各一间，翻建。

四进院东厢房

东、西厢房各三间，前出廊，清水脊，筒瓦屋面，前檐装修为现代门窗。南房三间，前出廊，铃铛排山脊，筒瓦屋面，前檐装修为现代门窗。院内房屋以廊子相连接。东跨院内北房三间，过垄脊，合瓦屋面，前檐装修为现代门窗。东、西厢房各三间，西厢房翻建，东厢房为过垄脊，合瓦屋面，前檐装修为现代门窗。南房五间，过垄脊，合瓦屋面，部分翻建。

现为居民院。

鼓楼东大街271-1号

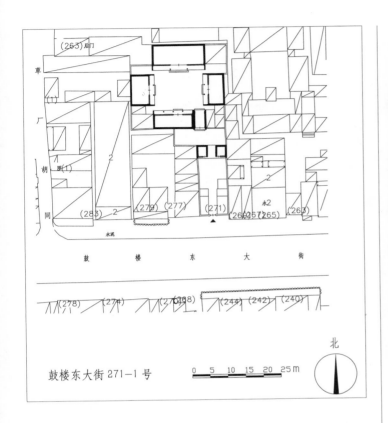

鼓楼东大街271-1号

0 5 10 15 20 25m

北

门楼

位于东城区交道口街道。该院坐北朝南，一进院落。民国时期建筑。

临街大门一间，中西结合式样，披水排山脊，筒瓦屋面，拱券门洞。二门为蛮子大门一间，鞍子脊，合瓦屋面，门板遗失，余塞板，走马板保存，圆形门墩一对。大门西接倒座房四间，前出平顶廊，方形廊柱，前檐装修为现代门窗。院内正房三间，过垄脊，合瓦屋面，前出平顶廊，前檐装修为现代门窗。东、西厢房各三间，鞍子脊，合瓦屋面，前出平顶廊，方形廊柱，装饰素面挂檐板，前檐装修为现代门窗。

现为居民院。

二门

辛安里66号、68号

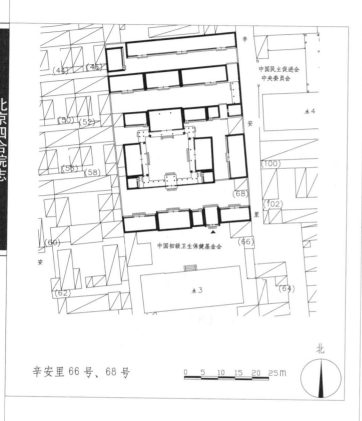

辛安里66号、68号

0 5 10 15 20 25m

北

二进院垂花门

合瓦屋面，两侧垂脊作箍头脊形式，封护檐后檐墙，冰盘檐形式砖檐，开平券窗，墙体上身采用丝缝砌法，下碱采用干摆砌法，前檐装修为现代门窗。南房东侧接耳房一间，过垄脊，合瓦屋面，封护檐后檐墙，冰盘檐形式砖檐，前檐装修为现代门窗。西侧接顺山南房三间，过垄脊，合瓦屋面，封护檐后檐墙，冰盘檐形式砖檐，墙体上身采用丝缝砌法，下碱采用干摆砌法，前檐装修为现代门窗。一进院北侧有垂花门一座，一殿一卷形式，清水脊，筒瓦屋面，双扇板门，两侧带余塞板，梅花形门簪四枚，梁架绘苏式彩画，方形垂莲柱头及大小花板遗失，前后各

位于东城区交道口街道。坐北朝南，四进院落。清代末期建筑。

大门位于院落南侧偏东，广亮大门形式，披水排山脊，筒瓦屋面。大门东侧接顺山南房三间，过垄脊，合瓦屋面，前檐装修为现代门窗。一进院南房三间，前出廊，过垄脊，

大门

二进院南房

二进院东厢房

设如意踏跺三级，门前方形门墩一对，顶部趴狮损毁，正面及侧面雕刻精美纹样。垂花门两侧接看面墙，丝缝砌法，筒瓦顶，单层仿木方砖椽，另在院落西侧南房西顺山房东次间与看面墙之间有屏门相隔。

二进院正房三间，前出廊，过垄脊，合瓦屋面，两侧垂脊作箍头脊形式，老檐出后檐墙，墙体采用丝缝砌法，前檐装修为现代门窗。正房两侧各接耳房二间，过垄脊，合瓦屋面，前檐装修为现代门窗。东耳房东侧接顺山房三间，平顶，明间为过道，设拱券

二进院西厢房

窗装修。东、西厢房各三间，前出廊，过垄脊，合瓦屋面，两侧垂脊作箍头脊形式，墙体上身采用丝缝砌法，下碱采用干摆砌法，箍头可见彩画，明间设如意踏跺两级，前檐装修为现代门窗。厢房南侧接厢耳房一间，合瓦屋面，前檐装修为现代门窗。二进院内各房

之间均有四檩卷棚抄手游廊相互衔接，过垄脊，筒瓦屋面，梅花方柱，灯笼框式样倒挂楣子，花牙子遗失。二进院东侧有一跨院，院内东房五间，屋面已翻建为机瓦，前檐装修为现代门窗。

三进院正房三间，前出廊，过垄脊，合瓦屋面，前檐装修为现代门窗。正房东接顺山北房五间，东梢间为门道，箍头彩画，门

转角廊

道内廊心墙采用方砖硬心做法，穿插当及象眼作线雕纹样，邱门子为抹灰软心做法。正房西接顺山北房三间，过垄脊，合瓦屋面，前檐装修为现代门窗。另在三进院东侧设平顶游廊与门道相连，梅花方柱，灯笼框式倒挂楣子。

四进院后罩房十一间，过垄脊，合瓦屋面，前檐装修为现代门窗。

现为商业用房和居民院。

辛安里72号

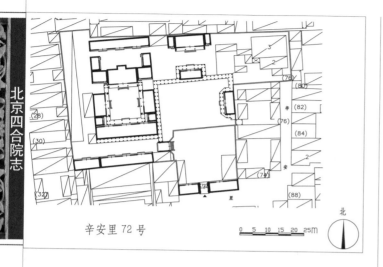

辛安里72号

0 5 10 15 20 25M

北

位于东城区交道口街道。该院坐北朝南，东西两路，四进院落。清代末期至民国初期建筑。

临街大门一座，位于东路南侧中部，金柱大门一间，进深五檩，清水脊，合瓦屋面，檐下双层方椽，墙体采用丝缝砌法，双扇板门，梅花形门簪四枚，素面走马板，檐柱间饰雀替。大门东接倒座房四间，屋面已翻建为机瓦，封护檐后檐墙，鸡嗉檐形式砖檐，前檐装修为现代门窗。西接倒座房三间，屋面已翻建为机瓦，封护檐后檐墙，前檐装修为现代门窗。

东路：一进院东房三间，屋面遮盖防水布，瓦面及脊式不详。二进院南房三间，鞍子脊，合瓦屋面，前檐装修为现代门窗。东西两路有平顶游廊相互衔接各房，梅花方柱，如意头木挂檐板。

西路：二道门一间，蛮子门形式，进深五檩，东向，屋面已翻建为机瓦，檐下双层方椽，双扇板门，两侧带余塞板，置梅花形门簪四枚，墙体采用丝缝砌法，梁架绘箍头彩画。门前垂带踏跺五级，圆形门墩石一对。一进院倒座南房七间，屋面已翻建为机瓦，檐下双

西院二道门

层方椽，前檐装修为现代门窗。倒座南房西接顺山南房三间，已翻建。二进院正房三间，前出廊，屋面已翻建为机瓦，前檐装修为现代门窗。正房两侧各接耳房二间，鞍子脊，合瓦屋面，前檐装修为现代门窗，其中西耳房西山墙辟拱券窗。民国时期，正房曾进行过改建，在原有正房后加盖三角桁架结构房屋，平面呈"凸"字形，地面铺设民国时期花砖。东、西厢房各三间，鞍子脊，合瓦屋面，墙体采用丝缝砌法，前檐装修为现代门窗。三进院后罩房七间，东、西厢房各二间，鞍子脊，合瓦屋面，前檐装修为现代门窗。

现为居民院。

门簪

小厂胡同6号、8号

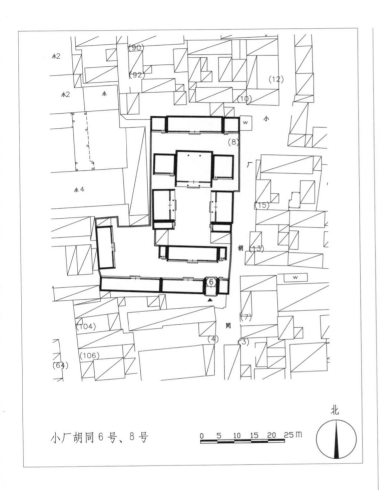

小厂胡同6号、8号

0 5 10 15 20 25 m

北

二进院正房

二进院正房横披窗装修

合瓦屋面，两侧各带一间耳房，过垄脊，合瓦屋面。西跨院南房五间，西房五间，清水脊，合瓦屋面，前檐装修为现代门窗。

　　现为居民院。

　　位于东城区交道口街道。该院坐北朝南，三进院落。民国时期建筑。

　　院落东侧后开小门一间，仅存一只门墩，一座上马石。原大门位于院落东南隅，南向，广亮大门一间，清水脊，合瓦屋面。大门西侧倒座房四间，东侧一间，清水脊，合瓦屋面。一进院内原有通往后院的门道，现已封死，同时一进院已于2009年全部翻建，现由旁门进入二进院落。

　　二进院内正房三间，清水脊，合瓦屋面，前后廊，前檐保存横披窗，灯笼锦棂心。正房两侧耳房各一间。东、西厢房各三间，清水脊，合瓦屋面，前出廊。

　　三进后罩房位于8号院内，五间，清水脊，

二进院正房东耳房

小厂胡同25号

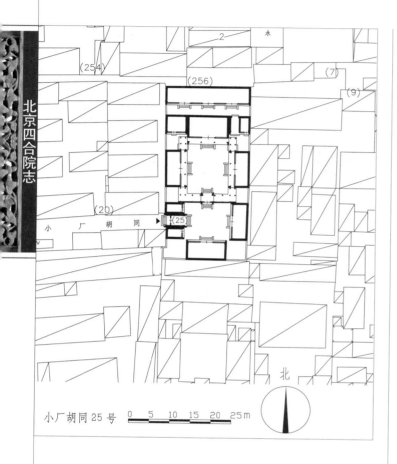

小厂胡同25号 0 5 10 15 20 25m

北

大门戗檐砖雕

挂楣子。大门南北两侧西房各一间，后改机瓦屋面，南房三间，已翻建。一进院北侧有小门楼形式二门一座，门簪两枚，方形门墩一对，梁架绘箍头彩画。

二进院内正房三间，后改机瓦屋面，前后廊，梁架绘苏式彩画，前檐柱间饰盘长如意纹棂心，明间门窗装修隔扇门以及横披窗，次间槛墙、支摘窗。前出垂带踏跺四级，东侧有走廊通三进院，走廊檐柱间挂工字卧蚕步步锦棂心装饰，梁架绘苏式彩画。东、西厢房各三间，机瓦屋面，前出廊。

三进院内北房七间，机瓦屋面，已改建。现为居民院。

位于东城区交道口街道。该院坐北朝南，三进院落。民国时期建筑。

大门位于院落西南隅，西向，金柱大门形式，梅花形门簪两枚，方形门墩一对，戗檐砖雕花卉图案，后檐柱间饰步步锦棂心倒

大门

二进院正房

226

南下洼子胡同22号

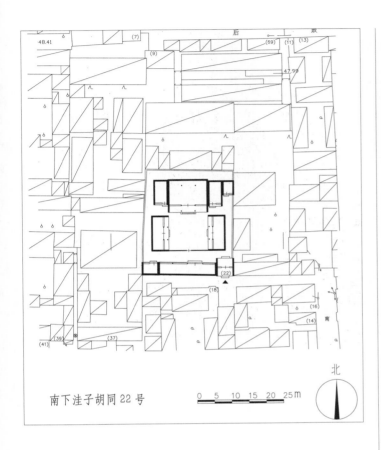

南下洼子胡同22号

0 5 10 15 20 25m

北

大门

铙檐砖雕

位于东城区交道口街道。该院坐北朝南，二进院落。民国时期建筑。

大门位于院落东南隅，广亮大门一间，铃铛排山脊，合瓦屋面，梅花形门簪四枚，红色板门两扇，两侧带余塞板，圆形门墩一对，雕刻"封侯挂印"图案，前檐檐柱间饰雀替，铙檐砖雕鹭鸶荷花图案，博缝头砖雕"万事如意"图案，大门内侧象眼处雕刻花卉和万字轱辘钱图案。大门外两侧素面上马石一对，下部刻海棠线脚。

大门西侧倒座房五间，过垄脊，合瓦屋面，前檐装修为现代门窗。二门无存。

二进院内正房三间，前后廊，清水脊，合瓦屋面，脊饰花盘子，前檐装修为现代门窗。正房两侧耳房各一间，清水脊，合瓦屋面。东、西厢房各三间，前出廊，清水脊，合瓦屋面，前檐装修为现代门窗。

现为居民院。

二进院正房

后鼓楼苑胡同9号

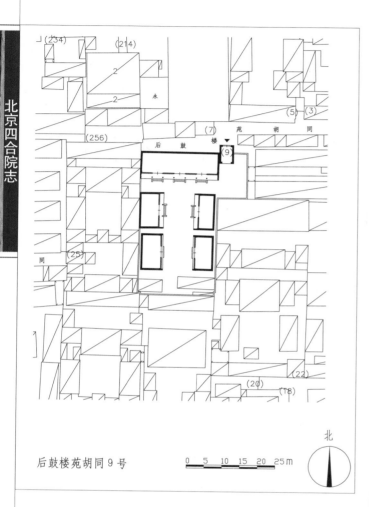

后鼓楼苑胡同9号

0 5 10 15 20 25m

北

北房券门

北向。一进院北房七间，过垄脊，筒瓦屋面，前出平顶廊，前檐装修为券门、券窗，室内铺花砖地。东、西厢房各三间，其中西厢房过垄脊，筒瓦屋面，前出平顶廊，东厢房翻建，机瓦屋面。

二进院东、西房各三间，已翻建，机瓦屋面。

现为居民院。

位于东城区交道口街道。该院坐北朝南，二进院落。民国时期建筑。

大门位于院落东北隅，为西洋式拱券门，

大门

后鼓楼苑胡同15号

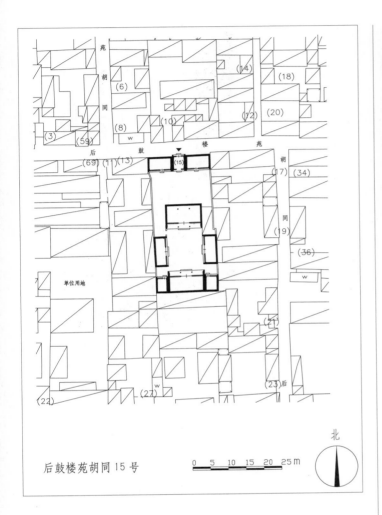

后鼓楼苑胡同15号

0 5 10 15 20 25m

北

二进院南房

次间槛墙、支摘窗，十字方格棂心，西侧有拱券门。南房三间，过垄脊，合瓦屋面，前出廊。西侧一间耳房，过垄脊，合瓦屋面。东侧耳房翻建。东、西厢房各三间，过垄脊，合瓦屋面。院内房屋前檐装修除正房外均为现代门窗。

现为居民院。

拱券门

位于东城区交道口街道。该院坐北朝南，二进院落。民国时期建筑。

大门位于院落北侧正中，屋宇式便门一间，已翻建。大门两侧临街北房各二间，过垄脊，合瓦屋面。

二进院内正房三间，过垄脊，合瓦屋面，前后廊，前檐明间夹门窗，

大门

二进院西厢房

寿比胡同7号

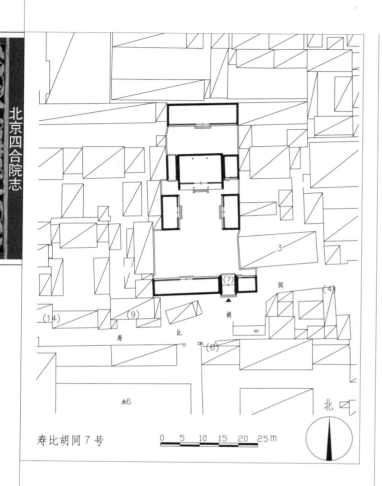

寿比胡同7号

位于东城区交道口街道。该院坐北朝南，二进院落。清代末期建筑。

大门位于院落东南隅，广亮大门一间，

大门及倒座房

进深五檩，披水排山脊，合瓦屋面，檐下双层方椽，戗檐原有砖雕，现已遗失。墀头上身采用丝缝砌法，并雕刻花篮图案，下碱为角柱石做法。大门为双扇门板，梅花形门簪四枚，素面走马板，圆形门墩一对。

正房角柱石与压面石

大门前檐柱原有雀替，现已无存，仅可见痕迹。大门东侧倒座房二间，西侧倒座房五间，鞍子脊，合瓦屋面，封后檐墙，前檐装修为现代门窗。正房三间，前出廊，清水脊，合瓦屋面，檐下双层方椽，戗檐原有砖雕，现已遗失。墀头上身采用丝缝砌法，下碱为角柱石做法，前檐装修为现代门窗，西侧山墙局部翻建为红机砖。正房东侧接耳房一间，鞍子脊，合瓦屋面，前檐装修为现代门窗。东、西厢房各三间，鞍子脊，合瓦屋面，前檐装修为现代门窗。后罩房五间，鞍子脊，合瓦屋面，前檐装修为现代门窗。

现为居民院。

寿比胡同9号

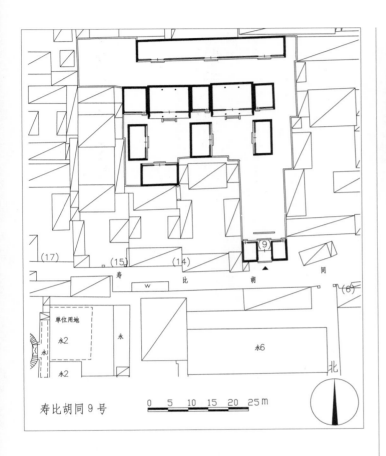

寿比胡同9号

0 5 10 15 20 25m

东院正房

位于东城区交道口街道。该院坐北朝南，二进院落，西侧带一座跨院。清代末期至民国初期建筑。

大门为三间一启形式，清水脊，合瓦屋面，檐下双层方椽，明间中柱处双扇板门，

梅花形门簪四枚，梁架绘箍头彩画，檐柱间原有雀替，今已遗失。院内迎门一字影壁一座，硬山筒瓦顶，脊已损毁，砖砌撞头，抹灰影壁心。正房三间，前出廊，清水脊，合瓦屋面，墙体采用丝缝砌法，条石台明，前檐装修为现代门窗。正房两侧各接耳房二间，其中东耳房为鞍子脊，合瓦屋面，后檐绘箍头彩画。西耳房为清水脊，合瓦屋面。东厢房三间，鞍子脊，合瓦屋面，檐下双层方椽，封后檐墙，砖檐形式为鸡嗉檐，前檐装修为现代门窗。西厢房三间，屋面已翻为机瓦，前檐装修为现代门窗。西跨院正房三间，前出廊，屋面已翻为机瓦，墙体采用丝缝砌法，梁架绘箍头彩画，前檐装修为现代门窗。跨院正房西侧接耳房二间，屋面已翻为机瓦，前檐装修为现代门窗。南房三间，屋面已翻为机瓦，拱券门窗。西厢房三间，鞍子脊，合瓦屋面，檐下双层方椽，南山墙局部翻建为红机砖，前檐装修为现代门窗。

二进院后罩房十一间，屋面已翻为机瓦，梁架绘箍头彩画，前檐装修为现代门窗。

现为居民院。

大门

寿比胡同33号

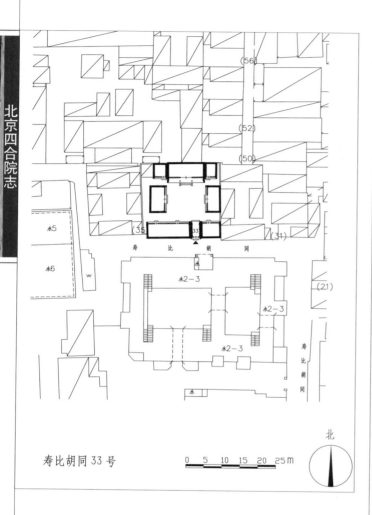

寿比胡同33号

0 5 10 15 20 25m

北

如意大门

位于东城区交道口街道。该院坐北朝南，一进院落。清代末期建筑。

大门位于院落东南隅，如意大门形式，进深五檩，清水脊，合瓦屋面，檐下双层方椽，双扇板门，门钹一对，置梅花形门簪两枚，门头做斜银锭花瓦装饰。门外置踏跺两级，方形门墩一对，顶部趴狮已毁。东侧门房二间，鞍子脊，合瓦屋面，封后檐墙，砖檐形式为菱角檐，前檐装修为现代门窗。西侧倒座房三间，鞍子脊，合瓦屋面，封后檐墙，砖檐形式为抽屉檐，前檐装修为现代门窗。正房三间，前出廊，鞍子脊，合瓦屋面，檐下双层方椽，前檐装修为现代门窗。正房

两侧各接耳房一间，鞍子脊，合瓦屋面，前檐装修为现代门窗。东、西厢房各三间，鞍子脊，合瓦屋面，檐下单层圆椽，前檐装修为现代门窗。

现为居民院。

正房

前鼓楼苑胡同2号

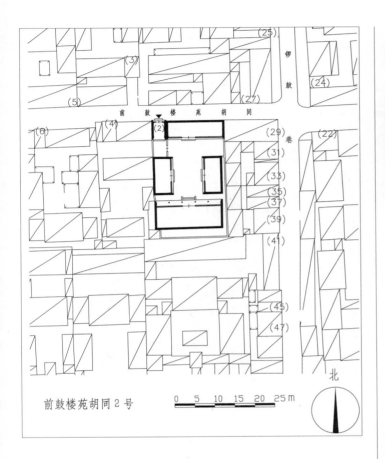

前鼓楼苑胡同2号

0 5 10 15 20 25m

北

座山影壁

间。院内正房五间，过垄脊，合瓦屋面，前
出廊，明间前出如意踏跺三级，前檐装修为
现代门窗。东、西厢房各三间，过垄脊，合
瓦屋面，前檐明间隔扇风门，次间槛墙、支
摘窗，大十字方格棂心，门窗上带步步锦棂
心横披窗。

现为居民院。

穿插当砖刻

位于东城区交道口街道。该院坐南朝北，
一进院落。清代末期建筑。

大门位于院落西北隅，北向，如意门形
式，清水脊，合瓦屋面，脊饰花盘子，门楣
栏板花瓦做法，戗檐砖雕花卉，墀头垫花为
砖雕花篮图案，圆
形门墩一对，门外
如意踏跺两级。大
门东侧倒座房四间，
清水脊，合瓦屋面，
前檐装修为现代门
窗，封后檐墙。门
内有座山影壁一座，
影壁心砖雕"鸿、禧"
二字，东侧屏门一

墀头砖雕

南房

前鼓楼苑胡同3号

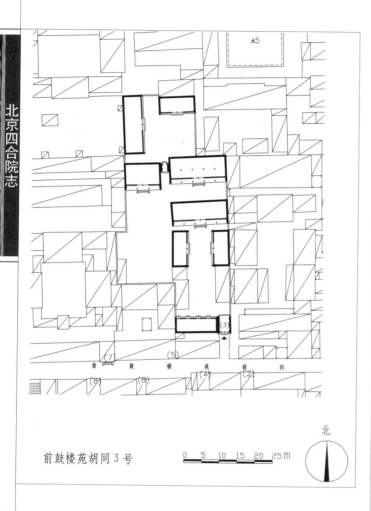

前鼓楼苑胡同3号　0 5 10 15 20 25 m　北

大门

面，门道西侧北房三间，过垄脊，筒瓦屋面，老檐出后檐墙。

三进院北房三间，过垄脊，合瓦屋面，西房五间，部分翻建，前檐均装修为现代门窗。

现为居民院。

位于东城区交道口街道。该院坐北朝南，三进院落带西跨院。清代末期建筑。

大门位于院落东南角，如意门形式，清水脊，合瓦屋面，脊饰花盘子，门楣栏板套沙锅套花瓦做法。大门西侧倒座房四间，清水脊，合瓦屋面。一进院有正房五间，清水脊，合瓦屋面，前出廊，脊饰花盘子，前檐装修为现代门窗。东、西厢房各三间，清水脊，合瓦屋面，脊饰花盘子，前檐装修为现代门窗。

二进院内正房五间，过垄脊，合瓦屋面，两卷勾连搭形式，老檐出后檐墙。其西侧门道一间。可通三进院，四檩卷棚顶，筒瓦屋

二进院正房

234

前鼓楼苑胡同13号

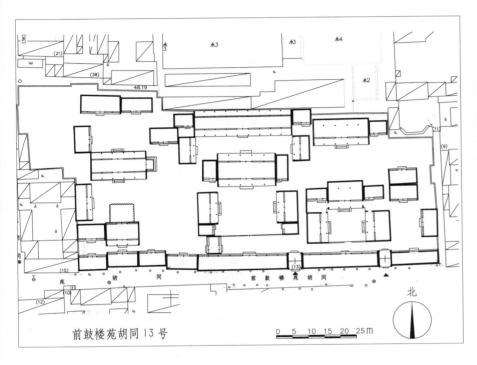

前鼓楼苑胡同 13 号

0 5 10 15 20 25m

北

隔扇裙板

　　位于东城区交道口街道。该院坐北朝南，三路三进院落。民国时期建筑。

　　中路：大门位于该路院落东南隅，广亮大门一间，清水脊，合瓦屋面，脊饰花盘子，梅花形门簪四枚，红色板门两扇，圆形门墩一对，前檐柱间饰雀替。大门外两侧素面上马石一对。大门西侧倒座房八间，过垄脊，合瓦屋面，前檐装修为现代门窗。二门无存。二进院正房五间，前后廊，过垄脊，合瓦屋面，

前檐装修为现代门窗。正房两侧耳房各一间，过垄脊，合瓦屋面，东、西厢房各三间，前出廊，过垄脊，合瓦屋面，前檐装修为现代门窗。厢房南侧耳房各一间，过垄脊，合瓦屋面。三进院后罩房九间，前出廊，过垄脊，合瓦屋面，木挂檐板，前檐明间为隔扇门四扇，裙板浮雕双夔龙纹饰，次、梢、尽间均为现代门窗。

　　东路：大门位于该路院落东南隅，广亮

大门

铃铛排山

二进院正房

抱厦

大门一间，清水脊，合瓦屋面。大门东侧倒座房半间，西侧七间半，过垄脊，合瓦屋面，前檐装修为现代门窗。二门无存。二进院内正房三间，前后廊，披水排山脊，合瓦屋面，铃铛排山，前檐装修为现代门窗。正房两侧耳房各二间，过垄脊，合瓦屋面。东、西厢房各三间，前出廊，过垄脊，合瓦屋面，前檐装修为现代门窗。三进院后罩房五间，前出廊，过垄脊，合瓦屋面，铃铛排山，戗檐装饰砖雕，前檐装修为现代门窗。东侧耳房二间。东路的东侧带东跨院一组。与东路东侧倒座房相连接的南房六间半，过垄脊，合瓦屋面。正房三间，两卷勾连搭形式，过垄脊，合瓦屋面。东厢房三间，过垄脊，合瓦屋面，前檐装修均为现代门窗。

西路：一进院南房为并联三座，每座三间，共九间，后改水泥机瓦屋面。正房三间，前出廊，建于三层城砖的台阶上，后改水泥

机瓦屋面，前檐装修为现代门窗，上带步步锦棂心横披窗。此院西侧带有一座跨院，院内南北房各三间。二进院正房五间，前出廊，过垄脊，筒瓦屋面，两侧带垂脊，铃铛排山，东侧面出抱厦一间，前檐装修为现代门窗。三进院内北侧有北房两座，东侧厢房位置

戗檐砖雕

有北房一座，各三间，共九间，西厢房三间，均为后改机瓦屋面。

现为居民院。

西路二进院正房

菊儿胡同79号

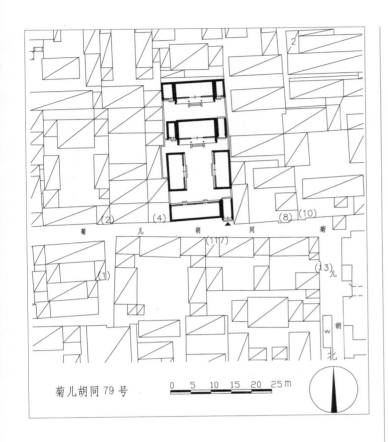

菊儿胡同 79 号

二进院正房

位于东城区交道口街道。该院坐北朝南，二进院落。清代末期建筑。

大门位于院落东南隅，蛮子大门形式，进深五檩，清水脊，合瓦屋面，檐下单层方椽，双扇板门，梅花形门簪两枚，方形门墩一对，顶部趴狮损毁，侧面与正面雕刻花鸟纹样。大门内部象眼及山花线刻万不断、花草等纹样，邱门子采用上身抹灰做法，后檐灯笼框式样倒挂楣子。倒座房三间，进深五檩，清水脊，合瓦屋面，檐下双层方椽，封后檐墙，砖檐形式为冰盘檐，前檐装修为现代门窗。座山影壁一座，过垄脊，筒瓦屋面，单层仿木方椽，砖砌撞头，软心抹灰影壁心。

一进院正房三间，清水脊，合瓦屋面，前出廊，檐下双层方椽，条石台明，踏跺两级，前檐明间隔扇风门，次间槛墙、支摘窗，

灯笼锦棂心。正房两侧各接耳房一间，进深五檩，其中东耳房为过道，合瓦屋面，檐下单层方椽，绘箍头彩画，置灯笼框式样倒挂楣子及镂砖雕牙子。西耳房翻建，红机砖砌筑，板瓦屋面。东厢房三间，鞍子脊，合瓦屋面，檐下双层方椽，明间后改夹门窗式样装修，次间支摘窗装修，局部保留丝缝槛墙。西厢房三间，鞍子脊，合瓦屋面，檐下双层方椽，前檐装修为现代门窗。

二进院正房三间，鞍子脊，合瓦屋面，墙体采用丝缝砌法，檐下双层方椽，前檐装修为现代门窗。正房两侧各接耳房一间，鞍子脊，合瓦屋面，檐下双层方椽，前檐装修为现代门窗。

现为居民院。

二进院东厢房

香饵胡同84号

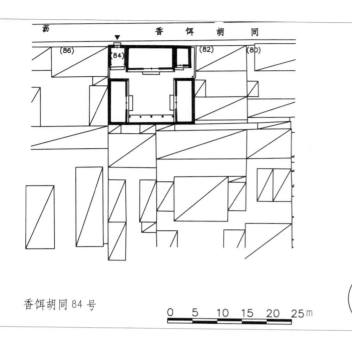

香饵胡同 84 号

饯檐砖雕

位于东城区交道口街道。该院坐北朝南，一进院落。民国时期建筑。

大门位于院落西北隅，北向，如意门一间，清水脊，合瓦屋面，脊饰花盘子，饯檐处砖雕梅花图案，门楣砖雕万字纹，栏板做成须弥座形式砖雕梅花图案，六角形门簪两枚，板门两扇，方形门墩一对，浮雕菊花图案，后檐柱间步步锦棂心倒挂楣子。门内迎门座山影壁一座，素面软影壁心。北房三间，清水脊，合瓦屋面，脊饰花盘子，前檐明间门连窗，次间槛墙、支摘窗，棂心后改，老檐出后檐墙。东耳房一间，鞍子脊，合瓦屋面，前檐装修为现代门窗。南房翻建。东、西厢房各三间，清水脊，合瓦屋面，前檐装修为现代门窗。

现为居民院。

大门外景

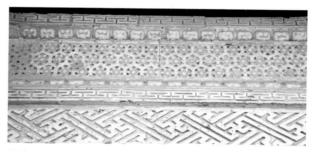

门楣砖雕

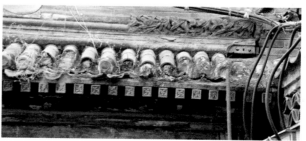

影壁砖雕细部

238

香饵胡同88号

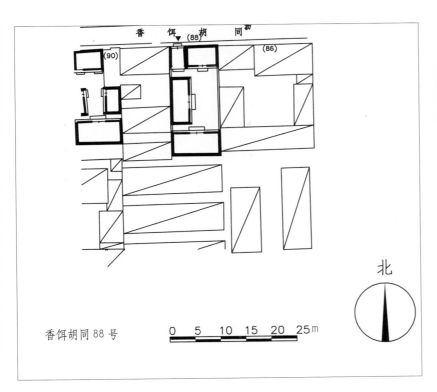

香饵胡同88号

大门

位于东城区交道口街道。该院坐南朝北，一进院落。民国时期建筑。

大门位于院落西北隅，北向，窄大门一间，鞍子脊，合瓦屋面，走马板，红漆板门。大门东侧北房三间，过垄脊，合瓦屋面，前檐出抱厦一间（后加），前檐装修为现代门窗，老檐出后檐墙。南房三间，过垄脊，合瓦屋面，前檐装修为现代门窗。西厢房三间，过垄脊，合瓦屋面，前檐明间隔扇风门，次间槛墙、支摘窗，正十字方格棂心。

现为居民院。

大门外景

香饵胡同92号

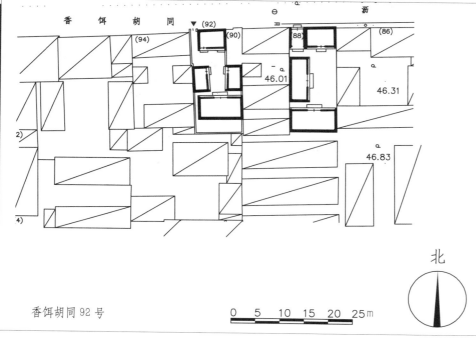

香饵胡同 92 号

帘架细部

位于东城区交道口街道。该院坐南朝北，一进院落。民国时期建筑。

大门位于院落西北隅，北向，随墙门，板门两扇。大门东侧北房二间，鞍子脊，合瓦屋面，前檐装修为现代门窗，封后檐墙。南房三间，清水脊，合瓦屋面，前檐装修为现代门窗。东、西厢房各二间，后改水泥机瓦屋面，前檐装修为现代门窗。

现为居民院。

北房

大门外景

西厢房

香饵胡同98号

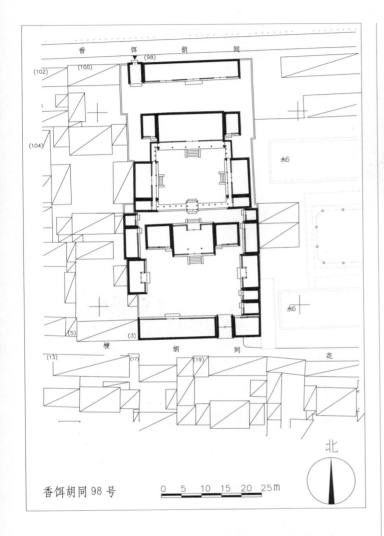

香饵胡同98号 0 5 10 15 20 25m

位于东城区交道口街道。该院坐北朝南，三进院落。清代末期至民国初期建筑。

大门及倒座房

披水排山脊

原正门开在花梗胡同，现封堵（现在从后门出入）。正门位于院落东南隅，广亮大门一间，披水排山脊，合瓦屋面。大门西侧倒座房五间半，大门东侧二间，披水排山脊，合瓦屋面，前檐装修为现代门窗。东、西厢房各三间，披水排山脊，合瓦屋面，前檐明间吞廊，隔扇风门，次间槛墙、支摘窗，步步锦棂心。北房三间，披水排山脊，合瓦屋面，前后廊，前檐装修为现代门窗，前檐明间前出垂带踏跺五级。后檐明间吞廊，隔扇风门，前出垂带踏跺五级，次间槛墙、支摘窗，棂心后改。正房两侧耳房各二间，披水排山脊，合瓦屋面，门连窗、槛墙、支摘窗，棂心后改。东、西庑房各二间，披水排山脊，合瓦屋面，

彩画

月亮门

门连窗，槛墙、支摘窗，棂心后改。北侧各连耳房一间，灰梗顶过垄脊，前檐装修为现代门窗。

二进院原有垂花门一座，两侧各连抄手游廊，现在已经拆除。正房五间，披水排山脊，合瓦屋面，前出廊，前檐明间前出垂带踏跺五级，前檐装修为现代门窗。正房两侧耳房各一间，已翻建。东、西厢房各三间，披水排山脊，合瓦屋面，前出廊，装修推出，明间前檐装修为现代门窗，前出垂带踏跺四级，次间槛墙、支摘窗，棂心后改。厢耳房各一间，过垄脊，灰梗顶，前檐装修为现代门窗。

三进院后罩房七间，后改水泥板瓦屋面，前檐装修为现代门窗。后门为蛮子门一间，过垄脊，合瓦屋面，木构架绘制苏式彩画，柱间带雀替，红漆板门，两侧带余塞板，门墩一对。

现为单位用房。

一进院北房

二进院北房

黑芝麻胡同3号

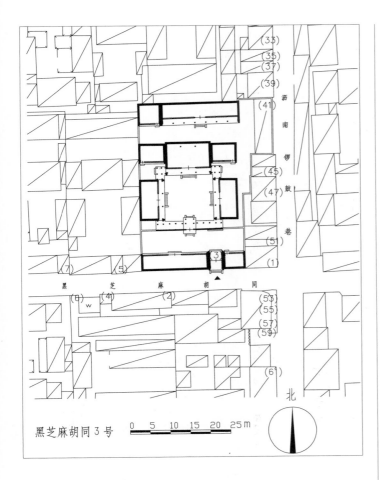

黑芝麻胡同3号   0 5 10 15 20 25m

垂花门门墩

梅花形门簪四枚，圆形门墩一对，门前垂带踏跺两级。大门东侧倒座房二间，西侧四间，进深五檩，清水脊，合瓦屋面，前檐装修为现代门窗，封后檐墙，大门内有一字影壁一座，硬山，过垄脊，筒瓦屋面。

一进院北侧正中垂花门一座。六角形门簪四枚，门簪上雕刻圆寿字图案。方形门墩一对。

二进院正房三间，前后廊，清水脊，合瓦屋面（现屋面脊、瓦都有缺失、损坏），前檐装修为现代门窗。正房两侧各有耳房二间。东、西厢房各三间，前出廊，清水脊，合瓦屋面，前檐装修为现代门窗。

三进院后罩房七间，前出廊，清水脊，合瓦屋面，梁架绘制箍头彩画，前檐装修为现代门窗。后罩房西侧平顶耳房二间，檐下有木挂檐板。

现为居民院。

位于东城区交道口街道，该院坐北朝南，三进院落。清代末期建筑。

院门位于院落东南隅，金柱大门形式，进深五檩，清水脊，合瓦屋面，板门两扇，

大门及倒座房

二门垂花门门簪

黑芝麻胡同5号

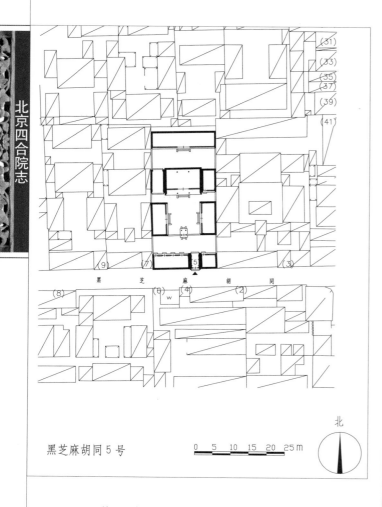

黑芝麻胡同5号

0 5 10 15 20 25m

北

大门

窗。正房两侧耳房各一间。东、西厢房各三间，进深五檩，清水脊，合瓦屋面，戗檐为素面青砖。

三进院，二进院正房的西耳房是通往三进院的过道。正房五间，进深五檩，清水脊，合瓦屋面，前檐装修为现代门窗。

现为居民院。

位于东城区交道口街道。该院坐北朝南，三进院落。清代末期建筑。

一进院，院门位于院落东南隅，如意大门形式，清水脊，合瓦屋面，进深五檩，门楣为砖瓦组合团花图案，饰有梅花形门簪两枚，方形门墩一对，双扇红色木门，门漆剥落，门槛已无，门前如意踏跺两级。后檐柱间饰步步锦棂心倒挂楣子。大门东侧倒座房二间，进深五檩。西侧倒座房四间，均为清水脊，合瓦屋面。

二进院，原二门为垂花门，已无存。正房三间，进深七檩，前后廊，清水脊，合瓦屋面，戗檐为素面青砖，前檐装修为现代门

正房

244

黑芝麻胡同9号

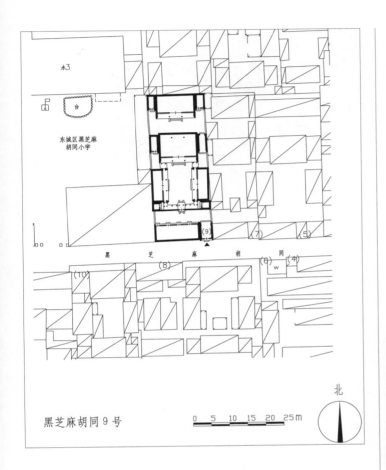

东城区黑芝麻
胡同小学

黑芝麻胡同9号

0 5 10 15 20 25m

北

位于东城区交道口街道。该院坐北朝南，三进院落。清代末期建筑。

一进院，大门位于院落东南隅，为如意大门形式，清水脊，合瓦屋面，进深五檩，门楣栏板有砖雕。东侧戗檐饰砖刻梅花及梅

大门及倒座房

花鹿图案，西侧戗檐饰砖刻松鹤图案。饰有梅花形门簪两枚，双扇红色木门，方形门墩一对。门前如意条石踏跺两级，后檐柱间为步步锦棂心倒挂楣子。大门西侧有倒座房四间，均为清水脊，合瓦屋面。

二进院，原二门为垂花门，现已无存。正房三间，进深七檩，前后廊，清水脊，合瓦屋面，戗檐为素面青砖，前檐装修为现代门窗。老檐出后檐墙。正房两侧耳房各一间。东、西厢房各三间，进深五檩，清水脊，合

二进院正房后山墙

瓦屋面，戗檐为素面青砖，二进院正房的东耳房为通往三进院的过道。

三进院正房三间，进深六檩，前出廊，清水脊，合瓦屋面，前檐装修为现代门窗。

现为居民院。

花梗胡同3号

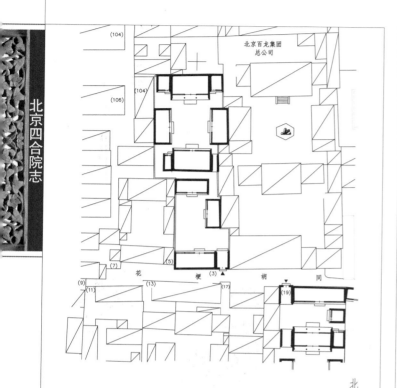

花梗胡同3号

0 5 10 15 20 25m

北

正房

后檐柱间饰卧蚕步步锦棂心倒挂楣子。大门西侧倒座房四间，过垄脊，合瓦屋面，前檐装修为现代门窗，老檐出后檐墙。北房三间，鞍子脊，合瓦屋面，前檐装修为现代门窗。原有东厢房，现已拆除。

二进院南房三间，鞍子脊，合瓦屋面，前檐明间门连窗，次间槛墙、支摘窗，正十字方格棂心。东侧过道一小间，过垄脊，合瓦屋面，门前后檐柱间均装饰卧蚕步步锦棂心倒挂楣子。西耳房一间，鞍子脊，合瓦屋面，前檐装修为现代门窗。东、西厢房各三间，鞍子脊，合瓦屋面（西厢房后改水泥机瓦屋面），前檐装修均为现代门窗。正房三间，鞍子脊，合瓦屋面，前出廊，前檐装修为现代门窗。正房两侧耳房各一间，过垄脊，合瓦屋面，前檐装修为现代门窗。

现为居民院。

位于东城区交道口街道。该院坐北朝南，二进院落。民国时期建筑。

大门位于院落东南隅，如意门一间，过垄脊，合瓦屋面，素面门楣栏板，六角形门簪两枚，板门两扇，门墩一对，雕刻福禄寿，

大门外景

厢房

花梗胡同19号

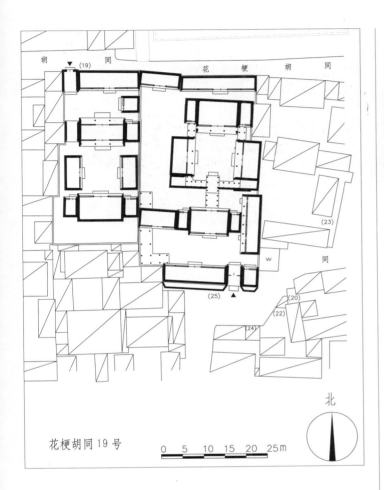

花梗胡同19号

清水脊

角形门簪两枚，板门两扇，方形门墩一对，雕刻斑驳不清。一进院北房五间，后改水泥机瓦屋面，前檐装修为现代门窗，封后檐墙。东厢房一间，后改水泥机瓦屋面，前檐装修为现代门窗。

　　二进院中厅三间，清水脊，合瓦屋面，脊饰花盘子，前出廊后带廊，前檐装修推出，前后檐装修均为现代门窗。正房两侧耳房各一间，清水脊，合瓦屋面，前檐装修为现代门窗。西侧耳房为门道。东、西厢房各三间，鞍子脊，合瓦屋面，前檐装修为现代门窗。南房三间，鞍子脊，合瓦屋面，前檐装修为现代门窗。南房两侧耳房各一间，鞍子脊，合瓦屋面，前檐装修为现代门窗。

　　现为居民院。

　　位于东城区交道口街道。该院坐北朝南，二进院落。民国时期建筑。

　　大门位于院落西北隅，如意大门一间，后改水泥机瓦屋面，门楣栏板砖雕毁坏，六

大门外景

二进院正房

花梗胡同25号

花梗胡同 25 号

0　5　10　15　20　25m

北

倒挂楣子

位于东城区交道口街道。该院坐北朝南，三进院落。民国时期建筑。

大门位于院落东南隅，广亮大门一间，后改水泥瓦屋面，红漆板门两扇，圆形门墩

一对，雕刻斑驳不清，门外撇山影壁墙，中心四岔砖雕花卉，后檐柱间饰步步锦棂心倒挂楣子。一进院正房三间，过垄脊，合瓦屋面，前檐装修为现代门窗。正房两侧耳房各一间，过垄脊，合瓦屋面，前檐装修为现代门窗。正房西侧北房三间，过垄脊，合瓦屋面，前檐装修为现代门窗。倒座房五间，后改水泥机瓦屋面，前檐装修为现代门窗。院落西侧平顶廊子，檐头四匝砖雕回纹，檐下砖雕花卉，木挂檐板绘制苏式彩画。院落东侧建有二层小楼一座，六间半，平顶，前出廊，梅花方柱，二层檐下木挂檐板，前檐装修均为现代门窗。

二进院一殿一卷式垂花门一座，悬山顶，

大门

影壁砖雕细部

影壁砖雕细部

撇山砖雕细部

筒瓦屋面，木构架绘苏式彩画，花板木雕刻花卉，花罩木雕刻梅、兰、竹、菊花中"四君子"，垂莲柱头，方形门墩一对，两侧连接抄手游廊，垂花门前接过廊。正房三间，过垄脊，合瓦屋面，两侧带披水脊，戗檐处作砖雕，现已毁坏，前出廊，前檐装修为现代门窗。正房两侧耳房各一间，过垄脊，合瓦屋面，前檐装修均为现代门窗。东、西厢房

各三间，过垄脊，合瓦屋面，前檐明间隔扇风门，次间槛墙、支摘窗，棂心后改。

三进院后罩房五间，鞍子脊，合瓦屋面，前檐装修为现代门窗。后罩房西侧北房三间，西侧一间为门道，鞍子脊，合瓦屋面，前檐装修为现代门窗。

现为居民院。

垂花门

过道

方砖厂胡同67号

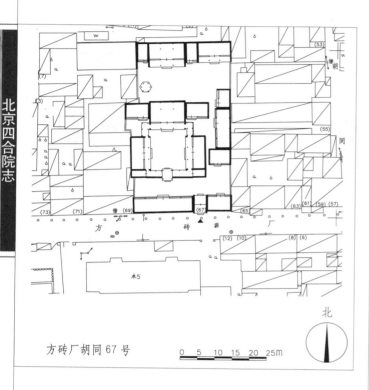

方砖厂胡同67号

0 5 10 15 20 25m

北

游廊

一座，花板雕刻花卉图案，方形垂柱头，垂柱头间装饰缠枝花卉花罩，圆形门墩一对，垂花门两侧连看面墙和抄手游廊，廊柱间饰步步锦棂心倒挂楣子、花牙子。

二进院正房三间，前后廊，披水排山脊，合瓦屋面，前檐装修为现代门窗。正房两侧耳房各二间，披水排山脊，合瓦屋面。东、西厢房各三间，前出廊，戗檐砖雕狮子图案，前檐装修为现代门窗。厢房南侧厢耳房各一间。院内以抄手游廊连接房屋。

三进院内正房三间，前后廊，披水排山脊，合瓦屋面，垂脊毁坏，戗檐砖雕为狮子图案，前檐装修为现代门窗。正房两侧耳房各一间。东耳房东侧连接北房三间，前出廊，过垄脊，合瓦屋面，前檐装修为现代门窗，庭院西侧有一座六角亭子。

东路：一进院内北房二间，二进院内东房四间，均为过垄脊，合瓦屋面。

现为居民院。

位于东城区交道口街道。该宅院坐北朝南，两路三进院落，西路为主路，东路为跨院。民国时期建筑。

大门位于院落东南隅，如意门一间，清水脊，合瓦屋面，梅花形门簪两枚，方形门墩一对。门内迎门一字影壁一座，硬山筒瓦顶，影壁心四岔角砖雕花卉。大门东侧倒座房二间，西侧六间，鞍子脊，合瓦屋面，前檐装修为隔扇风门和槛墙、支摘窗，封后檐墙。

西路：一进院内北侧一殿一卷式垂花门

戗檐砖雕

月亮门

方砖厂胡同75号

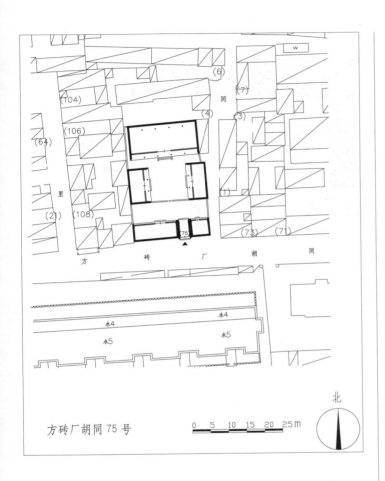

方砖厂胡同 75 号

0 5 10 15 20 25m

北

大门门簪及门板

位于东城区交道口街道。该院坐北朝南，二进院落。民国时期建筑。

大门位于院落东南隅，蛮子门一间，清水脊，合瓦屋面，梅花形门簪两枚，方形门墩一对，门板门联上联曰：□□而化，下联曰：

寿厚无疆。大门西侧倒座房四间，邻大门一间为机瓦屋面，余下三间重新翻建，合瓦屋面。东侧二间，机瓦屋面。

一、二进院现已隔开，二进院由小厂胡同2号进入，二进院正房五间，清水脊，合瓦屋面，前后廊。东、西厢房各三间，清水脊，合瓦屋面。前檐装修均为现代门窗。

现为居民院。

大门及倒座房

二进院东厢房

沙井胡同11号

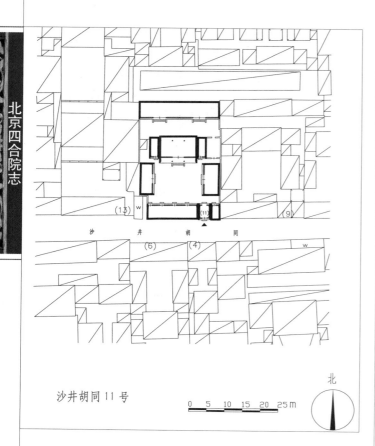

沙井胡同11号

0 5 10 15 20 25m

北

影壁

大门位于院落东南隅，如意大门形式，清水脊，合瓦屋面，脊饰花盘子，栏板花瓦做法，梅花形门簪两枚，圆形门墩一对，大门东侧倒座房一间，过垄脊，合瓦屋面，西侧四间，机瓦屋面。大门内影壁一座，过垄脊，筒瓦屋面，为现代翻修。一进院内正房三间，前后廊，清水脊，合瓦屋面，脊饰花盘子，梁架箍头包袱彩画，正房两侧耳房各一间，均已翻建。东、西厢房各三间，东侧清水脊，合瓦屋面，西侧过垄脊，合瓦屋面，院内房屋前檐装修均为现代门窗。正房东侧有月亮门一座，通二进院。

二进院内后罩房六间，为原址翻修，过垄脊，合瓦屋面，前檐装修为现代门窗。

现为居民院。

位于东城区交道口街道。该院坐北朝南，二进院落。清代末期建筑。

大门

一进院正房

前圆恩寺胡同6号

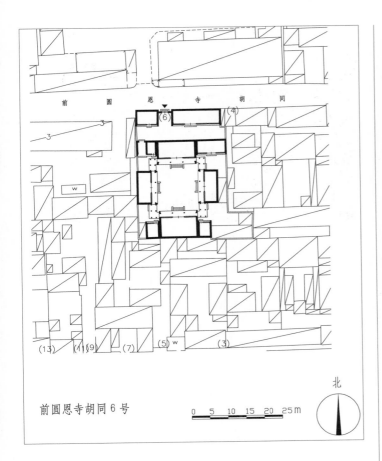

前圆恩寺胡同6号

大门

间装饰步步锦棂心倒挂楣子。东接北房三间，为原址翻建。南房三间，前出廊，清水脊，合瓦屋面，脊饰花盘子，前檐装修为现代门窗，明间出垂带踏跺四级。两侧各接耳房一间，均已翻建。东、西厢房各三间，前出廊，清水脊，合瓦屋面，脊饰花盘子，前檐装修为现代门窗。院内原有游廊环绕各房，仅存南房与西厢房间转角游廊，柱间装饰步步锦棂心倒挂楣子。

现为居民院。

位于东城区交道口街道。该院坐北朝南，二进院落。清代末期至民国时期建筑。

原街门现已拆除，后辟小门楼一间，开于院落北侧中部偏西，双扇红漆板门，过垄脊，筒瓦屋面，梅花形门簪两枚，圆形门墩一对，踏跺三级。大门两侧接北房六间（东侧四间，西侧二间），已翻机瓦屋面，前檐装修为现代门窗。

二进院北房三间，前出廊，清水脊，合瓦屋面，前檐装修为现代门窗。西接耳房二间，西一间为门道，清水脊，合瓦屋面，山墙已翻建，门内后檐柱

门墩

南房

前圆恩寺胡同9号

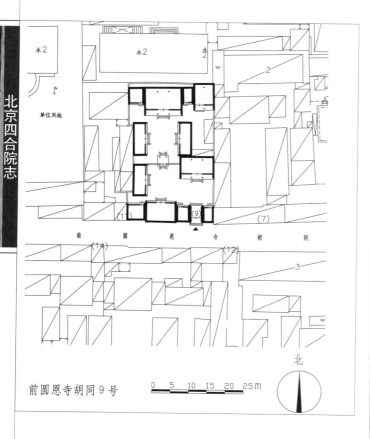

前圆恩寺胡同9号

二进院正房

位于东城区交道口街道。该院坐北朝南，二进院落。清代末期至民国时期建筑。

大门

大门位于院落东南隅，金柱大门一间，进深七檩，清水脊，合瓦屋面，脊饰花盘子，双扇红漆板门，饰梅花形门簪两枚，上为走马板装饰，门外方形门墩一对，门前如意踏跺三级，门内后檐柱间装饰倒挂楣子。两侧各接门房一间，鞍子脊，合瓦屋面，前檐装修为现代门窗。

一进院迎门北房三间，前后廊，清水脊，合瓦屋面，脊饰花盘子，前檐装修为现代门窗。大门西侧南房三间，清水脊，合瓦屋面，脊饰花盘子，前檐装修为现代门窗。南房西侧耳房一间，西厢房三间，现已翻建，明、次间前檐装修为现代门窗。院内原有二门，除地基外现已被拆除。

二进院正房三间，前后廊，清水脊，合瓦屋面，脊饰花盘子，前檐装修为现代门窗。正房两侧各接耳房一间，鞍子脊，合瓦屋面，前檐装修为现代门窗。东、西厢房各三间，清水脊，合瓦屋面，脊饰花盘子，前檐装修为现代门窗。

东跨院北房二间，前后廊，清水脊，合瓦屋面，脊饰花盘子，明、次间前檐装修为现代门窗。

现为居民院。

前圆恩寺胡同11号

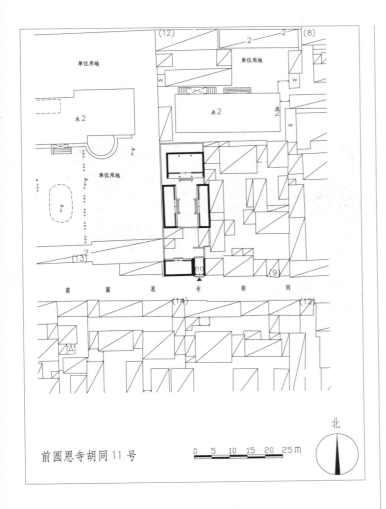

前圆恩寺胡同11号

0　5　10　15　20　25 m

北

位于东城区交道口街道。该院坐北朝南，二进院落。清代末期至民国时期建筑。

大门位于院落东南隅，如意大门形式，清水脊，合瓦屋面，脊饰花盘子，装饰戗檐砖雕与博缝头砖雕。双扇红漆板门，装饰六角形门簪两枚，方形门墩一对，门内后檐柱间装饰步步锦棂心倒挂楣子。大门两侧接倒座房五间，其中西侧三间，清水脊，合瓦屋面，东侧二间已翻机瓦屋面，均为菱角檐封后檐墙。

门墩

门外原有民国时期修建影壁一座，筒瓦屋面，现已被封在14号院的后檐墙内。门内迎门一字影壁一座，已残破。院内原有二门，现已拆除。

二进院正房三间，前后廊，清水脊，合瓦屋面，脊饰花盘子，前檐装修为现代门窗，明间出踏跺三级，戗檐装饰砖雕。东、西厢房各三间，清水脊，合瓦屋面，脊饰花盘子，前檐装修为现代门窗。

现为居民院。

大门外景

正房戗檐砖雕

大兴胡同1号

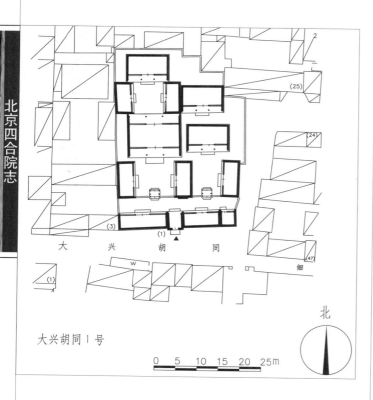

大兴胡同1号

0 5 10 15 20 25m

北

位于东城区交道口街道。该院坐北朝南，二路三进院落。民国时期建筑。

大门位于西路东南隅，蛮子大门一间，清水脊，合瓦屋面，脊饰花盘子，六角形门簪四枚，红漆板门两扇，两侧带余塞板，方形门墩一对，雕刻花卉斑驳不清。门内有座山影壁一座（已残坏），清水脊饰花盘子，筒瓦屋面，素面软影壁心。

西路大门及倒座房

西路：一进院倒座房三间，原为清水脊，合瓦屋面，脊饰花盘子，现改水泥机瓦屋面，前檐明间隔扇风门，次间槛墙、支摘窗，棂心后改。二门无存。二进院正房三间，清水脊，

西路二进院正房

合瓦屋面，脊饰花盘子，前后出廊，前廊推出，前檐装修为现代门窗。东、西厢房各三间，清水脊，合瓦屋面，脊饰花盘子（残坏），前檐装修为现代门窗。三进院正房三间，清水脊，合瓦屋面，脊饰花盘子残毁，前出廊，前檐明间隔扇风门，步步锦棂心，裙板雕刻花卉，次间前檐装修为现代门窗。东、西厢房各三间，鞍子脊，合瓦屋面，前檐装修均为现代门窗。

东路：一进院大门东侧倒座房四间，后改机瓦屋面。二门已拆。二进院正房三间，鞍子脊，合瓦屋面，前出廊，木构架绘箍头彩画，前檐装修为现代门窗，老檐出后檐墙。东、西厢房各三间，披水排山脊，合瓦屋面，木构架绘箍头彩画，前檐装修均为现代门窗。三进院正房三间，前出廊，鞍子脊，合瓦屋面，木构架绘箍头彩画，前檐装修为现代门窗。

现为居民院。

大兴胡同7号

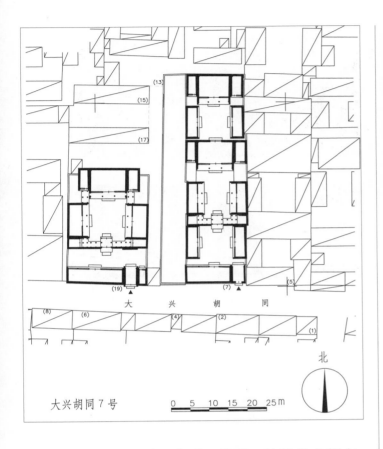

大兴胡同7号

位于东城区交道口街道。该院坐北朝南，三进院落。民国时期建筑。

大门位于院落东南隅，如意大门一间，清水脊，合瓦屋面，门楣栏板作简单装饰，六角形雕花门簪两枚（雕花残毁），板门两扇，方形门墩一对，雕菊花纹饰，后檐柱间饰盘

大门外景

垂花门

长如意棍心倒挂楣子。大门西侧倒座房四间，清水脊，合瓦屋面，前出平廊，前檐装修为现代门窗，老檐出后檐墙。东、西厢房各三间，均为原址翻建。

二进院一殿一卷形式垂花门一座，已残破，悬山顶，筒瓦屋面（现改机瓦屋面），门内花板雕缠枝花卉，东西接抄手游廊。正房三间，鞍子脊，合瓦屋面，前出廊，前檐装修为现代门窗，老檐出后檐墙。正房两侧耳房各一间，鞍子脊，合瓦屋面，前檐装修为现代门窗。东、西厢房各三间，过垄脊，合瓦屋面，前檐装修为现代门窗。正房和厢房之间有廊子相连。

三进院建筑全部原址翻建，正房三间，两侧耳房各一间，东、西厢房各三间。

现为居民院。

正房

大兴胡同8号

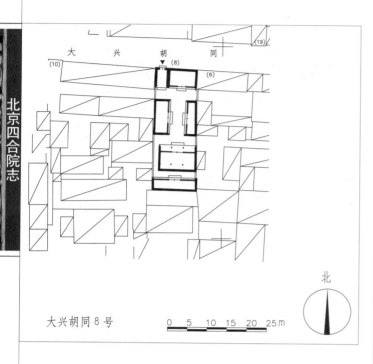

大兴胡同 8 号

屋脊

彩画

楣子

厢房翻建），前檐装修为现代门窗。南房三间，清水脊，合瓦屋面，前后廊，梁架有彩画痕迹，前檐装修为现代门窗。

　　二进院南房五间，原址翻建。

　　现为居民院。

　　位于东城区交道口街道。该院坐南朝北，二进院落。民国时期建筑。

　　大门位于院落西北隅，北向，原如意门已改动，清水脊，合瓦屋面，脊饰花盘子，六角形门簪两枚，板门两扇，门墩一对雕刻菊花图案，上面石狮残毁，后檐柱间饰步步锦棂心倒挂楣子。一进院北房三间，清水脊，合瓦屋面，脊饰花盘子，前檐装修为现代门窗。东、西厢房各三间，鞍子脊，合瓦屋面（东

大门及倒座房

正房

大兴胡同19号

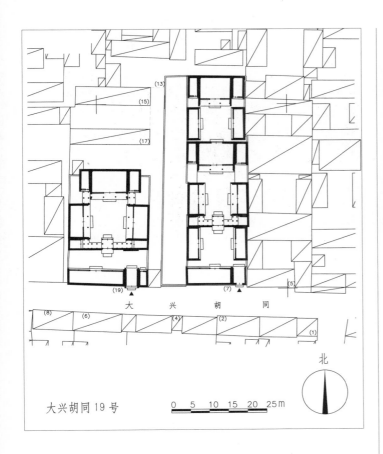

大兴胡同19号

戗檐砖雕

门墩

圆形门墩一对，门内邱门做法，步步锦棂心倒挂楣子、花牙子。门内迎门有座山影壁一座，清水脊，筒瓦屋面，素面软影壁心。大门西侧倒座房五间，东侧半间，过垄脊，合瓦屋面，前檐装修为现代门窗，老檐出后檐墙。

二进院一殿一卷形式垂花门一座（已残破），悬山顶，筒瓦屋面。院内正房三间，披水排山脊，合瓦屋面，前出廊，前檐装修为现代门窗。正房两侧耳房各一间，前檐装修为现代门窗。东、西厢房各三间，过垄脊，合瓦屋面，前出廊，前檐装修为现代门窗。院内建筑有抄手游廊与各建筑相连。

现为居民院。

位于东城区交道口街道。该院坐北朝南，二进院落。民国时期建筑。

大门位于院落东南隅，蛮子大门一间，披水排山脊，合瓦屋面，戗檐处砖雕菊花，走马板，六角形门簪四枚，红漆板门两扇，两侧带余塞板，门钹一对，如意形门包叶，

大门外景

垂花门

大兴胡同22号

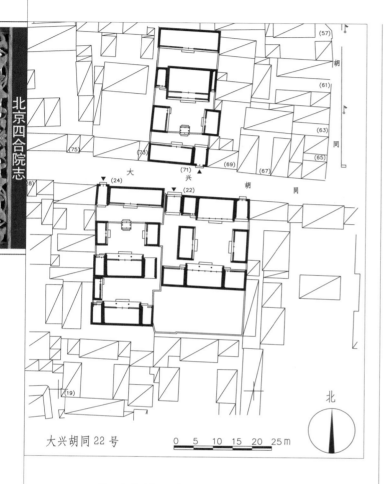

大兴胡同 22 号　　　0　5　10　15　20　25m

北

大门

房）三间，清水脊，合瓦屋面，前带平顶廊，廊间斜方格倒挂楣子，前檐装修为现代门窗。耳房各一间，清水脊，合瓦屋面，前檐装修为现代门窗。东、西厢房各三间，鞍子脊，合瓦屋面，前檐装修为现代门窗。北房三间，清水脊，合瓦屋面。南房两侧耳房各一间，清水脊，合瓦屋面，前檐装修为现代门窗。

　　现为居民院。

　　位于东城区交道口街道。该院坐南朝北，一进院落。民国时期建筑。

　　大门位于院落西北隅，北向，窄大门一间，清水脊，合瓦屋面，走马板、红漆板门，六角形门簪两枚，门墩残存一个。正房（南

门簪

北房

大兴胡同24号

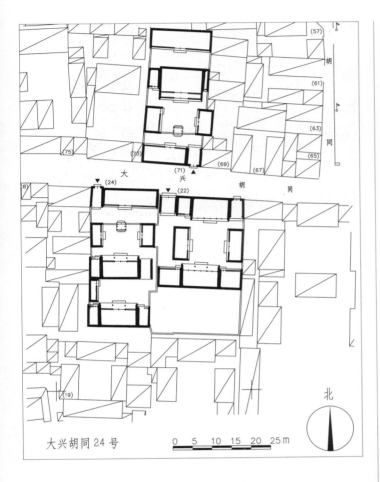

大兴胡同24号

倒座房

位于东城区交道口街道。该院坐南朝北，三进院落。民国时期建筑。

大门位于院落西北隅，北向，如意大门一间，清水脊，合瓦屋面，脊饰花盘子，素面门楣栏板，六角形门簪两枚，板门两扇，圆形门墩一对，门墩上面石狮子残毁。大门

大门外景

东侧北房四间，清水脊，合瓦屋面。二门已拆。二进院正房（南房）三间，清水脊，合瓦屋面，脊饰花盘子，前出廊，前檐装修为现代门窗。南房两侧耳房各一间，鞍子脊，合瓦屋面，前檐装修为现代门窗。东耳房为过道，檐柱间饰步步锦棂心倒挂楣子。东、西厢房各三间（西厢房翻建），鞍子脊，合瓦屋面，

正房

前檐装修为现代门窗。

三进院正房（南房）三间，前出廊，清水脊，合瓦屋面，脊饰花盘子，戗檐处砖雕喜上眉梢图案，前檐装修为现代门窗。正房两侧耳房各一间，鞍子脊，合瓦屋面，前檐装修为现代门窗。西厢房二间，鞍子脊，合瓦屋面，前檐装修为现代门窗。

现为居民院。

大兴胡同30号

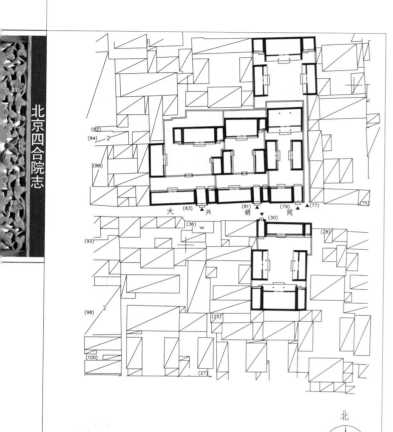

大兴胡同 30 号

0 5 10 15 20 25m

北

倒挂楣子

六角形门簪两枚，板门两扇，门前出如意踏跺三级，后檐柱间步步锦棂心倒挂楣子。大门东侧倒座房（北房）四间，后改水泥板瓦屋面，前檐装修为现代门窗，封后檐墙。正房（南房）三间，鞍子脊，合瓦屋面，前出廊，前廊推出，前檐装修为现代门窗。南房两侧耳房各一间，鞍子脊，合瓦屋面，前檐装修为现代门窗。东、西厢房各三间，清水脊，合瓦屋面，前出廊，装修推出，前檐明间隔扇风门，次间槛墙、支摘窗，棂心后改。

现为居民院。

位于东城区交道口街道。该院坐南朝北，一进院落。民国时期建筑。

大门位于院落西北隅，北向，小如意门半间，清水脊，合瓦屋面，素面门楣栏板，

大门外景

南房

大兴胡同71号

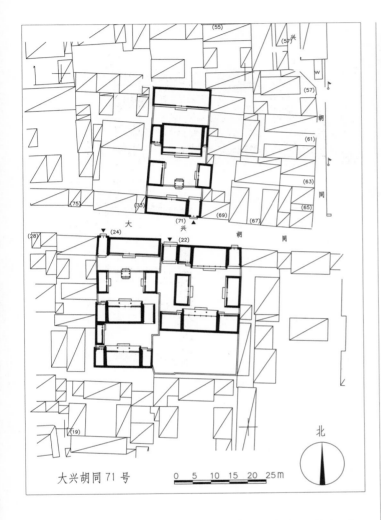

大兴胡同71号

倒挂楣子

水脊，合瓦屋面，六角形门簪两枚，板门两扇，方形门墩一对。大门西侧倒座房四间，清水脊，合瓦屋面，前檐明间隔扇风门，次、梢间槛墙、支摘窗，棂心后改，老檐出后檐墙。二门已拆除。

　　二进院正房三间，清水脊，合瓦屋面，脊饰花盘子，前出廊，前檐明间隔扇风门，次间槛墙、支摘窗，棂心后改，老檐出后檐墙。正房两侧耳房各一间，鞍子脊，合瓦屋面，前檐装修为现代门窗。东、西厢房各三间，清水脊，合瓦屋面，前檐装修为现代门窗。

　　三进院后罩房五间，清水脊，合瓦屋面，前檐装修为现代门窗。

　　现为居民院。

　　位于东城区交道口街道。该院坐北朝南，三进院落。民国时期建筑。

　　大门位于院落东南隅，如意门一间，清

大门外景

影壁

大兴胡同79号

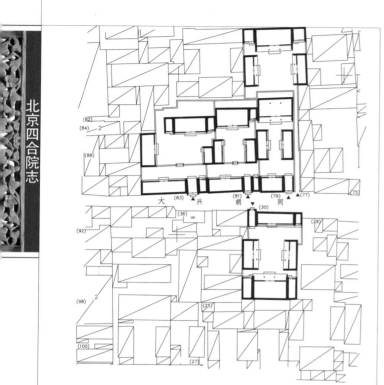

大兴胡同 79 号

0 5 10 15 20 25m

北

清水脊

清水脊，合瓦屋面，前檐明间隔扇风门，次间槛墙、支摘窗，棂心后改。一进院正房三间，清水脊，合瓦屋面，脊饰花盘子，前出廊，前廊推出，前檐装修为现代门窗。东、西厢房各三间，

戗檐砖雕

鞍子脊，合瓦屋面，前檐装修为现代门窗。

二进院（大兴胡同 77 号）正房三间，清水脊，合瓦屋面，前出廊，前檐装修为现代门窗。正房两侧耳房各一间，鞍子脊，合瓦屋面，前檐装修为现代门窗。东、西厢房各三间，鞍子脊，合瓦屋面，前出廊，前檐装修为现代门窗。

现为居民院。

位于东城区交道口街道。该院坐北朝南，二进院落。民国时期建筑。

大门位于院落东南隅，窄大门一间，清水脊，合瓦屋面，脊饰花盘子，走马板，板门两扇，门钹一对。大门西侧倒座房三间，

大门外景

正房及厢房

大兴胡同81号

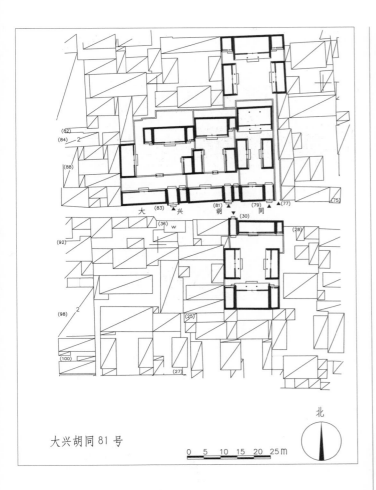

大兴胡同81号

门墩

戗檐砖雕

方形门墩一对。大门西侧倒座房三间，翻建。二门已拆。

　　二进院正房三间，鞍子脊，合瓦屋面，前檐装修为现代门窗。正房两侧耳房各一间，过垄脊，机瓦屋面，前檐装修为现代门窗。东、西厢房各三间，翻建。

　　现为居民院。

　　位于东城区交道口街道。该院坐北朝南，二进院落。民国时期建筑。

　　大门位于院落东南隅，蛮子大门，清水脊，合瓦屋面，红漆板门，梅花形门簪两枚，

大门外景

正房

大兴胡同83号

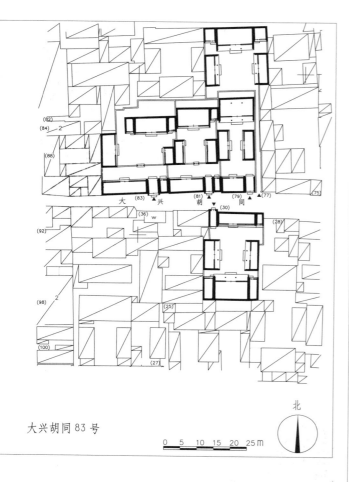

大兴胡同83号

0 5 10 15 20 25M

北

大门

门墩

位于东城区交道口街道。该院坐北朝南，二进院落。清代末期建筑。

大门位于院落东南隅，蛮子大门一间，清水脊，合瓦屋面，脊饰花盘子，红漆板门两扇，两侧带余塞板，圆形门墩一对，门前如意踏跺两级。大门西侧倒座房四间、东侧一间，鞍子脊，合瓦屋面，槛墙、支摘窗部分保存。二门已拆。正房三间，清水脊，合瓦屋面，脊饰花盘子，前檐装修为现代门窗。正房两侧耳房各一间，鞍子脊，合瓦屋面，前檐装修为现代门窗。东、西厢房各三间，西厢房，鞍子脊，合瓦屋面，前檐装修为现代门窗。东厢房硬山顶，水泥机瓦屋面，前檐装修为现代门窗。

现为居民院。

大门外景

豆角胡同4号、6号、8号、10号

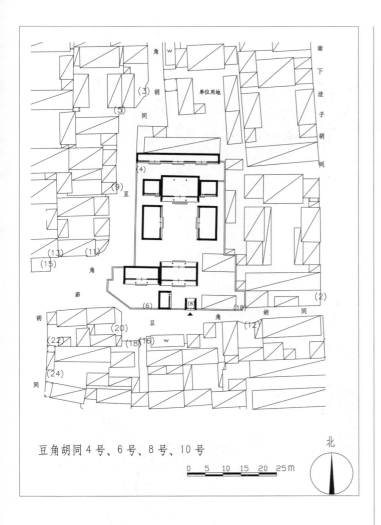

豆角胡同4号、6号、8号、10号

0 5 10 15 20 25m

北

位于东城区交道口街道。该院坐北朝南，三进院落。清代末期建筑。

大门现已拆毁无存，均改建为随墙门。一进院西厢房二间，鞍子脊，合瓦屋面。过厅三间，前后出廊，鞍子脊，合瓦屋面。此两座建筑均于2007年原址翻建。

二进院正房三间，前出廊，清水脊，合瓦屋面，梁架绘箍头彩画，明间前设垂带踏跺五级，前檐装修为现代门窗。正房东、西两侧各接耳房二间，清水脊（残毁），合瓦屋面，前檐装修为现代门窗。东、西厢房各三间，清水脊，合瓦屋面，前檐装修为现代门窗。

一进院正房顺山北房及耳房后檐（6号院）

三进院后罩房七间，属豆角胡同4号院，过垄脊，合瓦屋面，前檐装修为现代门窗。

6号院与10号院也属该院落范围，6号院院内正房三间，前出廊，鞍子脊，合瓦屋面，老檐出后檐墙，墙体采用丝缝砌法，前檐装修为现代门窗。正房西接耳房一间，鞍子脊，合瓦屋面，前檐装修为现代门窗。10号院为原牲口棚，院内建筑均已翻建无存。

据传，此院在民国时期曾为一位夏姓翻译官住所。

现为居民院。

二进院正房（8号院）

豆角胡同5号

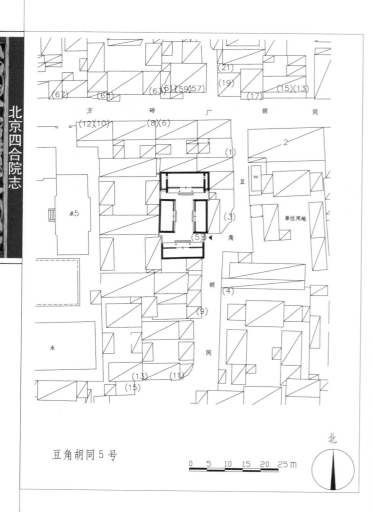

豆角胡同5号

0 5 10 15 20 25m

北

大门

北房

东厢房

位于东城区交道口街道。该院坐北朝南，一进院落。民国时期建筑。

大门位于院落东南隅，小门楼一间，东向，清水脊，筒瓦屋面，梅花形门簪两枚，圆形门墩一对。院内南房三间，过垄脊，合瓦屋面，前出廊。北房三间，过垄脊，合瓦屋面，前出廊，两侧各半间耳房，过垄脊，合瓦屋面。东、西厢房各三间，过垄脊，合瓦屋面。院内房屋前檐装修均为现代门窗。

现为居民院。

豆角胡同7号

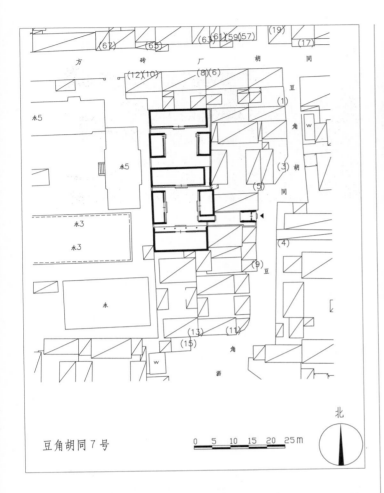

豆角胡同7号

一进院北房

位于东城区交道口街道。该院坐北朝南，二进院落。清代末期建筑。

大门位于院落东南隅，东向，如意门一间，门扉开在金柱位置，清水脊，合瓦屋面，前檐柱间带雀替，梁架绘苏式彩画，门楣栏

板海棠线装饰，内有井口天花。进大门向西有半间门道通向院内。一进院内南房五间，过垄脊，合瓦屋面，前出廊。正房五间，过垄脊，合瓦屋面，其中东侧半间为过道通二进院，过垄脊，合瓦屋面，檐柱间倒挂楣子。东、西厢房各三间，过垄脊，合瓦屋面。其中东厢房翻盖为二层。

二进院北房五间，清水脊，合瓦屋面，东、西厢房各二间，西厢房翻建，机瓦屋面。东厢房过垄脊，合瓦屋面。该院房屋前檐装修均为现代门窗。

现为居民院。

雀替

二进院北房

景阳胡同1号

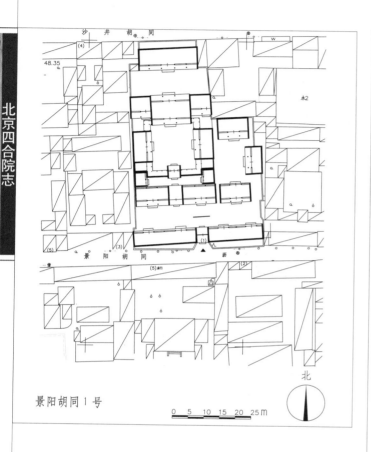

景阳胡同1号

0 5 10 15 20 25M

北

垂花门

头。垂花门两侧连接看面墙和抄手游廊，过垄脊，筒瓦屋面，廊柱间饰步步锦棂心倒挂楣子、花牙子。院内正房三间，前后廊，鞍子脊，合瓦屋面，前檐装修为现代门窗。正房两侧耳房各二间。东、西厢房各三间，前出廊，过垄脊，合瓦屋面，前檐明间隔扇风门，次间槛墙、支摘窗部分保存，步步锦棂心。厢房南侧厢耳房各一间。院内以廊子连接各房屋。三进院内正房五间，前出廊，过垄脊，合瓦屋面，前檐装修为现代门窗。

二门

位于东城区交道口街道。该院坐北朝南，两路三进院落。民国时期建筑。

大门位于院落南侧中间，广亮大门一间，清水脊，合瓦屋面，圆形门簪两枚，雕刻花卉，红色板门两扇，圆形门墩一对，前檐柱间饰雀替。大门外两侧带撇山影壁。大门内一字影壁一座。大门东、西两侧倒座房各六间，清水脊，合瓦屋面，前出廊，前檐装修为现代门窗。

西路：一进院北侧二门一座，金柱大门形式，清水脊，合瓦屋面，戗檐砖雕松树、菊花，圆形门簪四枚，雕刻花卉，红色板门两扇，圆形门墩一对，前后檐柱间均饰雀替。二门两侧北房各三间，前出廊，鞍子脊，合瓦屋面，前檐装修均为现代门窗。二进院一殿一卷式垂花门一座，梁枋绘制苏式彩画，梅花形门簪四枚，雕刻花卉，垂莲柱

东路：一进院正房三间，前出廊，鞍子脊，合瓦屋面，前檐装修为现代门窗。二进院正房三间，前出廊，过垄脊，合瓦屋面，前檐装修为现代门窗。东配房为二层楼房三间，前出廊，檐下饰木挂檐板，前檐装修为现代门窗。

现为居民院。

景阳胡同3号

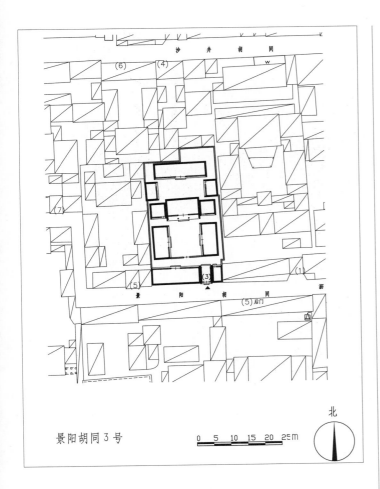

景阳胡同3号

北

深五檩，清水脊，合瓦屋面，脊饰花盘子，门楣栏板处花瓦做法。板门两扇，方形门墩一对。后檐柱间饰步步锦棂心倒挂楣子。大门东侧倒座房一间，西侧四间，进深五檩，清水脊，合瓦屋面（西侧目前改为过垄脊），前檐装修为现代门窗，封后檐墙。一进院北侧原有二门，无存。

二进院正房三间，进深六檩，前出廊，

二进院正房

位于东城区交道口街道。该院坐北朝南，三进院落。清代末期建筑。

大门位于院落东南隅，如意门形式，进

大门外景

过垄脊，合瓦屋面，前檐明间隔扇风门，次间槛墙、支摘窗，套方锦棂心，封后檐形式，戗檐为素面青砖。正房两侧各有耳房一间，墙体翻建、屋面改机瓦。东、西厢房各三间，进深五檩，过垄脊，合瓦屋面，前檐装修为现代门窗。东耳房的东侧为进入三进院的过道。

三进院正房三间，进深五檩，后改机瓦屋面。东厢房二间，后改机瓦屋面。西厢房二间，过垄脊，合瓦屋面。此院前檐装修均为现代门窗。

现为居民院。

景阳胡同5号

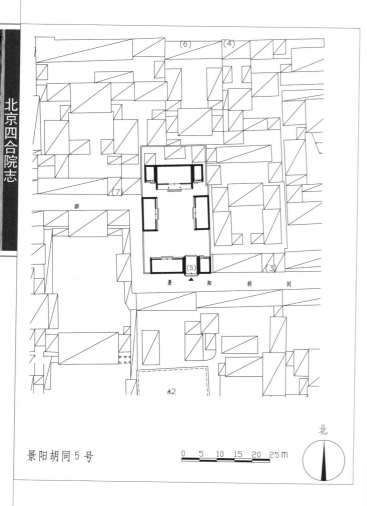

景阳胡同5号

大门

屋面，前檐装修为现代门窗。东侧耳房一间，屋面已改机瓦。西侧耳房一间，过垄脊，合瓦屋面。东、西厢房各三间，过垄脊，合瓦屋面，前檐装修为现代门窗。

现为居民院。

位于东城区交道口街道。该院坐北朝南，一进院落。清代末期建筑。

大门位于院落东南隅，蛮子大门形式，清水脊，合瓦屋面，板门两扇，梅花形门簪四枚，方形门墩一对。门前如意踏跺两级。门内原有影壁一座，现已无存。大门东侧倒座房一间，西侧倒座房三间，过垄脊，合瓦屋面，前檐装修为现代门窗，封后檐墙。院内正房三间，前出廊，过垄脊，合瓦

门墩

二进院正房

景阳胡同7号

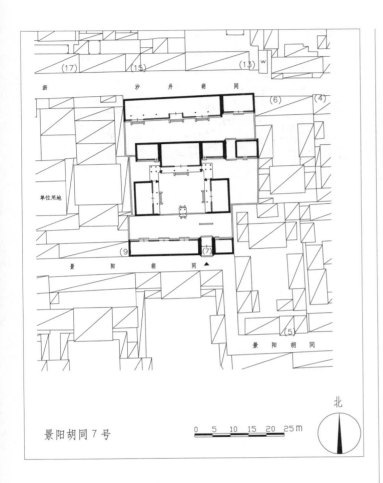

景阳胡同 7 号

现如意门装修

位于东城区交道口街道，该院坐北朝南，三进院落。清代末期建筑。

大门位于院落东南隅，此门原为广亮大门形式，后改为如意大门形式，清水脊，合瓦屋面，中柱位置保存有原大门的余塞板、走马板及梅花形门簪四枚，从东至西分别写

原广亮大门走马板及门簪

有"国""恩""家""庆"四个繁体字，保存圆形门墩一座。前檐如意大门装修，门楣栏板正中砖砌匾额，砖匾两侧装饰花瓦，梅花形门簪两枚，板门两扇，圆形门墩一对，体量较原大门门墩小，地面为方砖铺地，因年久，方砖已裂碎。原大门东侧倒座房二间，现已翻建成小二层楼房。大门西侧倒座房七间，清水脊，合瓦屋面，前檐装修为现代门窗。门内迎门有影壁一座，硬山过垄脊，筒瓦屋面。现被住户利用盖房。一进院北侧原有垂花门一座，已无存。

二进院正房三间，前出廊，清水脊（脊残），合瓦屋面，前檐装修为现代门窗。正房两侧耳房各二间，清水脊，合瓦屋面。东、西厢房各三间，前出廊，清水脊，合瓦屋面，前檐装修为现代门窗。该院正房和东、西厢房前均有廊相连。正房东侧耳房的东边为通往三进院的过道，屋面已改换成机瓦。过道东侧原有二间平房，现已改建成二层楼房。

三进院正房七间半，过垄脊，合瓦屋面，明、次间吞廊，门窗上保存有步步锦棂心横披窗，东侧有耳房一间，过垄脊，合瓦屋面。

现为居民院。

秦老胡同1号

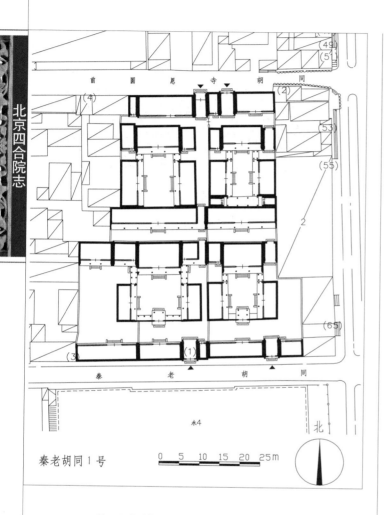

秦老胡同1号

0 5 10 15 20 25m

第二组院大门博缝头砖雕

　　位于东城区交道口街道。该院坐北朝南，为四组并联式院落。清代中期建筑。

　　第一组院落位于西南角，三进院落。大门位于该院东南隅角，如意大门一间，进深五檩，清水脊，合瓦屋面，脊饰花盘子，双扇红漆板门，梅花形门簪两枚，门楣装饰雕

第一组院大门门楣栏板砖雕

刻，门头栏板装饰，部分经过修补，墙体上身丝缝砌法，下碱干摆砌法，圆形门墩一对，门前如意踏跺三级，门内后檐柱间装饰工字步步锦棂心倒挂楣子。大门东接门房一间，鞍子脊，合瓦屋面。西接倒座房三间，清水脊，合瓦屋面，脊饰花盘子，前檐装修为现代门窗。一进院北侧正中有一卷式垂花门一座，铃铛排山脊，筒瓦屋面，前檐装饰花板与垂莲柱头，前出踏跺三级，一侧存圆形门墩一个。二进院正房三间，前出廊，清水脊，合瓦屋面，脊饰花盘子，前檐装修为现代门窗。正房两侧各接耳房二间，过垄脊，合瓦屋面，前檐装修均为现代门窗，老檐出后檐墙。东、西厢房各三间，前出廊，清水脊，合瓦屋面，脊饰花盘子，明、次间前檐装修为现代门窗。院内各房与垂花门之间原有游廊环绕，现已无存。三进院后罩房七间，清水脊，合瓦屋面，脊饰花盘子，菱角檐封后檐墙，前接平顶廊，各间前檐装修为现代门窗，其东尽间辟为门道。西跨院有南房四间，明间现辟为门道，门牌为甲1号，门前有方形门墩一对，装修及屋面均已改变。北房三间，前出廊，清水脊，合瓦屋面，脊饰花盘子，明、次间前檐装修为现代门窗。

　　第二组院位于西北。金柱大门一间，北向，位于前圆恩寺胡同，与后罩房连为一体，开于后罩房东梢间，清水脊，合瓦屋面，脊

饰花盘子，双扇红漆板门，两侧带余塞板，出踏跺四级。北房七间（包括一间大门），清水脊，合瓦屋面，脊饰花盘子，前檐装修为现代门窗。西接耳房一间，合瓦屋面，前檐装修为现代门窗。二进院正房三间，前出廊，清水脊，合瓦屋面，脊饰花盘子，前檐装修为现代门窗。正房两侧各接耳房一间，鞍子脊，合瓦屋面，前檐装修为现代门窗。东、西厢房各三间，清水脊，合瓦屋面，脊饰花盘子，前出平顶廊，装饰素面挂檐板，前檐装修为现代门窗。

第三组院位于东南。如意大门一间，位于秦老胡同，进深五檩，清水脊，合瓦屋面，脊饰花盘子，墙体上身丝缝砌法，下碱干摆砌法，门楣装饰万不断纹饰雕刻，门头栏板装饰，门外圆形门墩一对，该大门现已封堵。东接门房二间，西接倒座房四间，均为清水

第三组院东路垂花门

脊，合瓦屋面，脊饰花盘子，前檐装修为现代门窗。一进院北侧正中有一殿一卷式垂花门一座，前殿式部分调大脊筒瓦屋面，后卷棚部分过垄脊，筒瓦屋面，前檐装饰花板与垂莲柱头，装饰梅花形门簪四枚，圆形门墩一对，前后各出踏跺三级。二进院正房三间，

第三组院垂莲柱及花板

前出廊，清水脊，合瓦屋面，脊饰花盘子，明、次间前檐装修为现代门窗，老檐出后檐墙。两侧各接耳房一间，鞍子脊，合瓦屋面，前檐装修为现代门窗。东、西厢房各三间，清水脊，合瓦屋面，前出平顶廊，前檐装修为现代门窗。院内各房与垂花门间有游廊相连，现仅存正房与东厢房间游廊。三进院后罩房五间，清水脊，合瓦屋面，脊饰花盘子，前出平顶廊，前檐装修为现代门窗。

第四组院位于东北角。如意大门一间，位于前圆恩寺胡同，清水脊，合瓦屋面，脊饰花盘子，博缝头饰砖雕，装饰梅花形门簪两枚，门头栏板装饰，方形门墩一对。两侧接后罩房四间（东侧三间，西侧一间），鞍子脊，合瓦屋面，其东侧为菱角檐封后檐墙，西侧为抽屉檐封后檐墙，前檐装修为现代门窗。二进院正房三间，清水脊，合瓦屋面，脊饰花盘子，前出廊，前檐装修为现代门窗。两侧各接耳房一间，鞍子脊，合瓦屋面，前檐装修为现代门窗。东、西厢房各三间，鞍子脊，合瓦屋面，前出平顶廊，前檐装修为现代门窗。两侧各接厢耳房一间，合瓦屋面，前檐装修为现代门窗。

据说，此院落原为一家族兄弟四人所有，中华人民共和国成立后作为医院使用。

该院现被分割为多个独立小院，为居民院。

秦老胡同3号

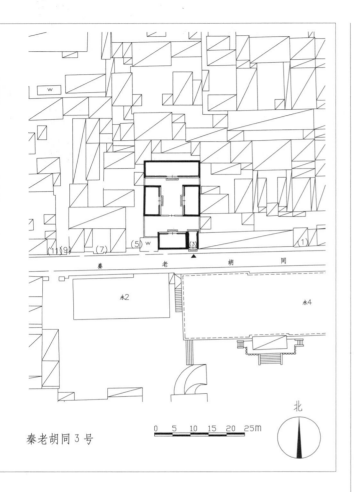

秦老胡同3号

大门及倒座房

两侧鱼鳞花瓦装饰，方形门墩一对。大门西接倒座房三间，鞍子脊，合瓦屋面，墙体丝缝砌法，前檐装修为现代门窗。院内原有二门，现已拆除。

二进院正房五间，鞍子脊，合瓦屋面，前檐装修为现代门窗。东、西厢房各三间，鞍子脊，合瓦屋面，前檐装修为现代门窗。

现为居民院。

位于东城区交道口街道。该院坐北朝南，二进院落。民国时期建筑。

大门位于院落东南隅，如意大门一间，清水脊，合瓦屋面，脊饰花盘子，双扇红漆板门，梅花形门簪两枚，门头中间为砖雕形式，

门墩

秦老胡同17号、前圆恩寺胡同14号

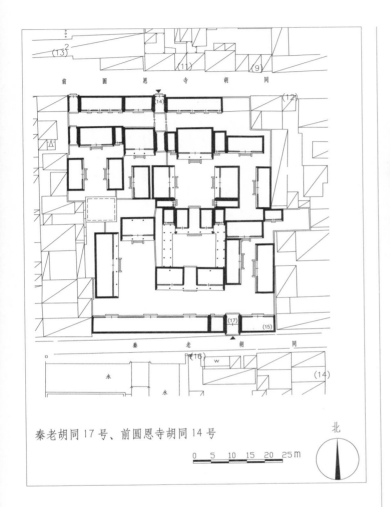

秦老胡同17号、前圆恩寺胡同14号

北

0　5　10　15　20　25m

位于东城区交道口街道。该院坐北朝南，三路四进院落。清代中期至民国时期建筑。

大门位于秦老胡同，后门位于前圆恩寺胡同。大门位于院落东南隅，广亮大门一间，进深五檩，铃铛排山脊，合瓦屋面，双扇红

大门雀替

大门

漆板门，梅花形门簪四枚，上带走马板，门前后檐柱间均饰蕃草纹雀替、圆形门墩一对，除趴狮在"文化大革命"时期被破坏外，其余纹饰雕刻依然清晰完好。原有撇山影壁与上马石，其影壁已改，上马石在"文化大革命"时期被毁。大门东接倒座房三间，已翻机瓦屋面，西接门房一间，再西接倒座房九间，均为过垄脊，合瓦屋面，前檐装修为现代门窗。

中路：一进院正房五间，为过厅，进深七檩，前后廊，过垄脊，合瓦屋面，明间为门道，前出踏跺两级，其余各间前檐装修为现代门窗。二进院正房三间，为过厅，前后廊，清水脊，合瓦屋面，脊饰花盘子，前檐装修为现代门窗，明间出踏跺三级。正房两侧各接耳房一间，过垄脊，合瓦屋面，戗檐与博缝头装饰砖雕，梁架绘箍头彩画，前檐装修为现代门窗。院内两侧有平顶游廊连接各房，

中路三进院正房

前檐装饰素面挂檐板。三进院正房三间，前出廊，清水脊，合瓦屋面，脊饰花盘子，戗檐装饰砖雕，明间出踏跺三级，前檐装修为现代门窗。正房两侧各接耳房一间，过垄脊，合瓦屋面，前檐装修为现代门窗。东、西厢房各三间，前出廊，清水脊，合瓦屋面，前檐装修为现代门窗。四进院后罩房四间，进深四檩，鞍子脊，合瓦屋面，前檐装修为现代门窗。

中路三进院正房
戗檐砖雕

东路：一进院北房三间，现已拆除，改建为二层楼式建筑。东、西房各三间，均已翻建。东路东跨院北房一间，现已翻建。二进院北房三间，鞍子脊，合瓦屋面，明、次间前檐装修为现代门窗，其屋面与中路三进院正房东耳房连为一体。东房三间，鞍子脊，合瓦屋面，前檐装修为现代门窗。

西路：一进院北房三间，前后廊，披水排山脊，合瓦屋面，戗檐装饰砖雕，梁架绘箍头彩画，前檐装修为现代门窗。西房五间，过垄脊，合瓦屋面，房前为民国时期搭建的平顶廊，装饰冰裂纹倒挂楣子。西房北侧有一座地下室建筑，平面呈方形，墙体厚

50厘米，地下室内为地板铺设。二进院北房三间，清水脊，合瓦屋面，脊饰花盘子，戗檐装饰砖雕，梁架绘箍头彩画，前檐装修为现代门窗。东接过道一间，进深五檩，鞍子脊，合瓦屋面，老檐出后檐墙，西接耳房一间。东房三间，民国时期添建，尖顶，抽屉檐墙，房屋墙面采用一层顺砖、一层丁砖交替砌法，前檐装修为现代门窗。三进院后罩房三间，已翻机瓦屋面。后门开于前圆恩寺胡同，如意门一间，清水脊，合瓦屋面，脊饰花盘子，戗檐与博缝头均装饰砖雕，墙体上身丝缝砌法，下碱干摆砌法，双扇红漆板门，门头花瓦装饰。三进西侧有一跨院，原为一独立式院落，后与该院合并为一院。原院坐南朝北，二进院落。原大门一间，开在院落西北角，已翻机瓦屋面，现已被封堵。一进院北房四间，已翻机瓦屋面，前檐装修为现代门窗。二进院北房三间，已翻机瓦屋面，明、次间前檐装修为现代门窗。两侧各接耳房一间，其西耳房为门道，现均已翻建。东、西厢房各三间，过垄脊，合瓦屋面，前檐装修为现代门窗，抽屉檐封后檐墙。

据院内居民讲，该院内西路前半部分在抗日战争时期曾经有一名日本军官在此居住。

现为居民院。

后门博缝头砖雕

秦老胡同19号

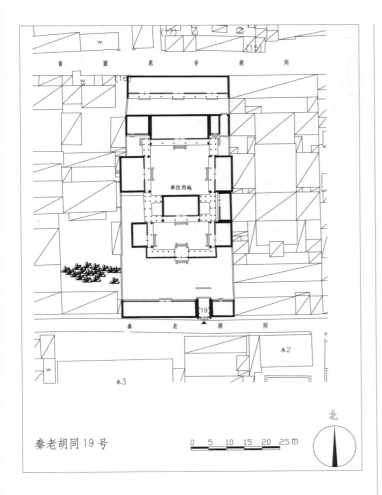

秦老胡同19号

大门外景

二进院正房三间，前出廊，清水脊，合瓦屋面，脊饰花盘子。东、西厢房各二间，前出廊，清水脊，合瓦屋面。院内房屋以游廊相连。

三进院正房五间，前出廊，清水脊，合瓦屋面，脊饰花盘子。正房两侧耳房各二间。东、西厢房各三间，前出廊，清水脊，合瓦屋面，脊饰花盘子。

四进院后罩房九间，清水脊，合瓦屋面，脊饰花盘子，前檐装修为现代门窗。

现为居民院。

位于东城区交道口街道。该院坐北朝南，四进院落。民国时期建筑。

大门位于院落东南隅，如意大门一间，清水脊，合瓦屋面，脊饰花盘子，双扇红漆板门，梅花形门簪两枚，门头雕花栏板装饰，方形门墩一对。大门东接倒座房二间，西接四间，清水脊，合瓦屋面，脊饰花盘子，其西倒座房西南角立泰山石敢当（亦可称护墙石）一块。门内迎门一字影壁一座。一进院北侧一殿一卷式垂花门一座。

泰山石敢当

影壁

秦老胡同36号、38号

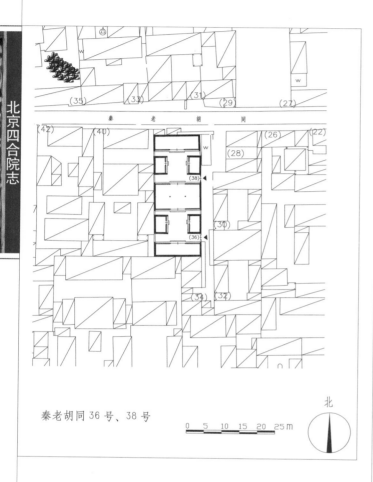

秦老胡同36号、38号

0 5 10 15 20 25m

北

西厢房

位于东城区交道口街道。该院坐北朝南，一进院落。民国时期建筑。

36号：便门一座，东向，位于院落东南隅。院内北房三间，鞍子脊，合瓦屋面，前檐装修为现代门窗，并与38号院南房呈勾连搭形式。南房三间，鞍子脊，合瓦屋面，前檐装修为现代门窗。东、西厢房各二间，鞍子脊，合瓦屋面，前檐装修为现代门窗。

38号：西洋式小门楼一座，东向，开于院落东墙东南隅。院内北房三间，鞍子脊，合瓦屋面，前檐装修为现代门窗。南房三间，鞍子脊，合瓦屋面，前檐装修为现代门窗，并与36号院北房呈勾连搭形式。东、西厢房各二间，鞍子脊，合瓦屋面，前檐装修为现代门窗。

现为居民院。

大门

东旺胡同5号

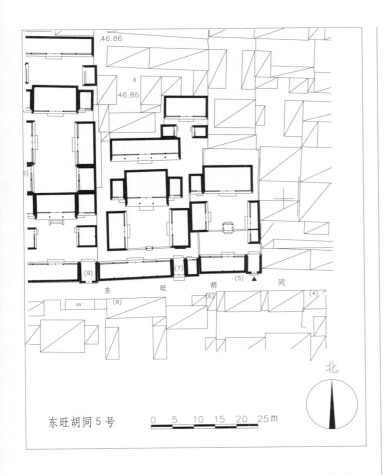

东旺胡同5号　　0　5　10　15　20　25m

北

大门

墩一对。大门西侧倒座房四间，原址翻建。二门现已拆除。

二进院正房三间，清水脊，合瓦屋面，前檐装修为现代门窗。正房西侧耳房一间，清水脊，合瓦屋面，前檐装修为现代门窗。东、西厢房各三间，清水脊，合瓦屋面，前檐装修为现代门窗。

现为居民院。

位于东城区交道口街道。该院坐北朝南，二进院落。民国时期建筑。

大门位于院落东南隅，如意大门一间，清水脊，合瓦屋面，脊饰花盘子，素面门楣栏板，六角形门簪两枚，板门两扇，圆形门

大门及倒座房

屋面及脊饰花盘子

东旺胡同7号

文丞相胡同

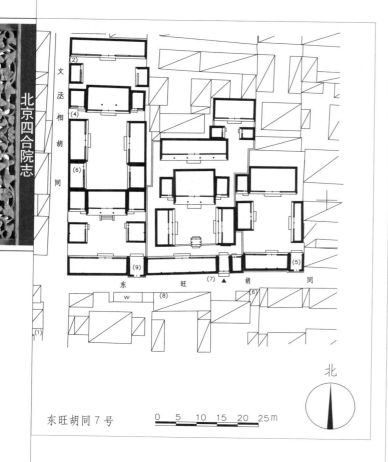

东旺胡同7号

0 5 10 15 20 25m

北

花牙子

毁，门内邱门做法，步步锦倒挂楣子、花牙子。门内迎门座山影壁一座，残毁。倒座房大门西侧五间，东侧一间，后改水泥板瓦屋面，前檐装修为现代门窗，封后檐墙。二门已拆。

二进院正房三间，鞍子脊，合瓦屋面，前出廊，前廊推出，前檐装修为现代门窗。正房两侧耳房各一间，鞍子脊，合瓦屋面，前檐装修为现代门窗。东、西厢房各三间，过垄脊，合瓦屋面，前檐装修为现代门窗。

三进院正房五间，鞍子脊，合瓦屋面，前出廊，廊子推出，前檐装修为现代门窗。

四进院（跨院形式）：正房三间，鞍子脊，合瓦屋面，前檐装修为现代门窗。

现为居民院。

位于东城区交道口街道。该院坐北朝南，三进院落。民国时期建筑。

大门位于院落东南隅，如意大门一间，清水脊，合瓦屋面，脊饰花盘子，素面门楣栏板，六角形门簪两枚，门墩一对，雕刻残

大门及倒座房

正房

东旺胡同9号

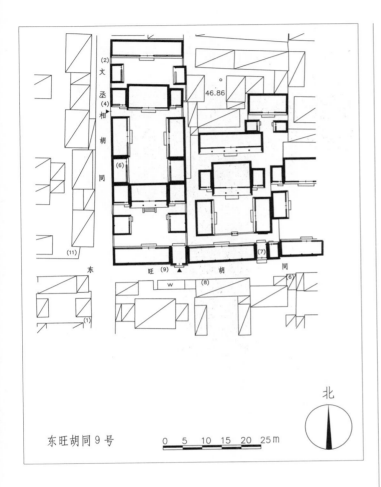

东旺胡同9号

门墩

栏板，六角形门簪两枚，板门两扇，门钹一对，方形门墩一对，雕刻葫芦、花瓶、绶带等图案，寓意福禄寿，平安吉祥，门内邱门硬心做法。大门西侧倒座房四间，鞍子脊，合瓦屋面，前檐明间隔扇风门，次、梢间槛墙、支摘窗，棂心后改。一进院正房三间，清水脊，合瓦屋面，脊饰花盘子，前出廊，前檐明间隔扇风门，前出垂带踏跺三级，次间槛墙、支摘窗，棂心后改。正房两侧耳房各一间，清水脊，合瓦屋面，前檐装修为现代门窗。东、西厢房各二间，鞍子脊，合瓦屋面，门连窗，槛墙、支摘窗，棂心后改。

二进院（文丞相胡同4号、6号）正房三间，清水脊，合瓦屋面，脊饰花盘子，前出廊，前檐明间隔扇风门，次间槛墙、支摘窗，棂心后改。正房两侧耳房各一间，清水脊，合瓦屋面，前檐装修为现代门窗。东、西厢房各三间，鞍子脊，合瓦屋面，明间前檐装修为现代门窗，次间槛墙、支摘窗，棂心后改。厢、耳房各二间，鞍子脊，合瓦屋面，门连窗，槛墙、支摘窗，棂心后改。

三进院后罩房五间，后改水泥板瓦屋面，前檐装修为现代门窗。东、西厢房各一间，平顶，前檐装修为现代门窗。

现为居民院。

位于东城区交道口街道。该院坐北朝南，三进院落。民国时期建筑。

大门位于院落东南隅，如意大门一间，清水脊，合瓦屋面，脊饰花盘子，素面门楣

大门及倒座房

东旺胡同35号

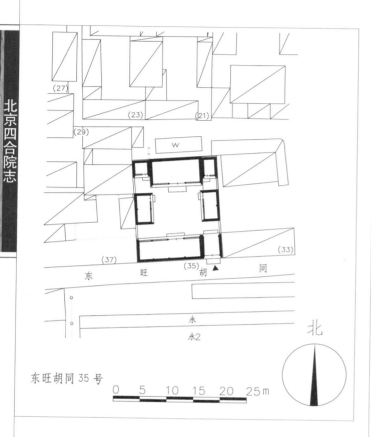

东旺胡同 35 号

0　5　10　15　20　25m

北

窄大门

位于东城区交道口街道。该院坐北朝南，一进院落。民国时期建筑。

大门位于院落东南隅，窄大门一间，鞍子脊，合瓦屋面，六角形门簪两枚，板门两扇。大门西侧倒座房四间，鞍子脊，合瓦屋面，前檐装修为现代门窗，老檐出后檐墙。院内

北房三间，过垄脊，合瓦屋面，前檐明间夹门窗，次间槛墙、支摘窗，棂心后改。北房两侧耳房各一间，翻建。东、西厢房各二间，原址翻建。

现为居民院。

大门及倒座房

正房

细管胡同21号

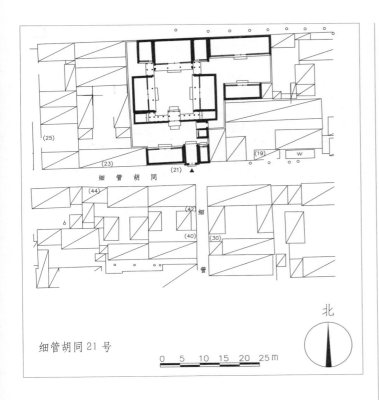

细管胡同21号

北

0 5 10 15 20 25m

位于东城区交道口街道。该院坐北朝南，二进院落带一个跨院。民国时期建筑。

原大门已无存。倒座房五间，东数第二间为后改大门，后改水泥机瓦屋面，前檐装修为现代门窗。

二进院金柱大门一座，过垄脊，筒瓦屋面，戗檐处砖雕松枝装饰，柱间带木雕卷草雀替，红漆板门两扇，余塞板。大门两侧接抄手游廊，过垄脊，筒瓦屋面。正房三间，

窝角廊

铃铛排山脊，筒瓦屋面，戗檐处砖雕含苞待放莲花图案，前出廊，廊子推出，前檐装修为现代门窗。正房两侧耳房各一间，铃铛排山脊，筒瓦屋面，前檐装修均为现代门窗。东、西厢房各三间，铃铛排山脊，筒瓦屋面，戗檐处砖雕菊花图案，明间前檐装修为现代门窗，次间槛墙、支摘窗，棂心后改。

东跨院：现院门内东侧东房二间，平顶，通体淌白，北一间为通往东院的门道，拱券门洞。东院内北房五间，铃铛排山脊，筒瓦屋面，戗檐处砖雕莲花图案，前檐装修为现代门窗。南房三间，平顶，通体淌白，前檐装修为现代门窗。该院落全部建筑瓦当均饰以圆喜字，滴水均饰以卷草图案。

现为居民院。

大门及倒座房

正房

细管胡同33号

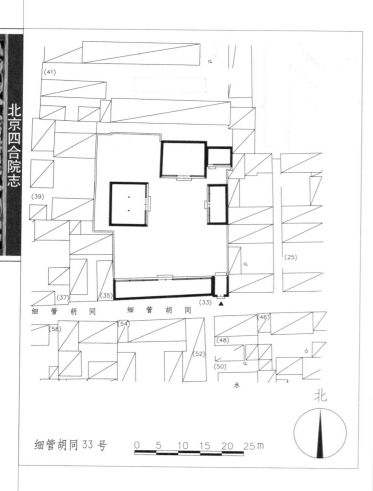

细管胡同33号   0 5 10 15 20 25m

北

倒挂楣子

位于东城区交道口街道。该院坐北朝南，一进院落。民国时期建筑。

大门位于院落东南隅，如意门一间，清水脊，合瓦屋面，脊饰花盘子，素面门楣栏

板，六角形门簪两枚，板门两扇，门墩仅剩下一个，残毁，后檐柱间步步锦棂心倒挂楣子。大门西侧倒座房七间，后改水泥机瓦屋面，前檐装修为现代门窗。北房三间，清水脊，合瓦屋面，前檐装修为现代门窗。东耳房一间，过垄脊，合瓦屋面，门连窗、槛墙、支摘窗，棂心后改。东厢房五间，过垄脊，合瓦屋面，前檐装修为现代门窗。西厢房三间，两卷勾连搭形式，过垄脊，合瓦屋面，前檐装修为现代门窗。

现为居民院。

大门外景

正房

细管胡同45号

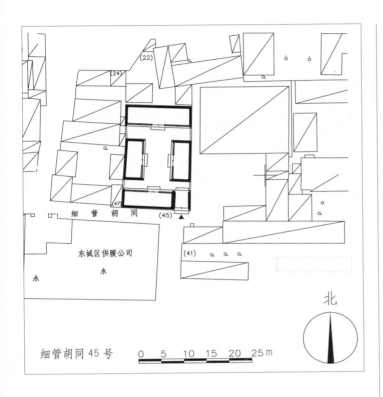

细管胡同 45 号

正房

槛墙、支摘窗，棂心后改。东、西厢房各三间，鞍子脊，合瓦屋面，明间前檐装修为现代门窗，次间槛墙、支摘窗，棂心后改。

现为居民院。

位于东城区交道口街道。该院坐北朝南，一进院落。民国时期建筑。

大门位于院落东南隅，窄大门一间，鞍子脊，合瓦屋面，走马板，板门两扇。大门西侧倒座房四间，鞍子脊，合瓦屋面，前檐装修为现代门窗。正房五间，鞍子脊，合瓦屋面，明间前檐装修为现代门窗，次、梢间

屏门

大门外景

厢房

细管胡同51号

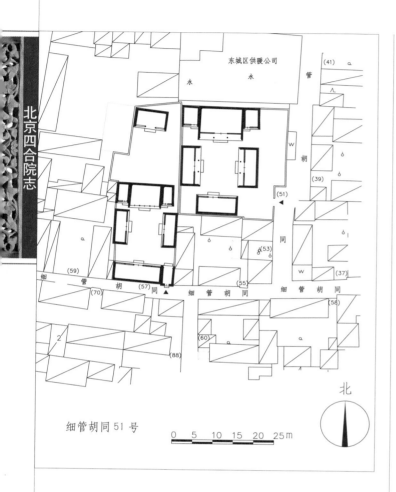

细管胡同 51 号

0 5 10 15 20 25m

北

大门

现代门窗。院内正房三间，过垄脊，合瓦屋面，前出廊，木构架绘箍头彩画，前檐装修为现代门窗。正房两侧耳房各一间，过垄脊，合瓦屋面，木构架绘箍头彩画，前檐装修为现代门窗。东、西厢房各三间，过垄脊，合瓦屋面，前出廊，前檐装修均为现代门窗。

现为居民院。

位于东城区交道口街道。该院坐北朝南，一进院落。民国时期建筑。

原大门封堵，现另辟门通行，东向，倒座房四间，过垄脊，合瓦屋面，前檐装修为

大门外景

正房

细管胡同57号

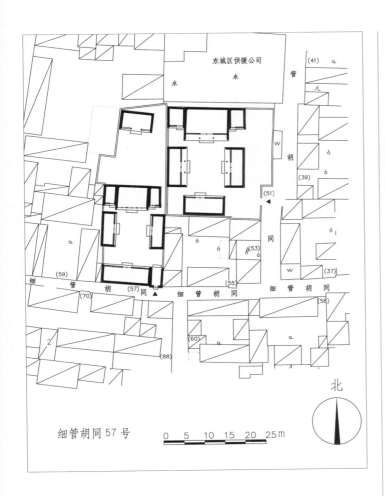

细管胡同57号

0 5 10 15 20 25m

北

倒挂楣子

簪两枚，板门两扇，方形门墩一对雕刻牡丹花卉图案。大门西侧倒座房五间，后改水泥机瓦屋面，前檐装修为现代门窗。一进院内正房三间，鞍子脊，合瓦屋面，前檐装修为现代门窗。

门墩

正房两侧耳房各一间，鞍子脊，合瓦屋面，前檐装修为现代门窗。东、西厢房各三间，鞍子脊，合瓦屋面（屋面部分后改水泥机瓦），前檐装修为现代门窗。

二进院后罩房三间，原址翻建。

现为居民院。

位于东城区交道口街道。该院坐北朝南，二进院落。民国时期建筑。

大门位于院落东南隅，如意门一间，后改水泥机瓦屋面，素面门楣栏板，六角形门

大门及倒座房

正房

文丞相胡同7号

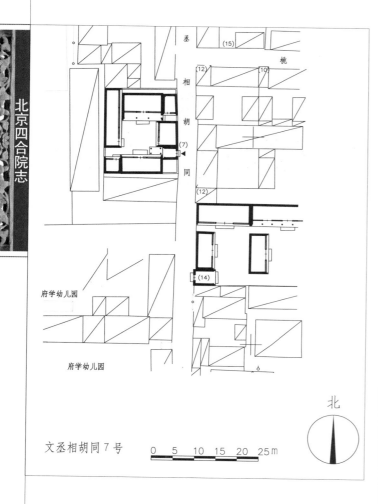

大门

文丞相胡同7号

北

0 5 10 15 20 25m

府学幼儿园

府学幼儿园

支摘窗，东次间前出抱厦一间，棂心后改。大门北侧东厢房三间，前出廊，鞍子脊，合瓦屋面，前檐装修为现代门窗。西厢房三间，廊已拆，鞍子脊，合瓦屋面，前檐装修为现代门窗。北房三间，鞍子脊，合瓦屋面，前出平廊推出，前檐明间门连窗，次间槛墙、支摘窗，棂心后改。耳房一间，翻建。

现为居民院。

位于东城区交道口街道。该院坐北朝南，一进院落。民国时期建筑。

大门位于院落东南隅，小门楼一座，东向，六角形门簪两枚，红漆板门，门墩一对。屏门一座，门楣花瓦棂心。南房三间，鞍子脊，合瓦屋面，前檐明间门连窗，次间槛墙、

砖雕

正房

文丞相胡同14号

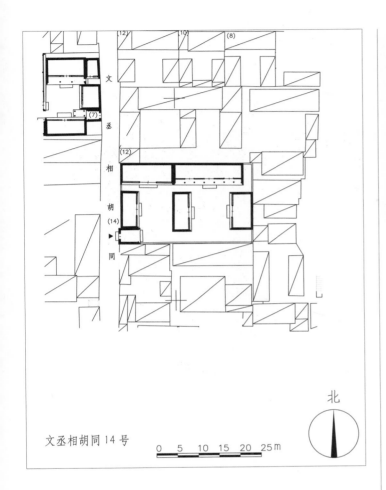

文丞相胡同14号

0 5 10 15 20 25m

北

楣子

簪两枚，板门两扇，方形门墩一对。大门北接西房三间，后改机瓦屋面，前檐装修为现代门窗。院内北房三间，后改水泥机瓦屋面，前檐装修为现代门窗。二门已拆。

二进院北房七间，过垄脊，合瓦屋面，前出平顶廊，前檐装修为现代门窗。东、西厢房各三间，过垄脊，合瓦屋面，前檐装修为现代门窗。

现为居民院。

位于东城区交道口街道。该院坐北朝南，东西并联二进院落。民国时期建筑。

大门位于院落西南隅，如意大门一间，清水脊，合瓦屋面，脊饰花盘子，六角形门

大门及倒座房

正房

桃条胡同7号

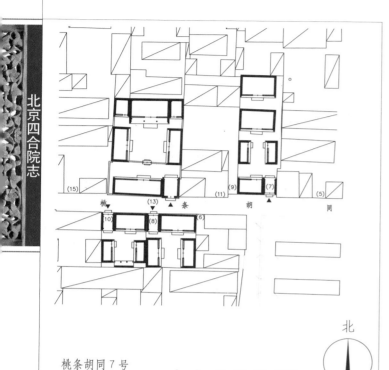

桃条胡同7号

0　5　10　15　20　25m

北

大门

位于东城区交道口街道。该院坐北朝南，二进院落。民国时期建筑。

大门位于院落东南隅，蛮子大门一间，清水脊，合瓦屋面（脊残），走马板，圆形带沟槽门簪两枚，板门两扇，两侧带余塞板，素面方形门墩一对。后檐柱间步步锦棂心倒挂楣子、花牙子。大门西侧倒座房二间，过垄脊，合瓦屋面，前檐装修为现代门窗，封

后檐墙。第一进院北房三间，清水脊，合瓦屋面，前檐装修为现代门窗。东厢房二间，鞍子脊，合瓦屋面，前檐装修为现代门窗。西厢房，原址翻建。

二进院北房三间，鞍子脊，合瓦屋面，前檐装修为现代门窗。

现为居民院。

倒挂楣子

正房

桃条胡同8号

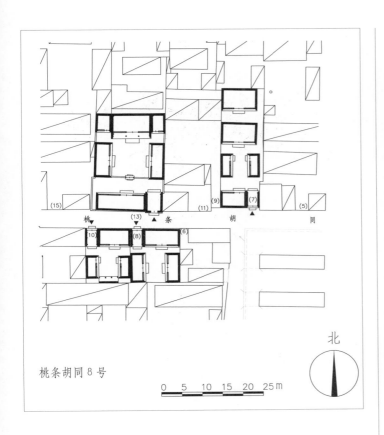

桃条胡同8号

0　5　10　15　20　25 m

北

大门

位于东城区交道口街道。该院坐北朝南，一进院落。民国时期建筑。

大门位于院落西北隅，窄大门一间，清水脊，合瓦屋面（脊毁），戗檐砖雕富贵牡丹图案，墀头砖雕花篮图案，走马板，黑漆板

门两扇，六角形雕花（雕花残毁）门簪两枚，素面方形门墩一对，后檐柱间步步锦棂心倒挂楣子。院内北房三间，鞍子脊，合瓦屋面，前檐装修为现代门窗，封后檐墙。东、西厢房各三间，鞍子脊，合瓦屋面，（东厢房后改水泥机瓦屋面），前檐装修均为现代门窗。

现为居民院。

墀头砖雕

戗檐砖雕

彩画

桃条胡同10号

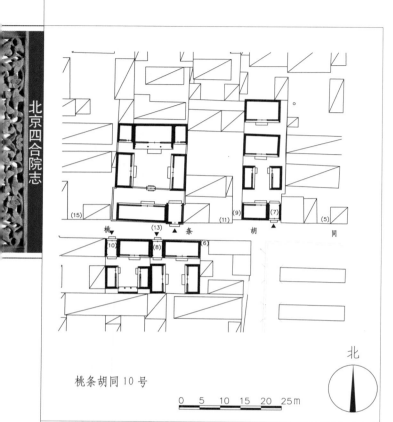

桃条胡同10号

0 5 10 15 20 25m

北

大门

位于东城区交道口街道。该院坐北朝南，一进院落。民国时期建筑。

大门位于院落西北隅，小蛮子门一间，清水脊，合瓦屋面（脊残），脊饰花盘子，走马板，六角形门簪两枚，黑漆板门两扇，余塞板。大门东侧连接北房三间，后改水泥机

瓦屋面，前檐装修为现代门窗。东、西厢房各二间，后改水泥机瓦屋面，前檐装修为现代门窗。南房位置处为平顶廊房二间。

现为居民院。

大门外景

北房

294

桃条胡同13号

桃条胡同13号

0 5 10 15 20 25m

北

大门

位于东城区交道口街道。该院坐北朝南，二进院落。民国时期建筑。

大门位于院落东南隅，如意门一间，清水脊，合瓦屋面，素面门楣栏板，圆形带沟槽门簪两枚，板门两扇，方形门墩一对（残坏），后檐柱间饰步步锦倒挂楣子。大门西侧倒座房四间，后改水泥机瓦屋面，前檐装修为现代门窗，封后檐墙。二门已拆。

二进院正房三间，清水脊，

大门及倒座房

合瓦屋面，前出廊，廊子推出，前檐装修为现代门窗。正房两侧耳房各一间，后改水泥机瓦屋面，前檐装修为现代门窗。东、西厢房各三间，鞍子脊，合瓦屋面，前檐装修为现代门窗。

现为居民院。

正房

北剪子巷35号

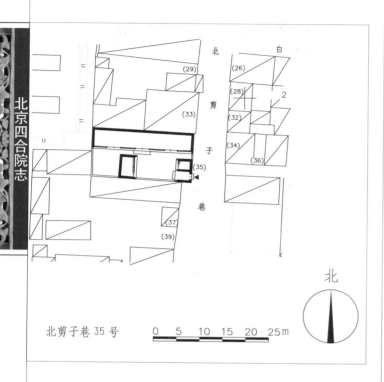

北剪子巷35号　　0　5　10　15　20　25m

大门及倒座房

东房

位于东城区交道口街道。该院坐北朝南，一进院落。民国时期建筑。

大门位于院落东南隅，蛮子大门一间，东向，板门两扇，六角形门簪两枚，门墩一对。北房七间，鞍子脊，合瓦屋面，前檐装修为现代门窗。东厢房一间，鞍子脊，合瓦屋面，前檐装修为现代门窗。西厢房二间，鞍子脊，合瓦屋面，前檐装修为现代门窗。

现为居民院。

门墩

北房

白米仓胡同1号

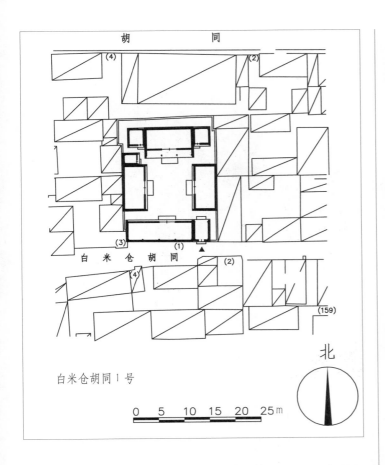

白米仓胡同1号

0 5 10 15 20 25m

北

大门外景

正房

东厢房

位于东城区交道口街道。该院坐北朝南，一进院落。民国时期建筑。

大门位于院落东南隅，如意大门一间，清水脊，合瓦屋面，戗檐砖雕菊花图案，博缝头砖雕兰花图案，素面门楣栏板，六角形门簪两枚，门内步步锦棂心倒挂楣子。大门西侧倒座房四间，鞍子脊，合瓦屋面，前檐装修为现代门窗。正房三间，清水脊，合瓦屋面，脊饰花盘子，前出廊，前檐明间隔扇风门，次间槛墙、支摘窗，棂心后改。正房两侧耳房各一间，清水脊，合瓦屋面，门连窗、槛墙、支摘窗，棂心后改。东、西厢房各三间，西厢房为原址翻建，东厢房，鞍子脊，合瓦屋面，前檐装修为现代门窗。

现为居民院。

白米仓胡同7号

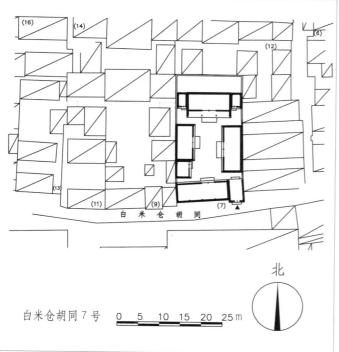

白米仓胡同7号　0　5　10　15　20　25 m

北

大门外景

位于东城区交道口街道。该院坐北朝南，一进院落。民国时期建筑。

大门位于院落东南隅，如意大门一间，清水脊，合瓦屋面，门楣栏板砖雕梅兰竹菊图案，六角形门簪两枚，门内如意灯笼锦棂心倒挂楣子。大门西侧倒座房四间，鞍子脊，合瓦屋面，前檐明间保留有五抹隔扇风门两扇，玻璃屉棂心，次、梢间槛墙、支摘窗，

棂心后改。院内正房三间，原来为清水脊，现在将合瓦上面一层揭掉，前出廊，前檐装修为现代门窗。正房两侧耳房各一间，灰梗屋面，前檐装修为现代门窗。东、西厢房各三间，灰梗屋面，前檐明间隔扇风门、玻璃屉棂心，次间槛墙、支摘窗，棂心后改。

现为居民院。

倒座房前檐装修

正房

白米仓胡同9号

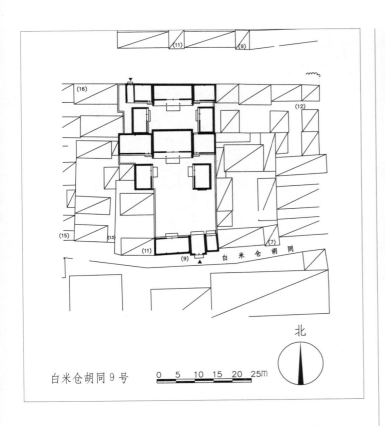

白米仓胡同9号

屏门

位于东城区交道口街道。该院坐北朝南，二进院落。民国时期建筑。

大门位于院落东南隅，如意大门一间，清水脊，合瓦屋面，脊饰花盘子，戗檐砖雕狮子滚绣球、博缝头砖雕万字纹、柿子、如意，寓意万事如意，栏板砖雕梅、兰、竹、菊花中"四君子"，门楣砖雕万字、连珠纹，黑漆板门两扇，圆形门墩一对，上面石狮残毁，

大门外景

鼓面高浮雕花卉，后檐柱间饰工字纹步步锦倒挂楣子、缠枝花卉花牙子。门内迎门有座山影壁一座，硬山过垄脊，筒瓦屋面，瓦当、滴水雕刻花卉，椽子雕万字纹，素面软影壁心。大门西侧倒座房三间，东侧一间，清水脊，合瓦屋面，脊饰花盘子，前檐装修为现代门窗。一进院正房三间，鞍子脊，合瓦屋面，前出廊，木构架绘制箍头彩画，前檐明间隔扇风门，玻璃屉棂心，次间槛墙、支摘窗，棂心后改。西耳房二间，东耳房一间，均为硬山顶，过垄脊，合瓦屋面，前檐装修为现代门窗。东、西厢房各二间，水泥机瓦屋面，前檐装修为现代门窗。

二进院正房三间，清水脊，合瓦屋面，前出廊，廊子推出，木构架绘制箍头彩画，前檐装修为现代门窗。正房两侧耳房各一间（西耳房西侧还有一间为后门），硬山顶，过垄脊，合瓦屋面，前檐装修为现代门窗。东、西厢房各二间，过垄脊，合瓦屋面，前檐装修为现代门窗。

现为居民院。

白米仓胡同39号

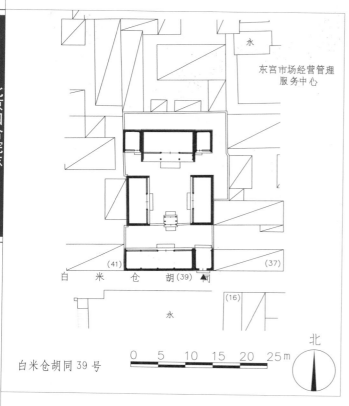

白米仓胡同39号

0 5 10 15 20 25m

北

正房

清水脊，合瓦屋面，前檐明间隔扇风门，次、梢间槛墙、支摘窗，棂心后改，封后檐墙。二门已经拆除。

二进院正房三间，清水脊，合瓦屋面，前出廊，木构架绘制箍头彩画，前檐明间隔扇风门，次间槛墙、支摘窗，棂心后改。正房两侧耳房各一间，过垄脊，合瓦屋面，门连窗，槛墙、支摘窗，棂心后改。东、西厢房各三间，鞍子脊，合瓦屋面，前檐装修为现代门窗。

现为居民院。

位于东城区交道口街道。该院坐北朝南，二进院落。民国时期建筑。

大门位于院落东南隅，如意大门一间，清水脊，合瓦屋面，门楣栏板砖雕毁坏，六角形门簪两枚，圆形门墩一对，后檐柱间饰步步锦棂心倒挂楣子。大门西侧倒座房四间，

大门外景

南房

白米仓胡同43号

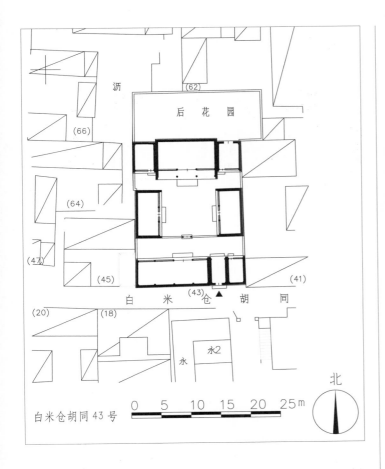

白米仓胡同43号

大门外景

位于东城区交道口街道。该院坐北朝南，二进院落。民国时期建筑。

如意大门一间，清水脊，合瓦屋面，栏板砖雕荷叶净瓶、菊花图案，门内象眼砖雕连珠纹饰，后檐柱间饰灯笼框棂心倒挂楣子、花牙子。一进院大门西侧倒座房四间，鞍子脊，合瓦屋面，前檐明间隔扇风门，次、梢间槛墙、支摘窗，棂心后改。二门拆除。

二进院正房三间，鞍子脊，合瓦屋面，前出廊，前檐明间隔扇风门，次间槛墙、支摘窗，棂心后改。正房两侧耳房各一间，过垄脊，合瓦屋面，门连窗，槛墙、支摘窗，棂心后改。东、西厢房各三间，鞍子脊，合瓦屋面，前檐明间夹门窗，次间槛墙、支摘窗，棂心后改。

现为居民院。

门楣栏板砖雕

正房

帽儿胡同16号

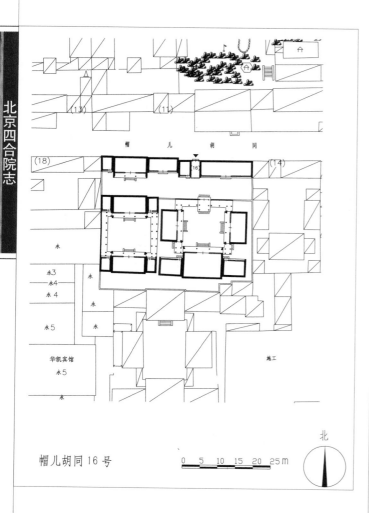

帽儿胡同16号

0 5 10 15 20 25m

北

二进院南房

院正房（南房）三间，清水脊，合瓦屋面，脊饰花盘子，前出廊，戗檐砖雕喜上眉梢图案。正房两侧耳房各二间，过垄脊，合瓦屋面。东、西厢房各三间，清水脊，合瓦屋面，脊饰花盘子，前出廊，灯笼锦棂心横披窗保存，廊间保存有廊门筒子砖雕花卉。二进院内四

西院二进院北房

周带抄手游廊。

西路：一进院北房三间，前出廊，清水脊，合瓦屋面，脊饰花盘子，前檐装修为现代门窗。北房西侧耳房一间，东侧耳房三间。二进院南房三间，前出廊，翻建。耳房各一间，翻建。北房三间，前出廊，清水脊，合瓦屋面，脊饰花盘子，戗檐砖雕梅鹿同春图案，前檐装修为现代门窗。北房两侧耳房各一间，清水脊，合瓦屋面，脊饰花盘子。

现为居民院。

位于东城区交道口街道。该院坐南朝北，两路二进院落。清代末期建筑。

东路：大门已翻建，现改为随墙门，大门西侧北房一间，东侧四间，房已翻建，一进院南侧有垂花门一座，过垄脊，筒瓦屋面，梅花形门簪四枚，圆形门墩一对，前出如意踏跺两级。垂花门两侧看面墙装饰砖雕花卉。二进

垂花门

北兵马司胡同29号

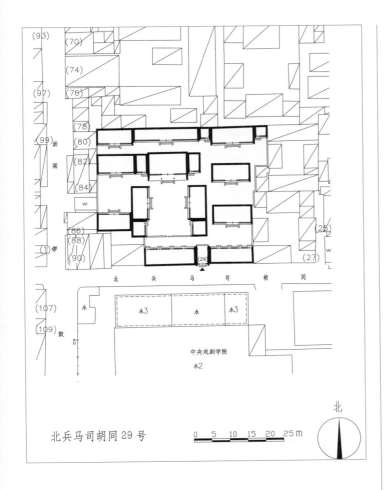

北兵马司胡同29号

0 5 10 15 20 25m

北

位于东城区交道口街道。该院坐北朝南,三路三进院落。

大门位于中路院落东南隅,金柱大门形式,清水脊,合瓦屋面,脊饰花盘子,双扇红漆板门,门楣栏板雕花,圆形门墩一对,门内后檐柱间饰步步锦棂心倒挂楣子。大门西侧倒座房四间,清水脊,合瓦屋面,脊饰花盘子,其东侧倒座房已翻机瓦屋面。

中路:一进院北侧原有二门,现已拆除。二进院正房三间,前出廊,过垄脊,合瓦屋面,前檐装修为现代门窗。正房两侧耳房各一间,过垄脊,合瓦屋面,前檐装修为现代门窗。东、西厢房各三间,清水脊,合瓦屋面,脊饰花盘子,前檐装修为现代门窗。南侧厢耳房各二间,为原址翻建。三进院后罩房五间,机瓦屋面,前檐装修为现代门窗。

西路:一进院正房三间,鞍子脊,合瓦屋面,明间夹门窗,次间槛墙、支摘窗,均为步步锦棂心。南房三间,为原址翻建。二进院正房三间,为原址翻建。

东路:倒座南房四间,清水脊,合瓦屋面。一进院、二进院和三进院均为正房三间,均为机瓦屋面,前檐装修均为现代门窗。三进院正房两侧耳房各一间。

现为居民院。

大门及倒座房

西路一进院正房

雨儿胡同1号、3号

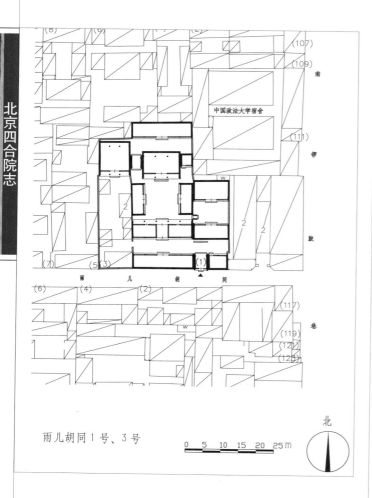

雨儿胡同1号、3号

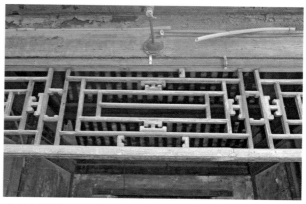

大门倒挂楣子局部（如意大门）

位于东城区交道口街道。该院坐北朝南，三进院落，带两座跨院。民国时期建筑。

大门位于院落东南隅，如意大门一间，

进深五檩，清水脊，合瓦屋面，墙体上身为丝缝砌法，下碱为干摆砌法，素面戗檐。双扇红漆板门，梅花形门簪两枚，门头套沙锅套花瓦。方形门墩一对，顶部趴狮完好，稍有风化，正面及侧面雕刻花鸟纹样。大门内邱门子采用抹灰做法，象眼作线刻龟背锦纹样。大门东侧门房一间，西侧倒座房五间，清水脊，合瓦屋面，封后檐墙，砖檐形式为鸡嗉檐，前檐装修为现代门窗。

一进院过厅五间，清水脊，合瓦屋面，檐下双层方椽，明间为过道，次间为局部保留支摘窗装修。

二进院正房三间，前出廊，清水脊，合

如意大门

门房

过厅

箍头彩画（正房）

瓦屋面，梁架绘箍头彩画，条石台面，垂带踏跺两级，前檐装修为现代门窗。正房东接耳房一间，合瓦屋面，前檐装修为现代门窗。西侧原为过道式耳房，现已拆毁改建。东、西厢房各三间，清水脊，合瓦屋面，梁架绘箍头彩画，其中东厢房前檐装修为现代门窗，西厢房保留原支摘窗装修，槛墙采用丝缝砌法。东厢房南侧有过道门一间，进深四檩，

东跨院南房

合瓦屋面，门内即为东跨院。跨院正房三间，清水脊，合瓦屋面，檐下双层方椽，墙体采用丝缝砌法，前檐装修为现代门窗。南房三间，清水脊，合瓦屋面，檐下双层方椽，墙体采用丝缝砌法，前檐已封堵，装修无存。

三进院后罩房五间，清水脊，合瓦屋面，前檐装修为现代门窗。

雨儿胡同3号为1号院的西跨院，现存近代形式平顶北房一座三间，前后出廊，檐下带木挂檐板，步步锦棂心倒挂楣子。

现为居民院。

二进院正房

雨儿胡同12号

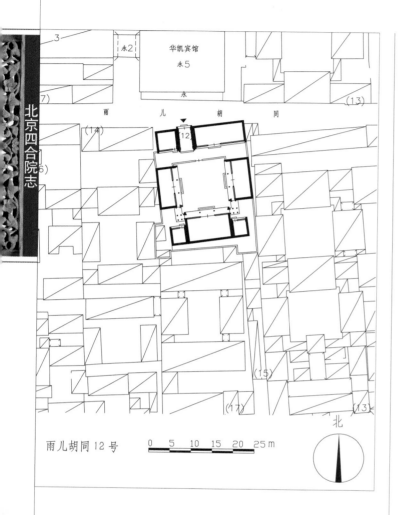

雨儿胡同12号

0 5 10 15 20 25m

北

蛮子大门

位于东城区交道口街道。该院坐南朝北，二进院落。民国时期建筑。

大门位于院落西北隅，北向，蛮子大门形式，清水脊，合瓦屋面，檐下双层方椽，椽头作彩画修饰。双扇红漆板门，梅花形门簪四枚，墙体采用丝缝砌法，圆形门墩一对，门前如意踏跺两级。大门西侧门房二间，屋面已翻建为机瓦，封护檐后檐墙，抽屉檐形式砖檐。东侧倒座房四间，屋面已翻建为机瓦，封护檐后檐墙，菱角檐形式砖檐，前檐装修均为现代门窗。一、二进院之间二门一座，筒瓦顶已残，两侧看面墙采用筒瓦顶，素面抹灰墙心。

二进院正房三间，前出廊，过垄脊，合瓦屋面，檐下双层方椽，墙体采用丝缝砌法，前檐装修为现代门窗。正房两侧接耳房各一间，均已翻建。东厢房三间，前出廊，鞍子脊，合瓦屋面，檐下双层方椽，前檐装修为现代门窗。西厢房三间，前出廊，过垄脊，合瓦屋面，檐下双层方椽，南山墙已翻建为红机砖，前檐装修为现代门窗。另在厢房与正房间有平顶游廊，梅花方柱，柱间饰倒挂楣子。

现为居民院。

二进院平顶游廊

雨儿胡同14号

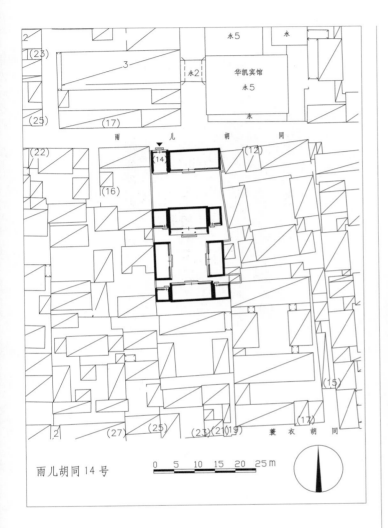

雨儿胡同14号

位于东城区交道口街道。该院坐北朝南，二进院落。清代末期建筑。

大门及北房

大门位于院落西北隅，如意大门一间，进深五檩，清水脊，合瓦屋面，脊饰花盘子，檐下双层方椽，双扇红漆板门，镌刻楹联一副，上联：德义渊闳，下联：履禄绥厚。梅花形门簪两枚，门头采用鱼鳞式样花瓦及砖雕修饰。方形门墩一对，海棠池素面做法，门前如意踏跺两级。大门东侧北房四间，鞍子脊，合瓦屋面，封护檐后檐墙，冰盘檐形式砖檐，前檐装修为现代门窗。

二进院北房三间，前出廊，过垄脊，合

二进院北房

瓦屋面，老檐出后檐墙，檐下双层方椽，墙体采用丝缝砌法，前檐装修为现代门窗。北房两侧各接耳房一间，进深五檩，屋面已翻建为机瓦，前檐装修为现代门窗，其中西耳房为过道，后檐设踏跺两级。南房五间，屋面已翻建为机瓦，墙体采用红机砖砌筑，前檐装修为现代门窗。南房两侧各接耳房一间，均已翻改建。东、西厢房各三间，鞍子脊，合瓦屋面，均为后期翻建，前檐装修为现代门窗。

现为居民院。

东棉花胡同 29号 、 31号

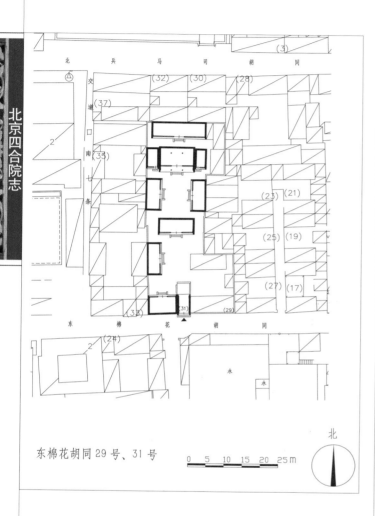

东棉花胡同 29 号、31 号

0 5 10 15 20 25m

北

大门

板门，六角形门簪四枚，圆形门墩一对，门内后檐柱间装饰步步锦棂心倒挂楣子和花牙子。大门西接倒座房三间，清水脊，合瓦屋面，脊饰花盘子。

一进院正房三间，披水排山脊，合瓦屋面。西厢房三间，披水排山脊，合瓦屋面。

二进院正房三间，前后廊，披水排山脊，合瓦屋面，前檐装修为现代门窗。两侧各接耳房一间，披水排山脊，合瓦屋面。东、西厢房各三间，过垄脊，合瓦屋面。

三进院后罩房五间，过垄脊，合瓦屋面，前檐装修为现代门窗。

29 号院原为其花园，已翻建难辨原貌。现为居民院。

位于东城区交道口街道。该院坐北朝南，三进院落。民国时期建筑。

大门位于院落东南隅，蛮子大门一间，清水脊，合瓦屋面，脊饰花盘子，双扇红漆

大门倒挂楣子、花牙子

东棉花胡同33号

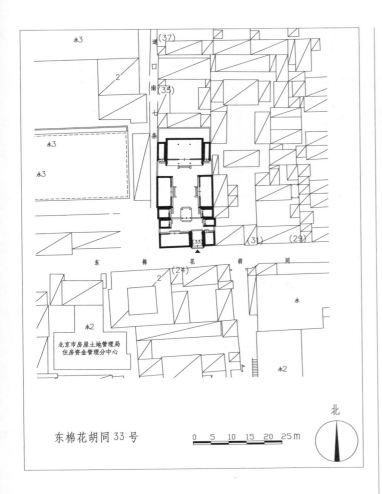

东棉花胡同 33 号

正房

门钹一对，圆形门簪四枚，镌刻"平安吉庆"，方形门墩一对。大门东侧倒座房一间，西侧三间，清水脊，合瓦屋面，脊饰花盘子。

一进院东西各有厢房一间，已改建。院内原有垂花门一座，两侧接看面墙，现已拆除。

二进院正房三间，前出廊，清水脊，合瓦屋面，脊饰花盘子，明间隔扇风门，次间槛墙、支摘窗，十字方格棂心。两侧各接耳房一间，过垄脊，合瓦屋面。东、西厢房各三间，清水脊，合瓦屋面，脊饰花盘子，明间隔扇风门，次间支摘窗，十字方格棂心。南侧各接耳房一间。

现为居民院。

位于东城区交道口街道。该院坐北朝南，二进院落。民国时期建筑。

大门位于院落东南隅，蛮子大门形式，清水脊，合瓦屋面，脊饰花盘子，双扇板门，

大门及倒座房

西厢房

府学胡同12号

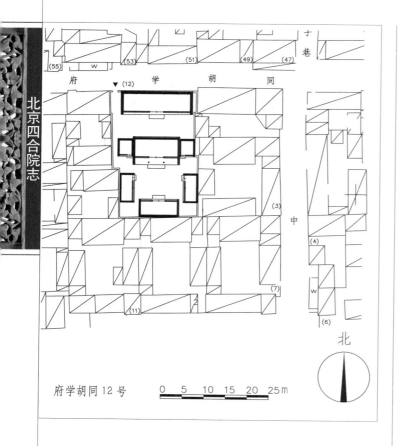

府学胡同12号　　0　5　10　15　20　25m

二进院南房

二进院北房

位于东城区交道口街道。该院坐北朝南，二进院落。民国时期建筑。

大门位于院落西北隅，随墙门，北向，板门两扇。一进院大门东侧北房五间，后改水泥机瓦屋面，前檐装修为现代门窗。

二进院北房三间，清水脊，合瓦屋面，

脊饰花盘子，前出廊，前檐装修为现代门窗。北房两侧耳房各一间，清水脊，合瓦屋面，前檐装修为现代门窗。东、西厢房各二间。硬山顶，过垄脊，合瓦屋面，前檐装修为现代门窗。南房三间，过垄脊，合瓦屋面，前檐装修为现代门窗。

现为居民院。

大门

西厢房

府学胡同26号

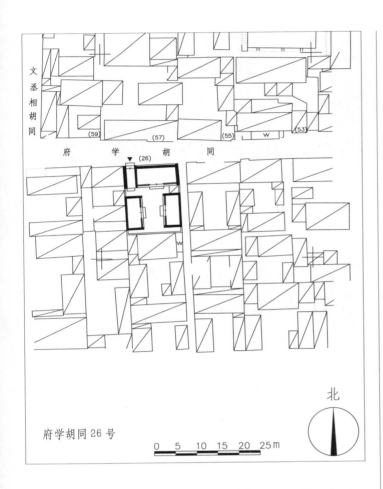

府学胡同26号

0 5 10 15 20 25m

北

大门

　　位于东城区交道口街道。该院坐北朝南，一进院落。民国时期建筑。

　　大门位于院落西北隅，蛮子大门一间，北向，鞍子脊，合瓦屋面，走马板，板门两扇，两侧带余塞板，门钹一对，方形门墩一对，雕刻花卉。大门东侧北房三间，鞍子脊，合瓦屋面，前檐装修为现代门窗。东、西厢房各三间。硬山顶，鞍子脊，合瓦屋面，前檐装修为现代门窗。

　　现为居民院。

大门及倒座房

府学胡同29号

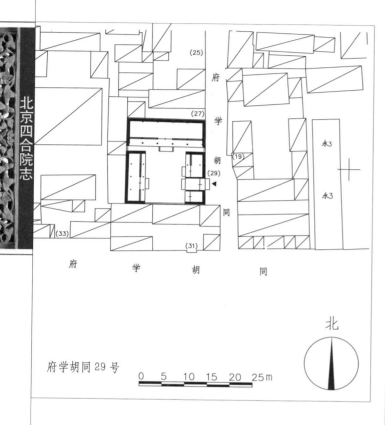

府学胡同29号

0　5　10　15　20　25m

北

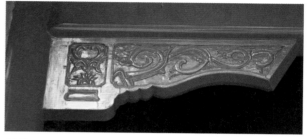

雀替

正房

位于东城区交道口街道。该院坐北朝南，一进院落。民国时期建筑。

大门位于院落东南隅，金柱大门，东向，清水脊，合瓦屋面，脊饰花盘子，柱间带雀替。六角形门簪四枚，红漆板门，圆形门墩一对。院内北房五间，清水脊，合瓦屋面，脊饰花盘子，前廊推出，前檐装修为现代门窗。西厢房四间，鞍子脊，合瓦屋面，前檐装修为现代门窗。东厢房四间（其中南侧第二间为大门），鞍子脊，合瓦屋面，前檐装修为现代门窗。南房三间，平顶，前檐装修为现代门窗。

现为居民院。

大门及倒座房

西厢房

府学胡同34号

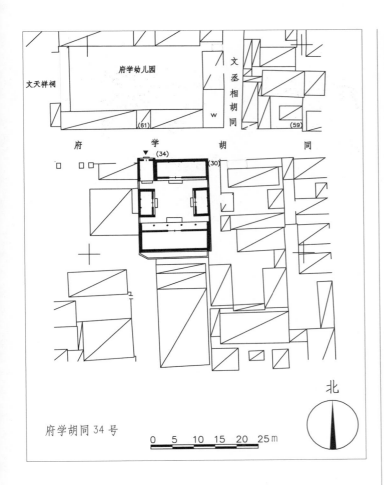

府学胡同34号

门联

枚，板门两扇，门联书："善为至宝一生用，心作良田百求耕"，方形门墩一对。大门东侧北房四间，鞍子脊，合瓦屋面，前檐装修为现代门窗，老檐出后檐墙。正房（南房）五间，鞍子脊，合瓦屋面，前出廊，前檐装修为现代门窗。东、西厢房各三间，鞍子脊，合瓦屋面，前檐装修为现代门窗。

现为居民院。

位于东城区交道口街道。该院坐南朝北，一进院落。民国时期建筑。

大门位于院落西北隅，如意大门一间，北向，清水脊，合瓦屋面，脊饰花盘子，栏板中间花瓦、两端砖雕花卉，六角形门簪两

大门外景

砖雕

府学胡同51号

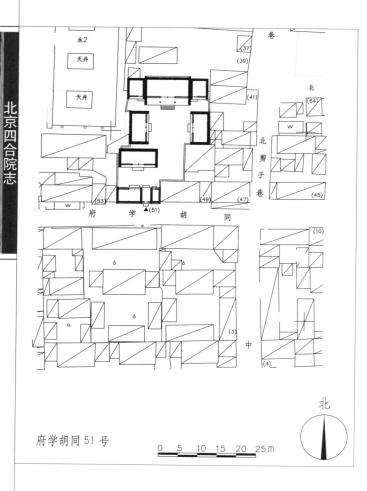

府学胡同51号

0　5　10　15　20　25 m

北

一进院正房

位于东城区交道口街道。该院坐北朝南，二进院落。民国时期建筑。

大门位于院落南侧，如意大门一间，清水脊，合瓦屋面，大门已堵，另辟门出入。

大门西侧倒座房二间，东侧一间，清水脊，合瓦屋面，前檐装修为现代门窗，老檐出后檐。一进院正房三间，鞍子脊，合瓦屋面，前檐装修为现代门窗，老檐出后檐墙。

二进院正房三间，清水脊，合瓦屋面，前出廊推出，前檐装修为现代门窗，前檐明间出如意踏跺五级，老檐出后檐墙。正房两侧耳房各一间，鞍子脊，合瓦屋面，前檐装修为现代门窗。东、西厢房各三间，鞍子脊，合瓦屋面，前檐明间隔扇风门，次间槛墙、支摘窗，棂心后改。

现为居民院。

大门及倒座房

二进院正房

蓑衣胡同10号、12号

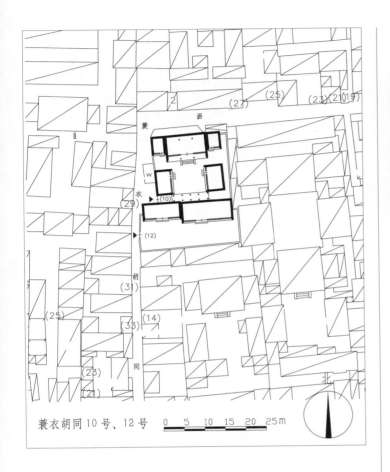

蓑衣胡同10号、12号 0 5 10 15 20 25m

12号院东厢房

位于东城区交道口街道。该院坐北朝南，一进院落。清代末期建筑。

10号院：院落西南角辟门，西向，院内正房三间，前出廊，过垄脊，合瓦屋面，檐下双层方椽，封护檐后檐墙，鸡嗉檐形式砖

檐，上身海棠池做法。前檐梁架绘箍头彩画，垂带踏跺五级，前檐装修为现代门窗。正房两侧各接耳房一间，过垄脊，合瓦屋面，前檐装修为现代门窗，老檐出后檐墙。东、西厢房各二间，过垄脊，合瓦屋面，檐下双层方椽，梁架绘箍头彩画，墙体采用丝缝砌法，支摘窗装修，如意踏跺三级，另于厢房北山墙软心海棠池做法。院落南侧设平顶廊四间，梅花方柱，素面挂檐板。

12号院：院落西侧中间辟门，院内北房四间，过垄脊，合瓦屋面，檐下单层方椽，墙体采用丝缝砌法，支摘窗装修。西侧北房三间，过垄脊，合瓦屋面，封护檐后檐墙，鸡嗉檐形式砖檐，前檐装修为现代门窗。

现为居民院。

10号院正房

12号院南侧平顶游廊

蓑衣胡同13号

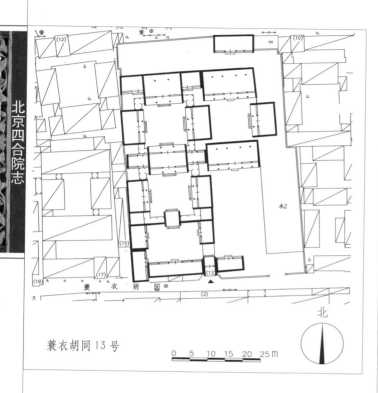

蓑衣胡同13号

0 5 10 15 20 25m

北

位于东城区交道口街道。该院坐北朝南，两路四进院落。清代晚期建筑。

西路：大门位于此路院落东南隅，蛮子大门一间，清水脊，合瓦屋面，梅花形门簪四枚，红色板门两扇，两侧带余塞板，圆形门墩一对。大门外撇山影壁，门内一字影壁一座。大门东侧倒座房二间、西侧五间，过垄脊，合瓦屋面，前檐装修为现代门窗。一进院内北侧一殿一卷式垂花门一座，方形垂

大门外景

柱头，圆形门墩一对。垂花门两侧连接看面墙和抄手游廊，看面墙上开什锦窗。东、西厢房各三间，

栏板砖雕

平顶，檐下带素面木挂檐板，前檐装修为现代门窗。二进院内正房三间，前后廊，过垄脊，合瓦屋面，前檐装修为现代门窗，室内木地板。正房两侧耳房各二间，过垄脊，合瓦屋面。东、西厢房各三间，前出廊，过垄脊，合瓦屋面，前檐装修为现代门窗，室内木地板。厢房南侧厢、耳房各一间。院内以抄手游廊连接各房，廊柱间装饰变形寿字间菱形棍心倒挂楣子和花牙子。院内房屋以廊子连接各房屋，平顶，廊柱间带倒挂楣子、花牙子，北侧廊屋顶上部有类似栏板的矮墙，栏板上砖雕回纹框并装饰有圆瓦当篆字。三进院内正房三间，前出廊，清水脊，合瓦屋面，前檐装修为现代门窗。正房两侧耳房各一间。东、西厢房各三间，前出廊，清水脊，合瓦屋面，脊饰花盘子，前檐装修为现代门窗。

东路：院落前部一进院落改建为现代楼房。保存后部二进院，二进院正房五间，前后廊，清水脊，合瓦屋面，前檐装修为现代门窗。三进院内正房五间，前后廊，清水脊，合瓦屋面，前檐装修为现代门窗。东厢房三间，前出廊，清水脊，合瓦屋面，前檐装修为现代门窗。院内各房屋以廊子连接。四进院为东西两路连通的院落，有后门一座，为现代红机砖砌筑，后门西侧后罩房六间，东侧四间，均为后翻建。

现为居民院。

蓑衣胡同17号

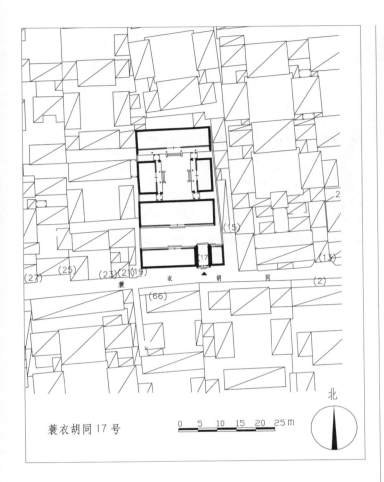

蓑衣胡同17号

0 5 10 15 20 25 m

北

一进院北房后檐彩画

代门窗。东、西厢房各三间，前出廊，过垄脊，合瓦屋面，山墙已翻建为红机砖，前檐装修为现代门窗。另在厢房与正房、一进北房后檐之间有平顶游廊各一间，梅花方柱，装饰如意头挂檐板及灯笼框式倒挂楣子。

现为居民院。

二进院平顶游廊

位于东城区交道口街道。该院坐北朝南，二进院落。清代末期至民国初期建筑。

大门位于院落东南隅，一间，清水脊，合瓦屋面，檐下双层方椽，素面戗檐，墙体采用丝缝砌法，现大门已封堵。大门东侧门房一间，封后檐墙，局部墙体已翻建，屋面翻建为机瓦，前檐装修为现代门窗。大门西侧倒座房四间，封后檐墙，局部墙体已翻建，屋面翻建为机瓦，前檐装修为现代门窗。

一进院北房五间，合瓦屋面，脊式不详，檐下双层方椽，老檐出后檐墙，山墙已翻建为红机砖，前檐装修为现代门窗。

二进院正房五间，前出廊，清水脊，合瓦屋面，墙体采用丝缝砌法，前檐装修为现

板厂胡同9号

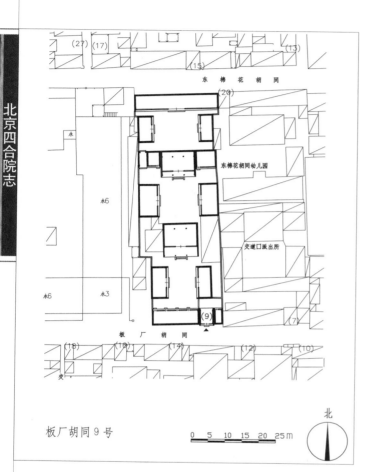

板厂胡同9号

0 5 10 15 20 25m

北

大门寿字棍心倒挂楣子

位于东城区交道口街道。该院坐北朝南，三进院落。民国时期建筑。

大门位于院落东南隅，如意大门形式，进深五檩，清水脊，合瓦屋面，脊饰花盘子，戗檐装饰梅鹿图案砖雕，墀头为花篮砖雕，

门头砖雕

博缝头饰万事如意图案砖雕，双扇红漆板门，六角形门簪两枚，镌刻"平安"字样，门楣砖雕装饰，门头栏板装饰，方形门墩一对，门内后檐装饰倒挂楣子。大门东接门房一间，清水脊，合瓦屋面，脊饰花盘子。西接倒座房四间，过垄脊，合瓦屋面，前檐装修为现代门窗。迎门座山影壁一座，筒瓦屋面，椽头雕刻万字装饰，硬影壁心。

一进院正房三间，前出平顶廊，廊柱间装饰盘长如意倒挂楣子及花牙子，前檐饰如意头挂檐板，前檐装修为现代门窗。东、西厢房各三间，鞍子脊，合瓦屋面，墙体丝缝砌法，前檐装修为现代门窗。

二进院正房三间，前后廊，清水脊，合瓦屋面，脊饰花盘子，前檐装修为现代门窗。正房两侧各接耳房二间，为原址翻建，其西耳房外半间为门道。东、西厢房各三间，鞍子脊，合瓦屋面，前檐装修为现代门窗。

三进院后罩房五间，东、西厢房各三间，均为鞍子脊，合瓦屋面，前檐装修为现代门窗。

现为居民院。

板厂胡同11号

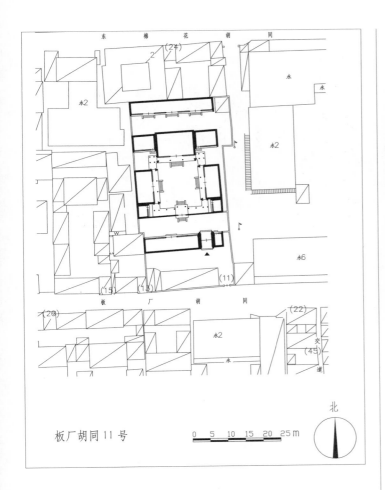

板厂胡同11号

0 5 10 15 20 25m

北

位于东城区交道口街道。该院坐北朝南，三进院落。民国时期建筑。

广亮大门

大门位于院落东南隅，广亮大门一间，合瓦屋面，前檐檐檩绘苏式彩画，后檐装饰雀替。大门为双扇板门，两侧带余塞板，门前为礓磋儿坡道。大门东侧倒座房一间，西侧五间，均为过垄

一殿一卷式垂花门

脊，合瓦屋面，前檐装修为现代门窗。

一进院北侧一殿一卷式垂花门一座，大门为双扇板门，上带门钹一对，两侧带余塞板，梅花形门簪两枚。垂花门檐下装饰精美镂砖雕板及彩绘，方形垂莲柱头，门前出垂带踏跺四级，并有方形门墩一对。

二进院正房三间，前出廊，过垄脊，合瓦屋面，檐下绘箍头彩画，明间前出垂带踏跺五级，前檐装修为现代门窗。正房两侧各接耳房二间，过垄脊，合瓦屋面，前檐装修为现代门窗。东、西厢房各三间，前出廊，过垄脊，合瓦屋面，前檐装修为现代门窗。二进院内各房均有四檩卷棚游廊连接，游廊檐下做卧蚕步步锦棂心倒挂楣子及镂砖雕牙子。

三进院内有后罩房七间。

现为居民院。

板厂胡同19号

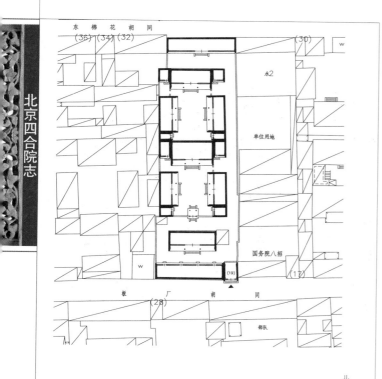

板厂胡同19号

一进院正房

位于东城区交道口街道。该院坐北朝南，四进院落。民国时期建筑。

大门位于院落东南隅，如意大门形式，披水排山脊，合瓦屋面，饧檐装饰葡萄图案砖雕，双扇红漆板门，门楣万不断雕刻，门头砖雕装饰，圆形门墩一对，门内后檐饰精

大门及倒座房

美饧檐砖雕。西接倒座房四间，过垄脊，合瓦屋面，老檐出后檐墙，前檐装修为现代门窗。

一进院正房三间，前出廊，披水排山脊，合瓦屋面，前檐装修为现代门窗。

二进院正房三间，前出廊，鞍子脊，合瓦屋面，老檐出后檐墙，明间出垂带踏跺四级，前檐装修为现代门窗。两侧各带耳房一间，鞍子脊，合瓦屋面，前檐装修为现代门窗。东、西厢房各三间，前出廊，其东厢房已翻机瓦屋面，西厢房清水脊，合瓦屋面，脊饰花盘子，前檐装修为现代门窗，鸡嗉檐封后檐墙。东、西厢房南侧各接耳房一间。

三进院正房三间，前出廊，过垄脊，合瓦屋面，老檐出后檐墙，明间出垂带踏跺三级，前檐装修为现代门窗。两侧各接耳房一间，已翻机瓦屋面，前檐装修为现代门窗。东、西厢房各三间，前出廊，其东厢房为清水脊，合瓦屋面，脊饰花盘子，西厢房为鞍子脊，合瓦屋面，前檐装修为现代门窗，抽屉檐封后檐墙。东、西厢房南侧各接耳房一间。

四进院后罩房五间，已挑顶翻建。

中华人民共和国成立后，朝鲜大使馆曾在此设立。现为居民院。

板厂胡同21号

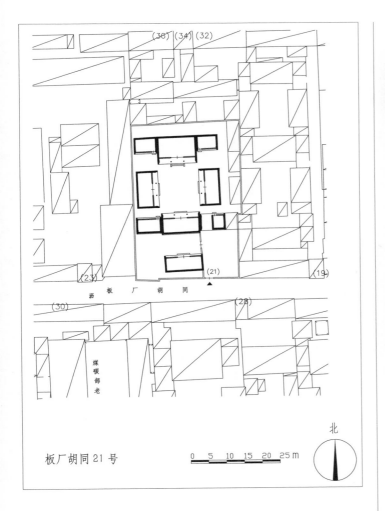

板厂胡同21号

街门

屋面，前檐装修为现代门窗。东、西厢房各三间，其东厢房为鞍子脊，合瓦屋面，为原址翻建，西厢房为过垄脊，合瓦屋面，前檐装修为现代门窗。

现为居民院。

位于东城区交道口街道。该院坐北朝南，二进院落。民国时期建筑。

街门一座，为后修便门。外院位于主院前西南角，屏门一座，东向。

一进院内南房三间，过垄脊，合瓦屋面，前檐装修为现代门窗。

二进院内正房三间，前出廊，过垄脊，合瓦屋面，前檐装修为现代门窗。两侧各接耳房二间，过垄脊，合瓦屋面，前檐装修为现代门窗。南房三间，过垄脊，合瓦屋面，前檐装修为现代门窗，老檐出后檐墙。两侧各接耳房二间，其东耳房西侧一间为过道，鞍子脊，合瓦屋面，西耳房为过垄脊，合瓦

正房

板厂胡同23号、25号

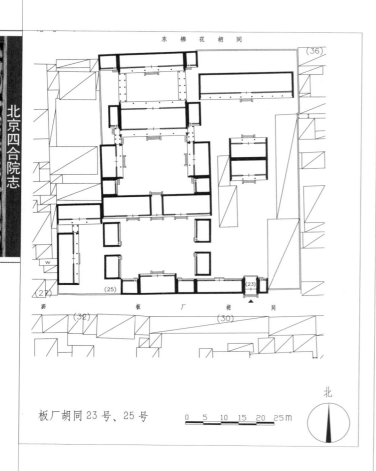

板厂胡同23号、25号

位于东城区交道口街道。该院坐北朝南，两路三进院落，西南带花园一座。清代末期至民国时期建筑。

大门位于院落东南隅，金柱大门一间，清水脊，合瓦屋面，戗檐砖雕麒麟图案，双扇板门，六角形门簪四枚，前檐柱间装饰雀替，圆形门墩一对。大门东接门房一间，西接倒座房五间，均已翻机瓦屋面，前檐装修为现代门窗。

西路：一进院北房九间，中间三间为清水脊，合瓦屋面，脊饰花盘子，明间为门道，两侧各三间为鞍子脊，合瓦屋面，前檐装修为现代门窗。南房三间，为原址翻建。南房两侧各接耳房一间，鞍子脊，合瓦屋面，前檐装修为现代门窗。东、西厢房南北各一栋，均二间，过垄脊，合瓦屋面，前檐装修为现代门窗。二进院北房三间，前出廊，清水脊，合瓦屋面，脊饰花盘子，前檐装修为现代门窗，老檐出后檐墙。两侧各接耳房一间，均已翻建。东、西厢房各三间，清水脊，合瓦屋面，脊饰花盘子，前檐装修为现代门窗，封后檐墙。三进院后罩房三间，鞍子脊，合瓦屋面，前檐装修为现代门窗。

东路：正房九间，清水脊，合瓦屋面，脊饰花盘子，三间为一栋（仅在脊上加以区分），前檐装修为现代门窗。北房前两卷勾连搭房一座，三间，已翻机瓦屋面，前檐装修为现代门窗。

花园位于院落西南角（25号），院内有北房三间，已翻机瓦屋面，前檐装修为现代门窗。西侧有游廊五间，柱间装饰倒挂楣子和花牙子。

现为居民院。

23号院大门

福祥胡同1号、3号

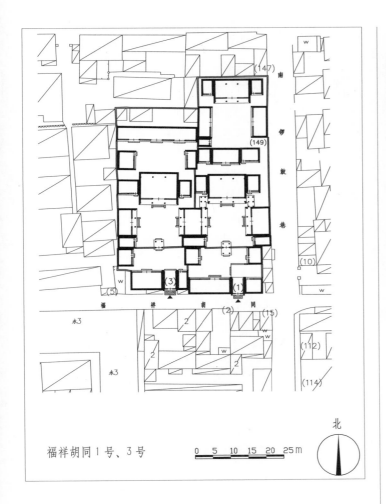

福祥胡同1号、3号

    0 5 10 15 20 25m

北

1号院大门

    位于东城区交道口街道。该院坐北朝南，东西并列两路，三进院落。清代末期建筑。

    1号院：大门位于该院东南隅，如意大门一间，进深五檩，清水脊，合瓦屋面，檐下双层方椽，设双扇板门，并镌刻楹联，上联：宏谟彰议论，下联：远志发光华。梅花形门簪两枚，门头采用套沙锅套花瓦形式，后檐柱间饰步步锦棂心倒挂楣子，花牙子遗失。门前踏跺数级，圆形门墩一对。大门东接门房二间，已拆改翻建为商铺。大门西接倒座房四间，鞍子脊，合瓦屋面，封护檐后檐墙，鸡嗉檐形式砖檐，前檐装修为现代门窗。门内迎门一字影壁一座，筒瓦顶，撞头采用砖

砌，抹灰影壁心做法。一进院东厢房二间，过垄脊，合瓦屋面，前檐装修为现代门窗。西厢房二间，现已拆改。一进院北侧设垂花门一座，悬山顶，清水脊，筒瓦屋面，圆形门墩一对，风化严重。

    二进院正房三间，前出廊，清水脊，合瓦屋面，檐下双层方椽，前檐装修为现代门窗。正房两侧接耳房各

一字影壁

一间，合瓦屋面，前檐装修为现代门窗，其中东耳房已拆除改建。东厢房三间，现已拆除改建。西厢房三间，为过厅，前后廊，屋

第二篇

东城区四合院

323

1号院二进院正房

面已翻建为机瓦，梁架绘箍头彩画，前檐装修为现代门窗。厢房南侧原各接厢、耳房一间，现均已拆改无存。

三进院正房三间，合瓦屋面，前檐装修为现代门窗。正房东侧接耳房二间，西侧接耳房一间，均已翻建。

现为居民院。

3号院：如意大门一间，进深五檩，屋面已翻建为机瓦，双扇红漆板门，梅花形门簪两枚，门前出如意踏跺五级，方形门墩一对，西侧门墩残毁。大门东接门房一间，现已拆改，西接倒座房三间，屋面已翻建为机瓦，前檐装修为现代门窗。一进院西厢房二间，屋面已翻建为机瓦，前檐装修为现代门窗。北侧中部原设垂花门一座，现已无存。

二进院正房三间，前出廊，清水脊，合瓦屋面，老檐出后檐墙，墙体上身采用丝缝

二进院正房戗檐砖雕

3号院二进院正房

砌法，下碱采用角柱石做法，戗檐砖雕葡萄图样，可见箍头彩画，前檐装修为现代门窗。正房东接耳房一间，屋面已翻建为机瓦，前檐装修为现代门窗，西接耳房二间，现已拆改翻建。东厢房三间，即为福祥胡同3号院西厢房。西厢房三间，前出廊，屋面已翻建为机瓦，前檐装修为现代门窗。

三进院后罩房七间，进深五檩，屋面已

三进院西厢房隔扇风门装修

翻建为机瓦，设踏跺四级，前檐装修为现代门窗。东厢房二间，为后期原址翻建。西厢房二间，屋面已翻建为机瓦，前檐装修为现代门窗。另院内残存隔扇风门四扇，如意头纹样裙板，斜方格棂心，现置于后罩房东侧。

现为居民院。

福祥胡同5号

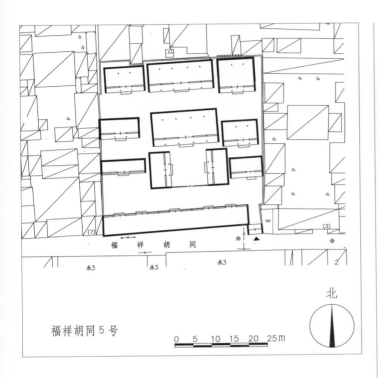

福祥胡同5号

中路二进院正房

位于东城区交道口街道。该宅院坐北朝南，分东、中、西三路，三进院落。民国时期建筑。

大门位于院落东南隅，小门楼形式，过垄脊，筒瓦屋面，大门山面山尖处有砖雕花卉装饰。大门西侧倒座房十三间，清水脊，合瓦屋面，前檐装修为夹门窗和槛墙、支摘窗，上带横披窗，步步锦棂心。

中路：一进院北侧二门一座，为小门楼形式，硬山顶，过垄脊，筒瓦屋面。二门两侧连接看面墙。二进院内正房五间，前后廊，披水排山脊，合瓦屋面，前檐明间隔扇风门，次、梢间槛墙、支摘窗，棂心后改，老檐出后檐墙。东、西厢房各三间，前出廊，披水排山脊，合瓦屋面，前檐装修为现代门窗。三进院内正房五间，前出廊，披水排山脊，合瓦屋面，前檐装修为现代门窗，老檐出后檐墙。

西路：一进院北房三间，翻建。二进院北房三间，前出廊，过垄脊，合瓦屋面。三进院内正房三间，前后廊，过垄脊，合瓦屋面。

东路：一进院北房三间，翻建。二进院内北房三间，前后廊，过垄脊，合瓦屋面。三进院内正房三间，前后廊，过垄脊，合瓦屋面。

现为居民院。

大门外景

中路二进院东厢房

福祥胡同11号（王树常故居）

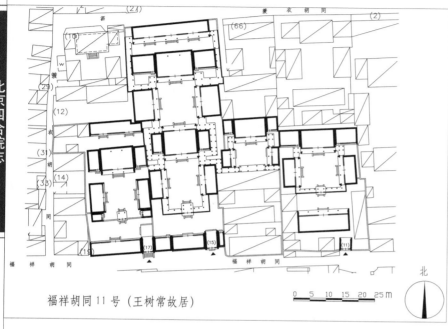

福祥胡同11号（王树常故居）

大门位于院落东南隅，如意大门一间，进深六檩，与倒座房联为一体，清水脊，合瓦屋面，门楣栏板有砖雕装饰，双扇板门，梅花形门簪两枚，现仅余一枚，栏板原有雕饰，现已无存。方形门墩一对，仅余东侧方形门墩，且损毁风化严重。倒座房五间，清水脊，合瓦屋面，前出廊，前檐装修为现代门窗，老檐出后檐墙。一进院北侧中央原有垂花门一座，现已无存。

二进院正房三间，前出廊，屋面已翻建为机瓦，前檐装修为现代门窗。正房两侧各接耳房二间，合

位于东城区交道口街道。该院坐北朝南，二进院落，带西跨院。民国时期建筑。

大门门楣雕饰

大门

二进院西厢房

326

西跨院东房抄手游廊

瓦屋面，前檐装修为现代门窗。东、西厢房各三间，前出廊，清水脊，合瓦屋面，前檐装修为现代门窗。院内各房原有抄手游廊衔接，今已无存。

西跨院正房三间，前出廊，过垄脊，合瓦屋面，两山垂脊做箍头脊形式，局部保留民国时期装修，其余装修改为现代门窗。正房两侧各接耳房一间，过垄脊，合瓦屋面，垂脊做箍头脊形式，前檐装修为现代门窗。东、西厢房各二间，过垄脊，合瓦屋面，前檐装修为现代门窗。跨院内各房均有抄手游廊衔接，四檩卷棚形式，过垄脊，筒瓦屋面，现仅存部分游廊。

院落原由 11 号、13 号两个院组成，为

西跨院正房明间装修

西跨院正房东耳房

爱国将领王树常住宅，13 号院后被分拆出售。

王树常（1885—1960），生于辽宁省沈阳市，青年时考入奉天大学堂，曾两次东渡日本学习军事。北洋政府分裂后，他投身张作霖麾下，与张氏父子间保持着几十年的亲密交往，参加第一、第二次直奉战争晋升上将军衔，后出任北洋政府顾维钧内阁陆军次长、陆军第 3 方面军团第 10 军军长。九一八事变后，王树常以河北省主席的身份平定了由日本人收买汉奸、地痞组成的天津"便衣队"暴乱，并在改任平津卫戍司令、军委会北平分会委员期间，赞同中国共产党停止内战、一致抗日的主张，同情学生抗日救亡的爱国运动，曾释放过一些被捕爱国学生和中共地下党员。西安事变后，王树常先后拒绝甘肃绥靖公署主任、豫皖绥靖公署主任等职务。抗战爆发后，王树常辞去军事参议院副院长职务，闲居香港、北平。新中国成立以后，王树常曾担任中华人民共和国水电部参事，第二、三届全国政协委员。1960 年因病去世。

现为居民院。

福祥胡同15号

福祥胡同 15 号

0 5 10 15 20 25 m

北

二门

位于东城区交道口街道。该院坐北朝南，四进院落。民国时期建筑。

大门位于院落东南隅，如意大门形式，清水脊，合瓦屋面，门楣、栏板砖雕宝瓶图案，梅花形门簪两枚，圆形门墩一对，前出如意踏跺两级。大门西侧倒座房三间，东侧半间，过垄脊，合瓦屋面。

一进院北侧有蛮子门形式二门一座，过垄脊，合瓦屋面，梅花形门簪四枚，方形门墩一对，门内顶部为井口天花，后檐柱间饰

大门及倒座房

盘长如意棂心倒挂楣子。

二进院内南房位于二门两侧，西侧四间，东侧一间，过垄脊，合瓦屋面。正房三间，披水排山脊，合瓦屋面，前后廊，前檐装修为现代门窗。正房东侧抄手游廊，通三进院，游廊为梅花方柱，柱间带步步锦棂心倒挂楣子。东、西厢房各三间，披水排山脊，合瓦屋面，前出廊。

三进院正房三间，披水排山脊，合瓦屋面，前后廊，博缝头砖雕万事如意图案，正房两侧耳房各二间，披水排山脊，合瓦屋面，正房两侧带转角廊。东、西厢房各三间，披水排山脊，合瓦屋面，前出廊，十字方格棂心横披窗装修保存，廊心砖砖雕花卉。

四进院后罩房七间，披水排山脊，合瓦屋面，有窝角廊。

现为居民院。

二门倒挂楣子局部木雕

福祥胡同17号

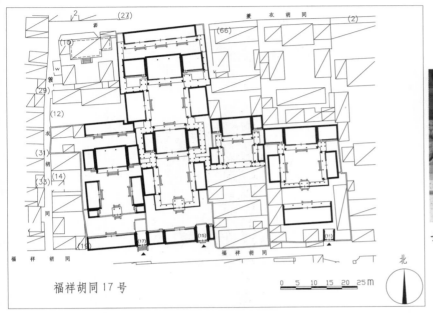

福祥胡同17号

如意大门门楣栏板雕饰

位于东城区交道口街道。该院坐北朝南，三进院落。民国时期建筑。

大门位于院落东南隅，如意门形式，清水脊，合瓦屋面，门楣、栏板装饰砖雕，梅花形门簪两枚，方形门墩一对，前出垂带踏跺四级，后檐柱间饰步步锦棂心倒挂楣子。大门内外各有一字影壁一座。大门西侧倒座房五间，东侧二间，过垄脊，合瓦屋面。二门已拆。

二进院正房三间，过垄脊，合瓦屋面，前后廊，梁架绘箍头彩画。正房两侧各带一间耳房，过垄脊，合瓦屋面。东、西厢房各三间，过垄脊，合瓦屋面。由正房西侧可通后院。

三进院有后罩房六间，过垄脊，合瓦屋面。该院内建筑前檐装修均为现代门窗。

现为居民院。

大门及倒座房

二进院东厢房

炒豆胡同7号

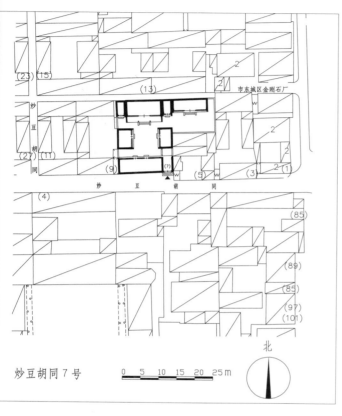

炒豆胡同7号

0 5 10 15 20 25m

北

大门

正房

位于东城区交道口街道。该院坐北朝南，一进院落。民国时期建筑。

大门位于院落东南隅，如意门形式，与倒座房连为一体，机瓦屋面，双扇红漆板门，装饰梅花形门簪四枚，方形门墩一对，踏跺四级。大门西侧倒座房四间，已翻机瓦屋面，菱角檐封后檐墙，前檐拱券式门窗装修。门内迎门座山影壁一座，海棠池软影壁心。院内正房三间，过垄脊，合瓦屋面，前接平顶廊，如意头挂檐板装饰，前檐装修为现代门窗。两侧各接耳房一间，拱券式门窗装修。东、西厢房各二间，为原址翻建，机瓦屋面。东跨院有正房三间，为原址翻建。

现为居民院。

炒豆胡同13号

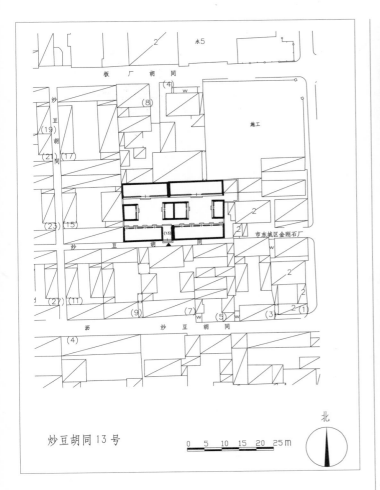

炒豆胡同13号

0　5　10　15　20　25m

北

东厢房

西院正房及西厢房

大门

位于东城区交道口街道。该院坐北朝南，东西并联两路一进院落。民国时期建筑。

大门一间，开于西院南房东梢间，双扇红漆板门。

西院正房五间，过垄脊，合瓦屋面，前檐装修为现代门窗。大门西侧南房四间，过垄脊，合瓦屋面，抽屉檐封后檐墙，前檐装修为现代门窗。东、西厢房各二间，鞍子脊，合瓦屋面，前檐装修为现代门窗。

东院北房五间，过垄脊，合瓦屋面，前檐装修为现代门窗。南房五间，过垄脊，合瓦屋面，抽屉檐封后檐墙，前檐装修为现代门窗。东、西厢房各二间，鞍子脊，合瓦屋面，前檐装修为现代门窗。东西两院北房连为一体，西院东厢与东院西厢两卷呈勾连搭形式。

现为居民院。

炒豆胡同31号

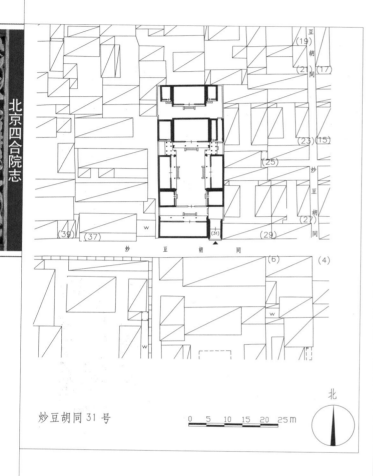

炒豆胡同31号

位于东城区交道口街道。该院坐北朝南，三进院落。清代末期建筑。

大门位于院落东南隅，广亮大门形式，清水脊，合瓦屋面，脊饰花盘子，双扇红漆板门，梅花形门簪四枚，门外檐柱装饰雀替，圆形门墩一对，门内后檐柱间装饰雀替，绘

大门后檐雀替

箍头彩画。大门西接倒座房四间，前出廊，已翻机瓦屋面，鸡嗉檐封后檐墙，前檐装修为现代门窗。院内原有二门，现已拆除。

大门

二进院正房三间，前出廊，披水排山脊，合瓦屋面，前檐装修为现代门窗。两侧各接耳房二间，其东耳房东间为过道，合瓦屋面，前檐装修为现代门窗。东、西厢房各三间，前出廊，披水排山脊，合瓦屋面，前檐装修为现代门窗。南侧各接耳房二间，均改建。院内各房均有四檩卷棚转角廊相连，已翻机瓦屋面。

三进院正房三间，已翻机瓦屋面，墙体丝缝砌法，前檐装修为现代门窗。两侧各接耳房一间，已翻机瓦屋面，前檐装修为现代门窗。

现为居民院。

二进院正房

炒豆胡同39号

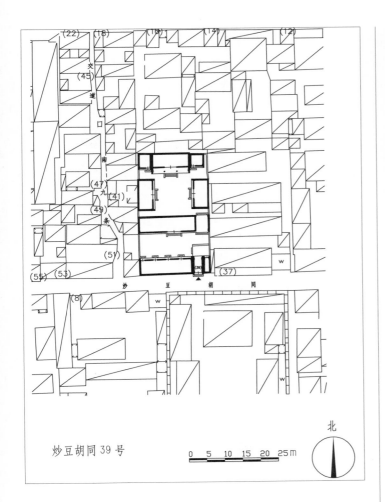

炒豆胡同39号

北

0 5 10 15 20 25m

位于东城区交道口街道。该院坐北朝南，二进院落。清代末期建筑。

大门位于院落东南隅，蛮子大门形式，过垄脊，合瓦屋面，双扇红漆板门，两侧带

大门及倒座房

一进院正房

余塞板，梅花形门簪两枚，门外方形门墩一对，如意踏跺两级，门内后檐装饰步步锦棂心倒挂楣子。门内原影壁墙已拆除。东接门房一间，鞍子脊，合瓦屋面，西接倒座房四间，清水脊，合瓦屋面，菱角檐封后檐墙，前檐装修为现代门窗。

一进院正房五间，其东侧间为门道，过垄脊，合瓦屋面，门道装饰步步锦棂心倒挂楣子。

二进院正房三间，前出廊，披水排山脊，合瓦屋面，明间隔扇风门，灯笼锦棂心，次间槛墙、支摘窗，十字方格棂心，上部均饰步步锦棂心横披窗，明间出垂带踏跺四级。两侧各接耳房一间，过垄脊，合瓦屋面，前檐装修为现代门窗。东、西厢房各三间，披水排山脊，合瓦屋面，前檐装修为现代门窗。

现为居民院。

炒豆胡同63号、61号，板厂胡同26号

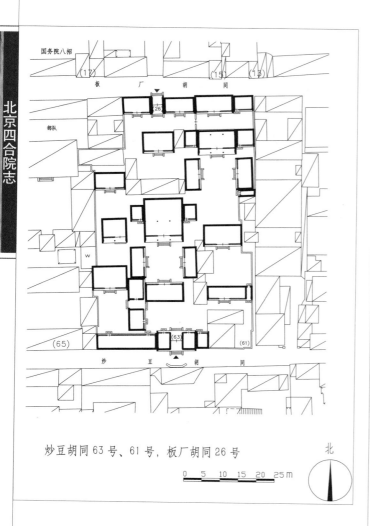

炒豆胡同63号、61号，板厂胡同26号

0　5　10　15　20　25m

北

国务院八招

位于东城区交道口街道。该院坐北朝南，中、东、西三路，四进院落。清代末期至民国时期建筑。

中路（炒豆胡同63号、板厂胡同26号）：三间一启大门，铃铛排山脊，合瓦屋面，山墙饰铃铛排山，戗檐装饰砖雕，明间广亮大门装修，双扇实榻板门，饰梅花形门簪四

戗檐砖雕

枚，上为走马板装饰，圆形门墩一对，原有垂带踏跺，现已部分掩埋，门内条石墁地。大门对面原有八字影壁一座，现已改建。东接门房一间，西接倒座房六间，披水排山脊，合瓦屋面，菱角檐封后檐墙，前檐装修为现代门窗。二进院正房三间，呈两卷勾连搭形式，前出廊，过垄脊，筒瓦屋面，瓦当及滴水饰砖雕图案，正房前部山墙已部分翻建，后部山墙饰铃铛排山。两侧各接耳房一间，披水排山脊，合瓦屋面，冰盘檐，山墙饰铃铛排山，其东耳房现已翻建。南房三间，为民国时期添建，过垄脊，合瓦屋面，前檐装修为现代门窗。东、西厢房各三间，披水排

63号院大门

中路二进院正房

中路二进院西厢房

山脊,合瓦屋面,前檐装修为现代门窗。西
庑房南侧接顺山庑房五间,鞍子脊,合瓦屋
面,明间为过道(可通西跨院)。西跨院正房
三间,过垄脊,合瓦屋面,前檐装修为现代
门窗。三进院现已封闭成天井,正房三间无
法进入。四进院后门一间(板厂胡同26号),
广亮大门形式,披水排山脊,合瓦屋面,双
扇红漆板门,饰圆形砖雕门簪四枚,圆形门
墩一对,门内后檐饰工字步步锦棂心倒挂楣
子。两侧各接北房三间,东侧三间为合瓦屋
面,西侧三间已翻机瓦屋面,前檐装修为现
代门窗。院内东侧有二门(通东路四进院)。

东路(炒豆胡同61号,板厂胡同26号):
一进院北房四间,已翻机瓦屋面,其东侧间
的西半间为门道,前檐装修为现代门窗。二
进院北房三间,为原址翻建。三进院正房三
间,前后廊,已翻机瓦屋面,山墙已翻建,
老檐出后檐墙,前檐装修为现代门窗,明间
出踏跺四级。东、西厢房各三间,过垄脊,

板厂胡同26号院大门

合瓦屋面,前檐装修为现代门窗。其东厢南
接耳房一间,平顶,前檐装修为现代门窗。
四进院后罩房三间,已翻机瓦屋面,前檐装
修为现代门窗。东接耳房一间,翻机瓦屋面,
前檐装修为现代门窗。

西路(炒豆胡同63号):一进院正房三
间,鞍子脊,合瓦屋面,前檐装修为现代门窗。
二进院北房二间,三进院北房三间,均为过
垄脊,合瓦屋面,前檐装修为现代门窗。

据传,此处曾为僧王府家族祠堂。

现为居民院。

瓦当和滴水

炒豆胡同67号、板厂胡同28号

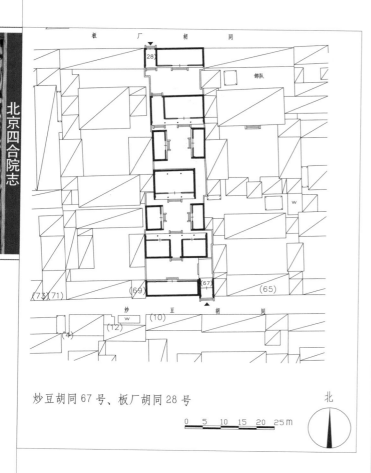

炒豆胡同 67 号、板厂胡同 28 号

0 5 10 15 20 25m

北

67号院大门

位于东城区交道口街道，该院坐北朝南，四进院落（第一进、第二进为炒豆胡同 67 号，第三进、第四进为板厂胡同 28 号）。清代末期至民国时期建筑。

大门位于院落东南隅，广亮大门形式，清水脊，合瓦屋面，脊饰花盘子，墙体丝缝砌法，双扇红漆板门，上饰扣环一对，圆形门簪四枚，圆形门墩一对。大门西接倒座房五间，清水脊，合瓦屋面，墙体丝缝砌法，前檐装修为现代门窗。

二进院正房三间，前出廊，过垄脊，合瓦屋面，前檐装修为现代门窗，老檐出后檐墙。南房五间，明间为门道，前出廊，鞍子脊，合瓦屋面，廊柱间装饰步步锦棂心倒挂楣子，前檐装修为现代门窗。东、西厢房各

三间，其东厢为平顶机瓦屋面，抽屉檐封后檐墙，西厢为原址翻建。

三进院正房三间，前出廊，合瓦屋面，其西次间为门道，前檐装修为现代门窗。东、西厢房各三间，其西厢房已翻建，东厢房为鞍子脊，合瓦屋面，前檐装修为现代门窗。

四进院后罩房四间，鞍子脊，合瓦屋面，抽屉檐封后檐墙，其西侧间为后门，便门形式，过垄脊，合瓦屋面，前檐装修为现代门窗。

现为居民院。

三进院西厢房

炒豆胡同69号

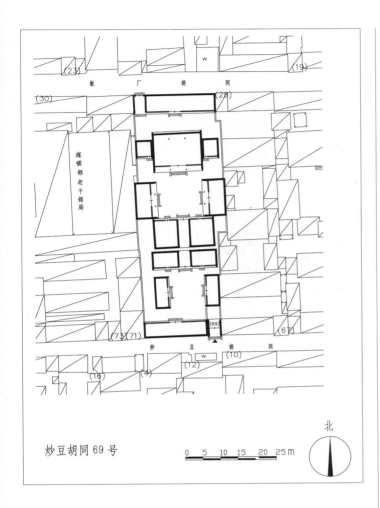

炒豆胡同69号

大门

二进院正房三间，前后廊，清水脊，合瓦屋面，脊饰花盘子，老檐出后檐墙，明间夹门窗，方框嵌菱形棂心，檐下箍头彩画。两侧各接耳房一间，清水脊，合瓦屋面，脊饰花盘子，前檐装修为现代门窗。南房五间，明间为过道，平顶屋面，拱券门窗装修。东、西厢房各三间，前出廊，清水脊，合瓦屋面，脊饰花盘子，前檐装修为现代门窗。

三进院后罩房七间，进深七檩，清水脊，合瓦屋面，脊饰花盘子，鸡嗉檐封后檐墙，其东梢间现辟为后门，西洋式小门楼形式，双扇红漆板门，其余各间采用十字方格棂心门窗装修。

现为居民院。

位于东城区交道口街道。该院坐北朝南，三进院落。清代末期至民国时期建筑。

大门位于院落东南隅，广亮大门一间，清水脊，合瓦屋面，脊饰花盘子，戗檐装饰砖雕，双扇红漆板门，六角形门簪四枚，圆形门墩一对，门内条石墁地。大门西接倒座房五间，清水脊，合瓦屋面，鸡嗉檐封后檐墙，前檐装修为现代门窗。门内迎门座山影壁一座，硬山筒瓦屋面，抹灰软影壁心。

一进院正房五间，明间为过道，清水脊，合瓦屋面，前檐装修为现代门窗。东、西厢房各三间，清水脊，合瓦屋面，前檐装修为现代门窗。

二进院南房拱券门道

中剪子巷3号

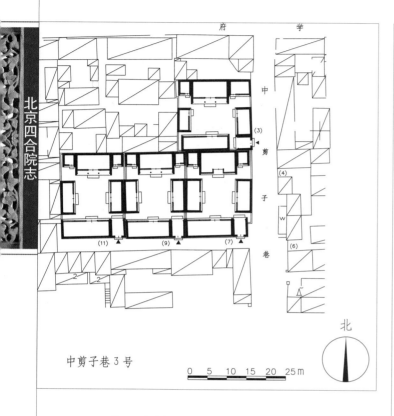

中剪子巷3号

0 5 10 15 20 25 m

北

屋面

正房

位于东城区交道口街道。该院坐北朝南，一进院落。民国时期建筑。

大门位于院落东南隅，如意大门一间，东向，清水脊，合瓦屋面，脊饰花盘子，素面门内栏板，六角形门簪浮雕荷花图案，板门两扇，素面方形门墩一对，门内步步锦倒挂楣子。院内正房三间，过垄脊，合瓦屋面，前出廊，前檐明间隔扇风门，次间槛墙、支摘窗，棂心后改。东耳房二间、西耳房一间，过垄脊，合瓦屋面，前檐装修为现代门窗。东、西厢房各二间，鞍子脊，合瓦屋面，前檐装修为门连窗，槛墙、支摘窗，棂心后改。南房四间，鞍子脊，合瓦屋面，前檐装修为现代门窗。

现为居民院。

大门外景

南房

中剪子巷7号、9号、11号

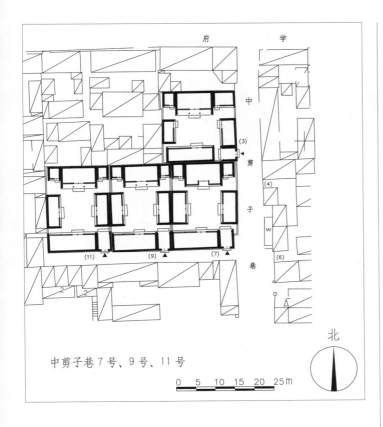

中剪子巷7号、9号、11号

0 5 10 15 20 25m

北

7号院正房

墙、支摘窗，棂心后改。正房两侧耳房各一间，鞍子脊，合瓦屋面，前檐装修为现代门窗。东、西厢房各三间，鞍子脊，合瓦屋面（西厢房后改水泥机瓦屋面），前檐装修为现代门窗。倒座房四间，鞍子脊，合瓦屋面，前檐装修为现代门窗，封后檐墙。

9号院原大门位于院落东南隅，毁坏，现改为随墙门。院内正房三间，过垄脊，合瓦屋面，前出廊，前檐装修为现代门窗。正房两侧耳房各一间、过垄脊，合瓦屋面，前檐装修为门连窗，槛墙、支摘窗，棂心后改。东、西厢房翻建。南房四间，过垄脊，合瓦屋面，前檐装修为现代门窗，封后檐墙。

11号院大门位于院落东南隅，如意大门

位于东城区交道口街道。三个院子均坐北朝南，一进院落。民国时期建筑。

7号院大门位于院落东南隅，如意大门一间，清水脊，合瓦屋面。现大门已堵。后开随墙门，东向，六角形门簪，方形门墩一对。正房三间，过垄脊，合瓦屋面，前出廊，前檐明间吞廊，前檐装修明间夹门窗，次间槛

大门外景

7号院南房

第二篇

东城区四合院

9号院正房

11号院倒挂楣子

一间，清水脊，合瓦屋面，素面门楣栏板，六角形门簪两枚，板门两扇，门内步步锦倒挂楣子、花牙子。院内正房三间，过垄脊，合瓦屋面，前出廊，前檐明间隔扇风门，次间槛墙、支摘窗，棂心后改。正房两侧耳房各一间，过垄脊，合瓦屋面，前檐装修为现代门窗。东、西厢房各三间（西厢房翻建），过垄脊，合瓦屋面，前檐装修为现代门窗。大门西侧倒座房四间，后改水泥机瓦屋面，前檐明间隔扇风门，次、梢间槛墙、支摘窗，棂心后改。

7号、9号、11号三个院落建筑形制完全一致，且并排相连，推测旧时为一个家族所建。

现为居民院。

11号院正房

11号院南房

11号院外景

中剪子巷21号

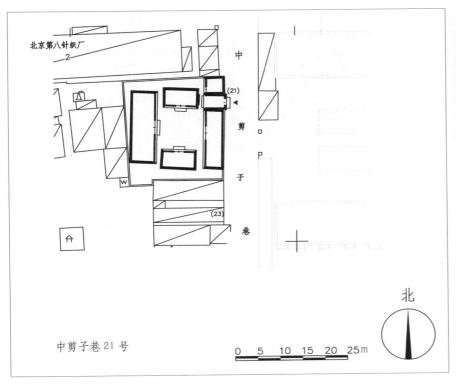

中剪子巷21号

0 5 10 15 20 25m

北

清水脊

砖雕

位于东城区交道口街道。该院坐西朝东，一进院落。民国时期建筑。

大门位于院落东北隅，东向，如意大门一间，清水脊，合瓦屋面，脊饰花盘子，栏板砖雕梅、兰、竹、菊花中"四君子"，挂落板砖雕万字、连珠纹饰，六角形门簪两枚，板门两扇，后檐柱间饰步步锦棂心倒挂楣子。

门内迎门座山影壁一座，过垄脊，筒瓦屋面，素面硬影壁心。大门北侧临街东房四间，南侧一间，鞍子脊，合瓦屋面，前檐明间隔扇风门，次、梢间槛墙、支摘窗，棂心后改，老檐出后檐。院内正房（西房）五间，鞍子脊，合瓦屋面，前檐明间隔扇风门，次、梢间槛墙、支摘窗，棂心后改，老檐出后檐墙。北厢房三间，鞍子脊，合瓦屋面，前檐明间隔扇风门，次间槛墙、支摘窗，棂心后改。南厢房三间，后改水泥机瓦屋面，前檐装修为现代门窗，老檐出后檐墙。

现为居民院。

大门外景

地安门东大街45号

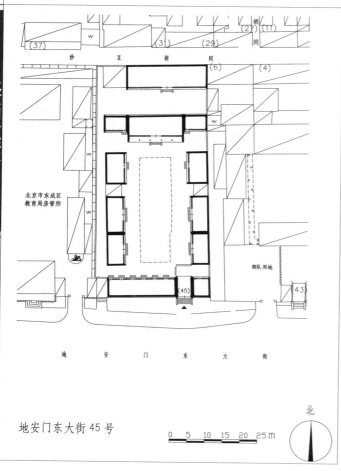

地安门东大街45号

0　5　10　15　20　25 m

北

雀替

进深五檩，清水脊，合瓦屋面，脊饰花盘子，门内后檐装饰雀替，两侧软心廊心墙，条石墁地。大门东接倒座房二间，西接倒座房六间，清水脊，合瓦屋面，脊饰花盘子，前檐装修为现代门窗。门内迎门一字影壁一座，墙帽脊，筒瓦屋面，博缝头装饰万事如意砖雕，檐下连珠纹装饰，砖砌撞头。

一进院正房五间，前出廊，披水排山脊，合瓦屋面，前檐装修为现代门窗。两侧各带耳房二间，披水排山脊，合瓦屋面，前檐装修为现代门窗，均为老檐出后檐墙。东厢房三栋，沿东院墙由南向北依次摆列。第一栋三间，过垄脊，合瓦屋面，前檐装修为现代门窗。第二栋三间，悬山顶，披水排山脊，合瓦屋面，前檐装修为现代门窗。第三栋二间，披水排山脊，合瓦屋面，菱角檐封后檐墙，前檐装修为现代门窗。西厢房三栋，沿西院墙由南向北依次摆列。第一栋三间，过垄脊，合瓦屋面，前檐装修为现代门窗。第二栋三间，悬山顶，已翻机瓦屋面，两侧带博缝板，前檐装修为现代门窗。第三栋二间，披水排山脊，合瓦屋面，菱角檐封后檐墙，前檐装修为现代门窗。院内原有方形花坛，现已拆改。

二进院后罩房七间，为原址翻建。

院落经过修缮翻建。现为居民院。

位于东城区交道口街道。该院坐北朝南，二进院落。民国时期建筑。

大门位于院落东南隅，蛮子大门形式，

大门及倒座房

地安门东大街59号

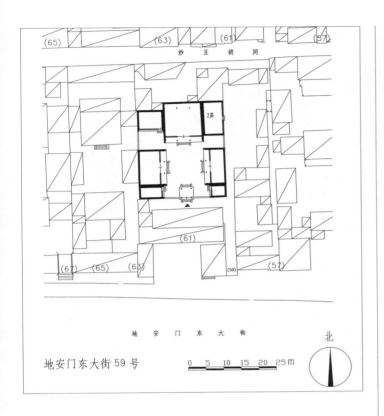

地安门东大街59号

垂莲柱和大花板

接看面墙，过垄脊，筒瓦屋面，砖砌硬影壁心。

二进院正房三间，前后廊，清水脊，合瓦屋面，脊饰花盘子，前廊柱间装饰雀替，梁架绘箍头彩画，明间五抹隔扇风门，次间支摘窗，灯笼锦棂心，明间出垂带踏跺三级。西接耳房二间，合瓦屋面，前檐装修为现代门窗。东接二层小楼一座，民国时期建筑，坐西朝东，三间，清水墙，两坡屋顶，皮瓦屋面，装饰砖壁柱与砖腰檐，灯笼锦棂心门窗装修，其东立面北次间前有木制楼梯一座，可通二层。东、西厢房各三间，前出廊，清水脊，合瓦屋面，脊饰花盘子，戗檐装饰砖雕，前廊柱装饰雀替，梁架绘箍头彩画，明间前檐装修为现代门窗，次间为支摘窗，灯笼锦棂心。厢房南侧各接厢、耳房一间，清水脊，合瓦屋面，门连窗，灯笼锦棂心。

院落经过翻建装修。现为居民院。

位于东城区交道口街道。该院坐北朝南，二进院落。清代末期至民国时期建筑。

原一进院落现已拆除，原形制无从考证。二进院单卷垂花门一座，进深五檩，悬山顶，清水脊，筒瓦屋面，双扇红漆板门，两侧带余塞板，装饰梅花形门簪四枚，镂刻花卉图案，门外装饰花板、垂莲柱头及雀替，圆形门墩一对，门内两侧立柱间装饰卧蚕步步锦棂心倒挂楣子与花牙子，前后各出踏跺三级。垂花门两侧

单卷垂花门及看面墙

东厢房

第二篇

东城区四合院

地安门东大街63号

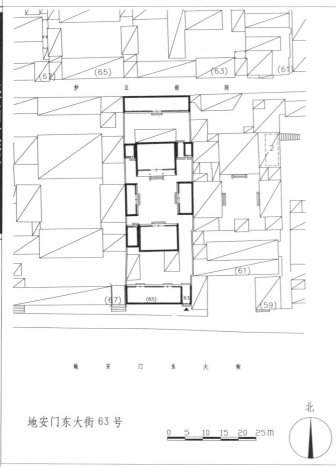

地安门东大街63号

地 安 门 东 大 街

北

0　5　10　15　20　25m

位于东城区交道口街道。该院坐北朝南，三进院落。民国时期建筑。

一进院大门及倒座房均已翻建。

二进院正房及西厢房

东厢房悬山山面

二进院正房三间，前出廊，过垄脊，合瓦屋面，明间隔扇风门，灯笼锦棂心，次间槛墙、槛窗，十字方格棂心，明间出垂带踏跺四级，正房后接平顶房，拱券式门窗装修。正房东侧接耳房二间，其西间为门道，柱间装饰步步锦棂心倒挂楣子及花牙子，均为平顶屋面，前檐饰挂檐板。南房三间，过垄脊，合瓦屋面，为原址翻建，前檐装修为现代门窗。东厢房三间，悬山卷棚顶，已翻机瓦屋面，明间前檐装修为现代门窗，次间槛墙、槛窗，十字方格棂心。西厢房三间，平顶，前檐饰挂檐板，明间隔扇风门，次间槛墙、槛窗，十字方格棂心，明间出如意踏跺三级。

三进院后罩房七间，已翻机瓦屋面，前檐装修为现代门窗。

现为居民院。

地安门东大街67号、炒豆胡同10号

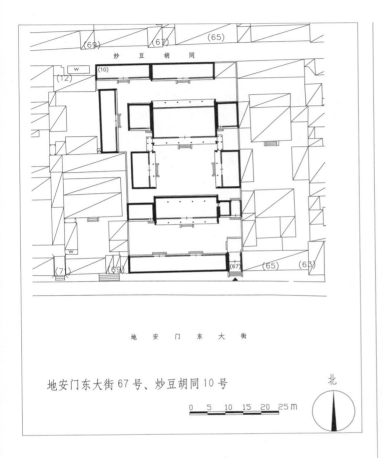

地安门东大街 67 号、炒豆胡同 10 号

0 5 10 15 20 25 m

北

位于东城区交道口街道。该院坐北朝南，三进院落。清代末期建筑。

大门位于院落东南隅，广亮大门一间，披水排山脊，合瓦屋面，戗檐装饰走兽图案砖雕，墀头为花篮砖雕，墙体上身丝缝砌法，

大门及倒座房

下碱干摆砌法。双扇红漆板门，梅花形门簪四枚，镌刻"吉祥如意"字样，门外檐柱装饰雀替，檩三件绘彩画，圆形门墩一对，垂带踏跺五级，门内后檐装饰工字步步锦棂心倒挂楣子及花牙子。大门西接倒座房九间，过垄脊，合瓦屋面，前檐装修为现代门窗。

一进院正房五间，前后廊，披水排山脊，合瓦屋面，山墙铃铛排山装饰，老檐出后檐墙，前檐明间为现代门窗，次间为槛墙、支

一进院正房及耳房

摘窗，井字玻璃屉棂心。两侧各接耳房二间，过垄脊，合瓦屋面，前檐装修为现代门窗。

二进院正房五间，前后廊，过垄脊，合瓦屋面，前檐装修为现代门窗。正房两侧各接耳房二间，其东耳房为过垄脊，合瓦屋面，前檐装修为现代门窗。东、西厢房各三间，过垄脊，合瓦屋面，前檐装修为现代门窗。

三进院在炒豆胡同 10 号开门，有后罩房五间，为原址翻建，鞍子脊，合瓦屋面。西接跨院一座，院内西房五间，过垄脊，合瓦屋面，前檐装修为现代门窗。后罩房西接北房五间，已翻机瓦屋面。

院落经过翻建。现为居民院。

地安门东大街69号

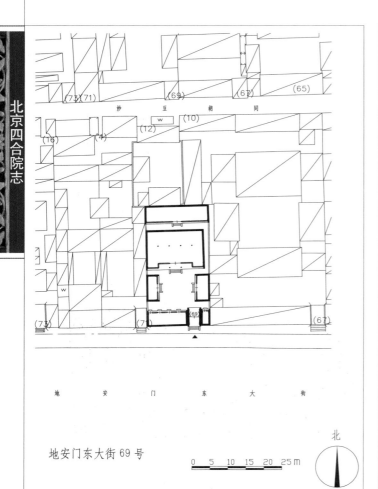

地安门东大街69号

一进院正房

他用。大门东侧门房一间，现已翻建。大门西侧倒座房三间半，东侧半间开为便门。一进院正房五间，两卷勾连搭形式，披水排山脊，合瓦屋面，前出平顶廊，明间及次间为吞廊，前檐装修为现代门窗。院内西厢房三间，平顶，前檐装修为现代门窗。东厢房三间，现已翻建。

二进院后罩房五间，过垄脊，合瓦屋面。现为居民院。

位于东城区交道口街道。该院坐北朝南，二进院落。清代末期至民国初期建筑。

原大门位于院落东南隅。现已翻建改作

一进院正房山面

大门及倒座房

地安门东大街73号、炒豆胡同16号

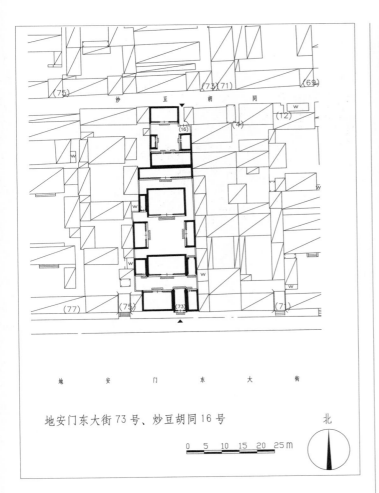

地安门东大街73号、炒豆胡同16号

北

0 5 10 15 20 25 m

73号院戗檐砖雕

前檐装修为现代门窗。西耳房一间。东、西厢房各三间，鞍子脊，合瓦屋面，前檐装修为现代门窗。

三进院后罩房五间，清水脊，合瓦屋面，前檐装修为现代门窗。

院落建筑经过修缮。现为居民院。

位于东城区交道口街道。该院坐北朝南，三进院落。清代末期至民国初期建筑。

大门位于院落东南隅，如意门一间。清水脊，合瓦屋面，门头砖雕栏板装饰，戗檐处砖雕梅花和鹿图案。梅花形门簪两枚，板门两扇，方形门墩一对，门前出如意踏跺三级，后檐柱间饰步步锦棂心倒挂楣子及花牙子。大门东侧门房一间，西侧倒座房三间，清水脊，合瓦屋面，前檐装修为现代门窗。

一进院正房三间，清水脊，合瓦屋面，前檐装修为现代门窗。正房两侧耳房各一间，过垄脊，合瓦屋面，东耳房为过道。

二进院正房三间，清水脊，合瓦屋面，

73号院大门

地安门东大街75号

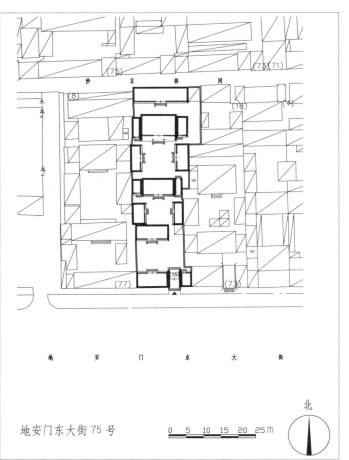

地安门东大街75号

0 5 10 15 20 25m

北

大门

位于东城区交道口街道。该院坐北朝南,四进院落。清代末期至民国初期建筑。

院落东南隅开广亮大门一间,清水脊,合瓦屋面,红漆板门两扇,门扉上梅花形门簪四枚,圆形门墩一对,前出垂带踏跺两级。大门东侧门房一间,西侧倒座房三间,清水脊,合瓦屋面,前檐装修为现代门窗。

一进院正房三间,现已翻建。

二进院正房三间,清水脊,合瓦屋面,前檐装修为现代门窗。正

门墩

房两侧耳房各一间,东耳房为合瓦屋面,作为过道,西耳房现已翻建。东、西厢房各二间,东厢房现已翻建,西厢房改为机瓦屋面。

三进院正房三间,前出廊,后改机瓦屋面,前檐装修为现代门窗。正房两侧耳房各一间,均已翻建。东、西厢房各三间,均后改机瓦屋面,前檐装修为现代门窗。

四进院后罩房五间,鞍子脊,合瓦屋面,前檐装修为现代门窗。

现为居民院。

清水脊花盘子

地安门东大街77号

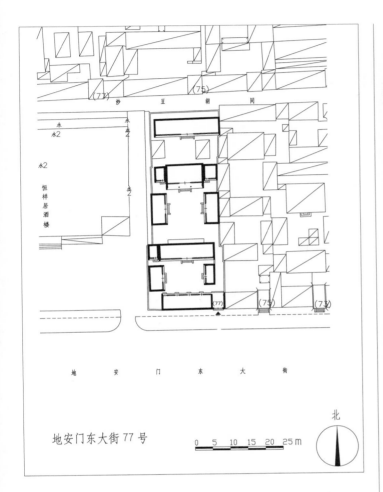

地安门东大街77号

大门

位于东城区交道口街道。该院坐北朝南，三进院落。清代末期至民国初期建筑。

院落东南隅开屋宇式便门，门头花瓦装饰。大门西侧倒座房四间，清水脊，合瓦屋面，前檐装修为现代门窗。一进院正房五间，鞍子脊，合瓦屋面，前檐装修为现代门窗。西侧带耳房一间。东厢房二间，现已翻建。西厢房三间，鞍子脊，合瓦屋面，前檐装修为现代门窗。

二进院正房三间，前出廊，披水排山脊，合瓦屋面，前檐装修为现代门窗。正房两侧耳房各一间，合瓦屋面。东、西厢房各三间，

鞍子脊，合瓦屋面，现已翻建。

三进院北房五间，现已改建。

院落经过翻建。现为居民院。

院内

地安门东大街105号、113号、117号（清末太医院）

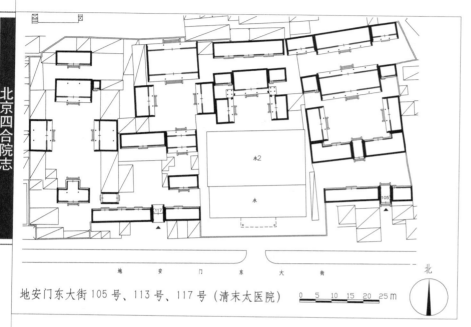

地安门东大街 105 号、113 号、117 号（清末太医院）

0 5 10 15 20 25 m

北

位于东城区交道口街道。该院坐北朝南，分为东、中、西路。清代晚期建筑。

中路为正署，原有大门三间，大式悬山顶，门左右设八字影壁，前立二座石狮。两侧顺山房各五间，东为科房，西为差茶房。大门内为仪门。正堂五间，大式悬山顶。东、西厅各五间，厅南侧祠庙各一间，东为铜神庙，西为土地祠。以上建筑 1968 年毁于火灾，现已无存。大堂后为一座三合小院，院内正堂三间，沿用原署二堂旧名"诚慎堂"，

东西各有耳房二间。东房三间为首领厅，西房三间为医学馆，各建筑之间原有抄手游廊相连，现已无存。此院内建筑均为小式硬山顶合瓦房，规格略低于官署。该北侧还有后罩房七间。

西一路广亮大门一间，过垄脊，筒瓦屋面。大门东西各有倒座房四间和七间，均为过垄脊，筒瓦屋面，前檐装修为现代门窗。最北侧为三皇殿，面阔三间，前后廊，歇山顶，筒瓦屋面，带脊吻兽，檐下施单昂三踩斗拱，木构架绘墨线大点金旋子彩画。廊内装饰蟠龙图案井口天花，至今尚清晰可见。东、西各有配殿三间，前出廊，硬山顶，调大脊灰筒瓦屋面，前檐

三皇殿天花吊顶

东路大门

东路二门

装修为现代门窗。西二路建筑正中有大门一间。一进院较狭长,建筑已被拆改。二进院南房三间,北面有廊,明间出抱厦一间,均为灰筒瓦屋面。正房三间,前出廊,干槎瓦屋面,檐下为一斗两升交麻叶斗拱,前檐装修为现代门窗,东侧耳房一间,过垄脊,灰筒瓦屋面。院内东、西厢房各三间,前出廊,过垄脊,灰筒瓦屋面,前檐装修为现代门窗。三进院有正房三间,过垄脊,灰筒瓦屋面,前檐装修为现代门窗。

东路大门一间,合瓦屋面,圆形门墩一

西路大门

对,门东西两侧各有倒座房二间和五间。门后北面有二门一座,进深五檩,合瓦屋面,饰梅花形门簪四枚,圆形门墩一对。东西转角南房各四间,合瓦屋面,前檐装修为现代门窗。入门即为二进院,院内正房五间,前后廊,硬山顶,皮条脊,合瓦屋面。左右各带耳房二间,合瓦屋面。东、西厢房各三间,硬山顶,合瓦屋面,前檐装修为现代门窗。三进院有正房五间,硬山顶,皮条脊,合瓦建筑,左右各带耳房三间,鞍子脊,合瓦屋面,前檐装修为现代门窗。

西路二门

清太医院原位于皇城千步廊之东,《辛丑条约》签订后,该地划入东交民巷使馆区,太医院利用地安门外吉祥寺东院僧寮杂房隙地建此新署。新太医院较原署规模大为缩小。西路建筑为吉祥寺旧址,改建为先医庙和药王庙。东路为太医院药房和管理用房。

清末太医院遗址现为商业用房及居民院。为东城区第三次文物普查登记项目。

南锣鼓巷89号

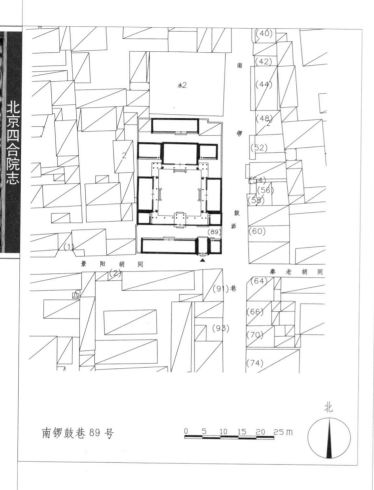

南锣鼓巷89号

原大门

西侧五间，均为清水脊，合瓦屋面，封后檐墙，砖砌丝缝墙体。倒座房后街道边上有槐树三棵。原大门内有影壁一座。

二门为一殿一卷式垂花门一座，垂柱头为方形，双扇红漆板门，饰梅花形砖雕门簪

位于东城区交道口街道，该院坐北朝南，三进院落。民国时期建筑。

原院门开辟于院落东南隅，位于景阳胡同东口内，清水脊，合瓦屋面，现开餐馆，已封闭。后于南锣鼓巷胡同本院东墙开辟院门。院门为小门楼形式，清水脊，筒瓦屋面，砖质冰盘檐。梅花形门簪两枚，板门两扇，方形门墩一对，上雕刻花草、动物纹饰，如意踏跺两级。原院门两侧共接倒座房六间，其中，东侧一间、

垂花门门墩

原大门西侧临街倒座房

垂花门前檐花板

两枚，圆形门墩一对，如意踏跺两级。垂花门两侧看面墙为素面。垂花门两侧侧接平顶廊，方柱，灯笼框倒挂楣子。

二进院正房三间，前出廊，清水脊，合瓦屋面，前檐装修为现代门窗。正房两侧耳房各二间。东、西厢房各三间，前出廊，前檐装修为现代门窗。院内各房与垂花门间有游廊环绕。

三进院后罩房四间，过垄脊，合瓦屋面，部分翻建，前檐装修为现代门窗。

此院原为王昆仑的住宅。王昆仑（1902—

垂花门

平顶游廊梁架

1985）笔名太愚，江苏无锡人，中共党员。历任中央人民政府政务院政务委员，北京市副市长，民革第二至四届中央常委，第一、二、三、五届全国人大常委，第三、四届全国政协委员。1979年10月当选为民革第五届中央副主席，1981年12月当选为民革中央代主席，1983年12月当选为民革第六届中央主席。1978年3月、1983年6月先后当选为第五、六届全国政协副主席。

现为居民院。

第三章 景山街道

DI-SAN ZHANG　JINGSHAN JIEDAO

　　景山街道位于东城区西部，东依东四北大街与东四街道办事处相连，南至东四西大街、五四大街、景山前街与东华门街道办事处为邻，西起景山东街、景山后街、地安门内大街东侧与西城区什刹海街道办事处毗连，北靠地安门东大街、张自忠路与交道口街道办事处为界。面积1.62平方千米，有大街5条、胡同73条。景山街道有著名隆福寺特色商业街，由乾隆年间的隆福寺庙会发展而来。辖区大部分为北京市历史文化保护区。列入市级文物保护单位的四合院有：吉安所左巷8号毛主席故居、北河沿大街甲83号子民堂、魏家胡同18号马辉堂花园等，列入区级文物保护单位的四合院有黄米胡同四合院（半亩园）、什锦花园胡同19号等。

第一节

文保院落

DI-YI JIE　WEN-BAO YUANLUO

北河沿大街甲83号（孑民堂）

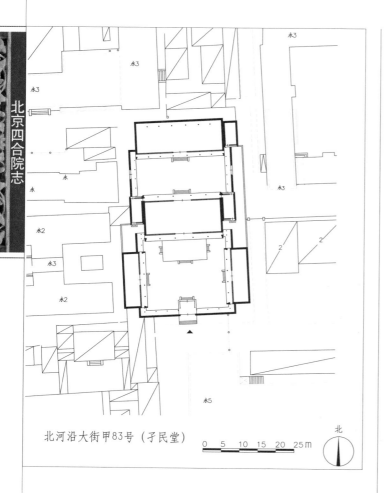

北河沿大街甲83号（孑民堂）

0 5 10 15 20 25m

北

垂花门西侧立面

梅花形门簪四枚，垂花门装饰云头锦图案花板、雀替和垂莲柱头，前后各出垂带踏跺四级，前有石狮一对。一进院内正房五间，前后廊，过垄脊，筒瓦屋面，铃铛排山装饰，前檐明间隔扇风门，次间支摘窗，上带十字方格棂心横披窗。后檐明间为隔扇风门，出垂带踏跺五级。灯笼锦棂心，次间为灯笼锦棂心支摘窗。前檐柱间饰凤鸟纹雀替，前檐戗檐处麒麟图案砖雕，后檐戗檐处狮子图案砖雕。室内吊装井口天花（中心莲花，四岔角绘蝠），花砖墁地。正房前有月台一座，方砖铺墁，正面出垂带踏跺四级，两侧出垂带踏跺四级。正房两侧耳房各一间，披水排山脊，筒瓦屋面，内侧半间开门，前檐装修为

位于东城区景山街道。该院坐北朝南，现存二进院落。清代晚期建筑。

一进院有一殿一卷式垂花门一座，悬山顶，筒瓦屋面，铃铛排山装饰，脊饰正吻，

垂花门正立面

垂花门东侧看面墙

一进院垂花门西侧游廊

二进院正房

现代门窗,后檐装修为灯笼锦棂心支摘窗,后檐饰花鸟纹图案戗檐砖雕。东、西厢房各五间,前出廊,过垄脊,筒瓦屋面,山墙见铃铛排山装饰,明间为隔扇风门,前出垂带踏跺四级,次间为支摘窗,上饰十字方格棂心横披窗,廊柱间装饰凤鸟纹雀替,戗檐饰花鸟图案砖雕。院内各房与垂花门之间由四檩卷棚游廊相连,过垄脊,筒瓦屋面,柱间饰灯笼锦倒挂楣子、花牙子与坐凳楣子。

二进院北房七间,前后廊,过垄脊,筒瓦屋面,铃铛排山,前檐明间隔扇风门,次间为夹杆条玻璃屉棂心支摘窗,戗檐装饰狮子图案砖雕,明间出垂带踏跺四级。北房东接耳房一间,过垄脊,筒瓦屋面,铃铛排山,内侧半间开门。院内北房与过厅之间为四檩卷棚游廊连接,过垄脊,筒瓦屋面,柱间饰

灯笼锦倒挂楣子、花牙子与坐凳楣子,各出如意踏跺三级。

此院在清朝乾隆时期为大学士傅恒宅第的一部分。清末,裔孙松椿承袭公爵,时称"松公府"。民国初,此宅归北京大学。民国三十六年(1947)北京大学为纪念蔡元培,将宅的西部中间一院改成"孑民纪念堂"(孑民为蔡元培的号)。

1995年公布为北京市文物保护单位。现为单位用房。

过厅

黄米胡同5号、7号、9号，亮果厂6号（黄米胡同四合院）

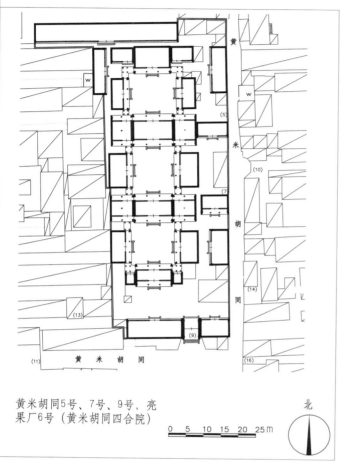

黄米胡同5号、7号、9号，亮
果厂6号（黄米胡同四合院）

北

0 5 10 15 20 25m

门），铃铛排山脊，筒瓦屋面，垂脊饰花盘子，梅花形门簪四枚，上书"元亨利贞"，板门两扇，圆形门墩一对。大门象眼和穿插当处有砖雕，梁架绘箍头彩画，前柱间带雕花雀替，戗檐高浮雕狮子图案，大门前后垂带踏跺三级。大门两侧建有砖砌撇山影壁，门外对面建有一字影壁一座。大门东侧倒座房三间，西侧五间，清水脊，合瓦屋面，前檐装修为现代门窗。

一进院过厅三间，明间为穿堂门，披水

一进院正房及耳房

排山脊，合瓦屋面，排山勾滴，前后廊，戗檐雕刻有精美图案，前后各出垂带踏跺三级，前檐装修为现代门窗。东、西耳房各一间，披水排山脊，筒瓦屋面。

二进院正房三间，过垄脊，筒瓦屋面，排山勾滴。前后廊，戗檐雕刻有精美图案，明间前后各出垂带踏跺三级，前檐装修为现代门窗。正房两侧耳房各二间，为两卷勾连搭形式，过垄脊，筒瓦屋面。前出廊，前檐装修为现代门窗。东、西厢房各三间，披水排山脊，筒瓦屋面，前檐装修为现代门窗。正房与厢房有抄手游廊相连接。

三进院正房三间，披水排山脊，筒瓦屋

位于景山街道。该宅院坐北朝南，五进院落。清代晚期建筑。

大门位于院落东南隅，如意门形式（原大门为广亮大门形式，民国时期改为如意大

大门

二进北房东耳房戗檐

面，排山勾滴，前后廊，廊心墙饰花卉砖雕，象眼雕博古图案，穿插当雕花卉图案，戗檐高浮雕狮子图案，梁架绘箍头彩画，明间隔扇门四扇，前后各出垂带踏跺三级，次、梢间槛墙、支摘窗，步步锦棂心，门窗上均带步步锦棂心横披窗。正房两侧耳房各二间，为两卷勾连搭形式，过垄脊，合瓦屋面，前出廊。东、西厢房各三间，披水排山脊，筒瓦屋面，前出廊，廊心墙饰花卉图案砖雕，戗檐高浮雕狮子图案。梁架绘箍头彩画，前檐明间隔扇门四扇，前带垂带踏跺三级，次、梢间槛墙、支摘窗，步步锦棂心，门窗上带步步锦棂心横披窗。正房与厢房以抄手游廊相连接。

三进院正房

四进院正房三间，铃铛排山脊，筒瓦屋面，前出廊，戗檐装饰有砖雕。明间前出垂带踏跺三级，前檐装修为现代门窗。正房两侧耳房各二间，披水排山脊，合瓦屋面。东、西厢房各三间，披水排山脊，合瓦屋面，前出廊，前檐装修为现代门窗。正房与厢房带抄手游廊。

五进院后罩房九间，翻建。

主体各院落东侧分别建有正房、东配房和配楼等建筑，只是规模较主体建筑要小得多。

此院曾为清代河道总督麟庆宅院的一部分，半亩园，是旧京著名的私家园林的住宅。

麟庆（1791—1846）字伯余，号见亭，姓完颜氏，是金朝第五代皇帝金世宗的第二十四代后裔。他一生经历了清朝由盛到衰的历程。麟庆才学深厚，官运亨通，一生安顺。清嘉庆十四年（1809）中进士，历任文渊阁检阅、国史馆分校、詹事府右春坊中允等职，道光三年（1823），出任安徽徽州知府，道光九年（1829）升任河南按察使，后又任职贵州布政使、湖北巡抚等高官，是清代任职最长的江南河道总督。

据史书记载，此宅始建于清代初年，最早是贾中丞（汉复）的宅园，由清初著名画家李渔（笠翁）负责修建。据《鸿雪因缘图记》记载："园本贾胶侯中丞宅，李笠翁客贾幕时，为茸斯园，叠石成山，引水作沼，平台曲室，奥如旷如。"清道光二十一年（1841），此宅为麟庆所购。麟庆得此宅后，对宅院大加修葺，历时三年完工，取名"半亩园"。庭院分为东西两部分，东部为住宅，西部为花园。民国时期，此宅归瞿宣颖所有，并将半亩园更名为"止园"。新中国成立后该宅改动较大，西半部的花园部分已经改为他用，东部宅院主体部分改为单位宿舍，为便于管理，将建筑群自北而南分为5号、7号、9号三组院落。

1986年公布为东城区文物保护单位。现为居民院。

吉安所左巷8号（毛主席故居）

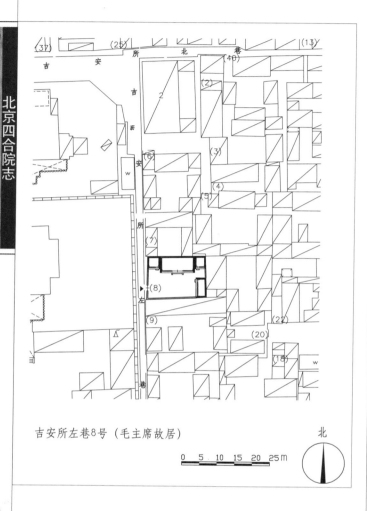

吉安所左巷8号（毛主席故居）

北

0　5　10　15　20　25m

位于东城区景山街道，旧时的门牌是吉安所东夹道7号。该院平面布局不规则。民国时期建筑。

院墙为外罩灰皮的碎砖墙。传统平顶大

大门

门，西向，开于院落西墙中部，门头套沙锅套花瓦装饰，双扇铁门。院内正房三间，东、西耳房各一间，均为过垄脊，合瓦屋面。东厢房二间，合瓦屋面。南面为南院北房后檐墙。该院七间房的建筑面积仅为90平方米，其中三间正房的建筑面积为40平方米，每间使用面积不足10平方米，是名副其实的"一间屋子半间炕"的小房。

该院是毛泽东首次来京时的主要居住地。民国七年（1918）6月，法国到中国招募华工，毛泽东曾经的老师、此时正在北大任教的杨昌济把这个消息传回湖南。这时湖南的政局十分混乱，政权不断更迭，"教育摧残殆尽，几至无学可求"。刚从湖南第一师范学校毕业，面临着如何选择未来道路问题的毛泽东、蔡和森等人都觉得这是一条出路，便发动新民学会会员赴法勤工俭学，出国前先到北京学习法文。8月19日（一说是1918年9月），毛泽东和萧子升、张昆弟、李维汉、罗章龙等24名青年抵达北京。为赴法勤工俭学，由萧子升出面以北京大学学生的名义租住吉安所左巷8号院的三间正房。民国七年（1918）秋至民国八年（1919）春，毛泽东与蔡和森、萧子升、陈绍休、陈焜甫、罗章龙、罗学瓒、欧阳玉山等8人在这个小院中住了7个月左右的时间。

当年这三间正房均是北房，一明两暗，中间的一间是明间，具有厨房、餐厅和过道的功能，东、西二间每个房间各住四个人。在《新民学会会务报告》中，毛泽东提到了第一次到京时该院生活的情景："八个人居三间很小的房子里，隆然高炕，大被同眠。"对此，罗章龙的解释是："'大被同眠'这句话有个典故：唐朝有个姓张的人家，是个大家

北京四合院志

吉安所左巷街景

庭，张公倡议全家人住在一个屋子里，盖一个大被子。我想，这可能是象征一家人团结的意思。润之的这句话，是形象思维的话。"后来，毛泽东对美国记者斯诺也提到了这一时期的生活状态："我住在一个叫作三眼井的地方，同另外七个人住在一间小屋子里。我们大家都睡到炕上的时候，挤得几乎透不过气来。每逢我要翻身，得先同两旁的人打招呼。"

在吉安所左巷8号院居住期间，毛泽东经杨昌济帮助，被介绍给了北大图书馆主任李大钊，得到一份"新闻纸阅览室书记"的工作，结识了李大钊和陈独秀，参加了两个学生社团，一个是民国七年（1918）10月14日成立的新闻学研究会，由京报社社长邵飘萍发起组织并主讲有关办报的业务知识，这对他以后创办《湘江评论》帮助很大。另一个是民国八年（1919）1月成立的哲学研究会，由杨昌济、梁漱溟以及胡适、陈公博等人发起组织，它的宗旨是"研究东西诸家哲学，渝启新知"。

民国八年（1919）春，毛泽东因母亲病重不得不结束了在吉安所左巷8号院的生活，返回了长沙。

吉安所左巷8号院现为私有房产，据房屋档案记载，该房产购于清光绪十六年（1890）。1979年8月21日，作为"毛主席故居"公布为北京市文物保护单位，2002年政府拨款对其进行修缮，基本保持了原状。

美术馆东街25号

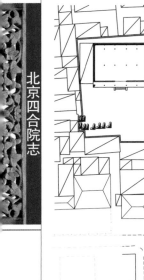

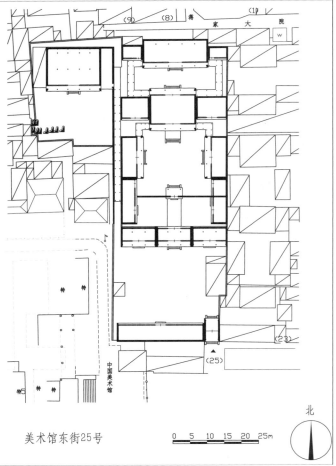

美术馆东街25号

0 5 10 15 20 25m

北

一进过厅

门形式，进深六檩，清水脊，合瓦屋面，清水脊已残。大门西侧有倒座房九间，清水脊，合瓦屋面，脊饰花盘子，前檐装修为现代门窗。

一进院空间开阔，正房九间为过厅，每三间起脊，前后廊，清水脊，合瓦屋面，脊饰花盘子，柱间饰雀替，各间装修推至檐部，为卧蚕步步锦棂心支摘窗，上饰步步锦棂心

位于东城区景山街道。该院坐北朝南，四进院落。清代晚期建筑。

大门位于整个院子东南隅，原为广亮大

大门

二进院垂花门

垂花门斗拱

倒挂楣子。

　　二进院较小，仅东西配房各三间，清水脊，合瓦屋面，其中西配房与三进西厢房屋面连为一体，前檐装修为现代门窗，院内中央有甬路通三进院。

　　三进院有独立柱担梁式垂花门一座，悬山顶，过垄脊，筒瓦屋面，檐下饰斗拱，双扇红色板门，上饰梅花形门簪四枚，前后饰绿色垂莲柱头一对、花板及花罩，下为圆形门墩一对，门旁石狮一对，前出垂带踏跺两级，门内另有滚墩石一对，似为他处移来。三进院正房三间，前后廊，清水脊，合瓦屋面，戗檐装饰人物砖雕，明间为五抹隔扇风门玻璃屉棂心，帘架装饰玻璃屉横披窗，次间为工字步步锦棂心支摘窗。正房前出月台，饰

垂莲柱头

垂花门两侧石狮

垂带踏跺四级。两侧各接耳房三间，前出廊，清水脊，合瓦屋面，脊饰花盘子，明间前檐装修为现代门窗，次间为工字步步锦棂心支摘窗，出踏跺三级。正房内明间有硬木落地罩，雕有梅竹纹饰，刻工精细。东、西厢房各三间，前出廊，清水脊，合瓦屋面，东厢房明间为五抹玻璃屉棂心隔扇风门，帘架饰步步锦棂心横披窗，次间为卧蚕步步锦棂心支摘窗，出垂带踏跺四级。西厢房明间为五抹隔扇风门卧蚕步步锦棂心，帘架饰卧蚕步

三进院正房

步锦棂心横披窗，次间为卧蚕步步锦棂心支摘窗。厢房各带南耳房二间，清水脊，合瓦屋面，前檐装修为现代门窗。院内各房与垂花门之间有四檩卷棚抄手游廊相连，过垄脊，筒瓦屋面，廊柱间饰工字卧蚕步步锦棂心倒挂楣子、花牙子与卧蚕步步锦棂心坐凳楣子，出如意踏跺四级。

　　四进院有后罩房五间，前后廊，清水脊，合瓦屋面，脊饰花盘子，前檐装修为现代门窗。左右耳房各二间，均为清水脊，合瓦屋面，西耳房已翻机瓦，院内四周环以平顶游廊。

　　该院西侧有一道南北向连通几进院子的平顶游廊。廊子西侧跨院内有北房五间，前出平顶廊后带廊，为勾连搭建筑，过垄脊，合瓦屋面，廊前饰素面挂檐板，廊间装饰倒挂楣子，明间为棂心隔扇风门，帘架饰八角井横披窗，前出垂带踏跺三级，老檐出后檐

三进院窝角游廊

墙。正房东侧带勾连搭耳房一间。西侧接平顶耳房一间，饰素面挂檐板，八角井榥心支摘窗装修。

该院曾为慈禧太后侄女的私产。民国初年卖给一位德国商人，抗战后被买办吴信才购得，不久作为敌产充公。院内西侧原有花园，1958年建中国美术馆时被占用。1959年成为原国民党将领杜聿明住所。

杜聿明（1904—1981），陕西米脂人。黄埔军校第一批毕业生，曾参加北伐战争和抗日战争。解放战争时期，任国民党东北保安长官司令部中将司令、徐州"剿总"副总司令，1949年在淮海战役中被俘，于1959年特赦，被任命为全国政协文史资料研究委员会专员。1964年任第四届全国政协委员。杜聿明分配到一处住所，当时称前厂胡同5号，即现在的美术馆东街25号四合院。在这里，

他与分别多年、后从美国辗转来到北京的妻子曹秀清团聚。与杜聿明夫妇一起住在这个院子里的，还有另外三户人家。其中一位是原国民党中将唐生明，黄埔四期出身，1954年从香港回到北京，任国务院参事，全国政协三、四、五届委员，第六届全国政协常委。他要算这里的"老住户"了。另外两位，则是与杜聿明同时被特赦的原国民党中将。一位是郑庭笈，黄埔五期出身，特赦后与家人团聚，也搬到这里。另一位是宋希濂，黄埔一期出身，特赦后刚刚建立家庭。此院堪称"中将之院""黄埔校友之院"。

1978年，杜聿明当选为五届人大代表和五届政协常委，不久，国家为他安排新居，他便离开了这个居住多年的小院。

2001年3月8日公布为北京市文物保护单位。现存建筑保护较好，其砖、木、石雕颇具特色。

现为居民院。

滚墩石侧立面（附属文物）

魏家胡同18号（马辉堂花园）

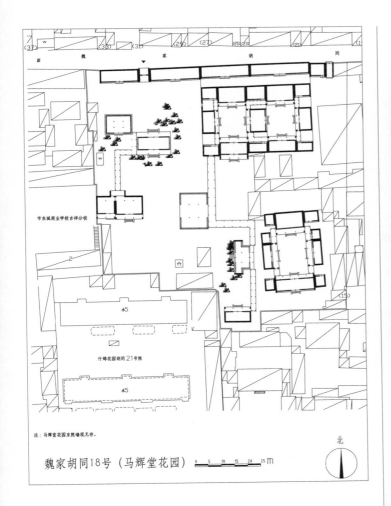

注：马辉堂花园东院墙现无存。

魏家胡同18号（马辉堂花园）　　0　5　10　15　20　25 m

东北角大门

位于东城区景山街道。该院坐北朝南，分为东西两部分。民国时期建筑。

该院东为住宅，西为花园，别称"马辉堂花园"。此院名曰花园，实际是一所带花园

原花园大门西侧北房正立面

的院子。东西两路各有大门一间，其中花园大门为过垄脊，合瓦屋面，两侧各接北房五间，过垄脊，合瓦屋面，前檐装修为现代门窗。住宅大门为清水脊，合瓦屋面，西接北房五间，东接北房四间，过垄脊，合瓦屋面，两座大门现均已封堵，于院西北角和东北角另辟两个北门。其东北角大门，披水排山脊，合瓦屋面，前檐柱间装饰雀替，后檐装饰菱形套倒挂楣子，大门开于金柱位置，两侧带余塞板，上为走马板，饰梅花形门簪两枚，门前有方形门墩一对。大门西侧接北房二间，过垄脊，合瓦屋面，前檐装修为现代门窗。

东部住宅建筑为一组并列二进二路四合院。

西院：正房三间，前出廊，披水排山脊，合瓦屋面，前檐装修为现代门窗，明间出垂带踏跺五级。正房两侧各带耳房二间，过垄脊，合瓦屋面，前檐装修为现代门窗。南房

365

东路住宅西侧四合院月亮门

三间为过厅，带前后廊，过垄脊，合瓦屋面，装修推出，明间隔扇风门，次间隔扇门各四扇，垂带踏跺五级。东厢房三间为过厅，与东院西厢房合为一座建筑连通东西两院，带前廊，过垄脊，合瓦屋面，装修推出后改，垂带踏跺四级。西厢房三间，前出廊，披水

东路住宅西侧四合院东厢房

排山脊，合瓦屋面，各间装修后推出，明间为夹门窗，次间为十字海棠棂心支摘窗，垂带踏跺四级。院内各房由抄手游廊连接，廊柱间饰菱形套嵌菱角倒挂楣子。院内西北角处辟有月亮门，可通花园。

东院：正房三间，前出廊，披水排山脊，合瓦屋面，前檐装修为现代门窗，明间出垂带踏跺五级。正房东侧带耳房二间，过垄脊，合瓦屋面，前檐装修为现代门窗。南房三间，带前廊，过垄脊，合瓦屋面，明间隔扇风门，棂心后改，次间槛墙、十字海棠棂心支摘窗，

垂带踏跺五级。西厢房三间为过厅，与西院东厢房合为一座建筑连通东西两院，前出廊，披水排山脊，合瓦屋面，各间装修后推出，明间为隔扇风门，次间为十字海棠棂心支摘窗，垂带踏跺四级。东厢房三间，带前廊，过垄脊，合瓦屋面，明间前檐装修为现代门窗，次间装修推出，为十字海棠棂心支摘窗，垂带踏跺四级。院内各房由抄手游廊连接，廊柱间饰菱形套嵌菱角倒挂楣子。

另有一组四合院建筑位于两院南部，现大门为小细管胡同15号。此院中轴线偏西，内有正房三间，前出廊，过垄脊，合瓦屋面，两侧是披水排山脊，前檐装修为现代门窗。正房两侧耳房各一间，过垄脊，合瓦屋面，前檐装修为现代门窗。东、西厢房各三间，前出廊，过垄脊，合瓦屋面，前檐装修为现代门窗。北侧各带厢耳房二间，过垄脊，合瓦屋面，前檐装修为现代门窗。南房五间为过厅，前出廊，过垄脊，合瓦屋面，前檐装修为现代门窗，两侧各带耳房一间。院内各房由抄手游廊相连，明间各出垂带踏跺三级。

西侧是花园部分，可分西北院和东南院两部分，由游廊相连，廊子均带工字卧蚕步步锦棂心倒挂楣子与菱形套坐凳楣子。

西北院：有一座三卷勾连搭建筑位于该院南面，三间，西侧带二间两卷勾连搭耳房，

三卷勾连搭建筑正立面

敞轩

耳房前加平顶廊，均为披水排山脊，合瓦屋面，山墙见铃铛排山装饰，此建筑北面西一间与耳房东一间之间出一抱厦，悬山顶，筒瓦过垄脊屋面。建筑东侧有一组假山，此处原为马辉堂本人居住。该建筑对面有一座戏台，进深皆三间，为三卷勾连搭建筑，过垄脊，合瓦屋面，前檐装修为现代门窗。戏楼东南侧假山之上有卷棚歇山顶的轩一座，五间进深四间，带前后廊，过垄脊，筒瓦屋面，山墙饰铃铛排山，檐部廊柱间装饰工字卧蚕步步锦棂心倒挂楣子与坐凳楣子。明间为隔扇风门，圆角套方灯笼锦与冰裂纹棂心，次间为支摘窗，棂心后改，房前出云步踏跺六级。其西侧有爬山廊与南面三卷勾连搭衔接。轩的西北角有北房三间，过垄脊，合瓦屋面，前檐装修为现代门窗。

东南院：敞轩一座，位于该院东侧，坐东朝西，其东面即为住宅区南四合院。敞轩五间，进深一间，后出抱厦三间，悬山卷棚顶，过垄脊，筒瓦屋面，明间为冰裂纹隔扇风门，次、梢间前檐装修为现代门窗，各间均饰步步锦棂心横披窗，明间前出云步踏跺四级，房屋前有假山。南房三间，位于该院南边，过垄脊，合瓦屋面，前檐装修为现代门窗，明间前有垂带踏跺三级。院内西侧还有四角攒尖亭一座。

该院原为马辉堂花园，为清末营造家马辉堂设计并督造的一组带花园的私人宅第。据考证，清末民初时期的马辉堂花园是涵盖现从什锦花园胡同 19 号向北到魏家胡同 18 号，南北长 300 多米，东西宽 200 多米的范围。包括现在什锦花园胡同 19 号，抗日战争时期为汉奸居住，抗战胜利后成为军统负责人戴笠公馆。还有什锦花园胡同 16 号到什锦花园 18 号，以及什锦花园 23 号，以上庭院原系北洋军阀吴佩孚官邸和宅院。另外什锦花园胡同 21 号传说清末重臣溥良住过。

马辉堂（1870—1934），本名马文盛，清末营造家，祖籍河北省深县。马家先祖，在明代参与营造过北京的紫禁城，清代参加兴建承德避暑山庄。马辉堂幼年随长辈来京学习木匠技艺，后来专为皇家、官宦人家服务。光绪年间，马辉堂为慈禧太后修建颐和园的泥瓦木匠总管。传说，马家世代是营造家，清末民初为京城八大富家，有多处房产和建筑工厂。马辉堂花园于民国四年（1915）建成，已用上自来水、抽水马桶、电灯、地板、瓷砖、吊灯、马赛克等，很多内装修材料从外国进口。马辉堂花园是马家为自己购买和重新修建的中西合璧的花园住宅。据马家后人马旭初（马辉堂孙子）说，新中国成立后，马家将此花园卖给国家，所得款购进"国债"。由于马家世代从事营造行业，此处宅院对于研究马氏营造技术及建筑特点有重要价值，提供了较为直观的实物资料。同时，马辉堂花园也是了解和研究清末至民国初年宅院建筑特色的重要实物资料，集中体现了这一时期马氏建筑的营造特点。宅内主要建筑尚完整，但花园仅存部分山石和游廊。

该院 1986 年公布为东城区文物保护单位。2011 年公布为北京市文物保护单位。现为居民院。

什锦花园胡同19号

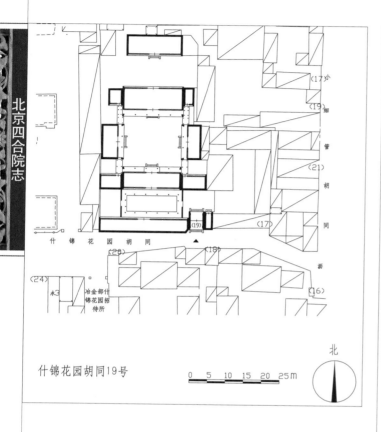

什锦花园胡同19号

位于东城区景山街道。该院坐北朝南，三进院落。清代末期建筑。

大门位于院落东南隅，广亮大门一间，披水排山脊，合瓦屋面，梁架绘苏式彩画，前檐柱饰雀替，双扇红漆板门，门钹一对，两侧带余塞板，梅花形门簪四枚，圆形门墩一对。大门两侧有撇山影壁，过垄脊筒瓦。门内影壁

大门

一座，西侧有四扇屏门。大门东侧门房半间，西侧倒座房六间，过垄脊，合瓦屋面。

一进院内四周有围廊，柱间装饰坐凳栏杆。正房（过厅）五间，鞍子脊，合瓦屋面，明间北出抱厦一间，室内有碧纱橱、花罩装修，均高浮雕丹凤牡丹图案镶嵌螺钿。正房东耳房二间，西耳房一间，门窗均装饰铜包叶。

一进院正房后檐出抱厦

二进院正房五间，前出廊，鞍子脊，合瓦屋面。正房两侧接耳房各一间。东、西厢房各三间，鞍子脊，合瓦屋面。院内各房均有抄手游廊相连。

三进院后罩房五间，鞍子脊，合瓦屋面。

该院曾是国民党军统负责人戴笠民国三十四年（1945）至三十五年（1946）在北平的住所。据曾任军统北平肃奸委员会司法组组长的李俊才回忆，什锦花园胡同19号原是洪维国房产，洪曾任伪满洲国财务次长、汪伪"国民政府"委员、日伪北平石景山钢铁厂总经理。他作为汉奸被捕前，为开脱罪行，送戴笠一所房子（即什锦花园胡同19号），房内用具及陈设名贵。只是好景不长，民国三十五年（1946）3月17日，戴笠从北平乘飞机到上海途中坠机身亡。

1986年公布为东城区文物保护单位。现为居民院。

第二节　一般院落

DI-ER JIE　YIBAN YUANLUO

北月牙胡同2号

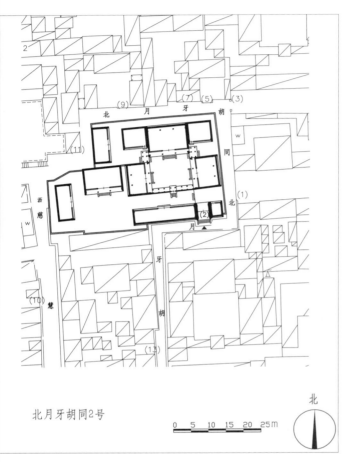

北月牙胡同2号

0 5 10 15 20 25m

北

位于东城区景山街道。该院落坐北朝南，二进院落，带跨院。清代晚期建筑。

大门位于院落东南隅，广亮大门一间，进深五檩，过垄脊，合瓦屋面，前后檐柱间均饰雀替，象眼线刻几何纹饰，前出垂带踏跺四级。现大门东侧半间封堵，仅可见梅花形门簪两枚，自东向西依次雕刻"家""庆"字样，

门簪

红漆板门仅见西侧一扇，圆形门墩仅存西侧一座。大门东侧倒座房一间，鞍子脊，合瓦屋面，后檐为老檐出形式，部分墙体已翻建为红机砖。大门西侧倒座房五间，鞍子脊，合瓦屋面，后檐为老檐出形式。一进院北侧原有垂花门一座，现已拆除，仅余基础，前出垂带踏跺四级。垂花门两侧原带游廊，现已无存。二进院正房三间，进深七檩，前后廊，鞍子脊，合瓦屋面，前檐装修为现代门窗，明间前出垂带踏跺四级，后檐为老檐出形式。室内保留部分碧纱橱，正房东西两侧耳房各二间，鞍子脊，合瓦屋面，前檐装修为现代门窗。二进院东、西厢房各三间，进深七檩，前后廊，鞍子脊，合瓦屋面，前檐装修为现代门窗，明间前出垂带踏跺三级，后檐为老

正房与西厢二进院房间游廊

檐出形式。厢房与正房间有游廊相连，四檩卷棚顶，柱间饰冰裂纹棂心倒挂楣子、透雕花牙子。西耳房西侧另有西房三间，已翻建。

西跨院内北房三间，进深七檩，前后廊，过垄脊，合瓦屋面，前檐装修明间为隔扇门，次间上为支摘窗，棂心无存，仅存槛框。现在廊柱位置新做现代门窗装修，明间前出垂带踏跺三级。西跨院内另有西房三间，屋面已翻建，前檐装修为现代门窗。

现为居民院。

北月牙胡同3号

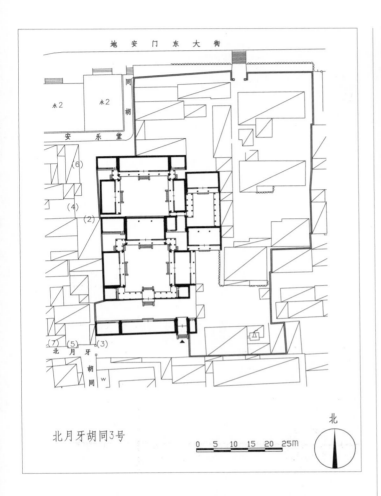

北月牙胡同3号

0 5 10 15 20 25m

北

位于东城区景山街道。该院坐北朝南，现存三进院落，带一座跨院。清代晚期建筑。

原大门位于北月牙胡同3号，大门及倒座房全部翻建。

二、三进院需从地安门东大街84号进入。

二进院正房

一进院北侧单卷五檩垂花门一座，已翻为机瓦屋面，垂花门已封堵为住房，后檐出垂带踏跺三级。二进院正房三间，前后廊，披水排山脊，合瓦屋面，前檐装修为现代门窗，明间前出垂带踏跺四级，后檐为老檐出形式。正房两侧耳房各二间，东耳房为披水排山脊，合瓦屋面，东侧半间辟为过道，通往三进院。西耳房已翻建。院内东厢房三间，前后廊，披水排山脊，合瓦屋面，前后檐装修均已改，明间前出垂带踏跺三级。院内西厢房三间，前出廊，过垄脊，合瓦屋面，前檐装修为现代门窗，明间前出垂带踏跺三级，前檐装修为现代门窗，明间出如意踏跺三级。东、西厢房南侧厢耳房各一间，过垄脊，合瓦屋面，前后檐装修为现代门窗。院内各房原有游廊连接，四檩卷棚顶，筒瓦屋面，廊柱间饰步步锦棂心倒挂楣子、花牙子及步步锦棂心坐

垂花门山面

垂花门西侧游廊

二进院东厢房

三进院西厢房

凳楣子。现垂花门两侧游廊已翻建为机瓦屋面，垂花门东侧游廊已改为住房，正房与西厢房间游廊无存。正房与东厢房间游廊可通往东跨院。

三进院正房五间，前出廊，清水脊，合瓦屋面，脊已残，前檐装修为现代门窗，明间前出垂带踏跺四级。院内东、西厢房各三间，前出廊，清水脊，合瓦屋面，脊饰花盘子，前檐装修均为现代门窗。

东跨院共二进院落，一进院北房三间，前出廊，披水排山脊，合瓦屋面，前檐装修为现代门窗。二进院北房三间，前出廊，披水排山脊，合瓦屋面，前檐装修为现代门窗。二进院西侧有平顶廊。

现为居民院。

东跨院二进院内平顶廊

三进院正房

东跨院一进院北房

慈慧胡同1号

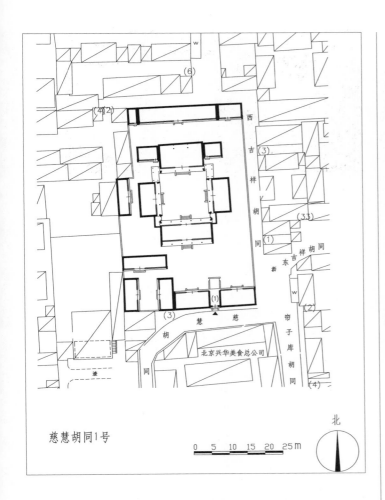

慈慧胡同1号

0 5 10 15 20 25m

北

位于东城区景山街道。该院坐北朝南，三进院落。民国时期建筑。

大门位于院落南侧临街倒座房中间，如意门一间，清水脊，合瓦屋面，方形门墩一对。大门西侧倒座房三间，东侧三间，清水脊，合瓦屋面。门内有一字影壁一座。

一进院正房五间，中间一间为过厅，前后廊，过厅石膏吊顶。

二进院正房三间，清水脊，合瓦屋面，前后廊，梁架绘箍头彩画。正房两侧各带二间耳

门墩

大门

房，象眼处线刻龟背锦图案。东、西厢房各三间，清水脊，合瓦屋面，前出廊。院内各房屋以窝角廊子连接，廊柱间饰步步锦棂心倒挂楣子。

三进院后罩房九间，清水脊，合瓦屋面。

西跨院北房四间，东、西厢房各三间，均为机瓦屋面。

现为居民院。

二进院正房

慈慧胡同9号

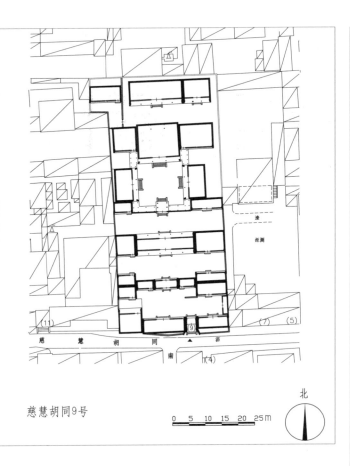

慈慧胡同9号

三进院垂花门两侧看面墙什锦窗

位于东城区景山街道，该院坐北朝南，四进院落。清代晚期建筑。

大门位于院落南侧中部，广亮大门一间，进深五檩，披水排山脊，合瓦屋面，板门两扇，圆形门墩一对，方砖地面部分残破。门外带撇山影壁。门内一字影壁一座。大门东侧倒座房三间，西侧四间，均为进深五檩，过垄脊，合瓦屋面，前檐装修为现代门窗。

一进院正房三间，铃铛排山脊，筒瓦屋面，明间为过厅开金柱大门，前檐装修为现代门窗，前出垂带踏跺三级，方砖地面无存。一进院正房两侧耳房各二间，进深五檩，铃铛排山脊，筒瓦屋面。

二进院过厅五间，前后出廊，清水脊，合瓦屋面（脊残），前后檐装修均为现代门窗，

过厅两侧耳房各二间。

三进院前有一殿一卷式垂花门一座，卷棚顶筒瓦屋面，前出垂带踏跺三级，后出垂带踏跺四级。垂花门两侧南面为看面墙，北侧为抄手游廊与三进院东、西厢房连接。正房三间，进深七檩，硬山顶，披水排山脊，合瓦屋面，明间前出垂带踏跺五级，前檐装修为现代门窗。西耳房二间，现为机瓦屋面，前檐装修为现代门窗。东耳房三间，过垄脊，合瓦屋面，前檐装修为现代门窗。东、西厢房各三间，西厢房为机瓦屋面，前出垂带踏跺四级，东厢房为清水脊，合瓦屋面，脊已残破，前檐装修均为现代门窗。三进院内有抄手游廊连接各房。

四进院后罩房七间，前出廊，清水脊，合瓦屋面，前檐装修为现代门窗。院内西侧有月亮门一座，月亮门内有北房三间，机瓦屋面，前檐装修为现代门窗。

现为居民院。

三进院正房

北京四合院志

织染局胡同25号

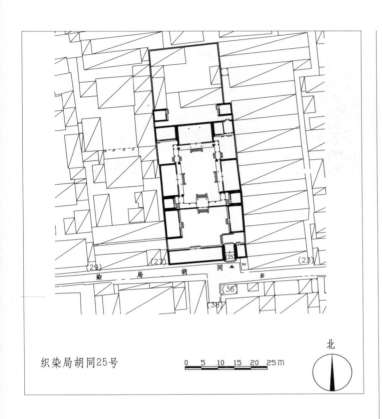

织染局胡同25号

0 5 10 15 20 25 m

北

二进院正房

位于东城区景山街道，该院坐北朝南，原为四进院落，现仅存二进院落。清代后期建筑。

大门位于院落东南隅，广亮大门一间，清水脊，合瓦屋面，梅花形门簪两枚，红漆板门两扇，方形门墩一对。木构架绘苏式彩绘，大门走马板饰民国时期工笔彩绘，圆形门墩一对，大门墙体内立面为邱门子做法，方砖硬心。后檐柱间饰步步锦棂心倒挂楣子。大门外一字影壁一座，硬山筒瓦顶，方砖硬影壁心。大门西接倒座房五间、东接一间，均为进深五檩，过垄脊，合瓦屋面，前檐装修为现代门窗，后檐为冰盘檐封后檐墙。

一进院北侧一殿一卷式垂花门一座，前部悬山顶与后部卷棚顶、前卷清水脊筒瓦屋面，后卷卷棚顶筒瓦屋面，安装卷草纹透雕花板，垂莲柱头，下带雀替一对，方形门墩一对，台基前后出如意踏跺各三级。

二进院正房三间，进深六檩，前出廊，清水脊，合瓦屋面，两山墙采五出五进砌法。前檐明间置木隔扇门，次间槛墙、木踏板保存完好，步步锦棂心横披窗保存，前檐木构架绘箍头彩画，后檐绘制苏式彩画，明间绘菊花主题、两次间为山水主题。廊心墙采廊门筒子做法，廊下民国时期花砖铺地，后檐为老檐出后檐墙。正房两侧原有耳房各一间，现东耳房无存，西耳房二间，进深五檩，过垄脊，合瓦屋面，木构架绘箍头彩画，前檐装修为现代门窗，老檐出后檐墙。西厢房三间，进深六檩，前出廊，清水脊，合瓦屋面，木构架绘箍头彩画，前檐装修形制同正房，廊心墙采廊门筒子做法，老檐出后檐墙，室内民国时期花砖地面。东厢房无存。该二进院原有抄手游廊环绕各房，现仅西北一段相对完好，廊柱间步步锦棂心倒挂楣子、坐凳楣子基本完整，局部廊墙上尚存砖雕什锦窗。三进院和四进院建筑已全部拆除，难辨原貌。

现为居民院。

什锦窗

水簸箕胡同11号

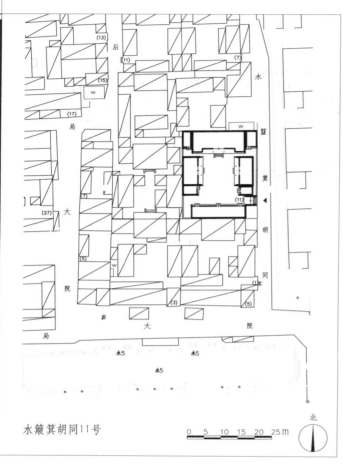

水簸箕胡同11号

0 5 10 15 20 25M 北

正房

檐形式。南房五间，过垄脊，合瓦屋面，木构架绘箍头彩画，东侧梢间为步步锦棂心夹门窗装修，木踏板，砖砌槛墙，其余各间装修均为现代门窗。东、西厢房各三间，进深六檩，前出廊，过垄脊，合瓦屋面，山墙为五进五出做法。其中东厢房前檐装修为现代门窗，封后檐墙，砖檐为冰盘檐形式。西厢房前檐做步步锦棂心隔扇风门装修，前出如意踏跺，次间为步步锦棂心支摘窗装修，封后檐墙，砖檐为冰盘檐形式。厢房南侧有厢耳房各一间，均为过垄脊，合瓦屋面，前檐装修为现代门窗，封后檐墙，砖檐为冰盘檐形式。

现为居民院。

位于东城区景山街道，该院落坐北朝南，一进院落。民国时期建筑。

大门位于院落东南隅，金柱大门一间，东向，进深五檩，清水脊，合瓦屋面，木构架绘箍头彩画。梅花形门簪两枚，板门两扇，门外踏跺六级。院内正房五间，进深六檩，前出廊，过垄脊，合瓦屋面，山墙为五进五出做法。前檐明、次间吞廊，木构架绘箍头彩画，明间做隔扇风门装修，前出垂带踏跺，次、梢间做槛墙、支摘窗装修，步步锦棂心。封后檐墙，砖檐为冰盘檐形式。正房两侧耳房各一间，过垄脊，合瓦屋面，山墙为五进五出做法，木构架绘箍头彩画。前檐为步步锦棂心支摘窗装修，封后檐墙，砖檐为冰盘

南房

碾子胡同45号

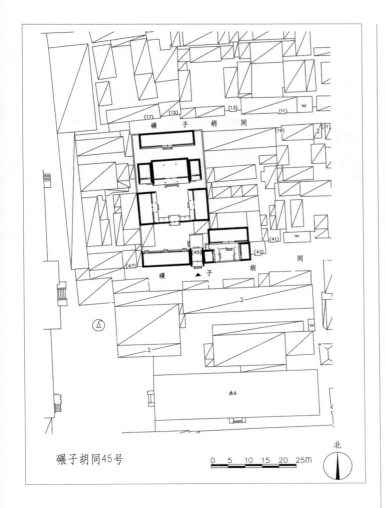

碾子胡同45号

0　5　10　15　20　25m

北

垂花门

位于东城区景山街道。该院坐北朝南，三进院落带东跨院。民国时期建筑。

大门位于院落东南隅，金柱大门一间，清水脊，合瓦屋面，梅花形门簪四枚，圆形门墩一对。大门西侧倒座房五间，翻建。内有小屏门一间。一进院北侧有一殿一卷式垂花门一座，前卷清水脊筒瓦屋面，后过垄脊，筒瓦屋面，苏式彩画，花板雕喜鹊登梅，四枚门簪，方形门墩一对，前出垂带踏跺三级。二进院内正房三间，披水排山脊，合瓦屋面，前后廊，梁架绘苏式彩画，前出垂带踏跺三级，前檐装修为现代门窗。正房两侧耳房各一间，披水排山脊，合瓦屋面，前出廊，前

檐装修为现代门窗。东、西厢房各三间，披水排山脊，合瓦屋面，前出平顶廊，廊下如意头形木挂檐板，前檐装修为现代门窗。三进院后罩房五间，过垄脊，合瓦屋面，部分已毁。东跨院正房三间，机瓦屋面，前出平顶廊，拱券门窗。东、西厢房各二间，花砖地面。院内房屋前檐装修均为现代门窗。

现为居民院。

二进院正房

碾子胡同63号

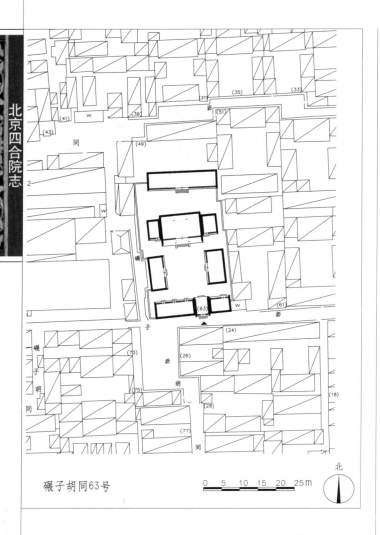

碾子胡同63号

0 5 10 15 20 25m

北

正房

位于东城区景山街道。该院坐北朝南，二进院落。清代末期建筑。

大门位于院落东南隅，如意大门一间，披水排山脊，合瓦屋面，六角形门簪两枚，方形门墩一对，前出如意踏跺三级，后檐柱间饰步步锦棂心倒挂楣子、花牙子。大门东侧倒座房二间，西侧三间，披水排山脊，合瓦屋面，前檐装修为现代门窗，封后檐墙。一进院内正房三间，披水排山脊，合瓦屋面，前后廊，前檐装修为现代门窗。正房两侧耳房各一间，披水排山脊，合瓦屋面，前檐装修为门连窗，步步锦棂心。东、西厢房各三间，过垄脊，合瓦屋面，前檐装修为现代门窗。

二进院后罩房五间，翻建。

现为居民院。

大门外景

西耳房

中老胡同20号

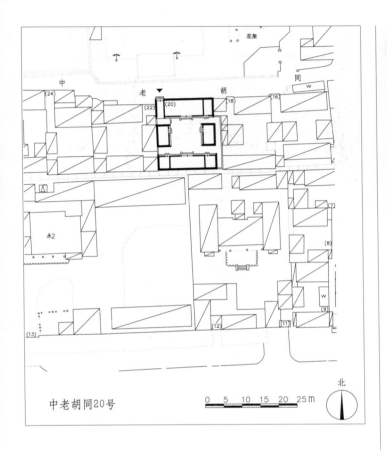

中老胡同20号

0 5 10 15 20 25m

北

屏门

门东侧北房四间半，鞍子脊，合瓦屋面，菱角檐封后檐墙，明间夹门窗，棂心后改，次间槛墙、支摘窗，十字方格棂心，明间出踏跺两级。南房五间，过垄脊，合瓦屋面，前檐装修为现代门窗，明间出踏跺两级。东厢房二间，过垄脊，合瓦屋面，前檐装修为现代门窗。西厢房二间，为原址翻建。

现为居民院。

北房

位于东城区景山街道。该院坐南朝北，一进院落。民国时期建筑。

大门位于院落西北隅，窄大门半间，与北房连为一体（砌出墙腿子），清水脊，合瓦屋面，脊饰花盘子，双扇红漆板门，饰如意头形门包叶，门内后檐柱间饰工字步步锦棂心倒挂楣子。院内北房与西厢房北山墙间有屏门一座，门板已失。大

大门

三眼井胡同64号

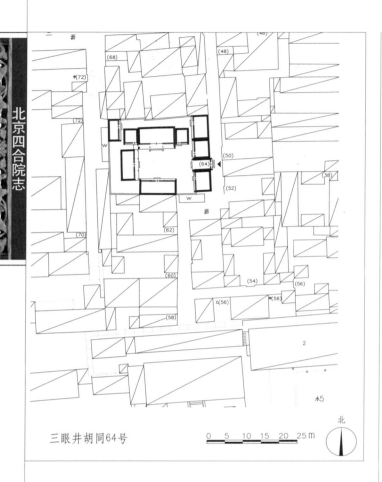

三眼井胡同64号

大门

鞍子脊，合瓦屋面，前檐装修为现代门窗。西厢房三间，鞍子脊，合瓦屋面，前出平顶廊，前檐装修为现代门窗。正房与西厢房之间有窝角廊相连，平顶，方柱。正房西侧还有西房二间，已翻机瓦屋面，前檐装修为现代门窗。

现为居民院。

位于东城区景山街道。该院坐北朝南，一进院落。现存为在民国建筑基础上翻修的建筑。

大门位于院落东侧正中，如意大门一间，东向，过垄脊，合瓦屋面，双扇木板门，上饰如意梅花形砖雕门簪两枚，门头套沙锅套花瓦装饰，门内后檐柱间饰工字卧蚕步步锦棂心倒挂楣子。大门南北两侧各接东房二间，鞍子脊，合瓦屋面，前檐装修为现代门窗。大门北侧东房北侧再接东房二间，已翻机瓦屋面，前檐装修为现代门窗。院内正房（北房）三间，前出廊，清水脊，合瓦屋面，前檐装修为现代门窗。两侧耳房各一间，合瓦屋面，前檐装修为现代门窗。南房三间，

正房

三眼井胡同83号

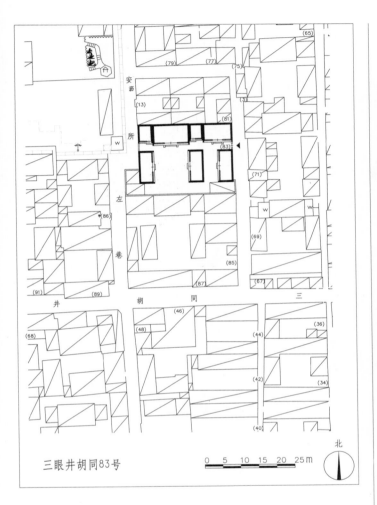

三眼井胡同83号

现大门

位于东城区景山街道。该院坐北朝南，一进院落，东带一座跨院。现存为在民国建筑基础上翻修的建筑。

一进院落原大门位于东路院东南角，坐西朝东，现已改建。现于东路院北房与东房北山墙间辟一座便门，双扇红漆板门。东路院有北房三间，东房三间，均为原址翻建。主院内有正房三间，扁担脊，合瓦屋面，前檐装修为现代门窗。东西各接耳房一间，鞍子脊，合瓦屋面，前檐装修为现代门窗。东、西厢房各三间，鞍子脊，合瓦屋面，前檐装修为现代门窗。

现为居民院。

正房

三眼井胡同85号、87号

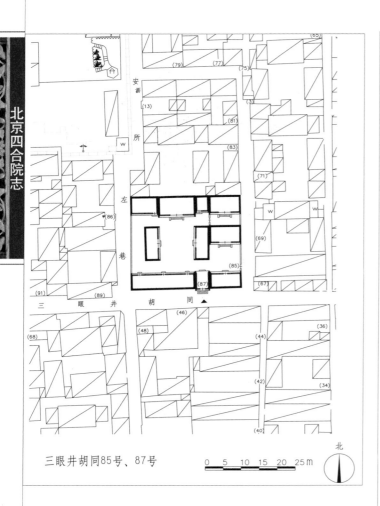

三眼井胡同85号、87号

0 5 10 15 20 25m

北

85号大门

倒挂楣子。大门东接倒座房三间，西接倒座房五间，均为鞍子脊，合瓦屋面，前檐装修为现代门窗。正房三间，清水脊，合瓦屋面（清水脊已毁），前檐装修为现代门窗。东耳房一间，过垄脊，合瓦屋面，西耳房二间，已翻机瓦屋面，前檐装修为现代门窗。东、西厢房各三间，其中东厢房已翻机瓦屋面，西厢房为鞍子脊，合瓦屋面，前檐装修为现代门窗。

东路院（85号）内前后各有北房三间，一进院北房为过垄脊，合瓦屋面，前出平顶廊，装饰如意头形挂檐板。二进院北房为原址翻建。现该路院于一进东南开便门，东向，双扇木板门，饰如意头门包叶，门钹一对，饰梅花形门簪两枚，方形门墩一对。

现为居民院。

位于东城区景山街道。该院坐北朝南，东西两路二进院，西为主院。民国时期建筑。

大门位于西路院落东南隅，如意门一间，清水脊，合瓦屋面（清水脊已毁），戗檐装饰花卉砖雕，双扇绿漆板门，梅花形门簪两枚，门头饰砖雕栏板，门楣万不断纹样装饰，方形门墩一对，门外如意踏跺四级，门内后檐柱间装饰步步锦棂心

大门西侧戗檐砖雕

西厢房

三眼井胡同91号

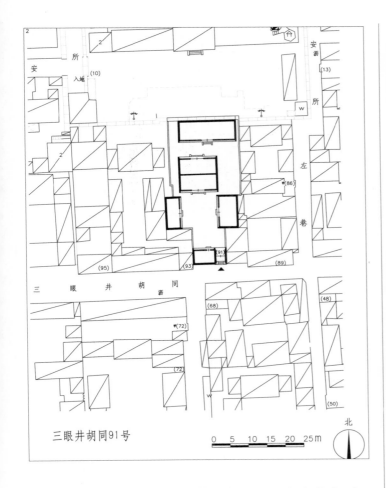

三眼井胡同91号

0 5 10 15 20 25m

北

大门

位于东城区景山街道。该院坐北朝南，二进院落。民国时期建筑。

大门位于院落东南隅，金柱大门一间，清水脊，合瓦屋面（清水脊残毁），双扇绿漆

廊心墙金钱纹雕刻

板门，两侧带余塞板，梅花形门簪两枚，有井口天花，箍头彩画，廊心墙雕刻金钱纹，方形门墩一对，门外前出踏跺四级，门内后檐柱间装饰步步锦棂心倒挂楣子。大门西侧倒座房二间，过垄脊，合瓦屋面，菱角檐封后檐墙，前檐装修为现代门窗。一进院正房三间，鞍子脊，合瓦屋面，为两卷勾连搭形式，山墙翻为红机砖，机瓦屋面，南立面前檐装修为现代门窗，北立面保存平券窗装修。东、西厢房各三间，过垄脊，合瓦屋面，前檐装修为现代门窗。

二进院有后罩房五间，为原址翻建。

现为居民院。

三眼井胡同93号

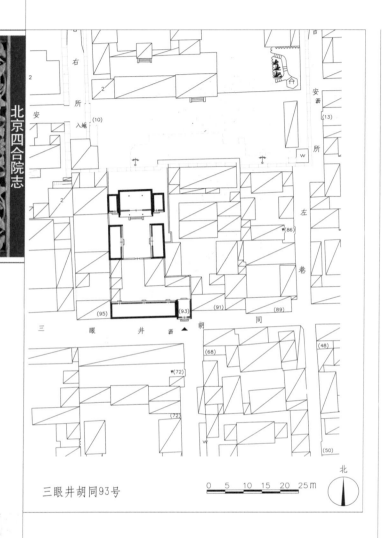

三眼井胡同93号

门钹

一进院东南隅有如意大门一间，扁担脊，合瓦屋面，双扇绿漆板门，门钹一对，六角形门簪两枚，门外方形门墩一对，如意踏跺三级，门内后檐装饰卧蚕步步锦棂心倒挂楣子和花牙子。大门西接倒座房五间，鞍子脊，合瓦屋面，前檐装修为现代门窗。院内原有二门，现已拆除。一进院原有东西配房，现已拆改。

大门西侧门墩

位于东城区景山街道。该院坐北朝南，二进院落。民国时期建筑。

二进院正房三间，前出廊，扁担脊，合瓦屋面，装修除步步锦棂心横披窗外均改为现代门窗，明间出垂带踏跺四级。两侧各带耳房一间，已翻机瓦屋面，前檐装修为现代门窗。东、西厢房各三间，扁担脊，合瓦屋面，前檐装修为现代门窗。

现为居民院。

大门及倒座房

沙滩北街甲1号

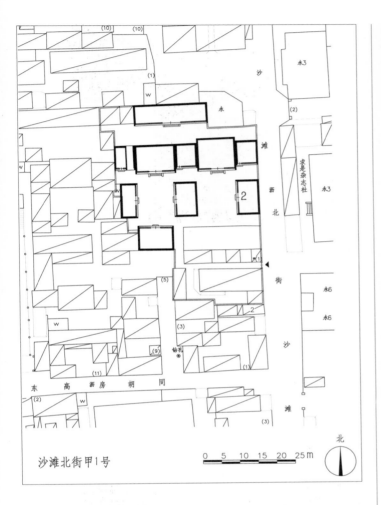

沙滩北街甲1号

0 5 10 15 20 25m

北

大门

　　位于东城区景山街道。该院坐北朝南，二进院落。民国时期建筑。

　　大门位于院落东南角，东向，随墙门形式，门头饰套沙锅套花瓦。一进院分为东、西两院，东院正房三间，清水脊，合瓦屋面（清水脊已残），前檐装修为现代门窗。东耳房一间，鞍子脊，合瓦屋面，前檐装修为现代门窗。东厢房三间，二层楼建筑，合瓦屋面。西院正房三间，清水脊，合瓦屋面，脊饰花盘子，前檐装修为现代门窗。正房两侧各接耳房一间，清水脊，合瓦屋面（清水脊已残），其西耳房东半间为过道，前檐装修为现代门窗。南房三间，清水脊，合瓦屋面，脊饰花盘子，

前檐装修为现代门窗。东厢房三间，清水脊，合瓦屋面（清水脊已残），前檐装修为现代门窗。西厢房三间，为原址翻建，机瓦屋面。

　　二进院后罩房五间，机瓦屋面，前檐装修为现代门窗。

　　现为居民院。

西院正房

大学夹道4号

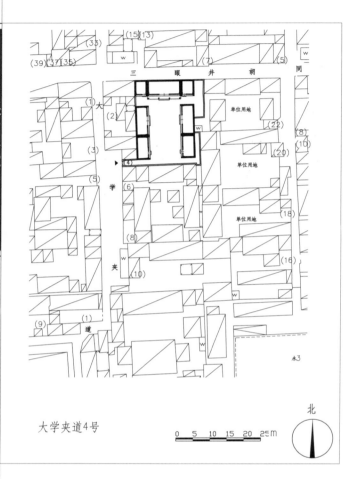

大学夹道4号

0 5 10 15 20 25M

北

二进院正房

瓦屋面，前檐装修为现代门窗。东西厢房南侧东西配房各二间，其中东配房为过垄脊，合瓦屋面，西配房已翻机瓦屋面，前檐装修为现代门窗。

现为居民院。

位于东城区景山街道。该院坐北朝南，一进院落。民国时期建筑。

随墙便门一间，西向，开于院落西南角，双扇红漆板门。

二进院正房三间，扁担脊，合瓦屋面，前出平顶抱厦，饰素面挂檐板。正房两侧耳房各一间，扁担脊，合瓦屋面，前檐装修为现代门窗。东、西厢房各三间，过垄脊，合

二进院西厢房

大学夹道6号

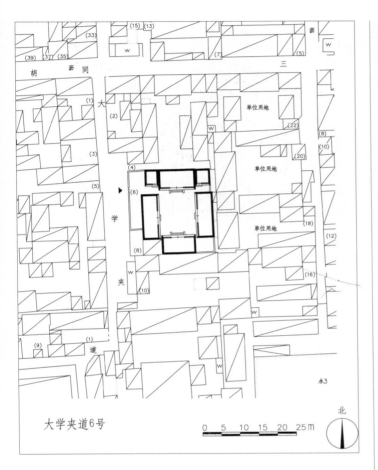

大学夹道6号

0 5 10 15 20 25m

北

正房

位于东城区景山街道。该院坐北朝南，一进院落。民国时期建筑。

随墙便门一间，西向，开于院落正房西耳房与西厢房北侧之间，双扇红漆板门。院内正房三间，扁担脊，合瓦屋面，前檐装修为现代门窗，老檐出后檐墙。正房两侧耳房各一间，鞍子脊，合瓦屋面，前檐装修为现代门窗。南房三间，鞍子脊，合瓦屋面，前檐装修为现代门窗。东、西厢房各三间，鞍子脊，合瓦屋面，前檐装修为现代门窗。

现为居民院。

门道

东高房胡同5号

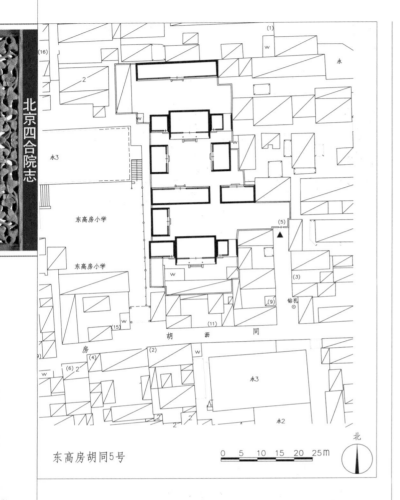

东高房胡同5号

0 5 10 15 20 25m

北

一进院西房

东、西厢房各三间，清水脊，合瓦屋面，脊饰花盘子，前檐装修为现代门窗。

三进院后罩房七间，东侧五间为清水脊，合瓦屋面，脊饰花盘子，西侧二间为过垄脊，合瓦屋面，前檐装修为现代门窗。

院落南侧一座小院，院内有北房三间，已翻机瓦屋面，前檐装修为现代门窗。西耳房二间，东耳房一间，过垄脊，合瓦屋面，前檐装修为现代门窗。

现为居民院。

位于东城区景山街道。该院坐北朝南，三进院落，前带一座小院。民国时期建筑。

大门位于院落东侧，南向，为后辟便门。

一进院西房三间，过垄脊，合瓦屋面，前檐装修为现代门窗。

二进院正房三间，前出廊，清水脊，合瓦屋面，脊饰花盘子，檐下绘箍头彩画，前檐装修为现代门窗，老檐出后檐墙。正房两侧耳房各一间，其西耳房为清水脊，合瓦屋面，脊饰花盘子，东耳房为原址翻建，东耳房东半间为过道，前檐装修为现代门窗。南房共八间，其东侧三间，西侧五间，中间为过道，已翻机瓦屋面，前檐装修为现代门窗。

二进院正房

东高房胡同21号

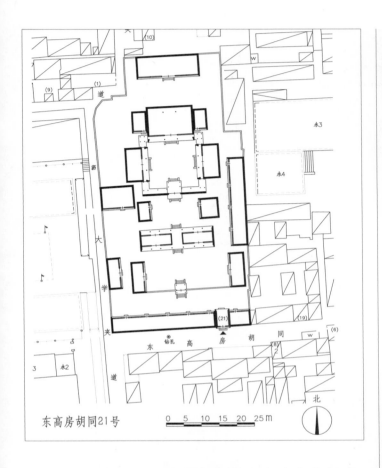

东高房胡同21号

大门内侧轱辘钱纹样雕刻

形门包叶，门钹一对，梅花形门簪两枚，门楣饰万不断纹样雕刻，门头为砖雕栏板装饰，圆形门墩一对，前出踏跺两级，门内象眼处雕刻轱辘钱纹样及龟背锦纹样，后檐柱间装饰冰裂纹倒挂楣子和花牙子。大门东侧门房

大门冰裂纹棂心倒挂楣子

位于东城区景山街道。该院坐北朝南，五进院落，带东西跨院。清代晚期建筑。

大门位于院落东南隅，如意大门一间，清水脊，合瓦屋面，脊饰花盘子，前后戗檐装饰花卉图案砖雕，双扇红漆板门，饰如意

二间，西侧倒座房十间，均为清水脊，合瓦屋面，脊饰花盘子，前檐装修为现代门窗，老檐出后檐墙。一进院原有垂花门一座，现已拆除，仅存地基，前后垂带踏跺四级。

二进院正房七间为过厅，前后出廊，明间与左右各间只在脊上做区分，清水脊，合瓦屋面，脊饰花盘子，明间为过道，内部原吊装天花，现仅存天花支条，过道前出踏跺三级，后出垂带踏跺四级，前檐装修为现代门窗。东厢房三间，清水脊，合瓦屋面，前檐装修为现代门窗。西厢房三间，已翻机瓦

大门西侧倒座房

过厅内天花支条

屋面，前檐装修为现代门窗。

三进院北侧原有垂花门一座，现已拆除，仅存地基，前后各出垂带踏跺四级。东、西厢房各二间，披水排山脊，合瓦屋面，前檐装修为现代门窗。

四进院正房三间，前后廊，清水脊，合瓦屋面，脊饰花盘子，梁架绘箍头彩画，前檐装修为现代门窗。两侧耳房各一间，清水

脊，合瓦屋面，脊饰花盘子，老檐出后檐墙，其东耳房已翻机瓦，门连窗装修，棂心后改，上带步步锦棂心横披窗，后檐饰拱券窗装修。东、西厢房各三间，前出廊，清水脊，合瓦屋面，脊饰花盘子，前檐装修为现代门窗。院内各房与垂花门之间有四檩卷棚游廊相连，现部分已拆除，仅存垂花门两侧游廊，装饰步步锦棂心倒挂楣子。

五进院后罩房五间，已翻机瓦屋面，前檐装修为现代门窗。

东跨院东房八间，过垄脊，合瓦屋面，前檐装修为现代门窗。西跨院北房二间，过垄脊，合瓦屋面，前檐装修为现代门窗。

据传，清末一个太监曾在此居住，民国三十六年（1947）作为北大宿舍使用。

现为居民院。

五进院后罩房

四进院正房西侧廊子

黄化门街41号

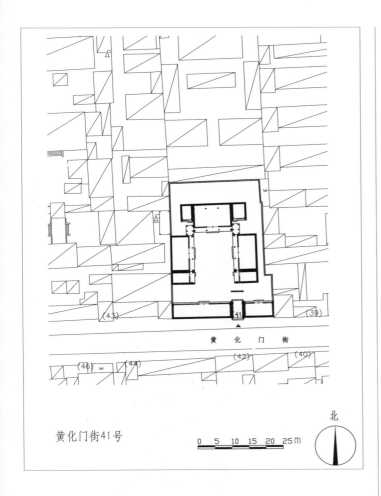

黄化门街41号

大门

位于东城区景山街道。该院坐北朝南，一进院落。清代末期建筑。

大门位于院落东南隅，蛮子门一间，清水脊，合瓦屋面，梁架绘箍头彩画，门簪四枚，方形门墩一对，后檐柱间亚字形棂心倒挂楣子。门内有一字影壁一座，大门西侧倒座房五间，东侧三间，清水脊，合瓦屋面，前檐装修为现代门窗。正房三间，清水脊，合瓦屋面，脊已毁，前后廊。东、西厢房各三间，清水脊，合瓦屋面，脊已毁。两侧厢耳房各一间，过垄脊，合瓦屋面。院内房屋前檐均装修为现代门窗。

现为居民院。

大门亚字纹棂心倒挂楣子

一进院东配房

黄化门街43号

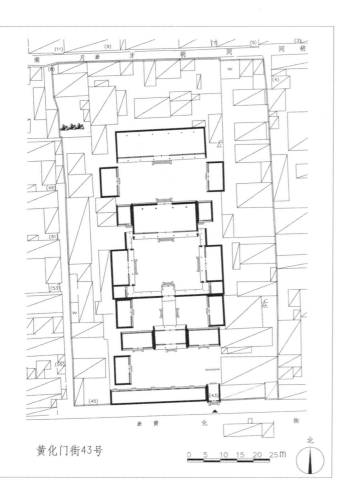

黄化门街43号

0 5 10 15 20 25m

北

位于东城区景山街道。该院坐北朝南，五进院落。清代末期建筑。

大门位于院落东南隅，如意门一间，清水脊，合瓦屋面，门楣花瓦做法，门簪两枚。

大门及倒座房

方形门墩（雕刻琴棋书画）一对，戗檐砖雕花卉，箍头彩画，后檐柱间步步锦棂心倒挂楣子。大门西侧倒座房十间，清水脊，合瓦屋面，箍头彩画。门内有一字影壁一座。

一进院有过厅三间，清水脊，合瓦屋面，箍头彩画，前后廊，两侧北房各三间，清水脊，合瓦屋面。西厢房三间，清水脊，合瓦屋面。

二进院前有垂花门一座，一殿一卷形式。东、西厢房各三间。

三进院过厅五间，机瓦屋面，前后廊，箍头彩画，过厅两侧耳房各一间，机瓦屋面。东、西厢房各三间，清水脊，合瓦屋面，前出廊，南侧各有一间耳房，披水排山脊，合瓦屋面。

垂花门

四进院正房七间，过垄脊，合瓦屋面，前后廊，箍头彩画。东、西厢房各三间，清水脊，合瓦屋面。厢房南侧耳房各一间，过垄脊，合瓦屋面。

五进院翻建难辨原格局。西跨院翻建。

东院一进院北房五间，过垄脊，合瓦屋面。二进院北房三间，机瓦屋面。

据传，该院原为李连英宅邸之一。

现为居民院。

黄化门街44号

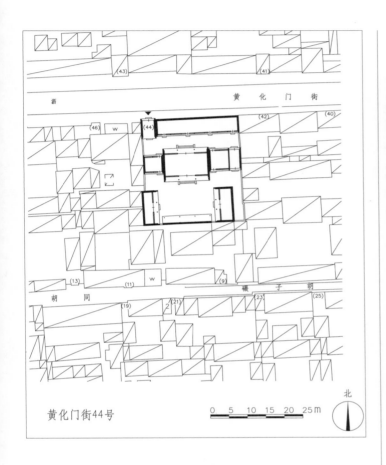

黄化门街44号

0 5 10 15 20 25m

北

大门

位于东城区景山街道。该院坐北朝南，二进院落。清代末期建筑。

蛮子大门一间，清水脊，合瓦屋面，梁架绘苏式彩画，前戗檐砖雕鹿鹤同春，门簪四枚，圆形门墩一对，后檐柱间步步锦棂心倒挂楣子，后戗檐砖雕喜鹊登梅。

一进院内大门东侧北房六间。

二进院正房三间，清水脊，合瓦屋面，前后廊，耳房二间，翻建。东、西厢房各三间，清水脊，合瓦屋面，前出廊，五抹隔扇门装修。二进院南房为花房，三间，筒瓦四檩卷棚悬山顶，地窖存放物品。月亮门位于正房两侧。

现为居民院。

大门外景

第四章 东华门街道

DI-SI ZHANG DONGHUAMEN JIEDAO

　　东华门街道位于首都中心街区，东起崇文门内大街、东单北大街、东四南大街，南至前门东大街、崇文门西大街，西起天安门广场西侧、中山公园西缘、故宫西墙、景山前街东段，北靠五四大街、东四西大街。面积5.35平方千米，有大街巷22条、胡同68条。辖区大部分为北京市历史文化保护区，博物馆有故宫博物院、中国国家博物馆、中国美术馆；全国重点文物保护单位有天安门、人民英雄纪念碑、北大红楼、太庙等；市级文物保护单位有东皇城根南街32号宅院、箭杆胡同20号陈独秀旧居、丰富胡同19号老舍故居等。

第一节 文保院落

DI-YI JIE WEN-BAO YUANLUO

东皇城根南街32号

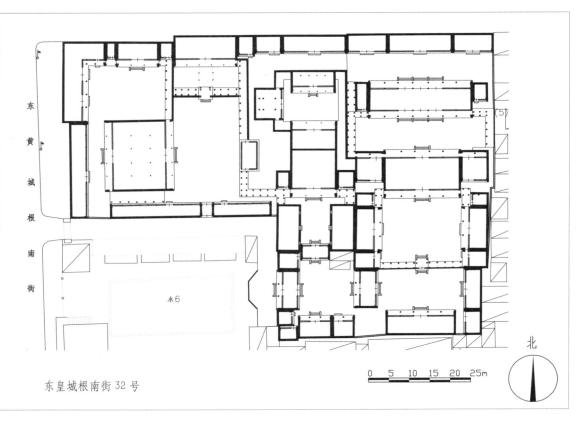

东皇城根南街32号

0 5 10 15 20 25m

北

位于东城区东华门街道。该院坐北朝南，分为东部住宅与西部花园两部分。清代末期建筑。

大门位于小草厂胡同，坐东朝西，三间，披水排山脊，合瓦屋面，明间为门道，次间为砖套窗。大门两侧各有门房一间，披水排

大门

山脊，合瓦屋面，前檐装修为现代门窗。门外八字影壁一座，硬影壁心，筒瓦屋面，已残损。院内东部住宅分为东西两组南北向四合院。

戗檐砖雕

东院：一进院南房五间，前出廊，铃铛排山脊，合瓦屋面，前檐装修为现代门窗，明间出垂带踏跺三级。东、西厢房各三间，披水排山脊，合瓦屋面，前檐装修为现代门窗，其中西厢房为由东向西过厅。东厢房南侧耳房二间，过垄脊，合瓦屋面，前檐装修

垂花门木雕及彩绘

为现代门窗。院内原有垂花门及抄手游廊，现已拆除。二进院正房五间，前后廊，铃铛排山脊，合瓦屋面，前檐装修为现代门窗，明间出如意踏跺三级。正房两侧耳房各二间，过垄脊，合瓦屋面，前檐装修为现代门窗。东、西厢房各三间，披水排山脊，合瓦屋面，前出廊，前檐装修为现代门窗。厢房南北耳房各一间，前出廊，披水排山脊，合瓦屋面，前檐装修为现代门窗。院内各房均有游廊相连，现已无存。三进院有正房七间，前后廊，披水排山脊，合瓦屋面，前檐装修为现代门窗。正房两侧耳房各一间，披水排山脊，合瓦屋面，前檐装修为现代门窗。院内原有游廊环绕，现东侧廊已无存，西侧廊可达四进院，为四檩卷棚顶，筒瓦屋面，部分翻为机瓦。四进院有后罩房十一间，过垄脊，合瓦屋面，前檐装修为现代门窗。

花罩

花板

西院：一进院南房三间，前出廊，披水排山脊，合瓦屋面，前檐装修为现代门窗。南房两侧接耳房各二间，东耳房前出廊，均为披水排山脊，合瓦屋面，前檐装修为现代门窗。北房三间，过垄脊，合瓦屋面，东间为门道，可通二进院，前檐装修为现代门窗。二进院正房三间，两卷勾连搭建筑，前后出廊，铃铛排山脊，合瓦屋面，戗檐装饰砖雕，前檐装修为现代门窗，明间出垂带踏跺五级，后檐保存有灯笼锦横披窗装修。东、西厢房各三间，西式平顶房屋。三进院正房五间，前出廊，悬山顶，披水排山脊，合瓦屋面，山墙饰铃铛排山，鸡嗉檐封后檐墙，前檐装修为现代门窗。院西侧二层楼房一栋，建于八层城砖上，过垄脊，合瓦屋面，南侧有石梯五级相连，二层南侧饰圆形什锦窗装修。二、三进院南北各房均由东西两侧游廊相连，且与东、西跨院相通。第四进院后罩房七间，过垄脊，合瓦屋面，前檐装

西院一进院南房东耳房

敞轩

修为现代门窗。

西部院落由东路花园和西路戏楼两部分组成。

东路花园内有假山、叠石、古树若干。敞轩位于院内东南侧，坐东朝西，三间，悬山顶，过垄脊，筒瓦屋面，檐下檩三件绘苏式彩绘，柱间装饰菱形套棂心倒挂楣子，前檐装修为现代门窗。敞轩南北两端游廊接花园北部一组院落，游廊为四檩卷棚顶，筒瓦屋面，廊柱间装饰倒挂楣子与花牙子。花园北部院落前有一殿一卷式垂花门，披水排山脊，合瓦屋面，檐下檩三件绘苏式彩绘，装饰花板、花罩，方形垂柱头。院内北房五间，前出廊，过垄脊，合瓦屋面，前檐装修为现代门窗。

西路戏楼坐西朝东，五间，进深五间，两卷勾连搭建筑，悬山顶，过垄脊，筒瓦屋面。戏楼南侧沿西部院墙建房十七间，西侧

两卷勾连搭形式戏楼

九间为扮戏房，东侧八间为花园内南房，其中西侧间为门道，可出入花园，各房均为过垄脊，合瓦屋面，前檐装修为现代门窗。附属房位于戏楼后侧，八间，悬山顶，过垄脊，筒瓦屋面，沿西院墙而建，前檐装修为现代门窗。附属房前的路向北通后院，院内有北房三间，披水排山脊，合瓦屋面，前檐装修为现代门窗。北房两侧各带耳房一间，过垄脊，合瓦屋面，前檐装修为现代门窗。转角连房位于北房西侧，九间，披水排山脊，合

32号院局部

瓦屋面，山面铃铛排山装饰，前檐装修为现代门窗。院内各房有游廊环绕，可转至戏台北侧。

该宅院曾为清朝光绪年间内务府大臣、曾任粤海关监督俊启建造的私人宅院。后俊启因为逾制被参劾，死后宅院被查抄，并赐予慈禧太后之弟照祥居住。民国时期，照祥后人将该院售予京汉铁路参赞、华北银行经理柯贞贤为宅，柯贞贤将其改造、扩建后，改名为"澹园"。新中国成立后作为某单位宿舍使用。

该院1984年1月10日公布为东城区文物保护单位，2011年公布为北京市文物保护单位。

现为居民院。

富强胡同6号、甲6号、23号

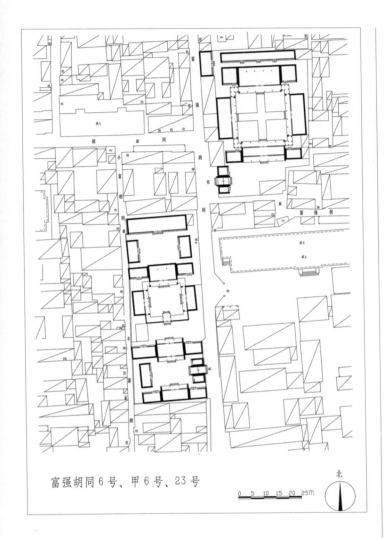

富强胡同6号、甲6号、23号

0 5 10 15 20 25m

6号院大门

间，东耳房二间，西耳房三间，均为过垄脊，合瓦屋面。

三进院（甲6号）于东侧后开随墙门，门内有座山影壁一座，院内有后罩房七间，东、西厢房各三间，均为过垄脊，合瓦屋面。

甲6号院门楼

位于东城区东华门街道。该院坐北朝南，三进院落。清代晚期建筑。

大门位于院落东南隅，广亮大门一间，东向，清水脊，合瓦屋面，前檐柱间饰雀替，方形门墩一对，大门南北两侧临街东房各一间，清水脊，合瓦屋面，前檐装修为现代门窗。老檐出后檐墙，北侧后檐墙内嵌拴马桩。一进院有北房（过厅）三间，前后出廊，两侧耳房各二间，西厢房三间，南房三间，前出廊，两侧带耳房各二间。

二进院有一殿一卷式垂花门一座，垂花门西侧以抄手游廊连接正房、厢房。正房三

甲6号院座山影壁

23号院外景

脊，合瓦屋面，梁架绘箍头彩画。西耳房西侧有西房三间。三进院后罩房九间，过垄脊，合瓦屋面。

据传，该院曾为宫中太监"秃头刘"的宅第。1986年公布为东城区文物保护单位。

现为居民院。

23号，坐北朝南，三进院落。广亮大门一间，西向，清水脊，合瓦屋面，前檐柱间饰雀替，六角形门簪四枚。大门北侧东房二间，西侧一间，清水脊，合瓦屋面，前檐出后廊墙，一进院北房五间，为过厅，前后出廊，过垄脊，合瓦屋面。两侧耳房各二间。二进院有正房五间，前后廊，两侧带耳房各二间，东、西厢房各五间，前出廊，建筑均为过垄

23号院门簪

甲6号院东厢房

23号院门厅

箭杆胡同20号（陈独秀旧居）

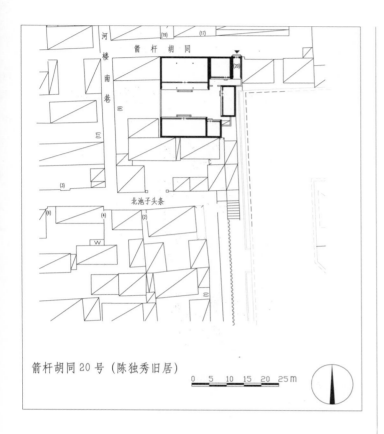

箭杆胡同20号（陈独秀旧居）

北房

三间，前出廊，清水脊，合瓦屋面，脊饰花盘子，垂带踏跺已残，前檐装修为现代门窗，东耳房二间，鞍子脊，合瓦屋面，前檐装修为现代门窗。南房三间，鞍子脊，合瓦屋面，垂带踏跺已残，前檐装修为现代门窗，东耳房一间，鞍子脊，合瓦屋面，西半间开门，前檐装修为现代门窗。东厢房二间，合瓦屋面，前檐装修为现代门窗。

民国六年（1917）初，陈独秀应北京大学校长蔡元培邀请，受聘任北京大学教授兼文科学长。院落孙姓院主将北房、东房和南房租给陈独秀。东院里的三间北房曾是陈独秀的办公室，当时的门牌号是9号。三间南房是随陈独秀由沪迁京《新青年》的编辑部。民国七年（1918）12月，陈独秀与李大钊又创办了《每周评论》。这里成为新文化运动的中心和指挥部。靠街门的那间小房是传达室，当年《新青年》编辑部的牌子悬挂于此墙，两间东厢房是陈独秀的车夫和厨子住的地方。

据当时院落主人后代讲述，院落西墙原有个西门，相对北门（正门）来说是后门。在警察抓陈独秀时，前门（北门）去人应付，陈独秀就从后门跑出去。[1]

2001年7月12日公布为北京市文物保护单位。

位于东城区东华门街道。该院坐北朝南，一进院落。民国时期建筑。

大门位于院落东北隅，北向，蛮子门形式，清水脊，合瓦屋面，脊饰花盘子，梅花形门簪两枚，雕"吉祥"字样，方形门墩一对，踏跺一级，大门后檐柱间饰步步锦棂心倒挂楣子及花牙子，抽屉檐形式封后檐墙。北房

大门

---

[1] 高国发：《陈独秀故居、墓地现状访查记》，陈独秀研究网，2003年12月12日。

丰富胡同19号（老舍故居）

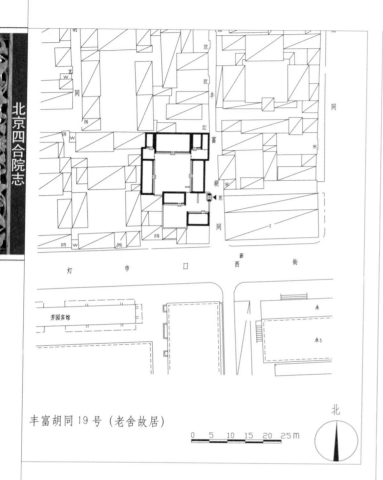

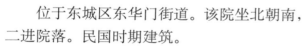
丰富胡同19号（老舍故居）

0 5 10 15 20 25m

北

大门

木影壁

位于东城区东华门街道。该院坐北朝南，二进院落。民国时期建筑。

大门位于院落东南隅，砖砌小门楼，东向，清水脊，筒瓦屋面，檐下为带砖椽的冰盘檐做法，门框上有绿色梅花形门簪两枚，黑漆板门两扇，上有门钹，墙体上身停泥淌白十字缝，下碱为小停泥淌白十字缝砌筑。山面博缝头砖雕，寓意"事事如意"。

迎门为一座砖砌影壁，顶为花瓦做法，墙体小停泥淌白十字缝砌筑。门内为一个小院，有南房二间，进深五檩，过垄脊，合瓦屋面，东间门连窗，西间支摘窗，下碱槛墙。山面方砖博缝，"五出五进"做法，墙心抹灰，上身停泥淌白十字缝，下碱小停泥淌白十字缝砌筑。

南房二间，平屋顶。西间支摘窗，东间门连窗，下碱小停泥淌白十字缝槛墙，封后檐墙"五出五进"做法，墙心抹灰，上身停泥淌白十字缝，下碱为小停泥淌白十字缝砌筑，山面亦为"五出五进"做法，墙心抹灰，上身停泥淌白十字缝，下碱为小停泥淌白十字缝砌筑。

二门建在里院东南角，门内一块五彩小木影壁，漆成绿色，中间挂一个"福"字。里院内有十字甬道通向东、北、西房，甬道之外是土地。

里院正房坐北朝南，三间，进深五檩，清水脊，合瓦屋面。前檐明间门连窗，次间支摘窗，步步锦棂心，下碱为停泥淌白十字

正房东次间布置

正房

缝槛墙，封后檐墙"五出五进"做法，墙心抹灰，上身及下碱均为停泥淌白十字缝砌筑。山面条砖博缝，墙身为停泥淌白十字缝砌筑。正房东、西附耳房各一间，过垄脊，合瓦屋面，前檐装修为现代门窗。

东、西厢房各三间，进深五檩，清水脊，合瓦屋面。前檐明间门连窗，次间支摘窗，下碱为小停泥淌白十字缝槛墙。封后檐墙"五出五进"做法，墙心抹灰，上身及下碱均为停泥淌白十字缝砌筑。山面方砖博缝，上身停泥淌白十字缝，下碱小停泥淌白十字缝砌筑。因院内地面抬高，踏跺无存。东厢房室

内已吊顶，西厢房室内后改吊顶。

1949年，老舍受周恩来邀请回国，买下此院，1950年3月入住。1954年春天，老舍与夫人胡絜青在甬道两边各栽下一棵柿子树。金秋时节，橘红色的柿子挂满枝头，胡絜青为小院取名"丹柿小院"。小院大门里靠着街墙种了一棵枣树。砖影壁后面，移植过一棵太平花，长成一人多高两米直径，满树白花，被老舍称为"家宝"。老舍与胡絜青爱花，曾在院里种的花多达百余盆。

北房西耳房是老舍的写作间兼卧室。书桌对着东门，桌后是嵌在墙上的书橱。老舍在这里创作了24部戏剧和三部长篇小说，引起轰动的有《龙须沟》《柳树井》《西望长安》《茶馆》《女店员》《全家福》等，此外，还创作了大量的散文、诗歌、杂文和曲艺作品。被北京市人民政府授予"人民艺术家"荣誉

北房

二进院东厢房

称号。

正房的明间和西次间为客厅，客厅中陈列着沙发、条案、硬木砖雕圆桌、凳及多宝槅。南面向阳的窗台、茶几上摆着各种盆景、盆花。墙上挂有十幅左右的国画，作者以齐白石、傅抱石、黄宾虹、林风眠为主。老舍在这里曾几次接待周恩来总理和末代皇帝溥仪，还接待过巴金、曹禺、赵树理等许多文化名人。秋天，老舍常邀请朋友来家赏菊。他把东屋腾出二间，将餐厅也临时改作花的展厅，把上百盆独朵菊花按高低分行排列，供人观赏。

东次间是胡絜青的卧室兼画室。东耳房是卫生间，墙外有一间小锅炉房，供全院冬季采暖用。原来东、西耳房和东、西厢房之间各有一块小天井，改造之后，分别加了灰顶，装了玻璃门和纱门。东边的冬天当餐厅。西边的和西耳房打通成一间，棚顶加开天窗，地面加铺了木地板，并开西门。西厢房为舒济、舒雨、舒立居住。东厢房北次间为厨房，明间及南次间为饭厅，南房是舒乙房间。

1984 年 5 月 24 日，丹柿小院公布为北京市文物保护单位。1997 年 7 月，胡絜青携子女将小院连同老舍收藏的部分字画、古董，以及胡絜青本人创作的美术作品捐献给国家。1998 年，北京市文物局对该故居进行落架修缮。1999 年 2 月 1 日老舍诞辰 100 周年之际，"丹柿小院"正式落成老舍纪念馆。

正房西次间布置

西堂子胡同25号—37号

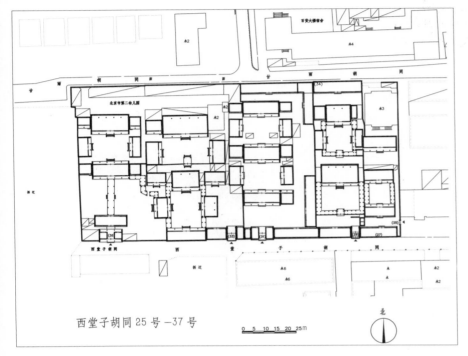

西堂子胡同25号—37号

0 5 10 15 20 25m

北

位于东城区东华门街道。整组建筑坐北朝南，五路五进院落。清代中期建筑。

25号和27号院为本宅书斋、休闲部分，20世纪20年代中期，画家溥雪斋以二万银圆购得，并进行了改建。大门改在东侧南端，砖制小门楼一座，铃铛排山脊，筒瓦屋面，梅花形门簪四枚，红漆板门两扇，圆形门墩一对。原倒座房七间，仅余六间，清水脊，

25号院大门

合瓦屋面，脊饰花盘子，檐椽万不断彩绘，檐下施苏式彩绘，前檐为工字卧蚕步步锦棂心门连窗和支摘窗，明间前出踏跺两级。一进院西侧有平顶房二间，饰素面木挂檐板，前檐为工字套方灯笼锦棂心夹门窗。二进院正房五间，前出廊，硬山顶，过垄脊，合瓦屋面。南房五间为过厅，前出廊，披水排山脊，合瓦屋面，前檐为拐子锦棂心夹门窗与支摘窗。院内南北房之间有四檩卷棚抄手游廊相连，柱间饰步步锦棂心倒挂楣子、花牙子与坐凳楣子，其中东侧廊中部开屏门。三进院正房五间，前出廊，过垄脊，合瓦屋面，檐下施苏式彩画、箍头彩画，前檐明间为夹门窗，次间下为槛墙、上为支摘窗，梢间为夹门窗，上饰横披窗，均为拐子锦棂心，明间前出如意踏跺三级。

29号院：五进院落。院落东南隅原开广亮大门一间，清水脊，合瓦屋面，脊饰花盘子；戗檐原有精美砖雕，已遗失；前檐柱间饰蕃草纹雀替，廊心墙为硬心做法；大门饰走马板，红色实榻大门两扇，梅花形雕花门簪四枚，圆形门墩一对；门内象眼处饰龟背锦雕花图案，条石墁地。后于外侧新建一如意门，门头雕花栏板装饰，梅花形门簪两枚，红漆板门两扇，门外有拴马石一对。门内迎门一字影壁一座，过垄脊，筒瓦顶，冰盘砖檐，硬影壁心，砖砌撞头。大门西侧倒座房五间，清水脊，合瓦屋面，脊饰花盘子，前檐装修为现代门窗。一进院内原有垂花门一座，现已拆除。二进院正房五间，前后廊，过垄脊，

29号院原大门门簪

合瓦屋面，檐下施箍头彩画；前檐明间为隔扇门，次间为十字方格棂心支摘窗，明间前出垂带踏跺五级；后檐为老檐出形式。院内有四檩卷棚游廊环绕，东侧已改为机瓦屋面，西侧为过垄脊，筒瓦屋面，柱间均饰倒挂楣子与坐凳楣子。三进院北侧原有垂花门一座，现已拆除。四进院正房三间，前后廊，硬山顶，合瓦屋面，前檐装修为现代门窗，明间前出踏跺四级；正房两侧耳房各二间，过垄

29号院二进院正房

脊，合瓦屋面，前檐装修为现代门窗。东、西厢房各三间，前出廊，过垄脊，合瓦屋面，铃铛排山；前檐明间为夹门窗，次间十字方格棂心支摘窗；明间前出垂带踏跺三级。院内各房有四檩卷棚游廊相连，过垄脊，筒瓦屋面，柱间饰工字卧蚕步步锦棂心倒挂楣子。五进院后罩房七间，硬山顶，鞍子脊，合瓦屋面，前檐装修为现代门窗。

31号院：大门为三间一启形式，明间辟广亮大门，铃铛排山脊，合瓦屋面，戗檐砖雕现已遗失；明间檐柱饰雕花雀替。大门东

侧倒座房七间，硬山顶，灰梗瓦屋面，西侧倒座房一间，过垄脊，合瓦屋面，前檐装修为现代门窗，后檐均为老檐出形式。一进院正房五间，前出廊，披水排山脊，合瓦屋面，戗檐装饰精美砖雕。正房东侧耳房二间，铃铛排山脊，合瓦屋面，前檐装修为现代门窗。东配房三间，后添为八间，硬山顶，灰梗瓦

31号院大门

屋面，前檐装修为现代门窗。二进院正房三间，前后廊，过垄脊，合瓦屋面，戗檐装饰精美砖雕，前檐装修为现代门窗。正房两侧耳房各二间，均为硬山顶，东耳房为灰梗瓦屋面，西耳房后改为机瓦屋面，前檐装修为现代门窗。东、西厢房各三间，均为铃铛排山脊，合瓦屋面，前檐装修为现代门窗。三进院正房五间，铃铛排山脊，合瓦屋面，前檐装修为现代门窗，后檐为老檐出形式。正房两侧耳房各二间，均为硬山顶，其中东耳

31号院一进院正房

房为过垄脊，合瓦屋面，前檐装修为现代门窗；西耳房为原址翻建。东、西厢房各三间，前出廊，披水排山脊，合瓦屋面，前檐装修为现代门窗。四进院后罩房九间，硬山顶，鞍子脊，合瓦屋面，东接转角房七间，机瓦屋面，前檐均已改为现代装修。

33号院：广亮大门一间，铃铛排山脊，合瓦屋面，戗檐装饰精美砖雕（现有残损）；大门檐柱饰雕花雀替，梅花形门簪四枚，红漆板门两扇，圆形门墩一对。大门东侧门房一间，西侧倒座房三间，均为过垄脊，合瓦屋面，前檐装修为现代门窗。进门后往西为一进院，正房三间，前出廊，铃铛排山脊，合瓦屋面，戗檐装饰走兽图案砖雕，后檐为老檐出形式。前檐明间为夹门窗，次、梢间为支摘窗，上饰灯笼锦棂心横披窗，前檐装修为现代门窗，明间前出垂带踏跺四级。东、西厢房各三间，前出廊，铃铛排山脊，合瓦屋面，戗檐装饰花卉砖雕，前檐装修为现代门窗，明间前出垂带踏跺四级。南房五间，前出廊，铃铛排山脊，合瓦屋面，前檐装修为现代门窗，明间前出垂带踏跺三级。院内各房有四檩卷棚抄手游廊相连，过垄脊，筒瓦屋面，柱间饰步步锦棂心倒挂楣子、花牙子和坐凳楣子。正房两侧各有一跨院，各有北房三间，前出廊，硬山顶，过垄脊，筒瓦屋面，披水排山，戗檐装饰精美砖雕，明间

33号院一进院游廊

前出如意踏跺三级，前檐装修为现代门窗。二进院南侧原有垂花门一座，早年拆除。院内正房五间，前后廊，铃铛排山脊，合瓦屋面，戗檐有精美砖雕；前檐明间为五抹灯笼锦棂心隔扇风门，帘架饰灯笼锦横披窗，次间为灯笼锦棂心支摘窗，各间均饰灯笼锦棂心横披窗，明间前出垂带踏跺四级；正房西侧接耳房二间，灯笼锦棂心装修。东、西厢各三间，前出廊，铃铛排山脊，合瓦屋面，戗檐饰精美砖雕；前檐装修为现代门窗，明间前出垂带踏跺三级。

35号院：为此宅的西花园，原与其东侧院落相通。大门为三间一启门形式，前后出廊，硬山顶，过垄脊，筒瓦屋面，铃铛排山；明间为金柱大门形式，前檐柱饰雕花雀替，檐下施墨线大点金旋子彩画，宝相花枋心；梅花形门簪四枚，上刻"万事如意"字

33号院一进院南房后檐戗檐雕花

35号院大门

35号院大门彩绘

样，匾托承"婧园雅筑"匾额，红漆板门两扇，两侧带余塞板，圆形门墩一对；次间为三抹工字卧蚕步步锦棂心隔扇窗。大门两侧有倒座房七间，东侧四间，西侧三间，均为铃铛排山脊，合瓦屋面，步步锦棂心砖套窗，后檐为老檐出形式。门内有敞轩五间，铃铛排山脊，合瓦屋面，前檐为工字卧蚕步步锦棂心门窗。敞轩明间向北直廊通北部花厅，直廊五间，硬山顶，过垄脊，筒瓦屋面，饰卧蚕步步锦棂心倒挂楣子、花牙子和坐凳楣子，明间两侧出如意踏跺三级。花厅五间，前后出廊，披水排山脊，合瓦屋面，戗檐装饰精美砖雕，明间为过道，可通后院，装饰工字卧蚕步步锦棂心隔扇门四扇，次间为工字卧蚕步步锦棂心支摘窗。正房两侧各接耳房二间，过垄脊，合瓦屋面，铃铛排山。西配房三间，前出廊，铃铛排山脊，合瓦屋面，明间为工字卧蚕步步锦棂心隔扇门四扇，次间

35号院花厅与敞轩间游廊

为工字卧蚕步步锦棂心支摘窗，明间前出垂带踏跺三级。后院有正房五间，前后廊，过垄脊，合瓦屋面，戗檐装饰精美砖雕，明间为五抹工字卧蚕步步锦棂心隔扇门四扇，次间为工字卧蚕步步锦棂心支摘窗，明间前出垂带踏跺四级。正房两侧耳房各二间，均为过垄脊，合瓦屋面，前檐为工字卧蚕步步锦棂心门窗。东、西厢房各三间，前出廊，披水排山脊，合瓦屋面，前檐明间为工字卧蚕步步锦棂心隔扇风门，帘架饰工字卧蚕步步锦棂心横披窗，次间为工字卧蚕步步锦棂心

35号院转角连房

支摘窗，明间前出垂带踏跺三级。院内各房有四檩卷棚游廊相连，硬山顶，过垄脊，筒瓦屋面，廊柱间饰卧蚕步步锦棂心倒挂楣子、花牙子和坐凳楣子。

此宅清雍正年间曾为总管内务府大臣德保宅院。其子英和于清道光二年（1822）任户部尚书、协办大学士，对此宅进行了扩建。清光绪七年（1881），左宗棠入京授军机大臣，监管总理各国事务衙门，原宅主将该宅东部，即今25号、27号、29号院让与左宗棠居住，所以近人将此宅视为左宗棠故居。25号、33号、35号现为单位用房，29号、31号为居民院，宅院以西的37号院应为西花园的一部分，现已拆除。1990年公布为北京市文物保护单位。

第二节 一般院落

DI-ER JIE YIBAN YUANLUO

东华门大街59号，万庆巷4号、6号

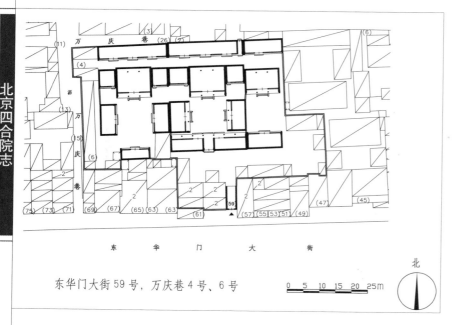

东华门大街59号，万庆巷4号、6号

位于东城区东华门街道，该院落坐北朝南，分东、中、西三路。清代末期至民国时期建筑。

大门位于中路东南隅，西洋式门楼一座，上起三角山花女墙，墙上装饰有砖砌门额，檐口装饰有线脚，拱券门，门扉已改为铁制大门。中路前后三进院落，一进院建筑难辨旧貌。二进院南房七间，前出廊，清水脊，合瓦屋面，明间辟为二门，蛮子门形式，门上梅花形门簪四枚，板门两扇，圆形门墩一对，

大门

前出如意踏跺两级，二门内象眼处装饰有砖雕，隔断墙北侧开门可通东、西次间，二门后檐原有屏门四扇，现仅存两扇。南房其余各间，前檐柱间装饰有倒挂楣子，装修为现代门窗，后檐为老檐出后檐墙，墙上开有平券窗。二进院正房三间，前后廊，清水脊，合瓦屋面，前檐装修为现代门窗，明间前出垂带踏跺三级。正房两侧耳房各二间，后改机瓦屋面，前檐装修为现代门窗，其中东耳房东侧一间辟为过道可通第三进院。东、西厢房各三间，前出廊，后改为机瓦屋面，前檐装修为现代门窗。院内各房间有平顶游廊相连。三进院后罩房，东、中、西三路共计18间，其中中路后罩房七间，过垄脊，合瓦屋面，前檐装修为现代门窗，东侧半间辟为门道。

东路二进院落。一进院正房三间，清水脊，合瓦屋面，南房三间，清水脊，合瓦屋面。二进院为后罩房四间，后改为机瓦屋面，前檐装修为现代门窗。

西路二进院落，现已另辟门牌，其中一进院为万庆巷6号，院内正房三间，前出廊，后带廊，清水脊，合瓦屋面，前檐装修为现代门窗，明间前出垂带踏跺三级。正房东、西耳房各一间，过垄脊，合瓦屋面，前檐装修为现代门窗。东、西厢房各三间，过垄脊，合瓦屋面，前檐装修为现代门窗。南房三间，清水脊，合瓦屋面，前檐装修为现代门窗。二进院为后罩房七间，过垄脊，合瓦屋面，前檐装修为现代门窗。

现为居民院。

文书馆巷14号

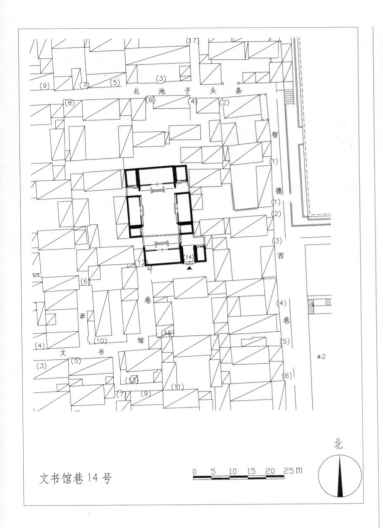

文书馆巷14号

大门

位于东城区东华门街道，该院落坐北朝南，二进院落。清代末期建筑。

大门位于院落东南隅，蛮子大门一间，过垄脊，合瓦屋面，梅花形门簪两枚，板门两扇，方形门墩一对，如意踏跺两级，大门后檐装饰有倒挂楣子。大门东侧门房一间，过垄脊，合瓦屋面，西侧倒座房三间，过垄脊，合瓦屋面。迎门座山影壁一座，清水脊，筒瓦屋面。一进院西侧大门内有屏门一座，一进院北侧东、西厢房南墙间原有看面墙，现已无存。

二进院正房面阔三间，前出廊，清水脊，合瓦屋面，前出垂带踏跺，前檐装修为现代门窗。正房两侧耳房各一间，过垄脊，合瓦屋面，前檐装修为现代门窗。东、西厢房各三间，厢房南侧各带耳房一间，均为过垄脊，合瓦屋面，前檐装修为现代门窗。

现为居民院。

正房

智德北巷3号

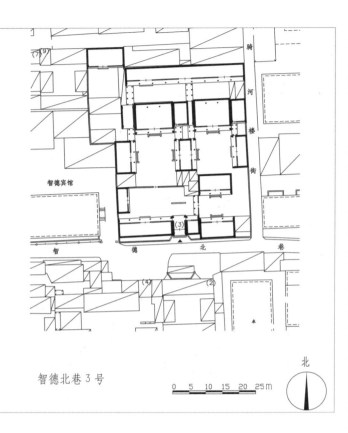

智德北巷3号

0 5 10 15 20 25m

北

东路二进院正房

五间，前出廊，过垄脊，筒瓦屋面，前檐装修为现代门窗，大门后檐廊部开门与门房及倒座房相通。

西路：一进院仅有西房三间，披水排山脊，合瓦屋面，前檐装修为现代门窗。院落北侧有券门一座可通二进院，东侧有游廊三间，现已改为机瓦屋面。二进院正房三间，前后廊，披水排山脊，合瓦屋面，前檐装修为现代门窗。正房东侧东耳房一间半，西耳房一间，均为过垄脊，合瓦屋面，其中东耳房东侧半间及西耳房辟为过道，北侧有平顶游廊与三进院后罩房相连。东、西厢房各三间，前出廊，披水排山脊，合瓦屋面，前檐装修为现代门窗。正房与厢房间有游廊相连。三进院后罩房九间，披水排山脊，合瓦屋面，前檐装修为现代门窗。三进院西侧另有西跨院，现仅存北房三间。

东路：一进院北房、南房各三间，均为披水排山脊，合瓦屋面，前出廊，前檐装修为现代门窗。二进院正房三间，前后廊，披水排山脊，合瓦屋面，前檐装修为现代门窗。东厢房三间，前出廊，披水排山脊，合瓦屋面，前檐装修为现代门窗。正房与厢房间有游廊相连。

现为居民院。

位于东城区东华门街道，该院落坐北朝南，分东、西两路。清代建筑。

大门位于西路东南隅，金柱大门一间，披水排山脊，合瓦屋面，梅花形门簪两枚，红漆板门两扇，圆形门墩一对，前檐柱间装饰有雀替。大门外两侧有撇山影壁，过垄脊，筒瓦屋面，方砖影壁心。迎门原有影壁一座，现已无存。大门东侧门房一间，西侧倒座房

大门及撇山影壁

智德北巷9号、骑河楼南巷甲12号

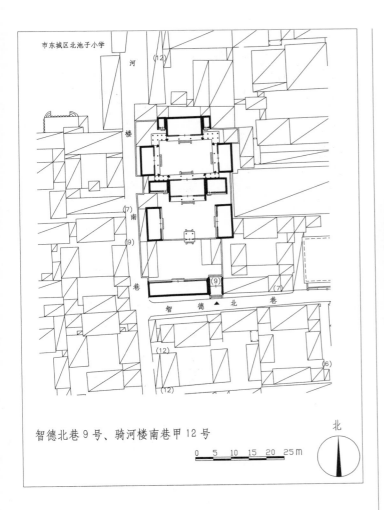

智德北巷9号、骑河楼南巷甲12号

0　5　10　15　20　25m

北

9号院一进西厢房后檐

位于东城区东华门街道。该院坐北朝南，三进院落。清代末期建筑。

大门位于院落东南隅，（广亮大门改如意门）如意门一间，清水脊，合瓦屋面，原中

柱位置的广亮大门四枚门簪，圆形门墩一对，现如意门方形门墩一对。大门两侧有上马石。大门西侧有倒座房五间，清水脊，合瓦屋面。一进院北侧垂花门已毁。

二进院正房三间，清水脊，合瓦屋面，前后廊，梁架绘箍头彩画，前出垂带踏跺三级，明间为五抹隔扇风门，次间支摘窗。西耳房翻建，东耳房二间，过垄脊，合瓦屋面。东、西厢房各三间，清水脊，合瓦屋面，西厢房屋面翻建，明间隔扇风门，次间支摘窗。

三进院为骑河楼南巷甲12号。正房院内三间，清水脊，合瓦屋面，前出廊，梁架绘苏式彩画，廊柱间步步锦棂心倒挂楣子，明间五抹隔扇门四扇，次间槛墙、支摘窗，井字玻璃屉棂心，前出垂带踏跺三级，四周有抄手游廊，卷棚顶筒瓦屋面。东、西厢房各三间，清水脊，合瓦屋面，前出廊，前出如意踏跺。

院落经过翻建。现为居民院。

9号院大门及倒座房

南池子大街32号

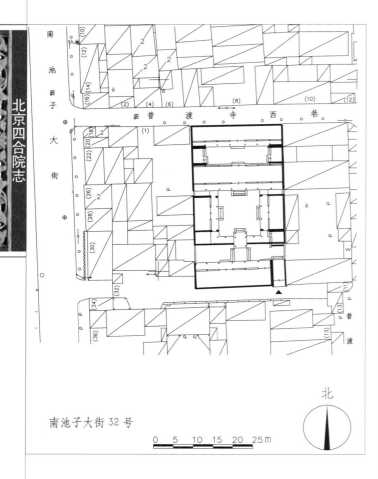

南池子大街32号

0 5 10 15 20 25m

北

影壁

位于东城区东华门街道。该宅院坐北朝南，三进院落。民国时期建筑。

大门位于院落东南隅，金柱大门一间，清水脊，合瓦屋面，梅花形门簪四枚，红色

板门双扇，圆形门墩一对，前檐柱间装饰雀替，戗檐砖雕狮子图案，墀头砖雕花卉及花篮图案。大门内一字影壁一座，硬山筒瓦顶，中心及四角岔花雕刻花卉图案。影壁西侧砖砌屏门一座，四扇木质板门。

戗檐砖雕

大门西侧倒座房六间，过垄脊，合瓦屋面，铃铛排山，西山墙有座山影壁一座，上饰精美砖雕。

一进院北侧一殿一卷式垂花门一座，垂柱头为灯笼形式，垂柱头间花罩雕刻缠枝花

倒座房

博缝砖雕

垂花门

卉，花板雕刻花卉，檐枋上绘制苏式彩画。
垂花门两侧连接看面墙和抄手游廊，廊柱间
装饰步步锦棂心倒挂楣子、花牙子。

二进院正房

垂花门内侧

屏门内侧

　　二进院正房七间，为明间过厅形式，前
出廊，披水排山脊，合瓦屋面，前后檐明间
均为隔扇门四扇，棂心后改为现代玻璃框，
前檐次、梢、尽间为槛墙、支摘窗，上带横
披窗，棂心均为现代玻璃框。东、西厢房各
三间，披水排山脊，合瓦屋面，前出廊，前
檐装修为隔扇门四扇，次间为槛墙、支摘窗，
棂心均为现代玻璃框。厢房南侧各带南耳房
一间。

　　三进院后罩房七间，建于高台之上（四
层城砖），披水排山脊，合瓦屋面，前檐装修
为现代门窗。东、西厢房各一间。

　　据说此宅为民国时期穆姓人家建造。现
为居民院。

东厢房

西厢房

南池子大街49号

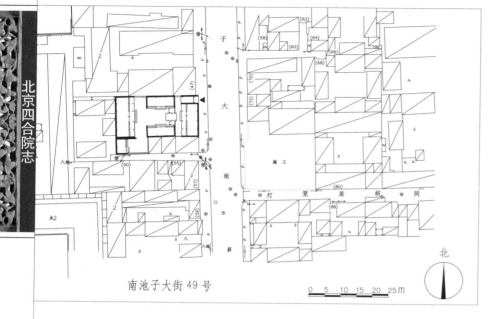

南池子大街 49 号

0　5　10　15　20　25m

北

倒挂楣子、彩画

二门细部

位于东城区东华门街道。该院坐西朝东，二进院落。民国时期建筑。

大门位于院落东北隅，如意大门一间，东向，清水脊，合瓦屋面，脊饰花盘子，门头栏板柱子装饰砖雕，梅花形门簪两枚，雕福寿纹样，板门两扇，圆形门墩一对，后檐柱间步步锦棂心倒挂楣子。大门南侧倒座东房四间，清水脊，合瓦屋面，脊饰花盘子，东房和大门的清水脊之间空当装饰一块砖雕花卉，前檐装修为现代门窗，老檐出后檐墙。

一进院西侧为独立柱担山式垂花门一座。垂花门两侧连接看面墙。

二进院内西房（正房）五间，前出廊，清水脊，合瓦屋面，脊饰花盘子，前檐明间出歇山顶抱厦一间，前檐其余装修为现代门窗。西房南侧耳房二间，清水脊，合瓦屋面。南、北厢房各三间，过垄脊，合瓦屋面，前檐装修为现代门窗。

现为居民院。

大门及倒座房

象眼砖雕

北池子大街23号

北池子大街 23 号

0 5 10 15 20 25m

北

大门

位于东城区东华门街道。该院主要院落坐北朝南,两路二进院落。民国时期建筑。

东路:大门位于院落东侧正中,蛮子大门一间,清水脊,合瓦屋面,脊饰花盘子,梅花形门簪四枚,红色板门两扇,圆形门墩一对,雕刻有四个狮子(四世同堂),门前出垂带踏跺五级。大门两侧上马石一对,素面。大门两侧出撇山影壁,其侧面立有拴马桩,左右各一块。大门南北两侧倒座(东)房各四间、清水脊,合瓦屋面。大门内一字影壁一座,影壁两侧屏门各一座通往两侧院落,院北侧有西房三间,清水脊,合瓦屋面,前檐装修为现代门窗,南侧院内有穿廊通往西路。

西路:坐北朝南,一进院内有倒座房南房三间,前出廊,清水脊,合瓦屋面。倒座

房两侧耳房各二间。院内北侧正中为一殿一卷式垂花门一座,垂花门两侧连接看面墙和抄手游廊。二进院内正房三间,前后廊,清水脊,合瓦屋面,脊饰立草盘子砖雕,前檐装修为现代门窗,明间前出垂带踏跺三级。正房两侧耳房各二间,清水脊,合瓦屋面,梁架绘有箍头包袱彩画。东、西厢房各三间,前出廊,清水脊,合瓦屋面,前檐装修为现代门窗,前檐明间出垂带踏跺三级。院内抄手游廊连接各房屋。

此宅据说原是清宫内某太监所建的宅院。现为居民院。

屏门

翠花胡同27号、29号

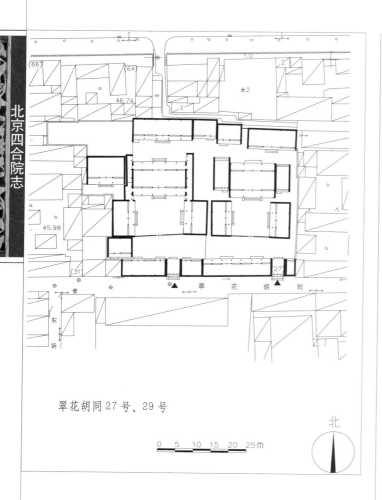

翠花胡同 27 号、29 号

0　5　10　15　20　25m

北

大门

　　位于东城区东华门街道。该宅院坐北朝南，两路三进四合院。民国时期建筑。

　　东路：大门位于院落东南隅，蛮子大门一间，清水脊，合瓦屋面，梅花形门簪四枚，

红色板门两扇，圆形门墩一对。大门东侧倒座房一间，西侧五间，过垄脊，合瓦屋面。一进院北侧原有二门，现已拆除。二进院正房三间，前后出廊，清水脊，合瓦屋面，前檐明间五抹隔扇门四扇，裙板雕夔龙图案，次间槛墙、支摘窗，棂心后改为现代玻璃窗。正房两侧耳房各一间，过垄脊，合瓦屋面。东、西厢房各三间，前出廊，清水脊，合瓦屋面，前檐装修为现代门窗。三进院内后罩房五间，

倒座房

二进院正房

西院夹道

隔扇裙板

清水脊，合瓦屋面，前檐装修为现代门窗。

西路（29号院）：蛮子大门一间，清水脊，合瓦屋面，脊饰花盘子。大门东侧倒座房二间，西侧四间，过垄脊，合瓦屋面。一进院内北侧二门无存。二进院内正房三间，前后出廊，清水脊，合瓦屋面，前檐装修为现代门窗。正房两侧有廊子连接东、西厢房。东、西厢房各三间，清水脊，合瓦屋面，前檐装修为现代门窗。厢房南侧厢耳房各二间，均为过垄脊，合瓦屋面。三进院内并连三座后罩房，东侧三间、中间二间、西侧五间，清

水脊，合瓦屋面，前檐装修为现代门窗。院落西北隅有一座小跨院，北房三间，翻建。

现为居民院。

后罩房戗檐砖雕

后罩房

第五章 建国门街道

DI-WU ZHANG JIANGUOMEN JIEDAO

建国门街道位于东城区东中部，东起二环路与朝阳区建外街道相接，南至明城墙外崇文门东大街与东花市街道为邻，西起崇雍大街与东华门街道毗连，北至干面、禄米仓胡同与朝阳门街道接壤。面积2.66平方千米，东西最大距离1498米、南北1750米；主要大街8条，胡同72条。全国重点文物保护单位有古观象台、智化寺、内城东南角楼等；市级文物保护单位有东堂子胡同75号蔡元培旧居等；区级文物保护单位有赵堂子胡同3号朱启钤故居、东总布胡同53号宅院等。

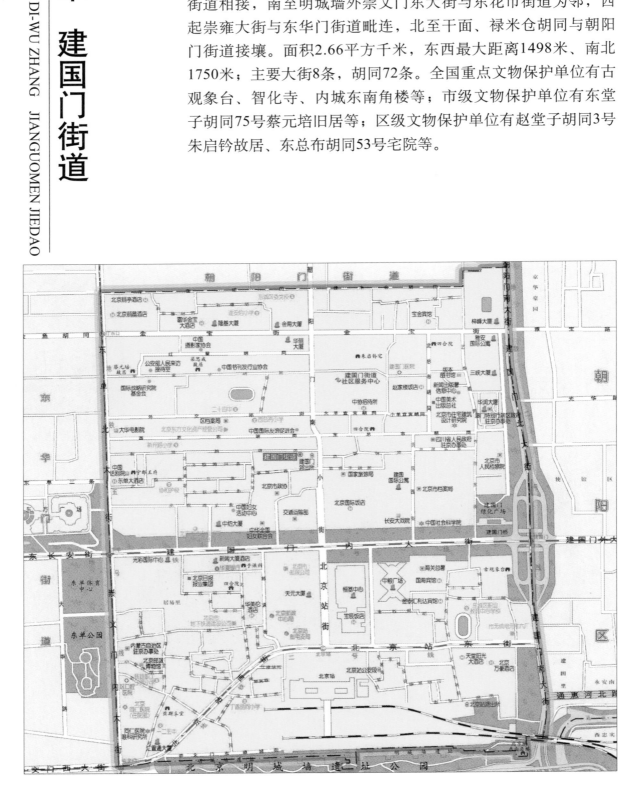

第一节
文保院落

DI-YI JIE　WEN-BAO YUANLUO

东堂子胡同75号（蔡元培旧居）

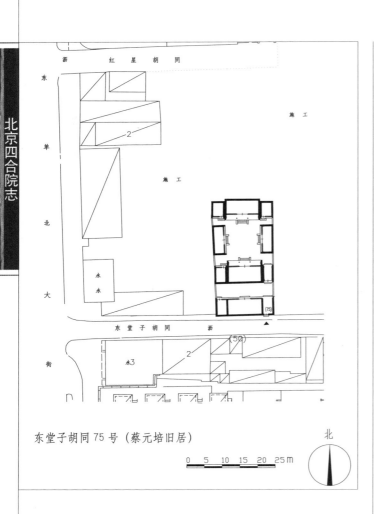

东堂子胡同75号（蔡元培旧居）

0 5 10 15 20 25M

北

二进院正房

次间辟为街门。鞍子脊，合瓦屋面，前檐门
连窗形式。老檐出后檐墙。倒座房西侧接耳
房一间，鞍子脊，合瓦屋面，西半间开门，
为门连窗形式，采用工字卧蚕步步锦棂心门
与支摘窗，门上饰工字步步锦棂心亮子窗。

二进院正房三间，前出廊，清水脊，合
瓦屋面，脊饰花盘子。明间采用五抹工字步
步锦棂心隔扇夹门窗装修，次间为工字步步
锦棂心支摘窗，各间均上饰步步锦棂心横披
窗，明间前出垂带踏跺四级。正房左右各接
耳房一间，鞍子脊，合瓦屋面，内侧三分之
一间开工字步步锦棂心门，采用门连窗形式，
外侧间装饰工字步步锦棂心支摘窗，如意踏
跺三级。东、西厢房各三间，鞍子脊，合瓦
屋面，明间为工字卧蚕步步锦棂心门与支摘
窗，次间为工字卧蚕步步锦棂心支摘窗装修，
明间前出垂带踏跺三级。南房三间，清水脊，
合瓦屋面，明间采用五抹工字步步锦棂心隔
扇夹门窗装修，次间为工字步步锦棂心支摘
窗，各间均上饰步步锦棂心横披窗，明间前
出垂带踏跺三级。南房东、西耳房各一间，
清水脊，合瓦屋面，其中西耳房采用外侧三
分之一间开工字步步锦棂心门，采用门连窗
形式，内侧间装饰工字步步锦棂心支摘窗，

位于东城区建国门街道。院落坐北朝南，
三进院落。原为其西邻77号住宅的东偏院，
现大门为后辟之偏门。民国时期建筑。

一进院倒座房四间，进深五檩，其中东

大门

三进院北房

游廊箍头彩画、倒挂楣子与花牙子

门前出踏跺两级。东耳房为门道，前后檐均装饰卧蚕步步锦棂心倒挂楣子与花牙子。

三进院，均已拆除，后来添建现代仿古房屋。

该院在民国六年（1917）至民国九年（1920）曾作为蔡元培在北京的居所。蔡元培是中华民国首任教育总长，提出废止忠君、尊孔、尚公、尚武、尚实的封建教育宗旨，倡导军国民教育、实利主义教育、公民道德教育、世界观教育、美感教育"五育并举"的新式教育思想。蔡元培自民国五年（1916）起任北京大学校长，力倡教育改革，支持新文化运动，提倡学术研究，主张"思想自由，兼容并包"，提出大学的性质在于研究高深学问，提倡学术自由，科学民主。主张学与术分校，文与理通科。将"学年制"改为"学分制"，实行"选科制"，积极改进教学方法，

耳房

精简课程，力主自学，校内实行学生自治，教授治校。他的这些主张和措施，在北京大学推行之后影响到全国。五四运动中他支持学生爱国行动，多方营救被捕学生，后迫于北洋政府压力辞职，遂结束在该院居住。

1985年10月公布为东城区文物保护单位。2001年对其周边区域进行整治建设。2008年初修缮工作结束。2011年公布为北京市文物保护单位。

现为单位用房。

院内东侧游廊

东总布胡同53号

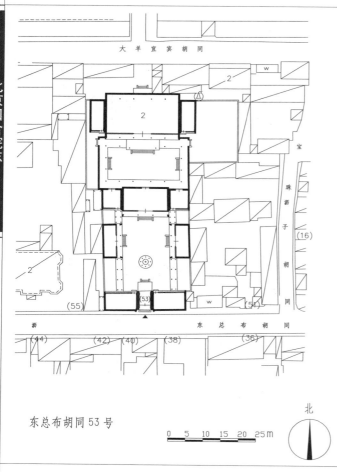

东总布胡同53号

0 5 10 15 20 25m

北

大门

位于东城区建国门街道。该院坐北朝南，二进院落。民国时期建筑。

大门位于院落南侧中部，金柱大门一间，披水排山脊，筒瓦屋面，双扇红漆板门，两侧带余塞板，六角形门簪四枚，圆形门墩一对，檐下檩三件绘苏式彩画，前檐柱间装饰雀替。

门内有一座圆形假山喷水池。大门两侧倒座房各三间，过垄脊，合瓦屋面。前檐南北向廊子，与一进院东、西厢房前廊相接。

一进院正房三间，明间为过厅，披水排山脊，筒瓦屋面，正房两侧耳房各一间，东、西厢房各三间，披水排山脊，合瓦屋面，前出廊。

二进院正房为二层楼房，花岗岩台基，五间，前出抱厦三间，歇山顶，绿琉璃筒瓦屋面，檐下装饰混凝土制一斗三升斗拱，室内装饰寿字纹井口天花，步步锦棂心窗装修，院内东、西两侧有爬山游廊与后楼前廊相连。

该院在20世纪30年代时为时任北宁铁路管理局局长陈觉生的住宅。陈觉生（1899—1937），广东中山人，国民党陆军少将。北平沦陷后，该宅成为日本宪兵队的司令部。抗日战争胜利后，此处归国民党警察部门。中华人民共和国成立后，为中国作家协会所在地，"文化大革命"时作家协会迁出。

1982年公布为东城区文物保护单位，现保存完好。

赵堂子胡同3号（朱启钤故宅）

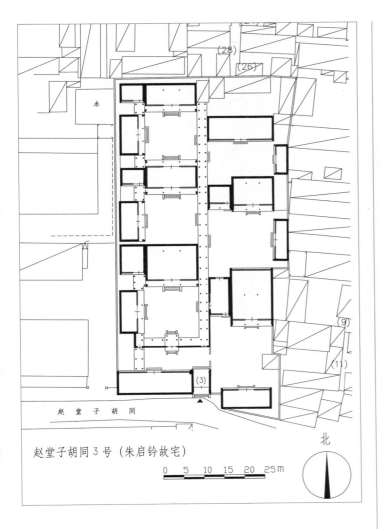

赵堂子胡同3号（朱启钤故宅）

0 5 10 15 20 25m

北

大门

位于东城区建国门街道。该院坐北朝南，分东、西两路。民国时期建筑。

金柱大门一间，辟于西路东南隅，铃铛排山脊，筒瓦屋面，山墙铃铛排山装饰，大门为双扇红色板门，梅花形门簪四枚，圆形门墩一对，门外两侧为抹灰软心廊心墙，门内屋顶有民国时期灯池，后檐饰卧蚕步步锦栈心倒挂楣子。大门东侧院墙作软心影壁形式，西侧倒座房五间，过垄脊，筒瓦屋面，前檐装修为现代门窗。

院落内以贯穿南北的游廊为中轴线，将整个宅院分成东西两部分，并将两部分的八

东路一进院正房侧立面

个院落有机地组合为一个颇具气魄的宅第。

东路：一进院正房三间，前出廊，两卷勾连搭建筑，铃铛排山脊，筒瓦屋面，前出垂带踏跺两级，前檐装修为现代门窗。正房西侧有耳房二间，过垄脊，筒瓦屋面，西山墙于游廊内开门，灯笼锦栈心隔扇风门，上饰灯笼锦栈心楣子，其余装修为现代门窗。南房三间，过垄脊，灰梗屋面，前檐装

西路一进院垂花门

东路二进院正房西侧耳房倒挂楣子与花牙子

东西路之间游廊

修为现代门窗。

二进院正房三间，前出廊，铃铛排山脊，筒瓦屋面，前出垂带踏跺三级，前檐装修为现代门窗。西接耳房二间，前出廊，过垄脊，筒瓦屋面，前檐饰灯笼锦楞心倒挂楣子和花牙子。东厢房三间，过垄脊，筒瓦屋面，前檐装修为现代门窗。

三进院北房五间，铃铛排山脊，筒瓦屋

面，门窗上保存有灯笼锦横披窗，前檐装修为现代门窗。东厢房三间，过垄脊，合瓦屋面，前檐装修为现代门窗。

西路：一进院北侧一殿一卷式垂花门一座，清水脊，筒瓦屋面，现已残破。垂花门两侧连接看面墙，其倒座房西次间与看面墙西端之间有平顶廊相连，可通二进院。

二进院正房三间，前出廊，披水排山脊，

东路三进院正房

西路二进院正房

西路三进院正房横披窗装修

合瓦屋面，明间采用十字海棠棂心隔扇风门，东立面装修采用灯笼锦棂心槛窗，开单扇拱券门，十字海棠棂心亮子窗，其余装修为现代门窗，明间出垂带踏跺四级。正房西侧接耳房二间，披水排山脊，合瓦屋面，前檐装修为现代门窗。西厢房三间，前出廊，过垄脊，筒瓦屋面，次间保存灯笼锦棂心支摘窗，其余装修为现代门窗。

三进院正房三间为过厅，前后出廊，铃铛排山脊，筒瓦屋面，仅存次间灯笼锦棂心横披窗，其余装修为现代门窗，明间前出垂带踏跺四级。西侧耳房二间，过垄脊，筒瓦屋面，前檐装修为现代门窗。西厢房三间，前出廊，过垄脊，筒瓦屋面，保存灯笼锦横披窗，其余装修为现代门窗。

四进院正房三间，前出廊，铃铛排山脊，筒瓦屋面，前檐装修为现代门窗，明间前出垂带踏跺四级。西侧耳房二间，铃铛排山脊，筒瓦屋面，前檐装修为现代门窗。西厢房三间，前出廊，铃铛排山脊，筒瓦屋面，前檐装修为现代门窗，明间前出如意踏跺四级。院内东、西两部分之间有四檩卷棚游廊贯穿南北，方形廊柱，柱间饰步步锦棂心倒挂楣子、花牙子与坐凳楣子，南侧墙饰各式什锦窗。

此宅原为一座未完成的建筑，20世纪30年代朱启钤将其购置，并由他亲自设计督造，建成为一处大型宅院。北平沦陷时期，宅院被日本人强行购买，抗战胜利后又发还朱家。新中国成立后，朱启钤将此宅献给国家，全家迁入东四八条111号。

朱启钤（1872—1964）是清光绪年间举人，曾任京师大学堂译学馆监督、北京外城警察厅厅长、内城警察总监、蒙古事务督办。辛亥革命后，曾任北洋政府交通总长、内务部总长，兼任京都市政督办、代理国务总理等。新中国成立后，任全国政协委员、中央文史研究馆馆员，著有《蠖园文存》《哲匠录》《李仲明营造法式》等，主持编印《中国营造学社汇刊》。民国十九年（1930），朱启钤先生自费成立了专门研究古建筑的机构——中国营造学社，自任社长，对近代北京城的改造建设做出了重要贡献，后来致力于中国建筑的考据学研究。赵堂子胡同3号四合院建好后，前半部为中国营造学社办公，后半部为朱启钤先生眷属居住。据朱先生之子朱海北回忆，院内建筑的做法及彩画，完全按照《李仲明营造法式》进行，所用木工、彩画工都是为故宫施工的老工匠。故该宅院同时具有一定的纪念与研究双重价值。

1984年公布为东城区文物保护单位。现为居民院。

西路四进院正房

第二节

一般院落

DI-ER JIE　YIBAN YUANLUO

东堂子胡同2号

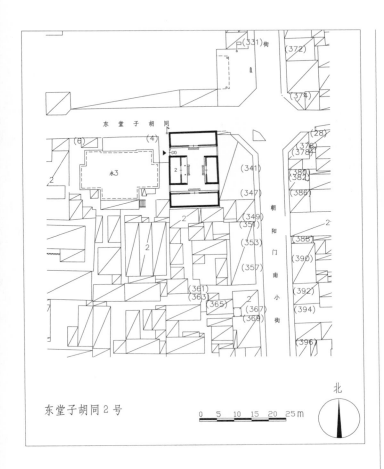

东堂子胡同2号

0 5 10 15 20 25m

北

西配楼二层

位于东城区建国门街道，该院坐北朝南，一进院落。民国时期建筑。

小门楼一座，西向，辟于院落西北隅，过垄脊，筒瓦屋面，双扇红漆板门。院内北房五间，过垄脊，合瓦屋面，前檐装修为现代门窗。南房五间，过垄脊，合瓦屋面，前檐装修为现代门窗。东厢房三间，已翻机瓦屋面，前檐装修为现代门窗。

院内西侧为民国时期二层楼三间，前出廊，过垄脊，合瓦屋面。一层前廊装饰素面挂檐板，柱子之间装饰夹杆条玻璃屉倒挂楣子及花牙子，民国时期花砖地面，明间隔扇风门，夹杆条玻璃屉棂心，次间前檐装修为现代门窗，梁架绘箍头彩画。二层前檐装修为现代门窗。

现为居民院。

南房

西配楼民国时期花砖地面

东堂子胡同5号

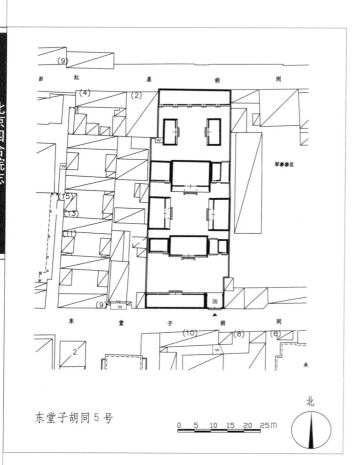

东堂子胡同5号

大门东侧博缝头雕花

位于东城区建国门街道，该院坐北朝南，三进院落。清代末期至民国时期建筑。

大门位于院落东南隅，如意大门一间，清水脊，合瓦屋面，脊饰花盘子，戗檐处原有砖雕，现已无存，博缝头装饰砖雕。双扇红漆板门，梅花形门簪两枚，圆形门墩一对，门内后檐柱间饰步步锦棂心倒挂楣子。大门西侧倒座房五间，鞍子脊，合瓦屋面，冰盘檐封后檐墙，前檐装修为现代门窗。

一进院正房三间，清水脊，合瓦屋面，博缝头装饰砖雕，前檐装修为现代门窗。正房两侧耳房各二间，过垄脊，合瓦屋面，前檐装修为现代门窗，其东耳房西间为门道，后檐饰步步锦棂心倒挂楣子。

二进院正房三间，前出廊，清水脊，合瓦屋面，前檐装修为现代门窗。正房两侧耳房各二间，前出廊，过垄脊，合瓦屋面，前檐装修为现代门窗，其东耳房东间为门道，后檐饰步步锦棂心倒挂楣子。东、西厢房各三间，前出廊，清水脊，合瓦屋面，明间门连窗，棂心为后改，次间前檐装修为现代门窗，明间前出垂带踏跺三级。

三进院正房五间，已翻机瓦屋面，前檐装修为现代门窗。东、西厢房各三间，过垄脊，合瓦屋面，其西厢房已翻机瓦屋面，前檐装修为现代门窗。

现为居民院。

二进院正房

东堂子胡同9号、11号、13号、15号

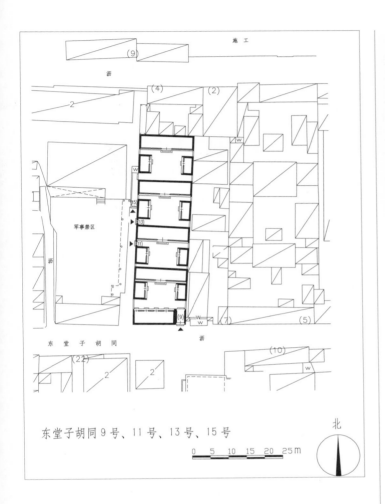

东堂子胡同9号、11号、13号、15号

0 5 10 15 20 25M

北

位于东城区建国门街道。该院落有前后共四组院，均为坐北朝南的一进小院。民国时期建筑。

9号院：大门位于院落东南隅，如意大门一间，清水脊，合瓦屋面，脊饰花盘子，双扇红漆板门，门钹一对，梅花形门簪两枚，门头套沙锅套花瓦装饰，

9号院座山影壁

9号院正房

方形门墩一对，门内后檐柱间饰菱形套倒挂楣子及花牙子。大门西侧倒座房四间，均已翻机瓦屋面，抽屉檐封后檐墙，前檐门连窗、槛墙、支摘窗，灯笼锦棂心。门内迎门座山影壁一座，上饰套沙锅套花瓦，砖砌撞头。正房五间，东、西厢房各二间，均为过垄脊，合瓦屋面，前檐装修为门连窗、槛墙、支摘窗，灯笼锦棂心。

11号、13号、15号：各于院落西侧开随墙门一座，红漆板门。院内各有北房五间，东、西厢房各二间，大部分已翻机瓦屋面（11号院北房及东厢房为灰梗屋面），前檐装修为现代门窗。

现为居民院。

13号院东厢房

东堂子胡同25号

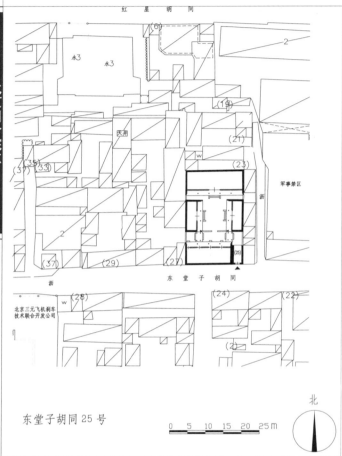

东堂子胡同25号

0 5 10 15 20 25m

北

座山影壁

位于东城区建国门街道。该院坐北朝南，二进院落。清代末期至民国时期建筑。

大门位于院落东南隅，如意大门一间，皮条脊，合瓦屋面，正脊饰吻兽，双扇板门，门头套沙锅套花瓦装饰，门外圆形门墩一对，门内后檐饰工字卧蚕步步锦棂心倒挂楣子及花牙子。大门西接倒座房四间，前出廊，已翻机瓦屋面，前檐装修为现代门窗。迎门座山影壁一座，清水脊，筒瓦屋面，脊饰花盘子，抹灰软影壁心，两侧砖砌撞头。一进院两侧有卷棚游廊，与二进院东、西厢房前廊相接，筒瓦屋面。一进院北面有月亮门一座，现已封堵。

二进院正房五间，前出廊，已翻机瓦屋面，明间夹门窗，工字卧蚕步步锦棂心门装修，八角井棂心窗装修，次、梢间前檐装修为现代门窗，前廊柱饰工字步步锦棂心倒挂楣子及花牙子。东、西厢房各三间，前出廊，过垄脊，合瓦屋面，其西厢房明间夹门窗，次间槛墙、支摘窗，工字卧蚕步步锦棂心门装修，八角井棂心窗装修，均饰卧蚕步步锦棂心横披窗。东厢房明间夹门窗，次间门连窗，工字卧蚕步步锦棂心门装修，八角井棂心窗装修。

现为居民院。

正房

西镇江胡同25号

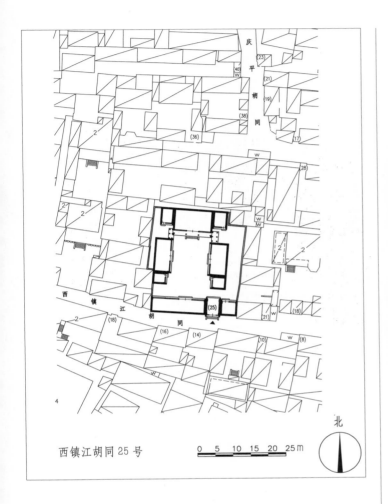

西镇江胡同25号

0 5 10 15 20 25 m

北

大门

位于东城区建国门街道。该院坐北朝南，一进院落。

大门位于院落东南侧，如意大门一间，清水脊，合瓦屋面（蝎子尾已毁，后补吻兽），

脊饰花盘子，飞椽绘万字纹，檐椽绘花草纹，前后戗檐外均装饰动物图案砖雕，后檐博缝头装饰万事如意图案砖雕，荷叶墩装饰花草纹雕刻，双扇红漆板门，门钹一对，梅花形门簪两枚，门楣装饰万不断与连珠纹样，门头为栏板装饰，门外踏跺两级，门内后檐柱间装饰卧蚕步步锦棂心倒挂楣子、花牙子。

大门后倒挂楣子、花牙子

正房

正房东侧游廊

大门东侧门房二间，过垄脊，合瓦屋面，前檐装修为现代门窗，大门西侧倒座房四间，过垄脊，合瓦屋面，中间二间为夹门窗，余间为槛墙、支摘窗，均为套方棂心，梁架绘箍头彩画。

院内正房三间，前出廊，清水脊，合瓦屋面，脊饰花盘子，檐下飞椽绘万字纹，戗

游廊花牙子

正房廊心墙砖雕

檐装饰花鸟纹砖雕，博缝头饰万事如意砖雕，明间装修为五抹隔扇门四扇，云头锦裙板，次间为槛墙、支摘窗，均为套方棂心，前廊柱间装饰卧蚕步步锦棂心倒挂楣子、花牙子和坐凳楣子，廊门筒子上部装饰砖雕图案，明间出如意踏跺三级。正房两侧耳房各一间，过垄脊，合瓦屋面，檐下飞椽绘万字纹，采

西厢房戗檐砖雕

用门连窗装修，套方棂心。

东、西厢房各三间，清水脊，合瓦屋面，脊饰花盘子，檐下飞椽绘万字纹，戗檐装饰人物图案砖雕，博缝头饰万事如意砖雕。其东厢房明间为隔扇风门，云头锦裙板，次间为槛墙、支摘窗，均为套方棂心。西厢房各间装修均改为门连窗，套方棂心，云头锦裙板。

厢房前廊柱间均装饰卧蚕步步锦棂心倒挂楣子、花牙子和坐凳楣子，北侧灯笼框装饰砖雕，绘箍头彩画，明间出踏跺两级。东厢房南侧耳房一间，西厢房南侧耳房二间，均为过垄脊，合瓦屋面，门连窗装修，套方棂心，云头锦裙板。院内正房与东、西厢房之间有四檩卷棚窝角游廊相连，过垄脊，筒瓦屋面，梁架绘箍头彩画，柱间装饰卧蚕步步锦棂心倒挂楣子。

现为单位用房。

小报房胡同13号

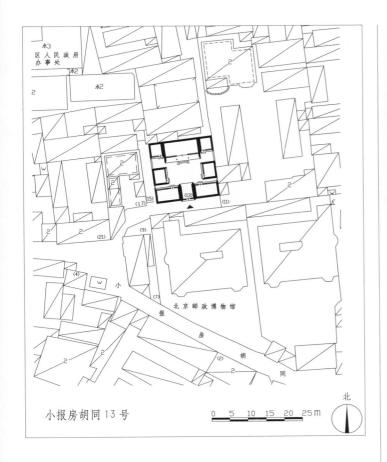

小报房胡同13号

正房

西侧倒座房为过垄脊，合瓦屋面，东侧倒座房为机瓦屋面，均为抽屉檐封后檐墙。

院内正房三间，前出廊，披水排山脊，合瓦屋面，前檐装修为现代门窗。东、西耳房各一间，过垄脊，合瓦屋面，前檐装修为现代门窗。东厢房二间，已翻机瓦屋面，前檐装修为现代门窗，西厢房二间，为原址翻建。

现为居民院。

位于东城区建国门街道。该院坐北朝南，一进院落。民国时期建筑。

大门位于院落南侧正中，如意大门一间，清水脊，合瓦屋面，脊饰花盘子，门头装饰海棠池素面栏板，门内后檐柱间装饰盘长如意倒挂楣子。大门两侧倒座房各二间，其中

门头栏板装饰

东厢房

南八宝胡同12号、14号

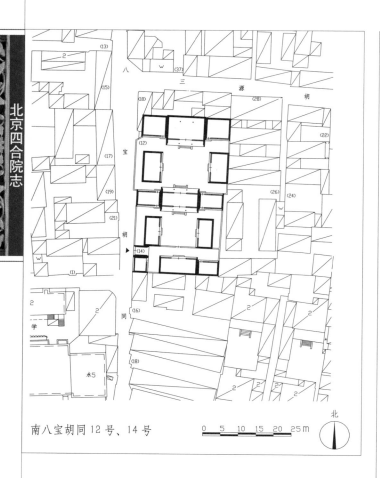

南八宝胡同12号、14号

0 5 10 15 20 25m

北

位于东城区建国门街道。该院坐北朝南，三进院落。清代末期建筑。

大门一间位于院落西南隅（14号），与临街西房连为一体，西间现已封堵。大门南侧西房二间，披水排山脊，合瓦屋面。一进院南房三间，东接耳房二间，均为过垄脊，合瓦屋面，前檐装修为现代门窗。院内原有二门，现已拆除。

二进院正房三间，前后出廊，过垄脊，合瓦屋面，前檐装修为现代门窗。正房两侧耳房各二间，其中东耳房为过垄脊，合瓦屋面，墙

12号院大门门墩

体翻为红机砖，西耳房为后翻机瓦屋面，前檐装修为现代门窗。东、西厢房各三间，过垄脊，合瓦屋面，前檐装修为现代门窗。

三进院（南八宝胡同12号）正房三间，前出廊，清水脊，合瓦屋面，脊饰花盘子，

12号院（三进院）东厢房

前檐装修为现代门窗。正房两侧耳房各二间，均翻机瓦屋面，前檐装修为现代门窗。东、西厢房各三间，鞍子脊，合瓦屋面，前檐装修为现代门窗。

南八宝胡同14号与12号原为一处院落，后分为两处。现12号于院落西北角开西洋式便门，双扇红漆板门，两侧方壁柱，不出头，门外有方形门墩一对。

现为居民院。

14号院一进院西房及原大门

西总布胡同11号

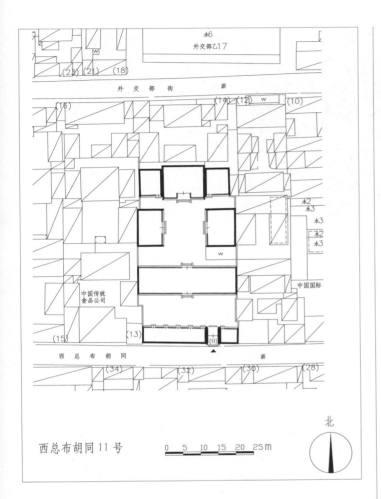

西总布胡同11号

二进院正房

筑划分为三间一栋，中栋建筑明间为门道，隔扇风门，棂心后改，次间十字方格棂心支摘窗。东、西两栋为步步锦棂心支摘窗装修。

二进院正房三间，前出廊，明间吞廊，清水脊，合瓦屋面（清水脊已残毁），戗檐装饰鹤鹿同春砖雕，明间夹门窗，次间支摘窗，棂心后改。东、西耳房各二间，清水脊，合瓦屋面（清水脊已残毁）。东、西厢房各三间，清水脊，合瓦屋面（清水脊已残毁），戗檐装饰砖雕，前檐装修为现代门窗。

现为居民院。

二进院正房西侧耳房

位于东城区建国门街道。该院坐北朝南，二进院落。民国时期建筑。

大门位于院落东南隅，广亮大门一间，清水脊，合瓦屋面，脊饰花盘子，双扇红漆板门，梅花形门簪四枚，前檐柱装饰雀替，圆形门墩一对。大门东侧倒座房二间，过垄脊，合瓦屋面，西接倒座房五间，其西侧间为过垄脊，合瓦屋面，其余为灰梗屋面，前檐装修为现代门窗。门内迎门一字影壁一座，墙帽脊，筒瓦屋面，冰盘砖檐，硬影壁心，两侧为砖砌撞头。

一进院正房九间，清水脊，合瓦屋面，脊饰花盘子，老檐出后檐墙，仅从脊上将建

西总布胡同21号

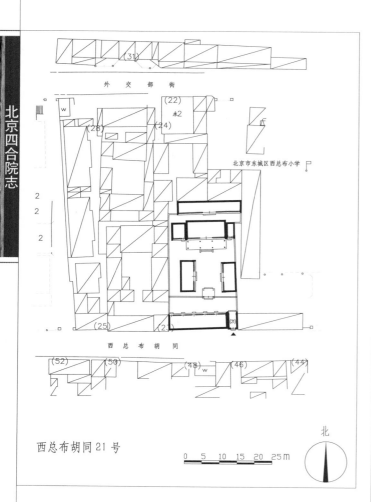

西总布胡同21号

0 5 10 15 20 25m

北

正房

装修为现代门窗。一进院内原有垂花门一座，现已改建。

二进院正房三间，鞍子脊，合瓦屋面，前接平顶廊，装饰素面挂檐板，前檐装修为现代门窗，东侧耳房一间，西侧耳房二间。东、西厢房各三间，已翻机瓦屋面，前檐装修为现代门窗。

院内西侧有夹道可通三进院，后罩房五间，为原址翻建。

现为居民院。

西厢房

位于东城区建国门街道。该院坐北朝南，三进院落。民国时期建筑。

大门位于院落东南隅，如意大门一间，过垄脊，合瓦屋面，门头装饰海棠池素面栏板，门楣饰连珠纹，双扇红漆板门，门内后檐柱间装饰卧蚕步步锦棂心倒挂楣子。大门西侧倒座房五间，鞍子脊，合瓦屋面，前檐

大门后檐倒挂楣子

西总布胡同23号

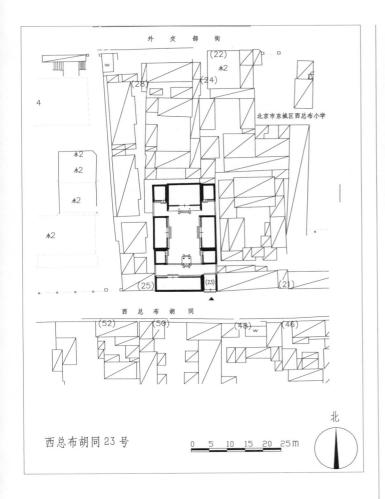

西总布胡同23号

东厢房

侧带余塞板，门钹一对，梅花形门簪两枚，圆形门墩一对，门内后檐柱间装饰步步锦榥心倒挂楣子。大门西侧倒座房四间，过垄脊，合瓦屋面，前檐装修为现代门窗。一进院内原有垂花门一座，现已无存，仅见地基。

二进院正房三间，前出廊，披水排山脊，合瓦屋面，前檐装修为现代门窗。东、西耳房各一间，已翻机瓦屋面，前檐装修为现代门窗。东、西厢房各三间，过垄脊，合瓦屋面，前檐装修为现代门窗。厢房南侧各接厢耳房一间，已翻机瓦屋面，前檐装修为现代门窗。

现为居民院。

位于东城区建国门街道。该院坐北朝南，二进院落。清代末期建筑。

大门位于院落东南隅，蛮子大门一间，披水排山脊，合瓦屋面，双扇红漆板门，两

大门及倒座房

西厢房

西总布胡同41号

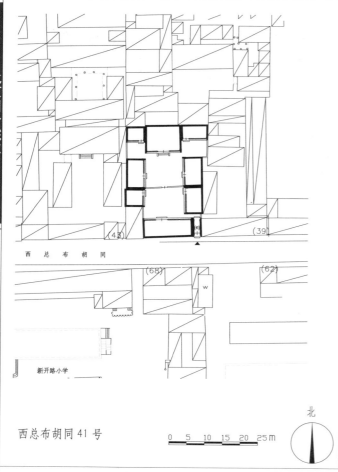

西总布胡同41号

北

大门

位于东城区建国门街道。该院坐北朝南，二进院落。民国时期建筑。

大门位于院落东南隅，金柱大门一间，清水脊，合瓦屋面（清水脊已毁），双扇红漆板门，六角形门簪四枚，前檐柱间装饰雀替，圆形门墩一对，雕刻转心莲图案。大门西侧倒座房四间，已翻机瓦屋面，前檐装修为现代门窗。

一进院东厢房二间，西厢房一间，均翻机瓦屋面，前檐装修为现代门窗。院内原有二门，现已拆除。

二进院正房三间，清水脊，合瓦屋面，脊饰花盘子，前檐装修为现代门窗。东耳房二间，披水排山脊，合瓦屋面，西耳房一间，已翻机瓦屋面，前檐装修为现代门窗。东、西厢房各二间，清水脊，合瓦屋面，脊饰花盘子，前檐装修为现代门窗。

据传，此宅原为民国时期国民党第六军团第十二军军长孙殿英的宅第。

现为居民院。

二进院正房

440

西总布胡同45号

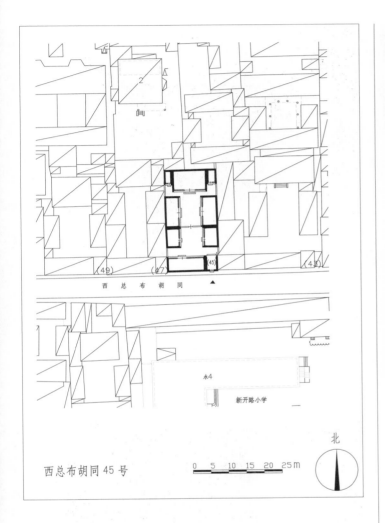

西总布胡同45号

大门

位于东城区建国门街道。该院坐北朝南，二进院落。清代末期建筑。

大门位于院落东南隅，与倒座房连为一

大门铺首一对

体，为近代翻修。鞍子脊，合瓦屋面，双扇红漆板门，门联书："圣代即今多雨露，诸君何以答升平。"门上饰铺首一对，圆形门墩一只（仅存东侧门墩）。大门西侧倒座房四间，鞍子脊，合瓦屋面，前檐装修为现代门窗。

一进院东、西厢房各二间，鞍子脊，合瓦屋面，其中东厢房已翻机瓦屋面，前檐装修为现代门窗。院内原有二门，门墙与东、西厢房的北山墙相接，现已拆除。

二进院正房三间，过垄脊，合瓦屋面，明间隔扇风门，次间支摘窗。正房两侧耳房各一间，过垄脊，合瓦屋面，前檐装修为现代门窗。东、西厢房各三间，鞍子脊，合瓦屋面，前檐装修为现代门窗。

现为居民院。

西总布胡同49号

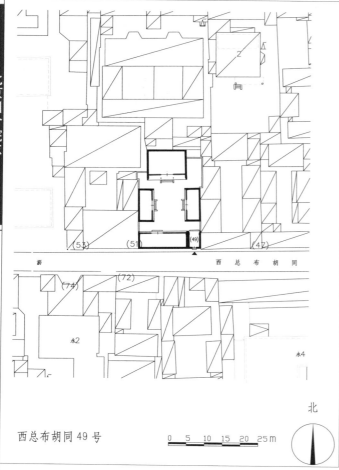

西总布胡同49号

0 5 10 15 20 25m

北

正房

现代门窗，墙体通体淌白砌法。东、西厢房各三间，鞍子脊，合瓦屋面，为原址翻建。

现为居民院。

东厢房

西厢房

位于东城区建国门街道。该院坐北朝南，一进院落。民国时期建筑。

大门位于院落东南隅，如意大门一间，清水脊，合瓦屋面（清水脊已残毁），门头海棠池素面栏板，双扇红漆板门，门联书："备至嘉祥，总集福荫。"门上饰铺首一对，梅花形门簪仅存一枚，上刻"意"字样，圆形门墩一对，门内后檐梁架绘箍头彩画。

大门西侧倒座房四间，鞍子脊，合瓦屋面，冰盘檐封后檐墙，前檐装修为现代门窗。

院内正房三间，前出廊，清水脊，合瓦屋面，脊饰花盘子，次间拱券窗，其余各间

外交部街7号

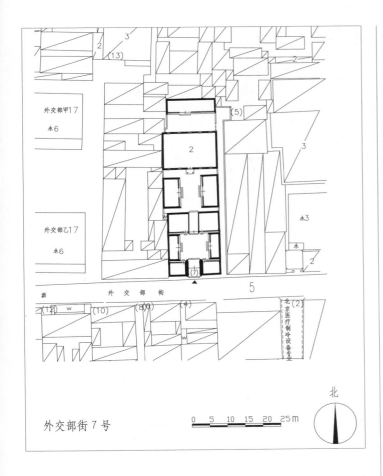

外交部街7号

民国时期二层楼建筑内 民国时期二层楼建筑装修部木制楼梯

位于东城区建国门街道。该院坐北朝南，三进院落。民国时期建筑。

大门

大门位于院落南侧正中，广亮大门一间，清水脊，合瓦屋面，戗檐装饰砖雕，双扇红漆板门，铺首一对，两侧带余塞板，梅花形门簪四枚，雕刻花卉图案，圆形门墩一对，檐柱饰雀替，菱形套棂心倒挂楣子。大门两侧倒座房各二间，过垄脊，合瓦屋面，前檐装修为现代门窗。

一进院正房五间（为过厅），已翻机瓦屋面，明间为过道，两侧山墙饰拱券窗，前檐装修为现代门窗。东、西厢房各三间，已翻机瓦屋面，前檐装修为现代门窗。

二进院北侧民国时期二层楼房一栋，五间，一层明间拱券门，前出平顶廊，西洋式圆廊柱，室内屋顶饰民国时期圆形灯池，次、梢间拱券窗装修，二层各间拱券窗装修，各窗饰木制栏杆，楼内保存木制楼梯。东、西厢房各三间，已翻机瓦屋面，前檐装修为现代门窗。

三进院后罩房四间，鞍子脊，合瓦屋面，前檐装修为现代门窗。

现为居民院。

外交部街57号

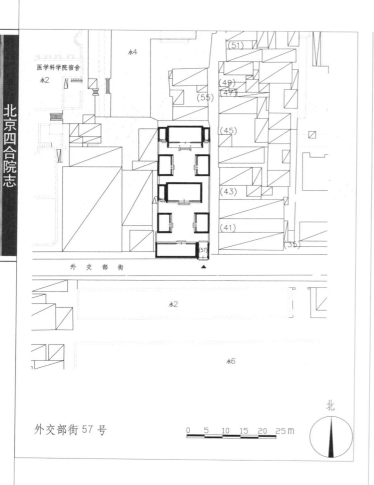

外交部街57号

0 5 10 15 20 25m

北

一进院正房

戗檐及博缝头装饰砖雕，前檐装修为现代门窗。西耳房一间，已翻建。东、西厢房各二间，已翻机瓦屋面，改红机砖砌筑，前檐装修为现代门窗。

二进院正房三间，前出廊，过垄脊，合瓦屋面，前檐装修为现代门窗。正房两侧耳房各一间，披水排山

后檐博缝头砖雕

脊，合瓦屋面，其东耳房已翻机瓦屋面，红机砖砌筑，前檐装修为现代门窗。东、西厢房各二间，灰梗屋面，其西厢房已翻机瓦屋面，红机砖砌筑，前檐装修为现代门窗。

现为居民院。

位于东城区建国门街道。该院坐北朝南，二进院落。民国时期建筑。

原大门及西侧倒座房共五间，现已拆改翻建。现大门辟于院落一进东厢房北侧院墙处，平顶，双扇红漆板门，门头套沙锅套花瓦装饰。

一进院正房三间，鞍子脊，合瓦屋面，

门头花瓦

二进院正房

协和胡同24号

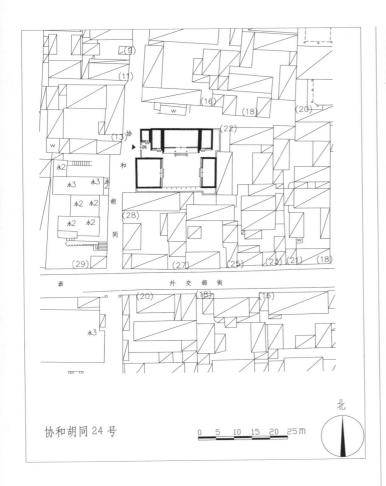

协和胡同24号

木榻

东厢房

位于东城区建国门街道。该院坐北朝南，一进院落。民国时期建筑。

大门位于院落西北隅，小门楼一座，西向，清水脊，合瓦屋面，双扇红漆板门。

院内正房三间，前出廊，过垄脊，合瓦

正房

屋面，戗檐及博缝头装饰砖雕，明间门连窗，次间槛墙、槛窗，灯笼锦棂心。明间前出垂带踏跺三级。正房两侧耳房各一间，过垄脊，合瓦屋面，前檐为门连窗，灯笼锦装修。西耳房西接平顶房一间。东、西厢房各三间，过垄脊，筒瓦屋面，拱券门窗装修，灯笼锦与冰裂纹棂心。南侧平顶廊，菱角砖檐，现已改建。

现为居民院。

第六章 朝阳门街道

DI-LIU ZHANG CHAOYANGMEN JIEDAO

朝阳门街道位于东城区东中部，东起朝阳门南大街，与朝阳区朝外街道为邻；南至干面胡同、禄米仓胡同，与建国门街道毗连；西起东四南大街，与东华门街道接壤；北靠朝阳门内大街，与东四街道相邻。面积1.24平方千米，主要大街4条，胡同23条。全国重点文物保护单位有孚王府，市级文物保护单位有内务部街11号明瑞府，礼士胡同129号宾俊住宅，史家胡同51号、53号、55号四合院等。

第一节
文保院落

DI-YI JIE　WEN-BAO YUANLUO

礼士胡同129号

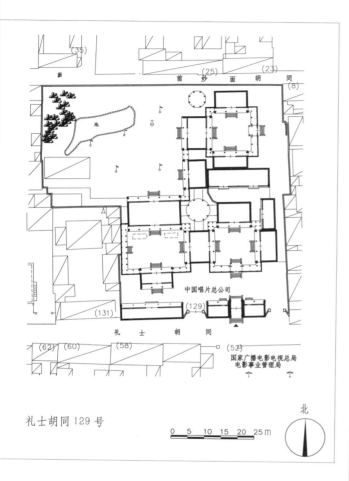

礼士胡同129号

大门及门房背立面

位于东城区朝阳门街道。该院坐北朝南，分为住宅和花园两部分，由东、西两路组成。民国时期建筑。

东路：大门位于院落南端正中，广亮大门一间，披水排山脊，筒瓦屋面，山墙铃铛排山，前檐柱有雀替，檩三件绘有彩画，双扇红漆板门，梅花形砖雕门簪四枚，上部走马板也绘有彩画。门外廊心墙、戗檐及墀头均装饰砖雕。圆形门墩一对。大门两侧各有倒座房二间，前出廊，过垄脊，合瓦屋面，后檐墙采用封后檐，檐墙装饰海棠池中心四岔角砖雕图案。倒座房正立面均内侧间为步步锦棂心夹门窗，外侧间为步步锦棂心支摘窗，槛墙与灯笼框、穿插当均雕刻图案，檩

三件与廊部梁架上绘苏式彩画。倒座房两侧为新开大门，筒瓦屋面，双扇红色板门，门楣装饰万不断雕刻，墀头雕刻花篮图案。门外两侧八字墙作硬影壁心形式。其中西侧大门西接临街倒座房五间，前出廊，过垄脊，合瓦屋面，后檐墙采用封后檐，檐墙装饰海棠池中心四岔角砖雕图案。倒座房正立面各间均为步步锦棂心夹门窗，其余为步步锦棂心支摘窗，槛墙与灯笼框、穿插当均雕刻精美图案，同时在戗檐、博缝头及墀头也雕刻砖雕，檩三件与廊部梁架上也绘有精美的苏式彩画。

一进院内西侧又后建房一栋，过垄脊，合瓦屋面，中间作硬影壁心形式，两侧开门。

倒座房后檐

东路一进院垂花门大花板与挂落板

一进院北侧一殿一卷式垂花门一座，前出垂带踏跺五级，悬山顶，过垄脊，筒瓦屋面，双扇红色板门，梅花形砖雕门簪四枚，檐下饰花板、花罩与垂莲柱头，各梁架均绘苏式彩画。垂花门前有方形门墩一对，两侧看面墙上有各式什锦窗。一进院内有正房三间，东、西厢房各三间，各房均前出廊，清水脊，合瓦屋面，脊饰花盘子。其明间均采用五抹步步锦棂心隔扇门四扇，次间为步步锦棂心槛窗各四扇，上面均装饰步步锦棂心横披窗，下碱槛墙采用中心四岔角砖雕图案装饰。房屋的戗檐、墀头、灯笼框与穿插当等部位也雕刻有砖雕，各房檐部檩三件及廊部梁架均绘苏式彩画。院内各房与垂花门之间有四檩卷棚顶游廊相连，过垄脊，筒瓦屋面，廊柱间装饰灯笼锦嵌菱形倒挂楣子及十字方格棂心嵌寿字坐凳楣子，梁架绘苏式彩画。三进院有后罩房六间，清水脊，合瓦屋面，东、西两侧第二间开门，装修采用五抹灯笼锦棂心隔扇门各四扇，其余各间为三抹灯笼锦棂心槛窗，上面均饰金线横披窗，下碱为砖砌丝缝槛墙。院内东侧还有东房三间，清水脊，合瓦屋面，明间为五抹隔扇门四扇，次间为四抹槛窗各四扇，下碱均为中心四岔角砖雕槛墙，房屋的檐部檩三件与廊部梁架均绘苏式彩画，戗檐、博缝头均饰砖雕。

1986 年在东南院墙处添建一座二柱四三

楼式歇山顶牌楼，筒瓦屋面，正脊装饰正吻，柱间饰雀替，梁架上绘苏式彩画。过牌楼向北沿西院墙修有一座二间平顶建筑，前饰砖雕挂檐板。再往北为一组坐西朝东的四合院，院内有一殿一卷式垂花门一座，前出垂带踏跺五级，清水脊，筒瓦屋面，双扇红色板门，装饰梅花形砖雕门簪四枚，檐下饰精美花板、挂落板与

院内东侧过道牌楼

垂莲柱头，各梁架均绘苏式彩画。垂花门前有方形门墩鼓子一对，两侧还有一对圆形鼓子。看面墙上有各式什锦窗，看面墙南侧依院内南房东山墙建一过垄脊，筒瓦屋面建筑，四间，采用夹门窗形式装修，亮子窗与支摘窗为双重连环海棠棂心，其余为灯笼锦棂心，门前出如意踏跺四级，两侧有一对砷石。垂花门前还有坐东朝西一字影壁一座，硬山顶，过垄脊，筒瓦屋面，影壁心雕刻条幅，采用中心四岔角砖雕图案。院内北、南房各三间，前出廊，有垂带踏跺五级，硬山顶，清水脊，筒瓦屋面，装饰花盘子。其明间均采用五抹灯笼锦棂心隔扇门四扇，次间为三抹灯笼锦棂心槛窗各四扇，上面均装饰金线横披窗，下碱槛墙采用中心四岔角砖雕图案装饰。此外，房屋的戗檐、墀头、灯笼框与穿插当等部位也雕刻有精美的砖雕图案，各房檐部檩三件及廊部梁架均饰精美的苏式彩画。西房三间，为两卷勾连搭过厅，可通往西侧的花园。该房前出廊，有垂带踏跺五级，硬山顶，

东路四进院垂花门对面影壁

西路后修大门

清水脊，筒瓦屋面，装饰花盘子。其明间均采用五抹灯笼锦棂心隔扇门四扇，次间为三抹灯笼锦棂心槛窗各四扇，上面均装饰大十字方格棂心横披窗，下碱槛墙采用中心四岔角砖雕图案装饰，西房背立面装修同正立面。此外，房屋的戗檐、墀头、灯笼框与穿插当等部位也雕刻有精美的砖雕图案，各房檐部檩三件及廊部梁架均饰精美的苏式彩画。院内各房与垂花门之间均有四檩卷棚抄手游廊相连，过垄脊，筒瓦屋面，各廊柱间装饰嵌福寿倒挂楣子与六角井嵌寿字坐凳楣子。

西路：有带前后廊的南房三间，为过厅，廊部现已推出。过厅为硬山顶，清水脊，合瓦屋面，戗檐与博缝头均装饰精美的砖雕图案，明间采用六抹灯笼锦隔扇门四扇，次间为四抹灯笼锦隔扇槛窗各四扇，下碱为中心

四岔角砖雕槛墙装饰，房屋背立面的明、次间装修同正立面，过厅的前后檐部檩三件还绘有苏式彩画。院内正房五间，为过厅，可通院后花园。建筑前后出廊，现已被推出，硬山顶，清水脊，合瓦屋面，明、次间装修

西路一进院过厅

同南房，前后各出垂带踏跺五级。东厢房三间，为过厅，与东院的西厢房相连，前出廊，有垂带踏跺五级，硬山顶，清水脊，合瓦屋面，装饰花盘子，其戗檐、博缝头及两侧灯笼框均雕刻砖雕。东厢房明间为五抹步步锦棂心隔扇门四扇，次间为步步锦棂心槛窗各四扇，上面均饰步步锦棂心横披窗，下碱为中心四岔角砖雕装饰槛墙。同时在廊柱间还装饰有十字方格棂心嵌寿字坐凳楣子，檐部檩三件与廊部梁架绘有苏式彩画。院内西侧原为游廊，现局部改建为三间的西厢房，前出廊，硬山顶，清水脊，合瓦屋面，装饰花

撇山影壁中心岔角雕花　　大门墀头雕花

盘子，戗檐、博缝头及灯笼框装饰砖雕。西厢房明间采用五抹步步锦棂心隔扇门四扇，次间为步步锦棂心槛窗各四扇，上面均装饰步步锦棂心横披窗，下碱为中心四岔角砖雕槛墙。在廊柱间装饰十字方格棂心嵌寿字坐凳楣子。院内各房之间有四檩卷棚游廊相连，过垄脊，筒瓦屋面，廊柱间装饰灯笼锦倒挂楣子与十字方格棂心嵌寿字坐凳楣子，院墙

西路二进院东厢房灯笼框与穿插当砖雕

还装饰各种什锦窗。在东、西两院正房之间还修建有一座重檐圆亭，四面均有门廊道与东、南、西、北各房连通。圆亭采用筒瓦屋面，上、下两侧装饰三交六碗菱花窗，其下层基座为中心四岔角砖雕槛墙装饰，亭外侧可见梁架均绘苏式彩画。

花园建在院的西北部，其间假山、水池、树木搭配得当，花草点缀得体。在花园内水池南侧建有一座敞轩，歇山顶，过垄脊，筒瓦屋面，檐下四周装饰灯笼锦倒挂楣子，下部装饰美人靠栏杆，坐凳下为十字方格棂心嵌寿字栏杆装饰，敞轩内外梁架均绘苏式彩画。花园东南侧有东房三间，前出廊，有垂带踏跺五级，硬山顶，清水脊，合瓦屋面，戗檐与博缝头均装饰精美的砖雕图案，明间采用五抹灯笼锦隔扇门四扇，次间为三抹灯笼锦隔扇槛窗各四扇，下碱为中心四岔角砖雕槛墙装饰，东房檐部檩三件绘有苏式彩画。东北角还有一座单檐八角亭，屋面覆盖绿琉

敞轩

璃筒瓦，各条垂脊均装饰垂兽与仙人引三小兽，装修采用三交六碗菱花窗，其下层基座为中心四岔角砖雕槛墙装饰，亭外侧可见梁架均绘苏式彩画。

该院虽然几经改建，但布局紧凑，建筑形式完整。尤其在砖雕上独具匠心，特别是正房与厢房灯笼框所雕刻的蕴秀、舒华、兰媚、竹幽、抗风、隐玉、摘芳等，娴雅秀逸。

该院曾为清末武昌知府宾俊的住宅，其子锡琅在民国年间将此宅出售给北洋军阀曹锟亲信李彦青，民国十三年（1924）10月，李彦青被冯玉祥下令处以死刑。之后这所宅子被一名律师购买，后又转手给了天津盐商李善人的儿子李颂臣。当时这套院子并不讲究，李颂臣买来后，请朱启钤的学生重新设计，就改建成了现在的样子。中华人民共和国成立后，这里曾做过印度尼西亚驻华使馆，后又为中国青年报社和广电总局电影局使用。后被修葺一新，作为居民院。1984年公布为北京市文物保护单位。

内务部街11号（明瑞府）

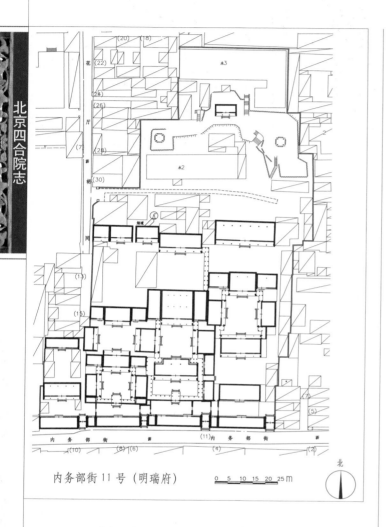

内务部街11号（明瑞府）

0 5 10 15 20 25m

北

中路大门

位于东城区朝阳门街道。该院坐北朝南，分为南部住宅和北部花园两部分，为东西四路并联多进院落。清代中期建筑。

中路：大门位于院落东南隅，如意大门一间（原广亮大门改为如意大门），铃铛排山脊，合瓦屋面，门头装饰海棠池素面栏板、戗檐、博缝头与门楣均装饰砖雕，梅花形门簪两枚，双扇红漆板门，方形门墩一对，前出如意踏跺四级，后檐柱间饰卧蚕步步锦棂心倒挂楣子与花牙子。大门东侧门房一间，西侧倒座房五间，大门西侧倒座房接耳房一间，均为披水排山脊，合瓦屋面，前出廊，

戗檐、博缝头饰砖雕，前檐装修保存部分套方棂心支摘窗，其余为现代门窗。门内迎门一字硬影壁一座，硬山顶，过垄脊，筒瓦屋面，冰盘砖檐，博缝头饰万事如意砖雕图案，两侧为砖砌撞头。大门内东西两侧砖砌屏门各一座。东侧屏门通东路。西侧屏门通中路一进院。一进院北侧为一殿一卷式垂花门一座，悬山顶，披水排山脊，筒瓦屋面，铃铛排山装饰。垂花门装饰冰裂纹花板与花罩，梅花形门簪两枚，方形垂柱头，圆形门墩一对，前后各出垂带踏跺三级，垂花门内两侧饰冰裂纹倒挂楣子，梁架绘制箍头包袱彩画。二进院正房五间，为过厅形式，前出廊，后

中路东侧屏门

中路垂花门

中路垂花门花板及花罩

中路大门门楣栏板砖雕

中路房透风砖雕

东路三进院正房瓦当

出悬山顶抱厦三间，披水排山脊，筒瓦屋面，铃铛排山，前檐装修为现代门窗。过厅与垂花门之间有四檩卷棚顶抄手游廊连接，梅花方柱，柱间饰变形菱形倒挂楣子。三进院有正房五间，前后廊，两卷勾连搭形式，披水排山脊，筒瓦屋面，铃铛排山，戗檐、博缝头饰砖雕，梁架绘箍头彩画，明间前出垂带踏跺四级，前檐装修为现代门窗。正房两侧耳房各二间，两卷勾连搭形式，披水排山脊，筒瓦屋面，戗檐、博缝头装饰砖雕，内侧间开门，前檐装修为现代门窗。东、西厢房各三间，其中西厢房为过厅形式，与西路共用，前后出廊，东厢房前出廊，为两卷勾连搭形式，披水排山脊，筒瓦屋面，铃铛排山，戗檐、博缝头均装饰砖雕，前后檐

装修均为现代门窗。院内各房均由四檩卷棚抄手游廊相连，廊柱间饰嵌菱形棂心倒挂楣子。四进院正房五间，披水排山脊，合瓦屋面，铃铛排山，前出廊，前檐装修为现代门窗。东侧有南北向四檩卷棚游廊相连，过垄脊，筒瓦屋面。此院建筑均为大式做法。

中路正房两卷勾连搭山面

东路：大门位于院落东南隅，广亮大门一间，已封堵，披水排山脊，合瓦屋面。大门西侧倒座房五间，披水排山脊，合瓦屋面，前檐装修为现代门窗。一进院正房五间，后改水泥机瓦屋面，前檐装修为现代门窗。正房东侧随墙门一座。二进院正房五间为过厅，前后出廊，披水排山脊，合瓦屋面，山

中路垂花门门墩

中路大门门墩

东路二进院正房

中路四进院正房

墙饰铃铛排山，戗檐存精美砖雕，前檐装修为现代门窗。院内原有四檩卷棚抄手游廊环绕，方形廊柱，柱间饰嵌菱形倒挂楣子。三

西路二进院正房
博缝头砖雕

进院正房三间，前出廊后带廊，披水排山脊，合瓦屋面，铃铛排山，戗檐饰砖雕，明间出垂带踏跺三级，前檐装修为现代门窗。正房两侧耳房各二间，披

中路三进院正房

中路三进院西厢房

水排山脊，合瓦屋面，木构架绘箍头彩画。东、西厢房各三间，前出廊，披水排山脊，合瓦屋面，前檐装修为现代门窗。院内各房原由四檩卷棚抄手游廊相连，现已无存。

四进院正房七间，前后廊，披水排山脊，合瓦屋面，前檐装修为现代门窗。

西一路：大门位于院落东南隅，广亮大门形式，披水排山脊，合瓦屋面，铃铛排山，方形门墩一对。现已经封堵，由中路西侧屏门进入。大门西侧倒座房五间，披水排山脊，合瓦屋面，明间原为隔扇风门，现已改造，次间为十字方格棂心支摘窗。门内迎门有一字影壁一座，硬山顶，过垄脊，筒瓦屋面，铃铛排山，博缝头饰万事如意砖雕。影壁两侧各有随墙门一座，可通一进院。一进院有一殿一卷式垂花门一座，披水排山脊，筒瓦屋面，铃铛排山，前檐装饰花板、垂莲柱头及雀替，双扇板门，梅花门簪四枚，雕刻梅花图案，圆形门墩一对，前出踏跺四级，后出踏跺三级。垂花门两侧看面墙采用硬影壁形式，过垄脊，筒瓦屋面。二进院正房三间，为过厅形式，前后出廊，披水排山脊，筒瓦屋面，铃铛排山，戗檐装饰砖雕，前出垂带踏跺三级，前檐装修为现代门窗。正房两侧耳房各二间，披水排山脊，筒瓦屋面。东、西厢房各三间，前出廊，披水排山脊，筒瓦屋面，戗檐与博缝头装饰砖雕，前

西路二进院正房

西路二进院东厢房

出垂带踏跺三级，前檐装修为现代门窗。院内各房与垂花门之间均有四檩卷棚顶游廊相连，梅花方柱，廊柱间饰步步锦倒挂楣子与花牙子。三进院正房三间，前出廊，披水排山脊，合瓦屋面，铃铛排山，戗檐饰花卉图案砖雕，博缝头装饰万事如意图案砖雕，前檐装修为现代门窗，前出如意踏跺两级。正房两侧耳房各二间，披水排山脊，合瓦屋面，前檐装修为现代门窗，梁架绘箍头彩画。其中东耳房西侧半间为过道，可通四进院。东、西厢房各三间，前出廊，披水排山脊，合瓦屋面，戗檐饰花卉图案砖雕，博缝头饰万事如意图案砖雕，前檐装修为现代门窗，前出如意踏跺三级。其中东厢房与中路三进院西厢房呈两卷勾连搭形式，为过厅。院内正房与东、西厢房之间原有平顶廊相连，现已拆除。第四进院正房两座，西侧一座三间，前出廊，披水排山脊，筒瓦屋面，铃铛排山，戗檐

东路过道

饰花卉图案砖雕，博缝头饰万事如意图案砖雕，前檐装修为现代门窗。西侧连接耳房二间，前出廊，披水排山脊，筒瓦屋面，戗檐饰花卉图案砖雕，博缝头饰万事如意图案砖雕。东侧一座正房三间，前出廊，披水排山脊，筒瓦屋面，铃铛排山，戗檐饰花卉图案砖雕，前檐装修为现代门窗，明间出踏跺三级。

西二路：为二进院。一进院东侧有屏门与西一路相连。大门位于院落东南隅，广亮大门形式，清水脊，合瓦屋面，脊饰花盘子，前檐柱间砌筑了一座现代仿古砖质小门楼。大门东侧门房一间，披水排山脊，合瓦屋面，西侧倒座房五间，清水脊，合瓦屋面，戗檐饰花卉图案砖雕，博缝头饰万事如意图案砖雕，前檐装修均为现代门窗。一进院正房五间，前出廊，清水脊，合瓦屋面，脊饰花盘子，前檐装修为现代门窗。二进院正房五间，前出廊，披水排山脊，筒瓦屋面，檐下寿字

花园敞轩瓦当

花园西侧四角攒尖亭子

花园山洞

纹檐椽，檩三件绘黄山独姿苏式彩画，前檐装修为现代门窗。此院原为家祠。

花园：花园位于宅院北部，横贯四路院落，为后花园形式。后花园内横贯东西堆叠土间石假山一座，假山东西两侧各有登道和石阶蜿蜒上山，假山中部偏东的下部有山洞。假山上部、中部有歇山顶过垄脊敞轩三间，筒瓦屋面，铃铛排山，梁架绘箍头彩画。假山东西两端对称地各建造四角攒尖顶方亭一座，方形宝顶，筒瓦屋面。

该院原为清代乾隆年间定边右副将军、一等诚嘉毅勇公明瑞的宅第。道光二十五年（1845），道光皇帝的六女寿恩公主下嫁明瑞曾孙景寿，故又称"六公主府"。虽有公主下嫁，但是此府规制并不高，只是公爵宅第形制。民国时期，该宅为盐业银行经理岳乾斋购得。新中国成立后，一直由部队及其家属使用。1984年公布为北京市文物保护单位。

现为居民院。

花园亭子方形宝顶

史家胡同51号、53号、55号

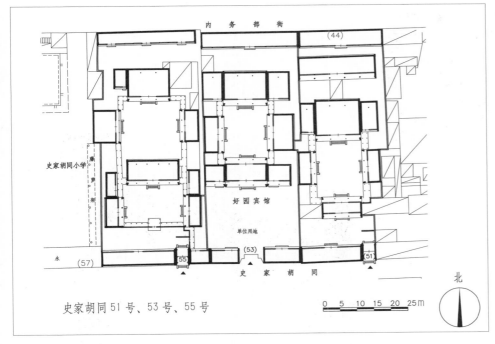

史家胡同51号、53号、55号

座房五间，清水脊，合瓦屋面。前檐装修为现代门窗。门内迎门硬山一字影壁一座，灰筒瓦，砖檐为冰盘檐做法，檐下饰连珠雕饰，素面软心，青砖下碱，两侧带撞头。一进院正房三间，进深七檩，原为前后出廊，现前部廊已改造，封入前檐墙内。过垄脊，灰筒瓦屋面，明间为过厅，前后檐装修均为现代门窗，前檐明间出如意踏跺一级，后檐出垂带踏跺三级。二进院正房三间，进深七檩，前后廊，过垄脊，灰筒瓦屋面，前檐明间夹门窗，前出垂带踏跺四级。次间砖砌槛墙，现代大玻璃窗，廊心墙采用廊门筒子做法，老檐出后檐墙。该房原有木装修颇为精美，进深方向的柱间装饰套方灯笼锦的两组隔扇，形似八角落地罩，但八角框的位置为实心并开设一扇屏门，其顶部为一个楼阁式书橱，上带朝天栏杆。正房两侧耳房

位于东城区朝阳门街道，是史家胡同（含内务部街44号、甲44号）中部三组并列排布、格局相近的传统四合院落群。该院坐北朝南，三路四进院落。清代末期至民国时期建筑。

东路：史家胡同51号院（含内务部街44号）大门位于院落东南隅，广亮大门一间，清水脊，合瓦屋面，红漆板门两扇，梅花形门簪四枚，圆形门墩一对。大门西侧倒

51号院一进院过厅

51号院二进院正房

51号院二进院东厢房

各一间，过垄脊，灰筒瓦屋面，前檐装修为现代门窗。东、西厢房各三间，过垄脊，灰筒瓦屋面。进深六檩，前出廊，过垄脊，灰筒瓦屋面，前檐装修为现代门窗，廊心墙采用廊门筒子做法，老檐出后檐墙。正面出垂带踏跺三级。正、厢房间建有抄手游廊连接。三进院正房五间，进深六檩，前出廊，过垄脊，合瓦屋面，前檐装修为现代门窗，木构架饰箍头彩画，梁头上尚存有清晰的寿字纹饰，老檐出后檐墙。四进院有后罩房七间，后改机瓦屋面，前檐装修为现代门窗，菱角檐封后檐墙。

中路：史家胡同53号院（含内务部街甲44号）大门位于院落中部，传统大门已改建，门上挂"好园"二字牌匾，是曾任全国妇联名誉主席的邓颖超女士所题。大门东侧有倒座房三间，西侧二间，过垄脊，合瓦屋面，前檐装修为现代门窗。一进院正房三间，进深七檩，前后廊。过垄脊，合瓦屋面，明间为过厅，启隔扇门四扇，次间砖砌槛墙，支摘窗装修均为后改，建筑木构架饰苏式彩画，廊心墙采用廊门筒子做法。正房两侧耳房各二间，前出廊，过垄脊，合瓦屋面，前檐装

53号院一进院东厢房

53号院二进院正房

修为现代门窗。东、西厢房各三间，为翻建。二进院正房三间，进深七檩，前后廊，过垄脊，灰筒瓦屋面，前檐明间隔扇门四扇，次间砖砌槛墙，正搭正交万字棂心，老檐出后檐墙。正房两侧带耳房各二间，过垄脊，合瓦屋面，前檐装修为门连窗，夹杆条玻璃屉棂心。东、西厢房各三间，进深六檩，前出廊，过垄脊，

53号院一进院正房

53号院二进院西厢房

53号院二进院正房东耳房

灰筒瓦屋面，前檐隔扇风门，槛墙、支摘窗，夹杆条玻璃屉棂心，老檐出后檐墙。三进院有后罩房五间，进深五檩。鞍子脊，合瓦屋面，前檐装修为现代门窗，抽屉檐封后檐墙。

西路：史家胡同55号院（含内务部街甲44号）大门位于院落东南隅，广亮大门一间，清水脊，合瓦屋面，梅花形门簪四枚，双扇红漆板门，圆形门墩一对，前出如意踏跺三级。大门西侧倒座房九间，过垄脊，合瓦屋面，前檐装修为现代门窗，老檐出后檐墙。门内迎门一字影壁一座，据相关地方志记载，其上刻诗："桂殿与山连，兰汤涌自然。阴崖含秀色，温谷吐潺湲。绩为蠲邪著，功因养正宣。愿言将亿兆，同此共昌延。"诗文取自唐玄宗李隆基的《惟此温泉是称愈疾，岂予

独受其福，思与兆人共之，乘暇巡游，乃言其志》。影壁东侧有一段廊子，廊东侧为一月亮门连通的小跨院。内有南房二间，过垄脊，合瓦屋面，前檐装修为现代门窗。一进院北侧为一殿一卷式垂花门一座，前部悬山顶与后部卷棚顶勾连相搭，前卷清水脊灰筒瓦屋面，后卷卷棚顶筒瓦屋面，垂柱头遗失，梅花形门簪两枚，前檐柱间红漆棋盘门两扇，圆鼓形门墩一对，后檐柱间装四扇绿漆屏门，前后各出如意踏跺两级。门两侧连接筒瓦顶青砖看面墙和抄手游廊。二进院正房五间，进深七檩，前后廊，清水脊，合瓦屋面，前檐明间现代屋门，次间、梢间素面海棠池槛墙，现代玻璃窗，廊心墙上穿插当刻有如意、盘长等纹饰，老檐出后檐墙，台基砖陡板上保存有正搭斜交万字透风。东、西厢房各三间，进深六檩，前出廊，清水脊，合瓦屋面，

55号院二进院正房

55号院二进院西厢房

55号院垂花门背立面

二进院正房廊心穿插当雕花

前檐装修为现代门窗，老檐出后檐墙，前出如意踏跺两级。厢房北面均带有厢耳房二间，过垄脊，合瓦屋面，前檐装修为现代门窗。连接各房的抄手游廊上，局部保存有卧蚕步步锦棂心倒挂楣子及步步锦坐凳楣子。三进院正房三间，东、西厢房各三间，均为清水脊，合瓦屋面，抄手游廊连接各房。四进院后罩房11间，为翻建。

51号院曾是著名民主爱国人士章士钊于新中国成立后在京的寓所。章士钊（1881—1973），字行严，汉族，湖南善化（今长沙）人。民主爱国人士、学者、作家、教育家、政治活动家。曾任中华民国北洋政府司法总长兼教育总长、国民政府国民参政会参政员、中华人民共和国全国人大常委会委员、中央文史研究馆馆长。1949年末，章士钊举家由沪迁京，起初住在朱启钤家中，1959年周恩来总理探望时发现章家居住方面有困难，亲自协调解决，章家随即选中了史家胡同51号院作为新寓所迁至。章士钊去世后，该院由其女儿及女婿，即外交家章含之、乔冠华居住。

中华人民共和国成立后，时任国务院副总理的华国锋曾在55号院居住。

2011年公布为北京市文物保护单位。现为居民院和单位用房。

55号院垂花门门墩

55号院大门门墩

55号院二进院正房砖台基透风细部

第二节 一般院落

DI-ER JIE　YIBAN YUANLUO

礼士胡同7号

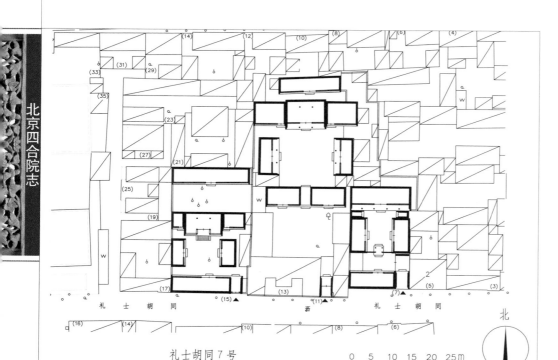

礼士胡同7号

0 5 10 15 20 25m

北

隔墙及独立柱担梁式垂花门一座，过垄脊，小灰筒瓦顶。二进院正房五间，前出廊，东、西厢房各三间，厢房北侧带一间耳房，院内房屋均为过垄脊，合瓦屋面，前檐装修为现代门窗。

现为居民院。

位于东城区朝阳门街道。该院坐北朝南，二进院落。民国时期建筑。

大门位于院落东南隅，金柱大门一间，过垄脊，合瓦屋面，门簪两枚，圆形门鼓石一对，戗檐花卉砖雕，墀头饰花篮砖雕，门内座山影壁一座，四岔角雕花。门内西侧屏墙门一座，大门西侧倒座房四间，过垄脊，合瓦屋面，西有平廊一间。一、二进院间有

二进院正房

大门及倒座房

二进院西厢房

462

礼士胡同11号

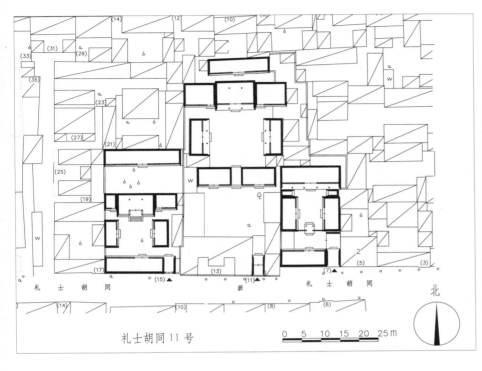

礼士胡同11号

过道

位于东城区朝阳门街道。该院坐北朝南，三进院落。民国时期建筑。

大门位于院落东南隅，广亮大门一间，清水脊，合瓦屋面，梅花形门簪四枚，双扇红漆板门，圆形门墩一对。倒座房为后改建。现从后建房上砌筑西洋拱券门一座。一进院正房七间，水泥板瓦屋面，中间一间为穿堂。

二进院正房三间，前后廊，清水脊，合瓦屋面。正房两侧耳房各二间。前檐装修均为现代门窗。东、西厢房各三间，前出廊，清水脊，合瓦屋面，前檐装修为现代门窗，廊间存有倒挂楣子，步步锦棂心。

三进院有后罩房五间，此院现由前炒面胡同14号出入。

现为居民院。

大门及倒座房

二进院正房

礼士胡同15号

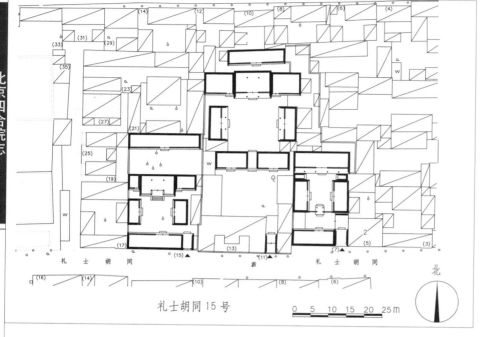

礼士胡同15号

正房博缝头砖雕

门钹

位于东城区朝阳门街道。该院坐北朝南，二进院落。民国时期建筑。

大门位于院落东南隅，原大门形式为屋宇前加建西洋式壁柱拱券门，门头女儿墙，现大门改为蛮子大门形式。一进院内大门西侧倒座房四间，按传统形式翻建为过垄脊，合瓦屋面。北房三间，前后廊，明间吞廊，双垂带踏跺四级，清水脊，合瓦屋面。西耳房一间，东耳房二间，东、西厢房各三间，

正房

耳房

均为鞍子脊，合瓦屋面。

二进院有后罩房七间，鞍子脊，合瓦屋面，此院现由礼士胡同19号辟门出入。

现为居民院。

大门及倒座房

礼士胡同46号

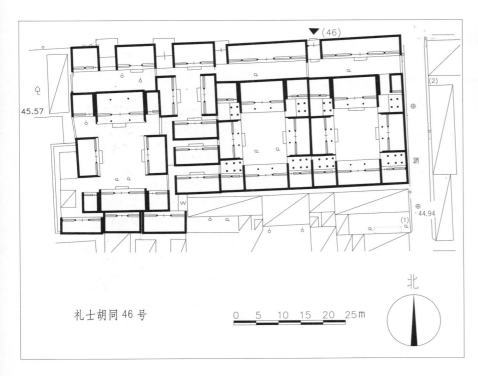

礼士胡同46号

0 5 10 15 20 25m

北

过道倒挂楣子

房两侧耳房各二间。二进院有窝角廊连接各房屋，均为过垄脊，合瓦屋面，前檐装修为现代门窗。

现为居民院。

位于东城区朝阳门街道。该院坐南朝北，二进院落。清代末期建筑。

大门位于院落西北隅，金柱大门一间，北向，清水脊，合瓦屋面，脊饰花盘子，前檐柱间饰雀替，梅花形门簪四枚，双扇板门两侧带余塞板，圆形门墩一对，门前如意踏跺两级。象眼灰塑处有菊花图案。大门东侧北房六间，过垄脊，合瓦屋面，前檐装修为现代门窗。

二进院北房五间，前出廊，北房两侧耳房各二间。东、西厢房各三间，前出廊，厢房两侧耳房各一间。南房五间，前出廊，南

二进院北房

门簪

南房

礼士胡同48号

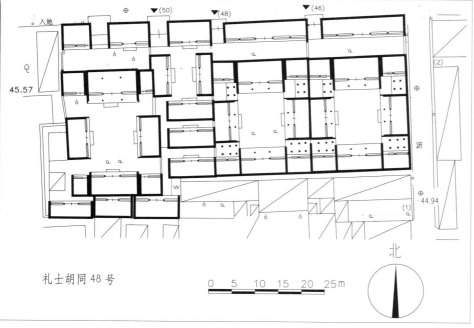

礼士胡同48号

0　5　10　15　20　25m

北

二门

位于东城区朝阳门街道。该院坐南朝北，二进院落。清代末期建筑。

大门位于院落西北隅，北向，金柱大门一间，清水脊，合瓦屋面，脊饰花盘子，梅花形门簪四枚，双扇板门两侧带余塞板。方形门墩一对，门前如意踏跺两级。大门东侧北房六间，过垄脊，合瓦屋面。

二进院北房三间，前出廊，正房两侧耳房各二间。东、西厢房各三间，前出廊，均带南、北耳房各一间。南房三间，前出廊，东、西耳房各二间。

二进院有窝角廊连接各房屋，均为过垄脊，合瓦屋面，前檐装修均为现代门窗。

现为居民院。

大门及倒座房

二进院北房

礼士胡同127号

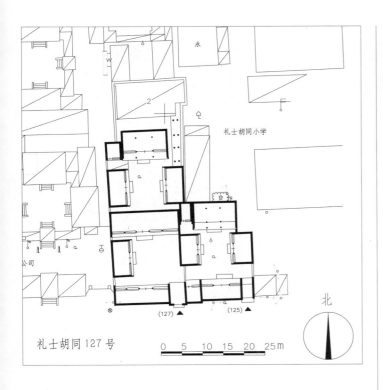

礼士胡同127号

西厢房砖雕　　　　　大门博缝头砖雕

门后檐柱间饰步步锦棂心倒挂楣子，象眼处线刻辘轳钱纹。一进院倒座房四间，清水脊，合瓦屋面，脊饰花盘子，槛墙玻璃窗。北房五间，清水脊，合瓦屋面，西厢房三间。

二进院北房三间，前出廊，清水脊，合瓦屋面，前檐装修为现代门窗。西侧耳房一间。东、西厢房各三间，过垄脊，合瓦屋面，槛墙玻璃窗。东侧连廊连接二、三进院。

三进院的原后罩房五间，已改建成二层楼房。

现为居民院。

位于东城区朝阳门街道。该院坐北朝南，三进院落。民国时期建筑。

大门位于院落东南隅，如意门一间，清水脊，合瓦屋面，脊饰花盘子，戗檐砖雕狮子，门楣素栏板海棠池，垫板万不断、挑檐云纹砖雕。门簪两枚，双扇板门，上刻隶书门联：中心为忠如心为恕，柔曰读史刚曰读经。方形门墩一对，上带趴狮，看面荷花雕饰。

大门及倒座房

二进院正房

礼士胡同137号

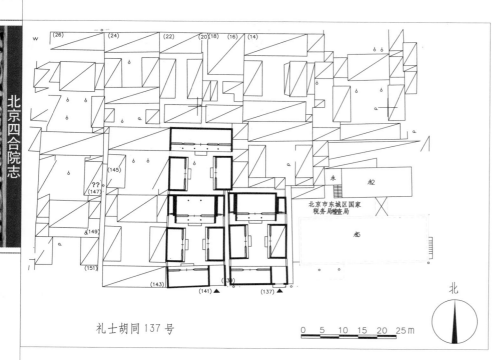

礼士胡同137号

0 5 10 15 20 25m

北

大门梁架

大门戗檐砖雕

位于东城区朝阳门街道。该院坐北朝南，一进院落。民国时期建筑。

大门位于院落东南隅，如意门一间（后翻修），清水脊，合瓦屋面，门楣栏板海棠池装饰，戗檐砖雕兰竹图案，梅花形门簪两枚，双扇板门，方形门墩一对。后檐柱间饰步步锦棂心倒挂楣子，象眼处刻有牧牛图。大门西侧倒座房四间，过垄脊，合瓦屋面，前檐装修为现代门窗。院内正房三间，清水脊，合瓦屋面，前出廊，前檐装修为现代门窗。东、西耳房各一间，清水脊，合瓦屋面，前檐装修为现代门窗。东、西厢房各三间，均已翻建为红机砖房，后改机瓦屋面。

现为居民院。

大门及倒座房

正房

礼士胡同141号

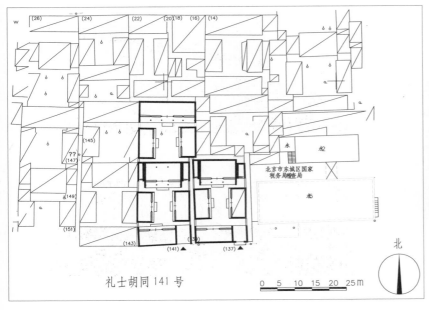

礼士胡同 141 号

0　5　10　15　20　25m

北

正房脊饰花盘子

　　位于东城区朝阳门街道。该院坐北朝南，一进院落。民国时期建筑。

　　大门位于院落东南隅，一间，经后期改造，过垄脊，合瓦屋面，双扇板门，方形门墩一对。大门西侧倒座房四间，过垄脊，合瓦屋面，前檐装修为现代门窗。院内正房三间，清水脊，合瓦屋面，脊饰花盘子，梁架绘有苏式彩画，前檐装修为现代门窗。正房两侧耳房各一间，清水脊，合瓦屋面，前檐装修为现代门窗。东、西厢房各三间，过垄脊，合瓦屋面，前檐装修为现代门窗。

　　现为居民院。

正房

大门及倒座房

西厢房

礼士胡同159号

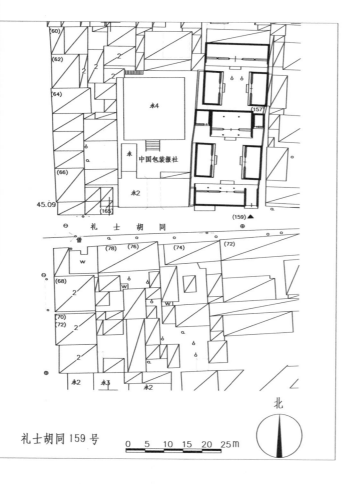

礼士胡同 159 号

0 5 10 15 20 25m

北

大门博缝头砖雕

大门瓦当砖雕

合瓦屋面，前出廊，前檐装修为现代门窗。原有屏门已拆。

一进院正房三间，清水脊，合瓦屋面，前出廊，前檐装修为现代门窗。正房两侧耳房各一间，过垄脊，合瓦屋面，前檐装修为现代门窗。东、西厢房各三间，过垄脊，合瓦屋面，前檐装修为现代门窗。二进院正房五间，前出廊，清水脊，合瓦屋面。东、西厢房各三间，过垄脊，合瓦屋面，院内房屋前檐装修均为现代门窗。

此院原与礼士胡同 157 号院同为一院。

现为居民院。

位于东城区朝阳门街道。该院坐北朝南，二进院落。民国时期建筑。

大门位于院落东南隅，蛮子大门一间，清水脊，合瓦屋面，脊饰花盘子，门簪两枚，双扇板门。大门西侧倒座房五间，清水脊，

大门及倒座房

一进院正房

干面胡同13号

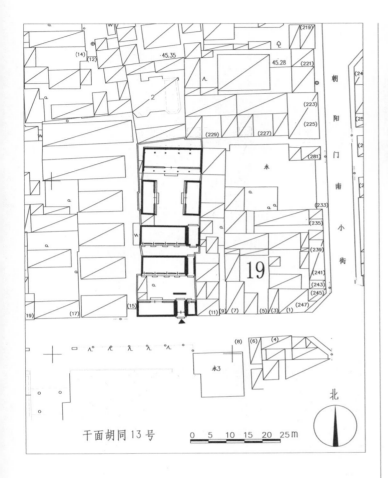

干面胡同13号

大门及倒座房

清水脊，筒瓦屋面。一进院正房五间，鞍子脊，合瓦屋面，东一间为门道，梁枋绘箍头彩画，檐下有冰裂纹棍心倒挂楣子。二进院北房四间，鞍子脊，合瓦屋面，梁枋绘箍头彩画。东侧有一间门道，清水脊，合瓦屋面，如意门形式。门簪两枚，方形门墩一对。三进院北房五间，鞍子脊，合瓦屋面，前后出廊，梁枋绘箍头彩画。东、西配房各三间，鞍子脊，合瓦屋面，梁枋绘箍头彩画，院内房屋前檐均装修为现代门窗。

此院曾为稻香春和森隆饭庄的创始人张森隆的宅院。张森隆祖籍江苏丹徒，号春山，初到北京以卖肉饼谋生，民国五年（1916）开设稻香春南味点心店，民国十三年（1924）创办森隆饭庄。

现为居民院。

位于东城区朝阳门街道。该院坐北朝南，三进院落。清代末期建筑。

大门位于院落东南隅，金柱大门一间，清水脊，合瓦屋面。脊饰花盘子，门簪两枚，圆形门墩一对。大门象眼处砖雕万不断图案，后檐柱间带盘长纹棍心倒挂楣子。大门西侧倒座房三间，东侧一间，鞍子脊，合瓦屋面。门内迎门有一字影壁一座，影壁心软心做法，

菱角檐封后檐墙

软心影壁

干面胡同20号

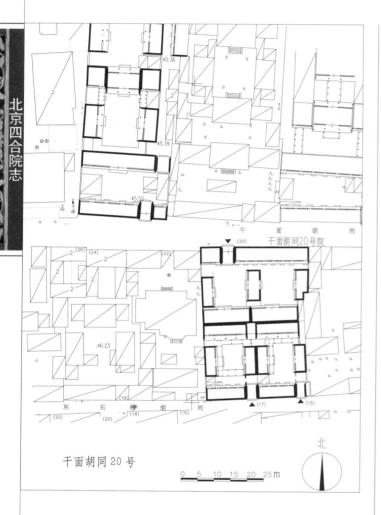

干面胡同 20 号

0 5 10 15 20 25m

北

大门及倒座房

门墩上的趴狮

位于东城区朝阳门街道。该院落坐南朝
北，为东西并联的二组院落。民国时期建筑。

大门位于院落北侧偏西，金柱大门一间，
水泥机瓦屋面。双扇红漆板门，两侧带余塞

八角形门簪

板，八角形门簪四枚，圆形门墩一对，前檐
柱间饰雀替。西院大门西侧北房二间，水泥
机瓦屋面。东、西厢房各三间，拱券窗，为
近代建筑形式，南房三间，水泥机瓦屋面。
东厢房中间开门通往东院。东院大门东侧北
房八间，水泥机瓦屋面。东厢房三间，水泥
机瓦屋面。南房三间，水泥机瓦屋面。

现为居民院。

千面胡同33号

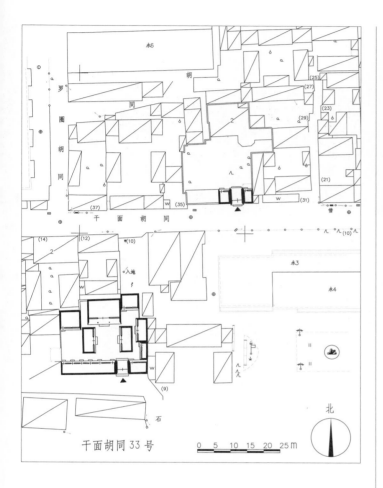

千面胡同33号

0 5 10 15 20 25 m

大门

前檐装修为现代门窗。院内有一座英式二层小楼,原有地下室现已填埋,砖木结构。正立面六间,侧立面三间,主立面凸出楼体,南面开半圆形券窗,两侧及折线抹角处,均开平券窗。主立面右侧一层为拱券门道。

据说这里早先为一座教堂,我国著名桥梁学专家茅以升先生曾居于此。此院建筑格局破坏严重,院内临时建筑较多,仅此楼保存较好。

现为居民院。

位于东城区朝阳门街道。该院坐北朝南,仅存一进院落。

金柱大门一间,披水排山脊,合瓦屋面。倒座房大门两侧各一间,过垄脊,合瓦屋面,

大门及倒座房

大门垂脊花盘子

千面胡同43号

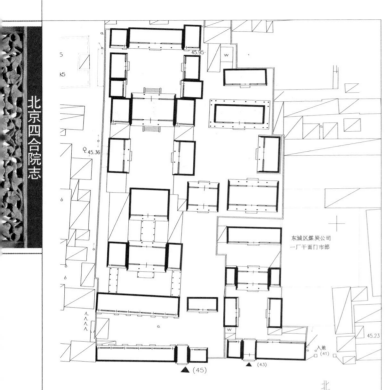

千面胡同43号

5　10　15　20　25m

北

大门

楣子。大门西侧倒座房一间（门房），东侧四间，过垄脊，合瓦屋面。一进院内正房三间，前后出廊，两侧耳房各一间，东、西厢房各三间。二进院有后罩房五间。此院除房屋梁架未做改动外，屋面、门窗装修均为后期改建。

现为单位用房。

位于东城区朝阳门街道。该院坐北朝南，二进院落。清代末期至民国初期建筑。

大门位于院落西南隅，蛮子大门一间，披水排山脊，合瓦屋面。梅花形门簪四枚，圆形门墩一对，后檐柱间饰步步锦棂心倒挂

大门及倒座房

门房

千面胡同45号

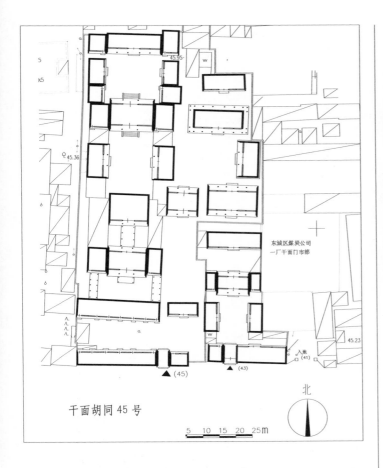

千面胡同45号

5 10 15 20 25m

大门

位于东城区朝阳门街道。该院坐北朝南，五进院落带一路东跨院。清代晚期建筑。

大门位于院落东南隅，金柱大门一间，清水脊，合瓦屋面，双扇红漆板门，两侧带余塞板。门簪缺失，圆形门墩一对，雕刻残毁。前檐柱间饰雀替，后檐柱间饰灯笼锦棂心倒挂楣子。大门东侧倒座房二间，水泥机瓦屋面，封后檐墙，大门西侧倒座房六间，仰瓦屋面，封后檐墙，前檐装修为现代门窗。

西路：一进院北房七间，鞍子脊，合

门墩

瓦屋面，前檐装修为现代门窗，二门为六角形月亮门。二进院过厅三间，前后出廊，清水脊，合瓦屋面，戗檐处砖雕荷花莲叶图案，明间接抱厦一间，悬山顶，过垄脊，灰筒瓦屋面，铃铛排山，红色圆柱，柱间带卷草纹的雀替，次间前檐装修为现代门窗。东、西耳房各一间，鞍子脊，合瓦屋面，前檐装修为现代门窗。东西两侧为抄手廊子，过垄脊，筒瓦屋面，绿色梅花方柱，柱间带灯笼锦棂心倒挂楣子，梅竹纹卡子花、花牙子。三进院正房三间，前后廊，清水脊，合瓦屋面，戗檐砖雕菊花图案，石膏吊顶，北侧明间五抹隔扇门四扇（其中两扇缺失），阴阳鱼裙板

大门雀替

第二篇

东城区四合院

475

大门廊心墙

雕饰，次间前檐装修为现代门窗。二进院正房和三进院正房明间有工字廊相连，工字廊梅花方柱。两侧有抄手游廊相连，抄手游廊直通四进院的厢房，廊子更换成水泥机瓦屋面。四进院正房三间，过垄脊，灰筒瓦屋面，前后廊，前廊推出，老檐出后檐墙，饿檐砖雕菊花图案，明间出垂带踏跺四级。耳房各二间，水泥机瓦屋面，前檐装修为现代门窗。东、西厢房各三间，清水脊，合瓦屋面，饿檐砖雕菊花，前出廊，廊子后推出，明间出如意踏跺两级，明间五抹隔扇门。次间槛墙、支摘窗。五进院正房五间，水泥机瓦屋面，前檐装修为现代门窗。正房两侧耳房各一间，东、西厢房各三间，

灰梗屋面，前檐装修为现代门窗。厢房南侧厢耳房各二间，东耳房硬山顶，鞍子脊，合瓦屋面，西耳房翻建。

东路：一进院北房三间，过垄脊，筒瓦屋面，封后檐墙，前檐装修为现代门窗。二进院北房三间，鞍子脊，合瓦屋面，前后出廊，前檐装修为现代门窗，明间出如意踏跺三级。三进院正房五间，进深三间，歇山顶，合瓦屋面，鞍子脊，四周回廊均推出，前檐装修为现代门窗。东厢房三间，悬山顶，水泥机瓦屋面，前檐装修为现代门窗。南房五间，悬山顶，水泥机瓦屋面，前檐装修为现代门窗。四进院北房五间，水泥板屋面，前檐装修为现代门窗。

现为居民院。

西路正房及六角形二门

干面胡同49号

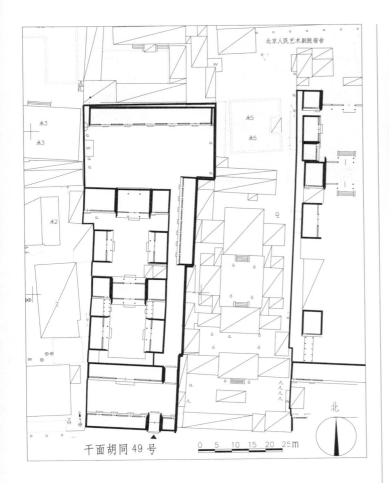

北京人民艺术剧院宿舍

干面胡同49号　　0 5 10 15 20 25m　北

大门

瓦屋面。一进院正房五间，清水脊，合瓦屋面。

二进院有正房三间，前后出廊，两侧耳房各一间，均为清水脊，合瓦屋面，梁枋绘箍头彩画。东、西厢房各三间，前出廊，清水脊，合瓦屋面。

三进院正房三间，前后廊，东耳房一间，西耳房二间，水泥机瓦屋面。东、西厢房各三间，前出廊，清水脊，合瓦屋面，梁枋绘箍头彩画。

四进院后罩房九间，后期改建。院东侧有东房八间，过垄脊，合瓦屋面。

此院据说原为贝勒府，房屋装修均为后期改造。

现为居民院。

位于东城区朝阳门街道。该院坐北朝南，四进院落。清代晚期建筑。

大门位于院落东南隅，广亮大门一间，清水脊，合瓦屋面，两侧圆形门墩一对，六角形门簪四枚。门前左右有上马石一对。大门西侧倒座房四间，东侧一间，清水脊，合

上马石

大门及倒座房

干面胡同61号

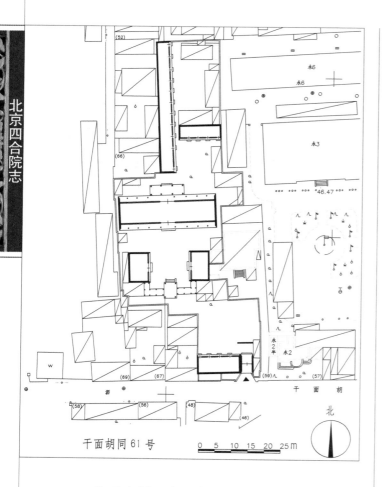

干面胡同61号

0 5 10 15 20 25m

北

门内影壁

祥云纹圆形门墩一对。门外两侧连接撇山影壁，门内有一字影壁。大门西侧倒座房四间，为原址翻建。一进院有一殿一卷式垂花门一座，现已封堵。两侧连接看面墙，看面墙内侧为游廊。

二进院正房九间，前后出廊，铃铛排山脊，合瓦屋面。隔扇门装修部分尚存。后檐明、次间接四檩卷棚抱厦。东、西厢房各三间，鞍子脊，合瓦屋面。院中四周有抄手游廊相连。

三进院北房四间，灰梗顶，仰瓦屋面，

位于东城区朝阳门街道。该院坐北朝南，四进院落。清代晚期建筑。

大门位于院落东南隅，广亮大门一间，铃铛排山脊，筒瓦屋面，六角形门簪四枚，

大门及撇山影壁

垂花门

垂花门垂莲柱头

前檐装修为现代门窗。西侧有排房 11 间，南北贯通三、四进院，水泥机瓦屋面。

四进院原为后花园，格局不清，院内房屋为后期翻建。此院建筑工艺精湛，墙体多为丝缝、干摆做法。房屋体量高大，用料讲究。

此院原为清代大学士李鸿藻的宅子。李鸿藻（1820—1897），字密云，号石荪、兰荪，直隶高阳人。清咸丰年间进士。历任兵部、吏部、礼部尚书，军机大臣，协办大学士。同治皇帝的老师，深受慈禧信任，是清政府中著名的守旧派人物。新中国成立后该院为社会科学院宿舍，以前长期住着历史学家顾颉刚。二进院为其学生先秦史专家王煦华教授的住所。科普作家高士其也曾在此居住。

现为居民院。

铃铛排山

院内海棠树

二进院正房

二进院东厢房

史家胡同39号

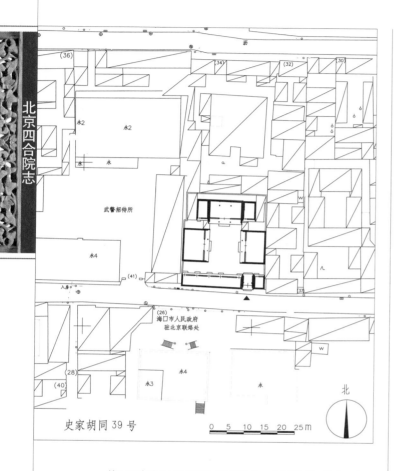

史家胡同39号

大门博缝头砖雕

位于东城区朝阳门街道。该院坐北朝南，一进院落。民国初期建筑。

大门位于院落东南隅，金柱大门一间，清水脊，合瓦屋面，梅花形门簪四枚，圆形

门墩一对。戗檐、博缝头砖雕牡丹花图案。大门西侧倒座房五间，东侧一间，鞍子脊，合瓦屋面。迎门有座山影壁一座，过垄脊，筒瓦屋面。院内正房三间，进深七檩，清水脊，合瓦屋面，前后廊，戗檐处做砖雕装饰。正房两侧耳房各一间，鞍子脊，合瓦屋面，木构架绘箍头彩画。东、西厢房各三间，前出廊，水泥机瓦屋面，绘箍头彩画，前檐装修为现代门窗。

现为居民院。

大门

大门戗檐砖雕

史家胡同43号

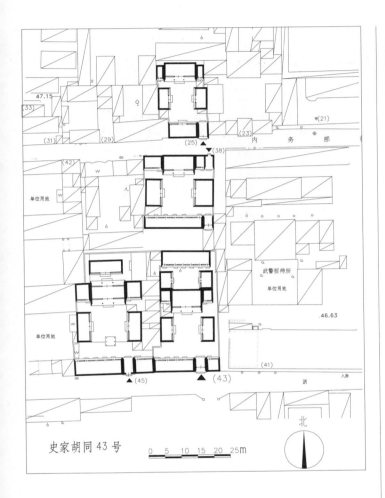

史家胡同43号

0 5 10 15 20 25m

北

大门脊饰花盘子（花草砖）

清水脊，合瓦屋面，脊饰花草砖，前檐柱间带卷草纹雀替，双扇红漆板门，六角形门簪四枚，圆形门墩一对。大门东侧倒座房一间，西侧五间，鞍子脊，合瓦屋面。门内座山影壁一座。一进院正房三间，前出廊，清水脊，合瓦屋面。正房两侧耳房各一间，鞍子脊，合瓦屋面。东、西厢房各三间，鞍子脊，合瓦屋面。

二进院小屏门一座，北房五间，前接平顶廊，廊檐下带如意头形木挂檐板，干槎瓦屋面。东、西厢房各三间，为后期翻建。院内房屋前檐均装修为现代门窗。

现为居民院。

位于东城区朝阳门街道。该院坐北朝南，二进院落。民国时期建筑。

大门位于院落东南隅，广亮大门一间，

大门

一进院正房

史家胡同45号

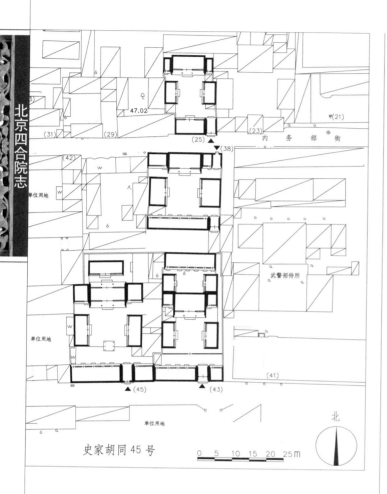

史家胡同45号

0 5 10 15 20 25m

北

垂花门

有一座座山影壁，过垄脊，筒瓦屋面。大门西侧倒座房五间，东侧二间，水泥机瓦屋面。一进院北侧正中有垂花门一座，一殿一卷形式，水泥机瓦屋面。原有装修破损严重，圆形门墩一对，雕龙首鳌鱼图案。

二进院正房三间，清水脊，合瓦屋面，脊饰花盘子，前后出廊，正房两侧耳房各一间，清水脊，合瓦屋面。东、西厢房各三间，清水脊，合瓦屋面，脊饰花盘子。

三进院后罩房三间，为后期翻建。院内房屋前檐均装修为现代门窗。

现为居民院。

位于东城区朝阳门街道。该院坐北朝南，三进院落。民国时期建筑。

如意门一间，位于整个院子东南隅，机瓦屋面，六角形门簪两枚，圆形门墩一对，后檐柱间带步步锦棂心倒挂楣子，门内迎门

大门门墩　　　　　　　垂花门门墩

二进院正房

内务部街39号

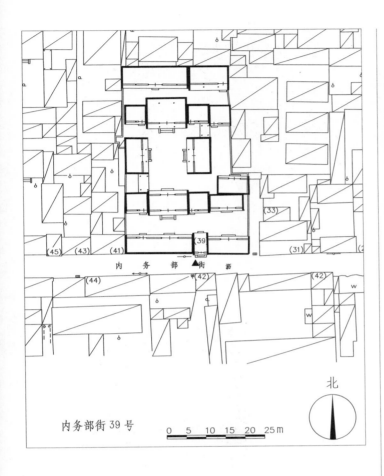

内务部街 39 号

0 5 10 15 20 25m

北

西路大门

位于东城区朝阳门街道。该院坐北朝南，两路三进院落。民国时期建筑。

西路：大门位于院落东南隅，如意大门一间，清水脊，合瓦屋面，脊饰花盘子，门楣中部为砖砌匾额，两侧为花瓦做法，匾额上书"平安"二字，梅花形门簪两枚，圆形门墩一对，后檐柱间饰步步锦棂心倒挂楣子。大门西侧倒座房五间，后改水泥机瓦屋面，前檐装修为现代门窗。正房三间为过厅形式，前后廊，

门墩

清水脊，合瓦屋面，脊饰花盘子，戗檐砖雕菊花图案，前檐装修为现代门窗，明间前出垂带踏跺三级。正房两侧耳房各二间。二进院正房三间，前后廊，清水脊，合瓦屋面，脊饰花盘子，前檐装修为现代门窗，门窗上部保留万不断棂心横披窗，明间前出垂带踏跺三级。正房两侧耳房各二间，过垄脊，合瓦屋面。东、西厢房各三间，前出廊，清水

倒座房

门簪

过道

脊，合瓦屋面，脊饰花盘子，前檐装修为现代门窗，室内保存民国时期石膏吊顶和木隔扇。三进院后罩房五间，清水脊，合瓦屋面，保存部分步步锦棂心门窗装修，明间前出垂带踏跺三级。

　　东路：一进院大门东侧有倒座房三间，清水脊，合瓦屋面，前檐装修为现代门窗，封后檐墙。正房三间，翻建。二进院正房二间，南房三间，过垄脊，合瓦屋面。三进院有后

罩房三间，前出廊，过垄脊，合瓦屋面。此路建筑前檐装修均为现代门窗。

二进院正房戗檐臬混砖雕

　　此院落曾为梁实秋家的住宅，民国时期《大公报》亦曾在此办公。

　　现为居民院。

二进院正房

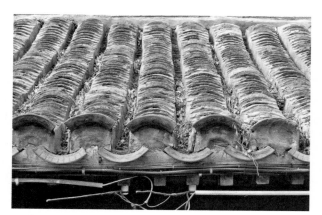

正房瓦当

二进院西厢房

内务部街41号

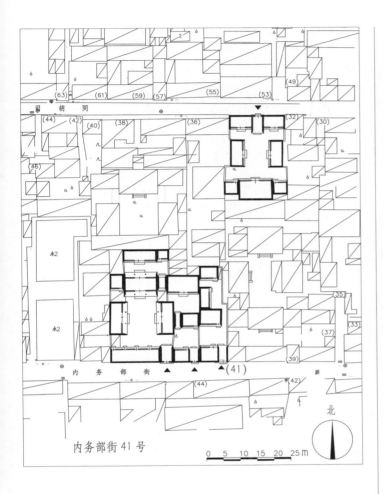

内务部街41号

0 5 10 15 20 25 m

北

正房清水脊

正房

位于东城区朝阳门街道。该院坐北朝南，二进院落。民国时期建筑。

窄大门一间位于整个院子东南角，清水

大门及倒座房

脊，合瓦屋面，脊饰花盘子，双扇红漆板门，方形门墩一对，后檐柱间带步步锦棂心倒挂楣子。大门西侧倒座房二间，清水脊，合瓦屋面，脊饰花盘子，一进院有北房二间，鞍子脊，合瓦屋面，东、西厢房为后期改建。

二进院有北房二间，鞍子脊，合瓦屋面，脊饰花盘子。西侧有平顶房二间。院内房屋前檐均装修为现代门窗。

现为居民院。

内务部街43号

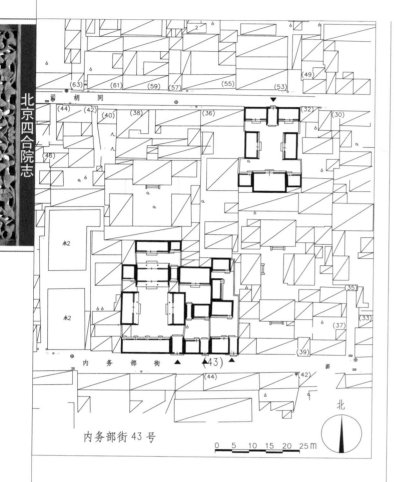

内务部街43号

0 5 10 15 20 25m

北

一进院正房　　　　二进院正房

位于东城区朝阳门街道。该院坐北朝南，二进院落。民国时期建筑。

大门位于院落东南角，如意门一间，清水脊，合瓦屋面，双扇红漆板门，门楣花瓦做法。大门西侧倒座房二间，清水脊，合瓦屋面。一进院有北房二间半，清水脊，合瓦屋面。西侧半间为过道，可通后院。檐柱间带冰裂纹棂心倒挂楣子，梅竹纹花牙子。

二进院有北房三间，清水脊，合瓦屋面，梁架绘箍头彩画。西厢房为后期翻建。院内房屋前檐均装修为现代门窗。

现为居民院。

大门及倒座房

清水脊花盘子及蝎子尾

内务部街45号

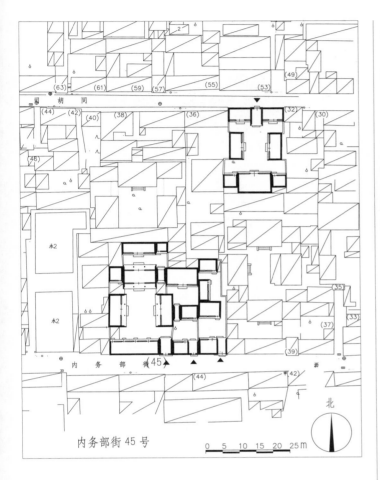

内务部街45号

廊子　　　　　　　　座山影壁

水脊，合瓦屋面，六角形门簪两枚，方形门墩一对，门楣花瓦做法。大门西侧倒座房四间，清水脊，合瓦屋面。门内清水脊、灰筒瓦座山影壁一座。一进院正房三间，清水脊，合瓦屋面，前后出廊，饯檐砖雕喜鹊登梅图案。西侧耳房一间，过垄脊，合瓦屋面。东侧有一段四檩廊子可通往后院，柱间带步步锦棂心倒挂楣子。东、西厢房各三间，前出廊，东厢房鞍子脊，合瓦屋面。东厢房为原址翻建。

二进院正房三间，东侧耳房一间，过垄脊，合瓦屋面。

现为居民院。

位于东城区朝阳门街道。该院坐北朝南，二进院落。清代末期建筑。

大门位于院子东南角，如意门一间，清

大门及倒座房

正房

内务部街69号

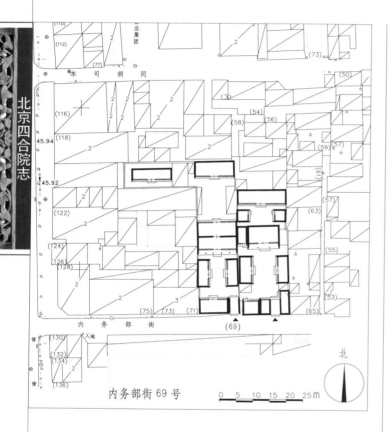

内务部街 69 号

二进院正房

子。大门西侧倒座房三间，鞍子脊，合瓦屋面。

一进院正房五间，鞍子脊，合瓦屋面，前出平廊，檐下带木挂檐板，前檐步步锦棂心横披窗保存。东、西厢房各三间，西厢房翻建，东厢房三间，鞍子脊，合瓦屋面，前檐步步锦棂心横披窗保存。

二进院正房五间，鞍子脊，合瓦屋面，檐椽、梁枋残留彩绘痕迹。东、西厢房均已改建。南房五间，鞍子脊，合瓦屋面，明间为过道。西侧跨院有平顶房五间，檐下带木挂檐板。前檐装修为现代门窗。

据传，此院原为京城老字号同升和鞋店的房产，原北京市市长孟学农少年时也曾在此住过。

现为居民院。

位于东城区朝阳门街道。该院坐北朝南，二进院落。民国时期建筑。

西式小门楼一座，位于整个院落东南角，拱券门。冰盘檐承托门额，上书"平安"二字，后檐柱间带工字卧蚕步步锦棂心倒挂楣

大门及倒座房

正房瓦当

本司胡同17号

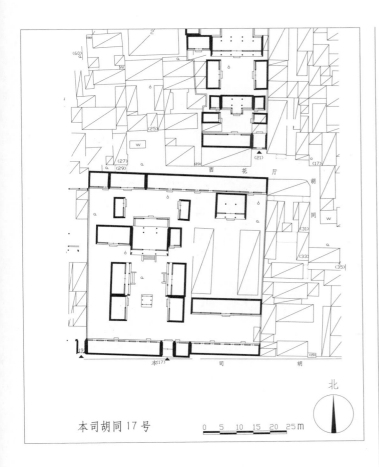

本司胡同17号

0 5 10 15 20 25 m

北

西路一进院有垂花门一座，一殿一卷形式，现已封堵。大门西侧倒座房七间，东侧有倒座房一间，清水脊，合瓦屋面。二进院有正房三间，清水脊，合瓦屋面，脊饰花盘子，前后出廊，后接平顶抱厦，

一进院东厢房后檐

梁架绘箍头包袱彩画，前檐隔扇门装修尚存。正房西侧有耳房三间，东侧有耳房一间，过垄脊，合瓦屋面。东、西厢房各三间，前出廊。厢房南侧有厢耳房各二间，清水脊，合瓦屋面。三进院有后罩房十四间，贯通东、西两院，清水脊，合瓦屋面。东、西厢房各二间，东厢房合瓦屋面，脊毁，西厢房为原址翻建。

东院一进院有倒座南房七间，清水脊，合瓦屋面。北房七间，过垄脊，合瓦屋面。二进院有北房三间，悬山顶，两卷勾连搭形式，清水脊，合瓦屋面，前出廊，梁架绘箍头包袱彩画。

现为居民院。

位于东城区朝阳门街道。该院坐北朝南，两路三进院落。清代晚期建筑。

大门位于西路东南角，广亮大门一间，清水脊，合瓦屋面，脊饰花盘子，梅花形门簪四枚，圆形祥云纹门墩一对。

大门及倒座房

二进院西厢房

本司胡同19号

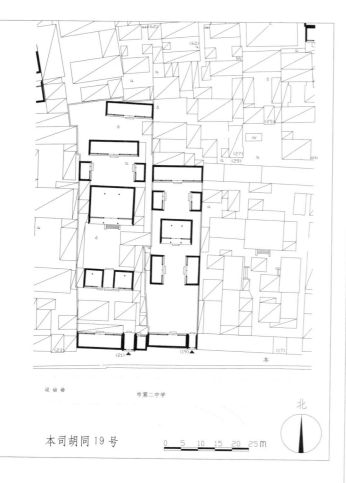

本司胡同19号

运动场　　市第二中学

0　5　10　15　20　25m

北

大门

正房

　　位于东城区朝阳门街道。该院坐北朝南，二进院落。清代末期建筑。

　　如意大门一间，位于整个院落的东南角，门楣花瓦做法，清水脊，合瓦屋面。大门西侧倒座房四间，鞍子脊，干槎瓦屋面，前檐装修为现代门窗，封后檐墙。

　　一进院正房三间，清水脊，合瓦屋面，前后廊，前檐保存横披窗装修，步步锦棂心。东、西厢房各三间，均已翻建。

　　二进院正房五间，水泥机瓦屋面，前檐装修为现代门窗。东、西厢房各二间，均为原址翻建。

　　现为居民院。

本司胡同21号

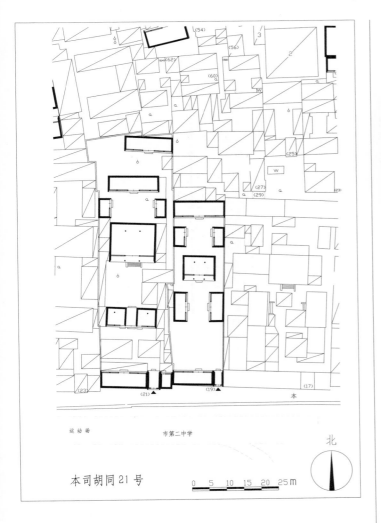

本司胡同21号

运动场　　市第二中学

大门及倒座房

清水脊，合瓦屋面，脊饰花盘子。大门西侧倒座房五间，过垄脊，合瓦屋面。东侧有倒座房一间，水泥机瓦屋面。一进院正房五间，过垄脊，合瓦屋面，后带廊，明间为过道。

二进院正房三间，铃铛排山脊，合瓦屋面。前出廊，前出垂带踏跺四级，西厢房二间，过垄脊，合瓦屋面，东厢房为原址翻建。前檐原有支摘窗装修部分尚存。

三进院北房五间，清水脊，合瓦屋面，脊饰花盘子。东、西厢房各二间，西厢房过垄脊，合瓦屋面。东厢房为原址翻建。

四进院后罩房五间，鞍子脊，合瓦屋面，前檐装修为现代门窗。

现为居民院。

位于东城区朝阳门街道。该院坐北朝南，四进院落。清代中期建筑。

大门位于院落东南隅，如意大门一间，

大门清水脊花盘子

二进院正房

本司胡同23号

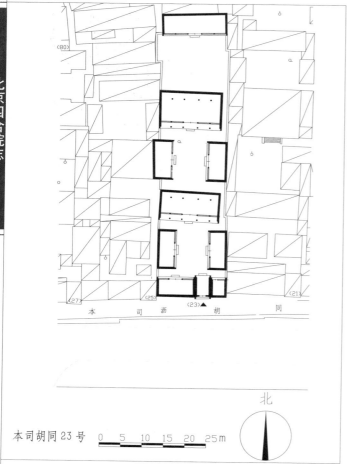

北

大门

位于东城区朝阳门街道。该院坐北朝南，三进院落。清代末期建筑。

大门位于院落东南隅，如意门一间，清水脊，合瓦屋面，脊饰花盘子，梅花形门簪两枚，祥云纹圆形门墩一对，现无存。后檐柱间带步步锦棂心倒挂楣子。大门西侧的倒座房翻建，东侧倒座房一间，鞍子脊，合瓦屋面。一进院正房五间，清水脊，合瓦屋面，前后出廊，室内石膏吊顶，原有装修无存。东西两侧的厢房为后期翻建。

二进院正房五间，鞍子脊，合瓦屋面，前后出廊。东厢房三间，过垄脊，合瓦屋面。西厢房为后期翻建。

三进院有后罩房五间（现从演乐胡同辟门）。院内房屋前檐均装修为现代门窗。

现为居民院。

二进院西厢房

本司胡同27号

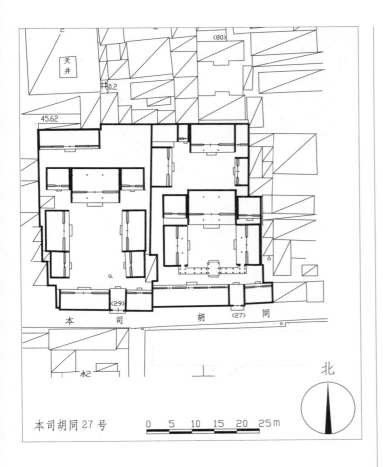

本司胡同27号

位于东城区朝阳门街道。该院坐北朝南，三进院落。清代末期建筑。

大门位于院落东南隅，如意大门一间，清水脊，合瓦屋面，脊饰花盘子，门楣栏板砖雕花卉图案。八角形门簪两枚，方形门墩

一对，均雕刻花卉图案。戗檐砖雕牡丹图案，博缝头砖雕万事如意图案。一进院大门西侧倒座房西侧四间，东侧二间，鞍子脊，合瓦屋面。北侧有一殿一卷式垂花门一座，方形垂柱头，柱头间饰雀替。木构架绘苏式彩画。六角形门簪

戗檐砖雕

四枚，上雕团寿字图案，雕花方形门墩一对。

二进院正房三间，清水脊，合瓦屋面，脊饰花盘子，前后廊，梁枋绘苏式彩画。正房两侧各有耳房二间，过垄脊，合瓦屋面。东、西厢房三间，西厢房过垄脊，合瓦屋面，前出平廊，檐下有木挂檐板，梁枋绘苏式彩画。东厢房已翻建。

三进院正房三间，平顶，前出平廊，檐下带木挂檐板。东、西厢房各三间，均为原址翻建。该院房屋装修均为现代门窗。

现为居民院。

大门及倒座房

垂花门

本司胡同29号

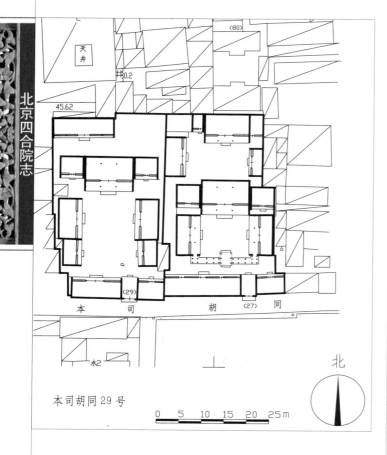

本司胡同29号

院内

位于东城区朝阳门街道。该院坐北朝南，二进院落。民国时期建筑。

大门位于院落南侧偏东，如意门一间，清水脊，合瓦屋面，脊饰花盘子，梅花形门簪两枚，门头为花瓦做法，原有圆形祥云纹门墩一对，已无存。后檐柱间饰云蝠纹雀替。大门西侧倒座房三间，东侧二间，后改水泥机瓦屋面。一进院正房三间，清水脊，合瓦屋面，脊饰花盘子，前后廊，梁架绘箍头彩画。正房两侧耳房各二间，鞍子脊，合瓦屋面。东、西厢房三间，清水脊，合瓦屋面。厢房南侧厢耳房各二间，鞍子脊，合瓦屋面。

二进院后罩房五间，为原址翻建。院内房屋前檐均装修为现代门窗。

现为居民院。

大门及倒座房

门头花瓦

本司胡同39号

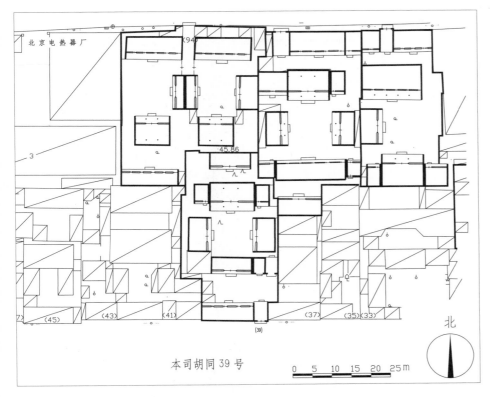

北京电热器厂

45.86

本司胡同39号

0 5 10 15 20 25m

北

步步锦棂心倒挂楣子，戗檐砖雕花卉图案，博缝头砖雕"万事如意"图案。大门西侧倒座房四间，东侧一间，鞍子脊，合瓦屋面。一进院正房三间，清水脊，合瓦屋面，梁架绘箍头彩画。东耳房二间，过垄脊，合瓦屋面。东一间为过道，柱间带步步锦棂心倒挂楣子。

二进院正房三间，清水脊，合瓦屋面，脊饰花盘子，前后廊，正房两侧耳房各一间。东西有厢房各三间，清水脊，合瓦屋面。

三进院后罩房三间，过垄脊，合瓦屋面。院内房屋前檐均装修为现代门窗。

位于东城区朝阳门街道。该院坐北朝南，三进院落。清代末期建筑。

如意大门一间，位于整个院落东南角，清水脊，合瓦屋面。门楣花瓦做法，六角形门簪两枚，圆形门墩一对，雕刻祥云海马纹饰，门内侧邱门硬心做法。后檐柱间带卧蚕

据传此院本为清代银库某太监所有，抗日战争时期曾为华北日报社所在地，中华人民共和国成立后产权归人民日报，史学家邓拓先生曾住该院三间北房。

现为居民院。

大门及倒座房

二进院北房

本司胡同63号

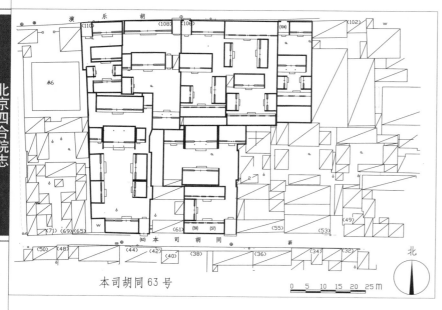

本司胡同63号

大门

位于东城区朝阳门街道。该院坐北朝南，二进院落。民国时期建筑。

如意大门一间，位于整个院落东南角，后改机瓦屋面。六角形门簪两枚，门墩已毁，后檐柱间带步步锦棂心倒挂楣子。大门西侧倒座房四间，鞍子脊，合瓦屋面。一进院内有正房三间，清水脊，合瓦屋面，前后廊。正房两侧耳房各一间，过垄脊，合瓦屋面。东、西厢房各三间，南侧各有厢耳房二间，均为

正房

鞍子脊，合瓦屋面。

二进院有后罩房五间，东侧有耳房一间，均为鞍子脊，合瓦屋面。院内房屋前檐均装修为现代门窗。

现为居民院。

大门及倒座房

北京四合院志

演乐胡同7号

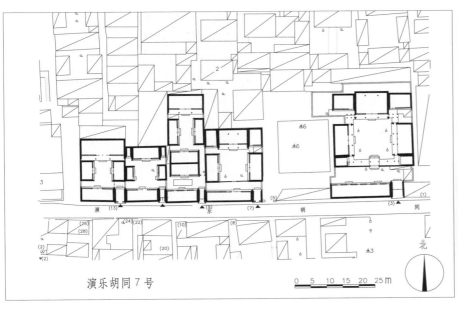

演乐胡同 7 号

0 5 10 15 20 25m

北

座山影壁

位于东城区朝阳门街道。该院坐北朝南，二进院落。清代末期建筑。

如意大门一间，位于整个院落东南角，清水脊，合瓦屋面，脊饰花盘子，梅花形门簪两枚，方形门墩一对，门楣做海棠池线脚装饰的朝天栏板。象眼砖雕万不断、花卉图案，后檐柱间带步步锦棂心倒挂楣子，梁架绘箍头彩画。门内迎门为座山影壁一座，清水脊，筒瓦屋面，影壁心砖雕"鸿禧"二字。大门西侧倒座房四间半，鞍子脊，合瓦屋面，明间十字海棠棂心隔扇门，梁架绘箍头彩画。

大门

二进院正房

一进院原有二门已拆。

二进院正房三间，披水排山脊，合瓦屋面，前后廊。梁架箍头包袱彩画，隔扇门、支摘窗，菱形格棂心。两侧耳房各一间，鞍子脊，合瓦屋面。东、西厢房各三间，鞍子脊，合瓦屋面，箍头包袱彩画。该院房屋前檐装修部分改为现代门窗，部分保留原支摘窗和近代式样隔扇门。

现为居民院。

演乐胡同13号

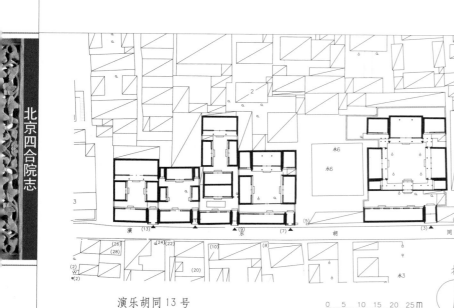

演乐胡同13号

象眼砖雕

　　位于东城区朝阳门街道。该院坐北朝南，一进院落。清代晚期建筑。

　　如意大门一间，位于院落东南角，清水脊，合瓦屋面，脊饰花盘子。梅花形门簪两枚，门头朝天栏板处做海棠池线脚装饰。博缝头砖雕万事如意图案，后檐柱间带灯笼锦倒挂楣子、卷草纹花牙子。大门西侧倒座房三间，过垄脊，合瓦屋面。门内有座山影壁一座，清水脊，合瓦屋面，脊饰花盘子。西侧有屏门一道。院内北房三间，清水脊，合瓦屋面，前出廊，前廊推出，梁架绘箍头彩画。两侧厢房与正房前廊相连，东、西厢房各三间，过垄脊，合瓦屋面。院内房屋前檐均装修为现代门窗。

　　现为居民院。

大门及倒座房

座山影壁清水脊花盘子

演乐胡同25号

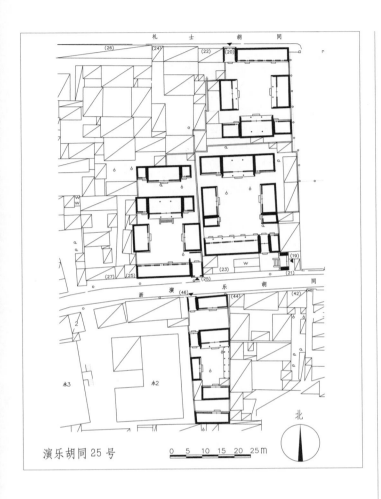

演乐胡同25号

0 5 10 15 20 25m

北

戗檐砖雕

芦图案，戗檐砖雕牡丹图案，栏板柱子做海棠池线脚装饰。大门西侧倒座房六间，清水脊，合瓦屋面，脊饰花盘子，前檐装修为现代门窗。迎门为一座山影壁，清水脊，筒瓦屋面。西侧有屏门一道。一进院正房三间，清水脊，合瓦屋面，脊饰花盘子，前后廊。前檐明间四抹隔扇门，裙板雕花，步步锦棂心。梁架绘箍头彩画，戗檐处砖雕喜鹊登梅图案。正房两侧耳房各一间。东、西厢房各三间，清水脊，合瓦屋面，脊饰花盘子，前出廊，前檐明间四抹隔扇门，裙板雕花，步步锦棂心部分保存。

二进院（另辟门）正房三间，清水脊，合瓦屋面，东、西耳房各一间，前檐装修为现代门窗。

现为居民院。

位于东城区朝阳门街道，该院坐北朝南，二进院落。清代末期建筑。

如意大门一间，位于整个院子东南角，清水脊，合瓦屋面，脊饰花盘子，六角形门簪两枚，圆形门墩一对，门楣砖雕花草、葫

大门及倒座房

座山影壁

演乐胡同45号

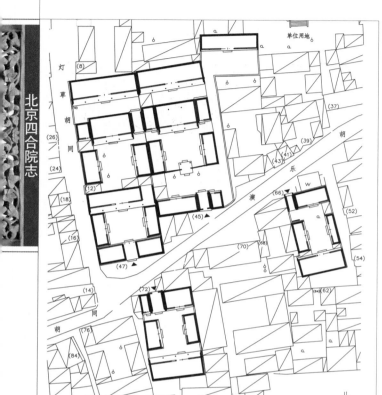

演乐胡同 45 号

0 5 10 15 20 25m

北

大门

现代门窗。门内迎门一字影壁，顶部已毁。西侧有屏门一道。一进院有一座廊罩式垂花门，过垄脊灰筒瓦，铃铛排山，门簪两枚，方形门墩一对，木构架施以彩绘。垂花门两侧连接看面墙。

二进院正房三间，清水脊，合瓦屋面，脊饰花盘子，前后廊，前檐隔扇门、帘架、支摘窗部分尚存。正房两侧耳房各一间，清水脊，合瓦屋面，脊饰花盘子。东、西厢房各三间，清水脊，合瓦屋面，脊饰花盘子，前出廊，前檐装修为现代门窗。

三进院后罩房五间，前出廊，清水脊，合瓦屋面。前檐装修为现代门窗。

现为居民院。

位于东城区朝阳门街道。该院坐北朝南，三进院落。清代末期建筑。

大门位于院落东南隅，如意大门一间，清水脊，合瓦屋面，六角形门簪两枚，方形门墩一对。门楣砖雕万不断图案，栏板砖雕三羊开泰、松鹤延年图案。后檐柱间饰盘长如意棋心倒挂楣子。大门西侧倒座房三间，东侧一间，鞍子脊，合瓦屋面，前檐装修为

门楣栏板砖雕

一字影壁

演乐胡同79号、81号、83号

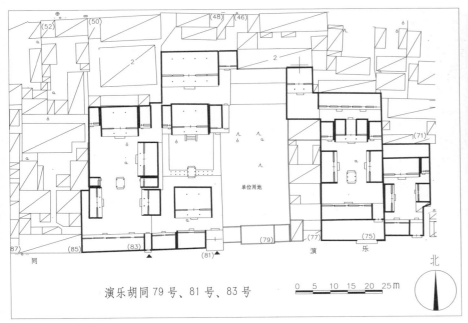

演乐胡同 79 号、81 号、83 号

0 5 10 15 20 25m

北

垂花门门墩

位于东城区朝阳门街道。该院坐北朝南，三路三进院落。清代末期建筑。

中路（81号）三进院落。大门位于院落东南隅，广亮大门一间，鞍子脊，合瓦屋面，板门两扇。梅花形门簪四枚，上书吉祥如意，圆形门墩一对。后檐柱间带卷草纹雀替。大门西侧倒座房五间，鞍子脊，合瓦屋面，前檐装修为现代门窗。一进院正房三间，前后廊，鞍子脊，合瓦屋面，前檐装修为现代门窗。二进院前有垂花门一座，机瓦屋面，梅花形门簪两枚，方形门墩一对。垂花门两侧连接看面墙和抄手游廊，看面墙上嵌什锦窗。抄手游廊为四檩卷棚顶，后翻机瓦屋面，绿色梅花方柱间带倒挂楣子、坐凳楣子，步步锦棂心。二进院正房三间，前后廊，鞍子脊，

中路大门

中路二进院看面墙及垂花门

中路二进院抄手游廊

合瓦屋面，前檐明间隔扇风门，前出垂带踏跺四级。次间槛墙、支摘窗，正十字方格棂心。西耳房一间，屋面已翻。东耳房二间，鞍子脊，合瓦屋面。三进院正房五间，皮条脊，合瓦屋面，前后廊，前檐装修为现代门窗。东侧

中路二进院正房

看面墙什锦窗

有耳房二间，皮条脊，合瓦屋面。

西路（83号）三进院落。大门位于院落东南隅，如意大门一间，清水脊，合瓦屋面，梅花形门簪两枚，门楣栏板砖雕盘长、寿字图案，后檐柱间带卷草纹雀替，方形门墩一对。大门西侧倒座房五间，后改机瓦屋面。东、西厢房各三间，前出廊，清水脊，合瓦屋面，脊饰花盘子。一进院北侧有一殿一卷式垂花门一座，梅花形门簪四枚，圆形门墩一对，箍头包袱彩画。二进院正房三间，清水脊，合瓦屋面，前后廊，前檐装修为现代门窗。东、西耳房各一间，清水脊，合瓦屋面。东、西厢房各三间，东厢房清水脊，合瓦屋面，脊饰花盘子西厢房为后翻建，前檐装修均为现代门窗。三进院（灯草胡同50号），翻建。

东路（79号），建筑情况不详。

现为居民院。

西路大门

演乐胡同89号

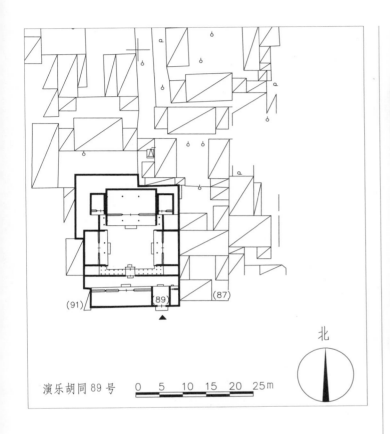

演乐胡同89号

大门及倒座房

抄手游廊已拆毁，院内地面部分保留民国时期花砖。

现为居民院。

位于东城区朝阳门街道。该院坐北朝南，二进院落。民国时期建筑。

大门位于院落东南隅，如意大门一间，清水脊，合瓦屋面。门楣栏板为龟背锦砖雕，方形门墩一对，砖雕暗八仙图案。大门东侧倒座房一间，西侧四间，清水脊，合瓦屋面，脊饰花盘子，前檐正十字方格棂心支摘窗部分尚存。门内迎门为一字影壁一座，已残破。

一进院北侧为一座廊罩式垂花门，过垄脊，筒瓦屋面，方形门墩一对。垂花门两侧连接看面墙。二进院正房三间，合瓦屋面，脊毁，前后廊，前檐装修为现代门窗。正房两侧耳房各一间，清水脊，合瓦屋面。东、西厢房各三间，清水脊，合瓦屋面，前出廊，前檐正十字方格支摘窗部分尚存。原院内的

大门

演乐胡同91号

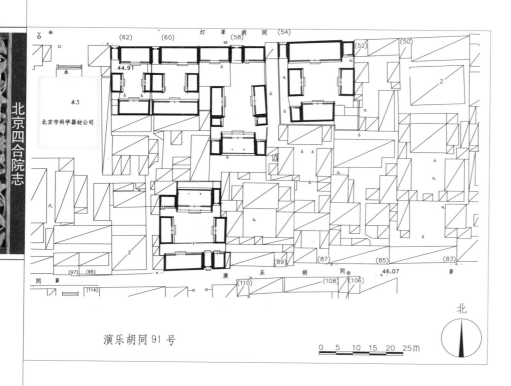

演乐胡同 91 号

位于东城区朝阳门街道。该院坐北朝南，二进院落。民国时期建筑。

大门位于院落东南，如意大门一间，清水脊，合瓦屋面，脊饰花盘子，门楣砖雕万不断图案，方形门墩一对。大门西侧倒座房四间，东侧一间，过垄脊，合瓦屋面。一进院内原有二门一座，现无存。二进院正房三间，鞍子脊，合瓦屋面，前后廊，明间前出垂带踏跺三级。东耳房一间，西耳房二间，鞍子脊，合瓦屋面，东、西厢房各三间，鞍子脊，合瓦屋面。院内房屋前檐均装修为现代门窗。

现为居民院。

大门及倒座房

大门

演乐胡同106号

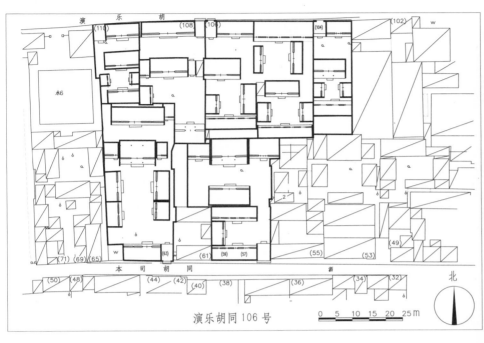

演乐胡同106号   0 5 10 15 20 25m   北

大门

戗檐砖雕

位于东城区朝阳门街道。该院坐北朝南，分为东、西两路，二进院落。民国时期建筑。

大门位于院落西北隅，北向，如意大门一间，清水脊，合瓦屋面，脊饰花盘子，六角形门簪两枚，方形门墩一对，门前两侧有上马石一对。门楣砖雕花卉、万不断图案，戗檐砖雕喜上眉梢图案，后檐柱间饰工字卧蚕步步锦楞心倒挂楣子。大门东侧有北房三间，清水脊，合瓦屋面，脊饰花盘子。西路二进院有北房三间，屋面已翻，东、西厢房各三间，屋面已翻。南房五间，清水脊，合瓦屋面。东路一进院北房五间，过垄脊，合瓦屋面。东、西厢房各三间，清水脊，合瓦屋面，脊饰花盘子。

二进院北房三间，清水脊，合瓦屋面，脊饰花盘子。东、西厢房，南房已翻建。该院内房屋前檐均装修为现代门窗。

现为居民院。

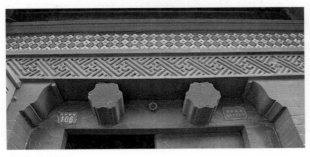

门簪及门楣

南房

灯草胡同21号

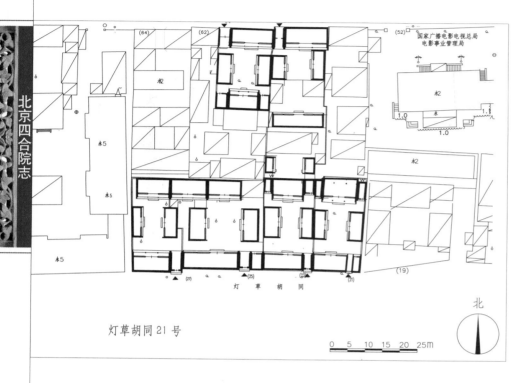

灯草胡同21号

0　5　10　15　20　25m

北

位于东城区朝阳门街道。该院坐北朝南，一进院落。清代末期建筑。

大门位于院落东南隅，经后改造，半间，清水脊，合瓦屋面，梅花形门簪仅存一枚，原有圆形门墩一对，现无存。大门西侧倒座房三间，东侧半间，鞍子脊，合瓦屋面。院内正房三间，前后廊，清水脊，合瓦屋面，脊饰花盘子，正房两侧耳房各一间，鞍子脊，合瓦屋面。东、西厢房各三间，东厢房清水脊，合瓦屋面，脊饰花盘子。西厢房为水泥机瓦屋面，为后期翻建。院内前檐装修均为现代门窗。

现为居民院。

大门及倒座房

西厢房

506

灯草胡同23号

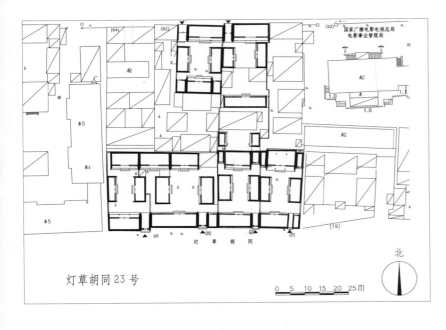

灯草胡同23号

0 5 10 15 20 25m

北

过道

位于东城区朝阳门街道。该院坐北朝南，一进院落。清代末期建筑。

大门位于院落东南角，如意大门一间，清水脊，合瓦屋面，脊饰花盘子。门头做素面栏板形式。六角形门簪两枚，方形门墩一对，后檐柱间带步步锦棂心倒挂楣子。大门西侧倒座房四间，水泥机瓦屋面。院内正房三间，前出廊，清水脊，合瓦屋面。两侧各有耳房一间，均为水泥机瓦屋面。东、西厢房各三间，清水脊，合瓦屋面，脊饰花盘子。

该院房屋前檐装修均为现代门窗。

现为居民院。

正房

大门及倒座房

灯草胡同25号

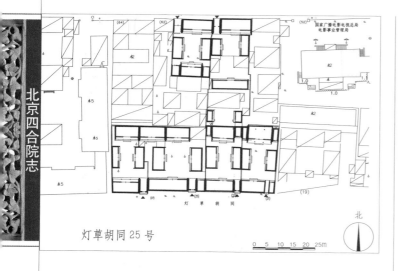

灯草胡同 25 号

0 5 10 15 20 25m

北

门簪

正房

位于东城区朝阳门街道。该院坐北朝南，一进院落。清代末期建筑。

大门位于院落东南隅，如意大门一间，清水脊，合瓦屋面，脊饰花盘子。六角形门簪两枚，方形素面门墩一对，后檐柱间饰工字卧蚕步步锦棂心倒挂楣子。大门西侧倒座房四间，东侧一间，均为水泥机瓦屋面。院内正房三间，前出廊，清水脊，合瓦屋面，脊饰花盘子。正房西侧有北房三间，前出廊，清水脊，合瓦屋面，脊饰花盘子。东、西厢房各三间，清水脊，合瓦屋面，脊饰花盘子。该院内房屋前檐均装修为现代门窗。

现为居民院。

大门及倒座房

东厢房

灯草胡同27号

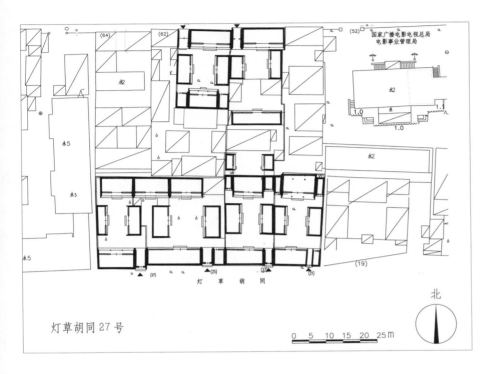

灯草胡同27号

0 5 10 15 20 25m

北

位于东城区朝阳门街道。该院坐北朝南，一进院落。清代末期建筑。

位于院落东南角，如意大门一间，清水脊，合瓦屋面，脊饰花盘子，门楣栏板做海棠池线脚装饰，六角形门簪两枚，方形门墩一对，后檐柱间饰盘长如意棂心倒挂楣子。大门西侧倒座房三间，前出廊，水泥机瓦屋面。院内正房三间，前出廊，过垄脊，合瓦屋面。东、西厢房各三间，水泥机瓦屋面。该院内房屋前檐装修均为现代门窗。

现为居民院。

大门

正房

灯草胡同33号、35号、37号

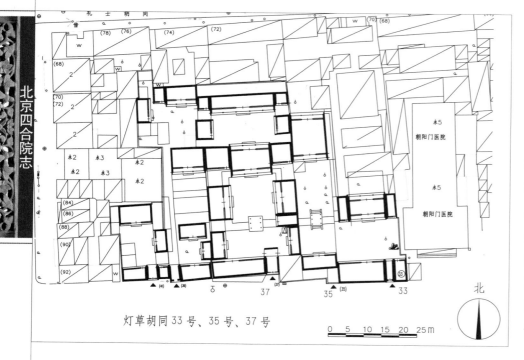

灯草胡同33号、35号、37号

0 5 10 15 20 25m

北

屋面，前后出廊。东、西耳房各一间，铃铛排山脊，合瓦屋面。此院房屋前檐装修为现代门窗。

35号院后开西洋门一间，院内有倒座房三间，清水脊，合瓦屋面，前檐槛墙、支摘窗，部分保存。二进院前一殿一卷式垂花门一座，两侧连接看面墙，内侧为游廊。二进院正房三间，前后出廊，披水排山脊，合瓦屋面，前檐装修为现代门窗。

37号院如意大门一间，清水脊，合瓦屋面。门簪两枚，方形门墩一对。门头栏板做海棠池线脚装饰，后檐

位于东城区朝阳门街道。33号院坐北朝南，一进院落。35号、37号为东西并联二座三进四合院。清代末期建筑。

33号院如意大门一间，清水脊，合瓦屋面，脊饰花盘子，红漆板门二扇，六角形门簪两枚，圆形门墩一对。门头栏板做海棠池线脚装饰。大门东侧倒座房一间，西侧四间，前出廊，鞍子脊，合瓦屋面，前檐装修为现代门窗。院内北房三间，铃铛排山脊，合瓦

35号院西洋门门头

33号院大门

37号院大门及倒座房

雕花门簪

柱间饰卷草纹雀替。大门西侧倒座房四间，披水排山脊，合瓦屋面，东侧倒座房二间，后改为车库。门内一字影壁一座，影壁心硬心做法，过垄脊，灰筒瓦屋面，铃铛排山。两侧各有屏门一间，花瓦顶。东、西厢房各三间，平顶，水泥机瓦屋面。二进院前一殿一卷式垂花门一座，垂柱头间装饰雀替，门内四扇屏门，垂花门两侧连接看面墙，看面墙内侧四檩抄手游廊，绿色梅花方柱间带倒挂楣子、坐凳楣子、卧蚕步步锦棂心。二进院正房三间，前后出廊，披水排山脊，合瓦屋面，前檐装修为现代门窗。左右耳房各一间，过垄脊，合瓦屋面。东、西厢房各三间，前出廊，披水排山脊，合瓦屋面。明间隔扇风门，次间槛墙、支摘窗，正十字方格棂心。厢房南侧各带耳房一间，过垄脊，合瓦屋面。三进院有正房五间，前出廊，铃铛排山脊，灰筒瓦屋面，前檐装

修为现代门窗，东、西厢房各二间，均为披水排山脊，合瓦屋面。

33号、35号、37号原为一体，是清末大学士世续（1852—1921）住宅的一部分。世续字伯轩，索勒豁金氏，满洲正黄旗人。举人出身，历内务府大臣、工部侍郎、理藩院尚书、吏部尚书、协办大学士、军机大臣等职。八国联军进北京，他为"留京办事"，联络联军首领，曾请求保护皇家宫殿及坛庙。1908年光绪帝驾崩，世续独言国事艰危，宜立长君，却不为采纳。宣统元年（1909），以病乞休。后复起原官，仍兼总管内务府大臣。清帝逊位时，世续首先赞成。1917年张勋复辟，他曾极力劝阻。民国十年（1921）卒，时年69岁。

37号院原为世续正宅。东路的35号院为下院。33号院内遗有太湖石。

现为居民院。

灯草胡同39号

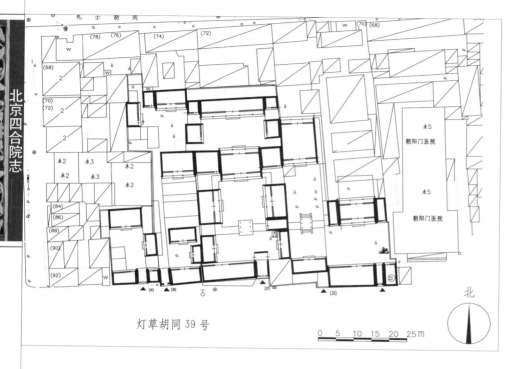

灯草胡同 39 号

0 5 10 15 20 25m

北

门簪

合瓦屋面。一进院有正房三间，过垄脊，合瓦屋面。东厢房一间，平顶，前檐装修为现代门窗。

二进院有正房三间，前出廊，过垄脊，合瓦屋面。

三进院北房三间，前出廊，过垄脊，合瓦屋面，前檐隔扇门窗装修部分尚存，梁架残存箍头包袱彩画痕迹。西厢房二间，过垄脊，合瓦屋面。前檐装修为现代门窗。

现为居民院。

位于东城区朝阳门街道。该院坐北朝南，三进院落。清代末期建筑。

大门位于院落西南角，如意大门一间，清水脊，合瓦屋面，红漆板门二扇，梅花形门簪两枚。大门东侧有倒座房三间，清水脊，

一进院和二进院北房山面

三进院耳房

灯草胡同41号

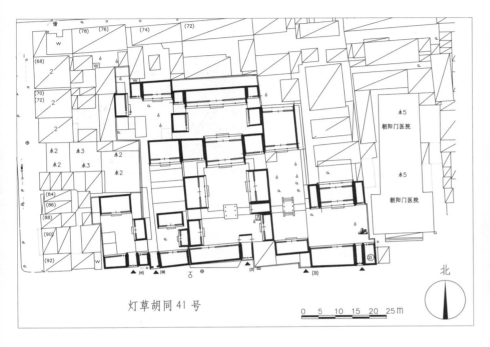

灯草胡同41号

0 5 10 15 20 25 m

北

正房

位于东城区朝阳门街道。该院坐北朝南，一进院落。民国时期建筑。

大门位于院落南侧偏东，蛮子大门一间，清水脊，合瓦屋面，脊饰花盘子，红漆板门二扇，两侧带余塞板，六角形门簪两枚，圆形门墩一对，大门后檐柱间饰步步锦棂心倒挂楣子。倒座房东侧一间，西侧二间，清水脊，

合瓦屋面。院内正房三间，过垄脊，合瓦屋面。正房两侧耳房各一间，过垄脊，合瓦屋面。东厢房三间，过垄脊，合瓦屋面。西厢房为后期翻建。该院内房屋前檐均装修为现代门窗。

现为居民院。

大门

大门后檐柱倒挂楣子

东厢房

灯草胡同60号

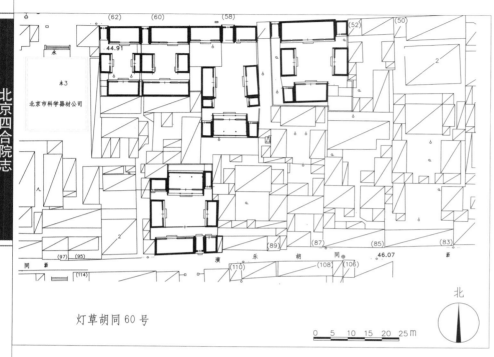

灯草胡同 60 号

门簪

位于东城区朝阳门街道。该院坐南朝北，一进院落。清代末期至民国初期建筑。

大门位于院落西北角，如意大门一间，北向，清水脊，合瓦屋面，脊饰花盘子，六角形门簪两枚，方形门墩一对。门头做海棠池线脚装饰的栏板形式，后檐柱间带卧蚕步步锦棂心倒挂楣子。门内有小屏门一座。大门东侧北房四间，过垄脊，合瓦屋面。南房（正房）五间，过垄脊，合瓦屋面。东、西厢房各二间，过垄脊，合瓦屋面。院内房屋前檐

南房及东厢房

均装修为现代门窗。

现为居民院。

大门及北房

西厢房

第七章 东四街道

DI-QI ZHANG DONGSI JIEDAO

东四街道办事处位于东城区东中部，东起东二环路西侧，南至朝内大街北侧，西起东四北大街，北至平安大道东四十条。面积1.53平方千米，有大街4条、胡同31条。辖区内有展示皇家仓廒文化的南新仓文化休闲特色街区。东四三条至八条是北京市第一批公布的25片历史文化保护区之一。全国重点文物保护单位有东四六条63号、65号崇礼住宅，是一座分东、中、西三路的四合院。区级文物保护单位有东四四条5号四合院、东四六条55号四合院、东四八条71号四合院等。

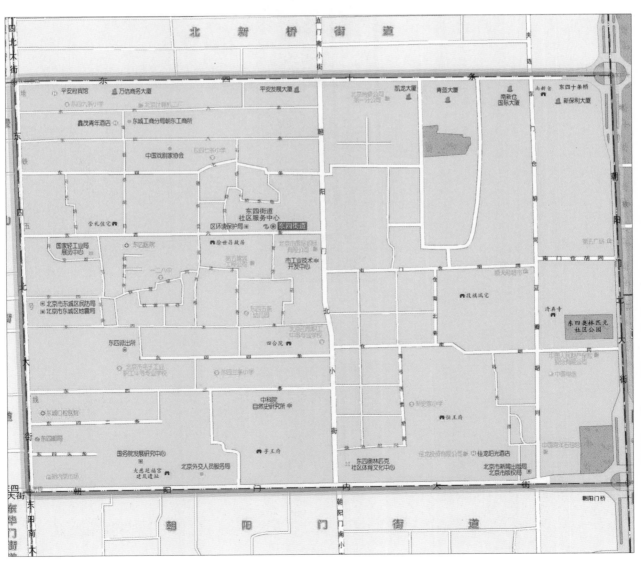

第一节

文保院落

DI-YIJIE   WEN-BAO YUANLUO

东四四条5号

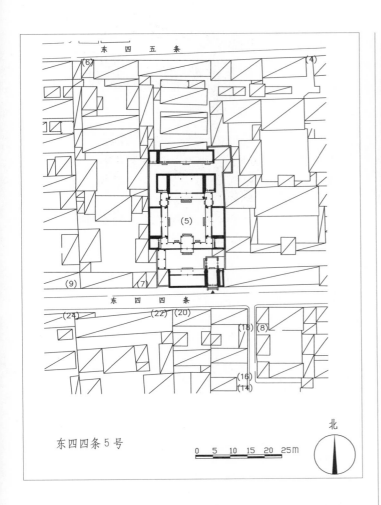

东四四条5号

位于东城区东四街道，该院坐北朝南，三进院落。清代中晚期建筑。

大门位于院落东南角，如意大门一间，

大门及倒座房

大门戗檐"松竹梅菊"砖雕

清水脊，合瓦屋面，脊饰花盘子，戗檐砖雕饰"松竹梅菊"，门头栏板下部为带卷草、须弥座莲花、连珠混等多层砖雕的冰盘檐，上部为花卉、卷草、宝瓶、丁字锦装饰的栏板，四个望柱依次雕松竹梅菊。梅花形门簪两枚，板门两扇，方形门墩一对，门墩雕刻金钱绶带、如意、荷花、祥云图案。大门内壁象眼砖雕的主题内容为"二十四孝"故事，后檐柱间卧蚕步步锦棂心倒挂楣子。大门东侧倒座房半间，西侧四间，清水脊，合瓦屋面，前出廊，前檐隔扇门和槛墙、支摘窗装修，各间门窗、横披窗之装修多改为简化横竖棂条或菱形棂心，台基前出如意踏跺，室内民国时期花砖铺地，冰盘檐封后檐墙。门内有一字影壁一座，硬山清水脊筒瓦顶，上身砖檐为冰盘檐做法，影壁心为方砖硬心，心外缘箍头枋子、砖柱子、线枋子完整，两侧带撞头，青砖下碱。

一进院西侧保存有一段平顶游廊，北侧有一殿一卷式垂花门一座，悬山顶，前卷清水脊，筒瓦屋面，后卷卷棚顶筒瓦屋面，红漆木博缝板，麻叶梁头之下饰方形垂柱头，花罩经简化改造，梅花形门簪两枚，前檐红漆板门两扇，方形门墩一对。垂花门后部在北、西、东三面均保存有四扇绿漆屏门，台

一殿一卷式垂花门

基前后均出如意踏跺两级。垂花门两侧连接看面墙和抄手游廊，看面墙心为砖砌硬心做法。

二进院正房三间，前出廊，清水脊，合瓦屋面，脊饰花盘子，前檐明间隔扇风门，次间槛墙、支摘窗，廊心墙采用廊门筒子做法，明间台基前出如意踏跺两级，室内保存硬木碧纱橱，现东次间一组保存完整，灯笼框棂心。正房两侧耳房各一间，过垄脊，合瓦屋面，东、西厢房各三间，进深六檩，前出廊，清水脊，合瓦屋面，前檐装修同正房。廊心墙采用廊门筒子做法，明间台基前出如意踏跺两级，室内硬木碧纱橱同北房，但均不完整。厢房南侧有厢耳房各一间，过垄脊，合瓦屋面，前檐装修为现代门窗。院内抄手游廊连接各房屋，廊柱间卧蚕步步锦棂心坐凳楣子，廊壁上原有彩绘均已遗失。

三进院后罩房五间，进深五檩，原为清

二进院正房

水脊，合瓦屋面，现挑顶改为过垄脊，合瓦屋面，前檐明间隔扇门四扇，次间槛墙、支摘窗，梢间则采夹门窗形式，各间门窗、横披窗之装修，多改为

二进院正房碧纱橱装修

简化横竖棂条或菱形棂心。后檐菱角檐封后檐墙，台基前出如意踏跺，室内民国时期花砖铺地。后罩房西耳房一间。

该院清代同治时期为礼部侍郎爱新觉罗·绵宜宅第的一部分（还应包括东四四条1号、3号）。据楚图南次子楚泽涵介绍，中华人民共和国成立后，民盟中央主席、全国人大副委员长楚图南曾在此居住30余年。

楚图南（1899—1994），字高寒，汉族，云南文山人。为近代著名作家、翻译家、篆刻家和社会活动家，是中国共产党员早期成员、中国民主同盟重要领导人之一。曾任暨南大学、云南大学、北京师范大学教授，民盟中央主席，中国人民对外文化协会会长。在外交、文教、艺术等诸多领域贡献突出，特别是文学、翻译学术研究造诣深厚，著有《楚图南集》。

楚自1956年偕家眷在此工作生活，并于1959年秋于后院招待野上弥生子访华，直至晚年逝世始终居此院。而最初搬进时，全家只使用二进院北房和东厢房，楚的卧室、书房亦设在北房内。

该院1986年公布为东城区文物保护单位。现为单位用房。

东四六条55号

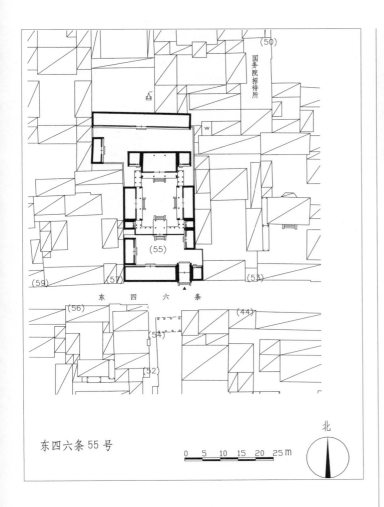

东四六条 55 号

正房南立面东戗檐

位于东城区东四街道。该院坐北朝南，三进院落。

大门位于院落东南隅，广亮大门一间，原为清水脊，合瓦屋面，现改为硬山调大脊筒瓦屋面。大门东侧倒座房一间，西侧五间，均为翻建，过垄脊，筒瓦屋面。门内迎门一字影壁一座。一进院西厢房三间，东厢房二间，过垄脊，合瓦屋面。院落北侧有一殿一卷式垂花门一座，前卷清水脊，筒瓦屋面，后卷卷棚顶筒瓦屋面，方形垂柱头，垂柱头间装饰雀替，方形门墩一对，门内侧屏门四扇。垂花门两侧连接看面墙和抄手游廊，廊柱间饰倒挂楣子和坐凳楣子。

二进院正房三间，前后廊，清水脊，合瓦屋面，前檐明间夹门窗，次间槛墙、支摘窗，盘长如意棂心，明间前出垂带踏跺四级。正房两侧耳房各一间，过垄脊，合瓦屋面。东、西厢房各三间，前出廊，原为清水脊，合瓦屋面，现改为披水排山脊，合瓦屋面，前檐明间夹门窗，次间槛墙、支摘窗，灯笼框棂心。厢房南侧厢耳房各一间。

三进院后罩房七间，西厢房三间，均为清水脊，合瓦屋面，前檐装修为现代门窗。

该院为新中国成立后著名爱国人士沙千里的居所。在此居住期间，他先后担任中央人民政府贸易部副部长，中央人民政府地方工业部部长，轻工业部部长，粮食部部长，政务院财政经济委员会第六办公厅副主任，中华全国工商业联合会秘书长等职。1982年4月26日在北京病逝。

1986年公布为东城区文物保护单位。

垂花门后身及西配房

东四六条63号、65号（崇礼住宅）

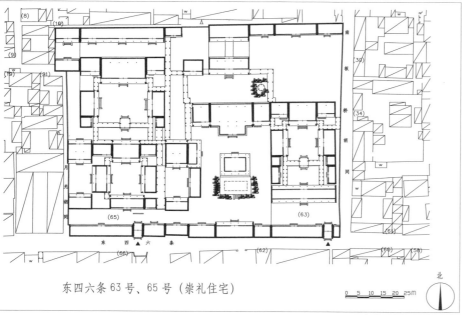

东四六条 63 号、65 号（崇礼住宅）

东路大门西侧抱鼓

位于东城区东四街道。该院坐北朝南，分东、中、西三路。清光绪年间建筑。

东路（今 63 号院）：大门位于院落东南隅，广亮大门一间，清水脊，合瓦屋面，梅花形门簪四枚，圆形门墩一对。大门东侧倒座房一间，西侧八间，清水脊，合瓦屋面，前檐装修为现代门窗，封后檐墙。第一进院有正房九间，为过厅形式，前后出廊，披水排山脊，合瓦屋面，明间隔扇风门，大菱形块棂心，次间、梢间和尽间前后檐装修均为现代

门窗，保留部分步步锦棂心横披窗。二进院内东、西厢房各三间，披水排山脊，合瓦屋面。二进院北侧一殿一卷式垂花门一座。垂花门两侧连接看面墙和抄手游廊，游廊连通二进院和三进院。三进院正房三间，披水排山脊，合瓦屋面，山面饰排山勾滴，前后廊，前檐明间隔扇风门，十字间菱形棂心，次间槛墙、支摘窗、横披窗，步步锦棂心。正房两侧耳房各二间。东、西厢房各三间，披水排山脊，合瓦屋面，前出廊，前檐明间隔扇

东路大门西侧倒座房正立面

东路二进院垂花门正立面

风门，井字间菱形棂心，次间现代门窗，十字方格棂心，上带步步锦棂心横披窗。厢房南面各带耳房一间。正房、厢房和垂花门之间都有抄手游廊相连接。四进院现存后罩房三座共11间，中间五间，两侧各三间，均为清水脊，合瓦屋面，前檐装修为现代门窗。

中路：一进院前半部有方形水池和敞厅一座。敞厅为歇山卷棚顶合瓦屋面。敞厅北侧为五间大戏台，披水排山脊，合瓦屋面，排山勾滴，明、次间前出悬山卷棚顶合瓦屋

中路戏台

门内一字影壁一座，硬山过垄脊筒瓦顶。一进院内原为正房五间（现改为九间），为过厅形式，披水排山脊，合瓦屋面，前后出廊。正房东侧耳房一间。二进院正房三间，披水排山脊，合瓦屋面，前后出廊。前檐明间隔扇风门，井字玻璃屉棂心，次间现代大玻璃窗。正房两侧耳房各二间。东、西厢房各三间，披水排山脊，合瓦屋面，前出廊，前檐装修为现代门窗。院内房屋由抄手游廊相连

东路一进院过厅

面抱厦。戏台两侧耳房各二间，披水排山脊，合瓦屋面，前后檐装修均为现代门窗。院落西侧有西房三间，歇山卷棚顶合瓦屋面。院落南侧倒座房三座，中间一座五间，东侧一座二间，西侧一座三间，均为清水脊，合瓦屋面，前檐装修为现代门窗，封后檐墙。二进院正房五间，前后廊，披水排山脊，合瓦屋面。正房西侧有北房二间，前出廊。院落东侧是一座叠石假山，山上建六柱筒瓦圆攒尖顶凉亭一座。三进院正房原为祠堂，五间，披水排山脊，筒瓦屋面，前后廊。堂前现存门枕石一对。

西路(今65号院)：大门位于院落东南隅，广亮大门形式，清水脊，合瓦屋面，梅花形门簪四枚，前檐柱间饰雀替，圆形门墩一对。大门东侧倒座房三间，西侧七间，清水脊，合瓦屋面，前檐装修为现代门窗，封后檐墙。

一字影壁

西路三进院正房

接，二进院东西两侧各有跨院一座。东跨院内北房三间，两卷勾连搭式，前后廊，过垄脊，合瓦屋面，室内的硬木花罩上刻有清代书法家邓石如题写的苏东坡诗词。南房三间，前出廊，过垄脊，合瓦屋面。东厢房三间。西跨院内北房三间，两卷勾连搭形式，前后廊，过垄脊，合瓦屋面。南房三间，过垄脊，合瓦屋面。三进院南侧一殿一卷式垂花门一座，垂花门两侧连接看面墙和抄手游廊，院内正房五间，披水排山脊，合瓦屋面，前后廊，前檐装修为现代门窗，老檐出后檐墙，正房两侧耳房各二间。东、西厢房各三间，披水排山脊，合瓦屋面，前出廊，前檐装修为现代门窗。厢房南侧厢耳房各一间。正房、厢房和垂花门之间都有抄手游廊连接。四进院落为11间后罩房，清水脊，合瓦屋面，前檐保存部分隔扇门装修。四进院西侧有一座跨

西路五进院西跨小院北房

西路四进院后罩房隔扇风门裙板与绦环板装饰

院，院内北房三间，过垄脊，筒瓦屋面，前出廊。南房三间，过垄脊，合瓦屋面。

　　该院曾为清代大学士崇礼的宅第。崇礼任粤海关总督时，大肆搜刮，积财无数，极有富名。回京后又大治宅第，屋宇华丽，是官宅中除王府外的佼佼者。东院及花园原为崇礼居所，西宅先后为崇礼弟兄和崇礼之侄存恒所居。

　　此宅建成不久，逢八国联军入侵，即为洋兵所据。民国后又几度转手。民国二十四年（1935），二十九军军长宋哲元部下师长刘汝明买下这所宅院后，又重新修葺。抗日战争时期，该处又为伪新民会会长张燕卿所购。张为清末大学士张之洞之子。

　　1988年公布为全国重点文物保护单位。现为居民院。

522

北京四合院志

东四八条71号

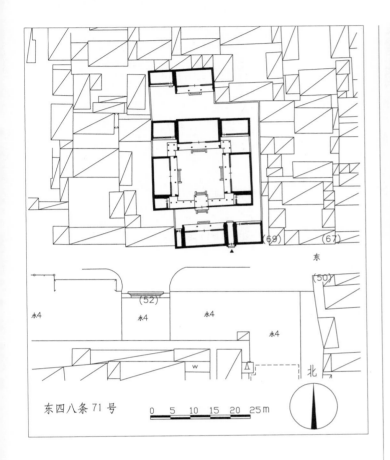

东四八条71号

栏板砖雕

位于东城区东四街道。该院坐北朝南，三进院落。清代中后期建筑。

大门位于院落南侧偏东，小如意门半间，清水脊，合瓦屋面，脊饰花盘子，门楣栏板

做瓜瓞绵绵砖雕图案，戗檐砖雕狮子绣球图案，方形门墩一对。门内迎门有一字影壁一座，大门西侧有倒座房三间，前出廊，东侧倒座房二间，过垄脊，合瓦屋面。一进院北侧有一殿一卷式垂花门一座，两侧连接看面墙和抄手游廊，墙上嵌什锦窗。

二进院四周环以抄手游廊，廊柱间带倒挂楣子与坐凳楣子。院内正房三间，前出廊，清水脊，合瓦屋面，脊饰花盘子，前檐明间前出垂带踏跺三级。正房两侧耳房各二间，已翻建。东、西厢房各三间，前出廊，清水脊，合瓦屋面，脊饰花盘子，明间前出垂带踏跺

大门外景

垂花门

二进院西厢房

戗檐砖雕

两级。南侧带厢耳房各一间。院内房屋前檐装修均为现代门窗，一进院东侧有过道直通第三进院。

三进院内有后罩房三间，前出廊，清水脊，合瓦屋面，脊饰花盘子。西侧耳房二间，机瓦屋面。前檐装修均为现代门窗。

该宅原为清内务府帘子库官员住宅。中华人民共和国成立后，成为教育家、作家叶圣陶的寓所。叶圣陶（1894—1988），原名叶绍钧，字秉臣，中华人民共和国成立后，曾担任新闻出版总署副署长、人民教育出版社社长、教育部副部长，第五届全国人大常委会委员、第五届全国政协常务委员、第六届全国政协副主席、民进中央主席。从1949年到1959年，叶圣陶在这个院子生活、工作期间，创作了150多首诗，其中编入《箧存集》中的有100多首，散见于《叶圣陶诗词稿》中的有近30首。

1986年公布为东城区文物保护单位。

现为居民院。

游廊

北京四合院志

第二节

一般院落

DI-ER JIE　YIBAN YUANLUO

东四二条1号、3号、5号

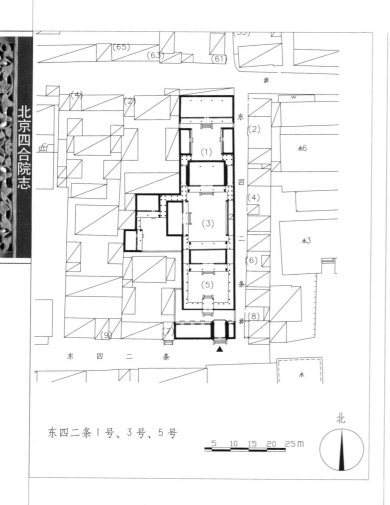

东四二条1号、3号、5号

北

大门

位于东城区东四街道。该院坐北朝南，四进院落带西跨院。清代晚期建筑。

大门位于院落东南隅，如意大门一间，进深五檩，清水脊，合瓦屋面，脊饰花盘子。檐下双层方椽，素面门楣栏板，梅花形门簪两枚，红漆板门两扇，圆形门墩一对，门前出垂带踏跺三级。大门东侧

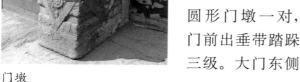

门墩

门房一间，西侧倒座房四间，清水脊，合瓦屋面，木构架绘箍头彩画，前檐装修为现代门窗，老檐出后檐墙。一进院北侧原有垂花门一座，现已拆除。

二进院过厅三间，前后廊，披水排山脊，合瓦屋面，原戗檐砖雕遗失，前檐装修为现代门窗，明间出垂带踏跺四级。二进院过厅与垂花门之间有四檩卷棚抄手游廊连接。

三进院正房三间，前后廊，清水脊，合瓦屋面，脊饰花盘子。正房两侧耳房各一间，清水脊，合瓦屋面。三进院东侧配楼三间，二层，清水脊，合瓦屋面，脊饰花盘子。西厢房三间，过垄脊，合瓦屋面。

四进院正房五间，进深七檩，前后廊，披水排山脊，合瓦屋面。东、西厢房各二间，过垄脊，合瓦屋面，封后檐墙，砖檐为抽屉

倒座房

三进院正房与耳房山面

檐形式。

　　三进院西侧有一座跨院，院内北房、西房各二间，前出廊，前檐装修为现代门窗。

　　据传曾为清代大臣松筠的住宅。松筠（1752—1835），字湘浦，玛拉特氏，蒙古正蓝旗人，初为翻译生员，授理藩院笔帖式，并担任军机处章京。此后，历任御前侍卫、内务府大臣、户部尚书、陕甘总督、伊犁将军、兵部尚书等职。清道光十五年（1835）卒，赠太子太保，谥文清，祀伊犁名宦祠。著有《西招纪行诗》《古品节录》等著作，并主持编纂《新疆识略》十二卷、《西陲总统事略》十二卷。该院的三进院（3号院）曾为爱国华侨尤扬祖的住所。

　　现1号院为居民院，3号院和5号院为单位用房。

二进院过厅

游廊

东四二条7号

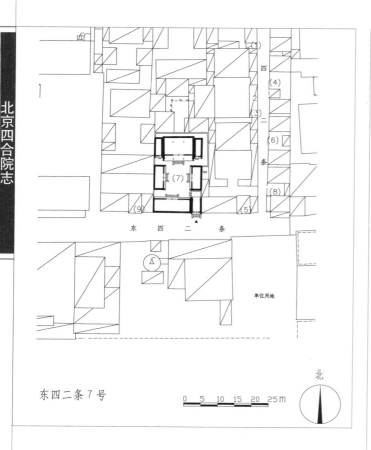

东四二条7号

正房

四级。大门西侧倒座房四间，清水脊，合瓦屋面，脊饰花盘子，檐下双层方椽，木构架绘箍头彩画，前檐装修为现代门窗，明间前出垂带踏跺四级，老檐出后檐墙。门内迎门座山影壁一座，清水脊筒瓦。正房三间，前出廊，清水脊，合瓦屋面，脊饰花盘子，檐下双层方椽，前檐装修为现代门窗。正房两侧耳房各一间，过垄脊，合瓦屋面，前檐装修为现代门窗。东、西厢房各三间，清水脊，合瓦屋面，脊饰花盘子，檐下双层方椽，前檐装修为现代门窗。

现为居民院。

座山影壁

位于东城区东四街道。该院落坐北朝南，一进院落。清代晚期建筑。

大门位于院落东南隅，如意大门一间，进深五檩，清水脊，合瓦屋面，脊饰花盘子，梅花形门簪两枚，红漆板门两扇，门头砖雕栏板装饰，方形门墩一对，门前出垂带踏跺

大门及倒座房

东四二条11号

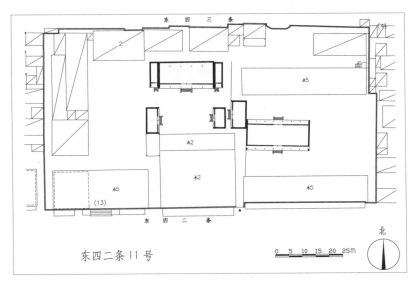

东四二条11号

位于东城区东四街道，该院坐北朝南，一进院落。清代建筑。

院落原来占地面积很大，现仅存其中西侧一进院落和东侧两座建筑。西侧院落正房五间，前后廊，铃铛排山脊，筒瓦屋面，檐下双层方椽，前檐装修为现代门窗，青石铺台明，老檐出后檐墙。正房两侧耳房各一间，青石铺台明，铃铛排山脊，筒瓦屋面，前檐装修为现代门窗，老檐出后檐墙。东、西厢房各三间，青石铺台明，铃铛排山脊，筒瓦屋面，檐下双层方椽，前檐装修为现代门窗，垂带踏跺五级，封后檐墙。西侧院落东厢房

之东有东房三间，铃铛排山脊，筒瓦屋面，檐下双层方椽，前檐装修为现代门窗，封后檐墙。东侧院落仅存有南房七间，前后廊，过垄脊，筒瓦屋面，前檐装修为现代门窗。

此院曾为清代大学士福康安宅第的一部分。福康安（1754—1796），字瑶林，富察氏，满洲镶黄旗人。清高宗孝贤皇后侄，大学士傅恒第三子。历任云贵、闽浙、两广总督，武英殿大学士兼军机大臣。曾跟随清代名将阿桂用兵金川，平定湘黔苗民起义、台湾林爽文起义，击退廓尔喀部对西藏的入侵。逝后追赠郡王衔，配享太庙。光绪年间（1875—1908），其后裔海年袭辅国公，又称海公府。《道咸以来朝野杂记》记述："东四二条路北大宅，为公爵海年之邸，实福康安后人。民国八、九年（1919、1920），正府售与王某，其东院附小园，售与郭太史则沄。曾起诗社于东园，颇极一时之盛。"郭则沄，福建闽侯人，清末进士，民国时先后任袁世凯总统府秘书、国务院秘书长、侨务局总裁。

现为单位用房。

西院正房

西院东厢房

东四二条21号

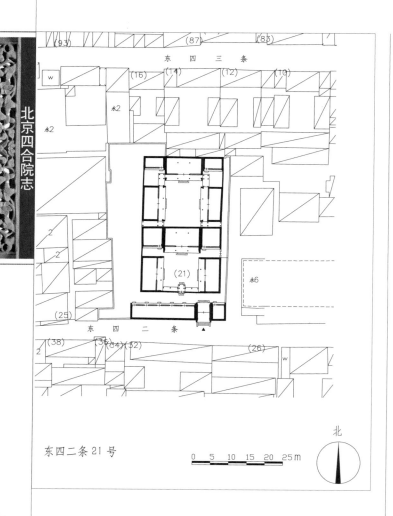

东四二条21号

北

0 5 10 15 20 25m

大门外景

二间，东、西厢房各三间，前出廊，均为披水排山脊，合瓦屋面，前檐装修为现代门窗。

一进院东侧有夹道可通第三进院。三进院院内有正房三间，前后廊，梁架绘箍头彩画。两侧耳房各二间，东、西厢房各三间，与正房间以平顶廊连接。均为披水排山脊，合瓦屋面，前檐装修为现代门窗。西侧跨院建筑均已翻建，难辨原貌。

现为居民院。

影壁

位于东城区东四街道。该院坐北朝南，三进院落。清代末期建筑。

大门位于院落东南隅，广亮门一间，披水排山脊，合瓦屋面，六角形门簪四枚，圆形门墩一对，砖雕花卉图案。前檐柱间饰雀替，梁架绘苏式彩画，后檐柱间饰步步锦棂心倒挂楣子，梁架绘箍头彩画。大门外前出垂带踏跺五级。门内侧有座山影壁一座。

大门东侧倒座房一间，西侧五间，过垄脊，合瓦屋面，前檐装修为现代门窗，封后檐墙。一进院北侧新翻建垂花门一座，两侧连接看面墙。

二进院正房三间，前后廊，两侧耳房各

东四三条13号

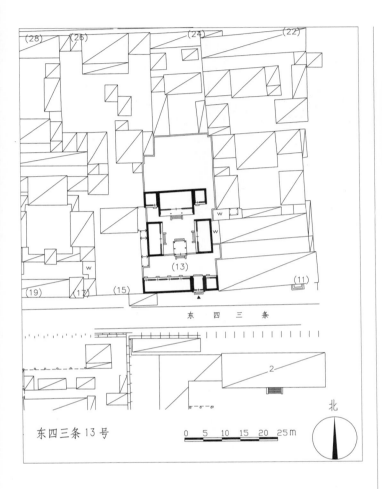

东四三条 13 号

廊罩式垂花门

位于东城区东四街道，该院落坐北朝南，三进院落。清代晚期建筑。

大门位于院落东南隅，如意大门一间，进深五檩，清水脊，合瓦屋面，脊饰花盘子，

梅花形门簪两枚，红漆板门两扇，门头花瓦装饰，圆形门墩一对。大门东侧门房一间，西侧倒座房四间，均为鞍子脊，合瓦屋面，前檐装修为现代门窗，封后檐墙。一进院有四檩单卷棚顶垂花门一座，过垄脊，筒瓦屋面，梅花形门簪两枚，方形垂柱头，方形门墩一对，前出如意踏跺两级。

二进院正房三间，前出廊，清水脊，合瓦屋面，脊饰花盘子，前檐装修为现代门窗，垂带踏跺五级。正房两侧耳房各一间，均已翻建。东厢房三间，现已翻建。西厢房三间，鞍子脊，合瓦屋面，前檐装修为现代门窗。

三进院内房屋均已拆除改建，原形制不详。

现为居民院。

大门及倒座房

正房

东四三条17号、19号

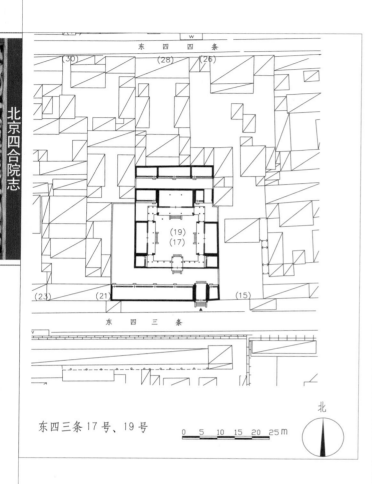

东四三条17号、19号

0 5 10 15 20 25m

北

一殿一卷式垂花门

位于东城区东四街道。该院坐北朝南，三进院落。清代末期建筑。

大门位于院落东南隅，如意大门一间，清水脊，合瓦屋面，脊饰花盘子，门楣花瓦做法，方形门墩一对。门内有座山影壁一座。

大门东侧门房一间，西侧倒座房八间，清水脊，合瓦屋面，脊饰花盘子。一进院北侧有一殿一卷式垂花门一座，两侧连接看面墙。

二进院正房三间，前后廊，清水脊，合瓦屋面，脊饰花盘子，前檐明间隔扇风门，前出垂带踏跺四级，次间槛墙、支摘窗，棂心后改。正房两侧耳房各二间，过垄脊，合瓦屋面，前檐装修为现代门窗。东、西厢房各三间，前出廊，清水脊，合瓦屋面，脊饰花盘子，前檐装修为现代门窗。厢房南侧厢耳房各一间，过垄脊，合瓦屋面。二进院各房屋以抄手游廊连接。正房东耳房东侧一间为过道通往三进院。

三进院后罩房共七间，中间三间，两侧各二间，过垄脊，合瓦屋面。前檐装修为夹门窗和槛墙、支摘窗、井字玻璃屉棂心。

现为居民院。

大门及倒座房

二进院正房

北京四合院志

东四三条35号

东四三条 35 号

位于东城区东四街道。该院坐北朝南，东西两路（东路为主院），四进院落。清代末期建筑。

大门

东路平顶游廊

东路：大门位于院落东南隅，广亮大门一间，铃铛排山脊，筒瓦屋面，梅花形门簪四枚，圆形门墩一对，条石铺地，前檐柱间饰雀替。大门外两侧撇山影壁，硬山筒瓦顶。门内迎门座山影壁一座，过垄脊，筒瓦屋面，方砖硬影壁心。大门东侧倒座房一间，西侧十间，过垄脊，合瓦屋面。前檐装修为现代门窗，封后檐墙。一进院北侧一殿一卷式垂花门一座，梅花形门簪四枚，折柱间安装镂雕花板，圆形垂柱头，垂柱间安装雀替，方形门墩一对，雕刻鱼龙变化图案。一进院西侧有屏门一座，通西跨院。二进院正房三间，铃铛排山脊，筒瓦屋面，前后出廊，檐下双层方椽，前檐装修为现代门窗，前檐明间踏跺五级，后檐明间隔扇风门装修，前出垂带踏跺五级。东、西厢房各三间，披水排山脊，

东路一殿一卷式垂花门

东路二进院西厢房

合瓦屋面，前出廊，前檐装修为现代门窗。三进院正房五间，前后廊，铃铛排山脊，筒瓦屋面，前檐装修为现代门窗，明间出垂带踏跺五级。正房两侧耳房各二间，前出廊，过垄脊，合瓦屋面，前檐装修为现代门窗。东、西厢房各三间，披水排山脊，筒瓦屋面，铃

东路二进院正房

铛排山，前檐装修为现代门窗。四进院北侧后罩房贯通东西两路，翻建。东路各房及各进院之间均有游廊相互连接，四檩卷棚顶筒瓦屋面，梅花方柱。

西路：一进院过厅三间，前后廊，过垄脊，合瓦屋面，前檐装修为现代门窗。二进院正房三间，平顶，前檐为拱券门窗。

此院清代曾为蒙古车王府在京的房产之一。车王即车林巴布，生卒年代不详，属喀尔喀土谢图汗部，扎萨克多罗郡王鄂特萨尔

巴咱尔之子，清光绪二十一年（1895）十一月承袭爵位。清朝灭亡后，车王于民国七年（1918）回归本旗，此院房产逐渐被变卖为多家所有，其中有万国道德会理事长杜延年和曾任北平市长的周大文。新中国成立后此宅作为逆产被充公，成为中央对外文化联络局办公用地。1954年周恩来总理曾在此院正房会客厅会见了到访的越南领导人范文同，并签署双方友好协定。

现为居民院。

东路三进院正房

东四四条3号

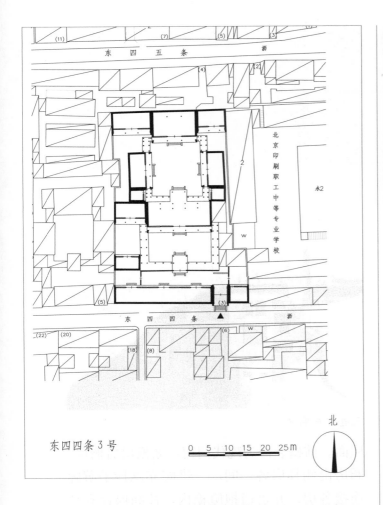

东四四条3号

垂花门圆形门墩　　　　垂莲柱头

位于东城区东四街道，该院坐北朝南，原为四进院落，现存三进院落。清代中晚期建筑。

大门位于院落东南隅，广亮大门一间，进深五檩，披水排山脊，合瓦屋面，吉祥花卉博缝头，梅花形门簪四枚，上刻吉祥如意四字。圆形门墩一对，门前

垂带踏跺已改造，门内墙体邱门子做法，墙心为方砖硬心。大门东侧门房二间，西侧倒座房九间，均为过垄脊，合瓦屋面，门房现改鞍子脊，前檐装修皆为现代门窗，冰盘檐封后檐墙。门内迎门一字影壁一座，瓦顶、砖檐已损毁，上身采用方砖硬心做法，心外缘线枋子、箍头枋子、砖柱子、耳子、三岔头完整，两侧带撞头，青砖下碱。一进院之东西屏门保留。一进院北侧为一殿一卷式垂花门，前部悬山顶与后部卷棚顶勾连搭，清水脊，灰筒瓦屋面，脊饰花盘子，红漆木博缝板。垂莲柱头，垂柱头间透雕花罩饰子孙万代（葫芦）主题，花板槛框局部依稀可见团寿纹样，门额正中梅花形门簪四枚。彩绘为民国时期山水、花鸟工笔画，原板门及各方位屏门均残损，圆形门

大门

一殿一卷式垂花门

二进院过厅

三进院正房

墩一对，前后出如意踏跺。垂花门两侧看面墙保存，墙面采用影壁心做法。二进院正房（过厅）五间，进深七檩，前后廊，披水排

硬山一字影壁

山脊，合瓦屋面，明间前后檐均为现代门窗，后檐接出四檩卷棚顶抱厦一间，过垄脊，筒瓦屋面，前后均出垂带踏跺，前檐次间槛墙，支摘窗，棂心后改，步步锦棂心横披窗保留，廊心墙辟廊门筒子，老檐出后檐墙。正房东侧耳房一间。二进院两侧与垂花门之间以抄手游廊相连，廊柱间饰步步锦棂心倒挂楣子。三进院正房三间，进深七檩，前后廊，披水排山脊，合瓦屋面。前檐装修为现代门窗，明间出垂带踏跺，老檐出后檐墙。正房东侧耳房两间半、西侧三间，过垄脊，合瓦屋面，前檐装修为现代门窗，老檐出后檐墙。东、西厢房各三间，进深六檩，前出廊，披水排山脊，合瓦

三进院东厢房

屋面。前檐装修为现代门窗，老檐出后檐墙。厢房南侧耳房各一间。三进院亦以抄手游廊连接各房，并贯通抱厦檐内，柱间保存有部分步步锦棂心倒挂楣子。四进院房屋均翻盖，已失原貌。

自二进院西侧廊子开门通西跨院。西跨院北房三间。前出廊，披水排山脊，筒瓦屋面，前檐装修为现代门窗，老檐出后檐墙。南房二间，披水排山脊，合瓦屋面，前檐装修为现代门窗。

据北京市档案馆保存的民国时期房地户籍资料所载，该院在民国中期尚为私产，户主名为金伯华，堂号谦六堂，朝阳大学法科肄业之司法官，时任北平地方法院检察处主任书记官。

现为居民院。

东四四条7号

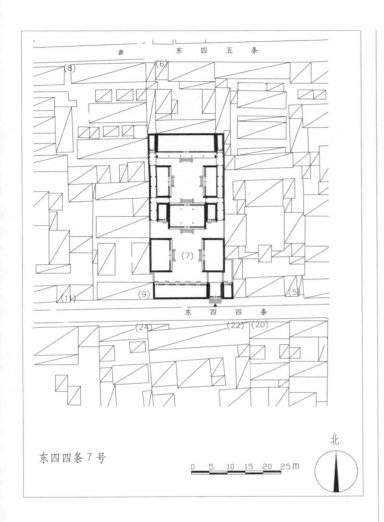

东四四条 7 号

二进院正房

位于东城区东四街道，该院落坐北朝南，二进院落。民国时期建筑。

大门及倒座房

大门位于院落东南隅，如意大门一间，清水脊，合瓦屋面，脊饰花盘子，红漆板门两扇，门头作沙锅套花瓦装饰，门外如意踏跺四级，后檐柱间饰工字卧蚕步步锦倒挂楣子。大门东侧门房一间，西侧倒座房五间，均为鞍子脊，合瓦屋面，前檐装修为现代门窗，后檐为封后檐墙。一进院过厅三间，披水排山脊，合瓦屋面，前后出廊，前檐明间隔扇风门装修，前出垂带踏跺三级，次间槛墙、支摘窗装修，后檐装修为现代门窗，明间前出垂带踏跺三级。过厅两侧耳房各一间，过垄脊，合瓦屋面，前檐装修为现代门窗。东厢房三间，已翻建。西厢房三间，鞍子脊，合瓦屋面，前檐装修为现代门窗。过厅耳房两侧有平顶廊通二进院，廊柱为梅花方柱。

二进院正房五间，前出廊，清水脊，合瓦屋面，檐下双层方椽，前檐装修为现代门窗。正房两侧耳房各一间，过垄脊，合瓦屋面，前檐装修为现代门窗。东厢房三间，清水脊，合瓦屋面，脊饰花盘子，前檐装修为现代门窗。西厢房三间，已翻建为红机砖建筑。

现为居民院。

东四四条13号

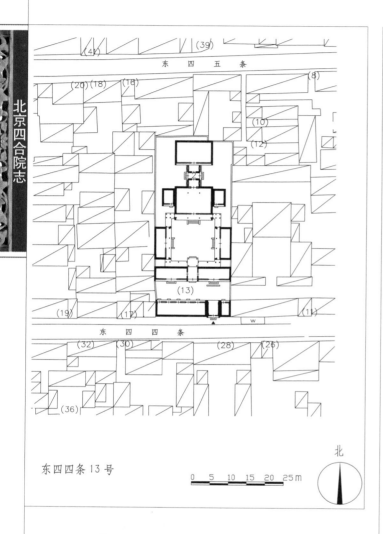

东四四条13号

0 5 10 15 20 25m

北

一进院过厅

位于东城区东四街道。该院坐北朝南，三进院落。民国时期建筑。

大门位于院落东南隅，如意门一间，清水脊，合瓦屋面，门楣砖雕菱花、福云纹饰，戗檐砖雕万事如意图案，梅花形门簪两枚，方形门墩一对，雕刻福到眼前图案，后檐柱带步步锦棂心倒挂楣子。大

大门戗檐砖雕

门东侧门房一间，西侧倒座房五间，均为清水脊，合瓦屋面，脊饰花盘子，前檐装修为现代门窗，封后檐墙。门内迎门一字影壁一座，硬山筒瓦顶，方砖硬影壁心。一进院正房（过厅）七间，明间为二门，清水脊，合瓦屋面，脊饰花盘子，檐下双层方椽，梅花形门簪四枚，方形门墩一对，门内民国时期花砖墁地，两侧有拱券门通次、梢间，门后有四檩卷棚抱厦一间。次、梢间屋面局部已翻机瓦，前檐装修为现代门窗。

二进院正房三间，前后廊，清水脊，合瓦屋面，脊饰花盘子，前檐装修为现代门窗，前出垂带踏跺四级。正房两侧原有耳房各一间，现已拆除或改建。东、西厢房各三间，前出廊，清水脊，合瓦屋面，脊饰花盘子，前檐装修均为现代门窗。

三进院正房三间，清水脊，合瓦屋面，脊饰花盘子，前檐装修为现代门窗。另在三进院正房与二进院正房之间有二层小楼相互连通，屋面已翻建。

据传，此院曾为林则徐之孙的住宅。现为居民院。

东四四条43号

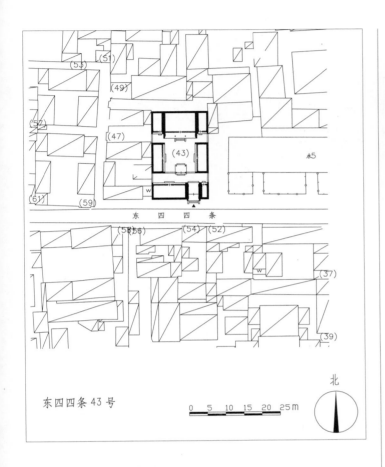

东四四条43号

四檩廊罩式垂花门

瓦屋面，前檐装修为现代门窗，后檐为封后檐墙。一进院北侧有四檩单卷廊罩式垂花门一座，铃铛排山脊，筒瓦屋面，檐柱间安装倒挂楣子，木构架绘苏式彩画。垂花门两侧为看面墙，墙顶为过垄脊，筒瓦屋面。

二进院正房三间，前出廊，清水脊，合瓦屋面，脊饰花盘子，檐下双层方椽，前檐柱间安装倒挂楣子与坐凳楣子，装修为新作仿古式样，木构架绘苏式彩画，明间前出垂带踏跺四级。正房两侧耳房各一间，鞍子脊，合瓦屋面，前檐装修为新作仿古式样门窗。东、西厢房各三间，清水脊，合瓦屋面，脊饰花盘子，前檐装修为新作仿古式样门窗，后檐为封后檐墙。

现为单位用房。

位于东城区东四街道，该院落坐北朝南，二进院落。清代晚期建筑。

大门位于院落东南隅，金柱大门一间，清水脊，合瓦屋面，脊饰花盘子，前檐柱间安装雕花雀替，木构架绘箍头彩画。大门东侧门房一间，西侧倒座房三间，鞍子脊，合

大门雕花雀替

二进院正房

东四四条77号

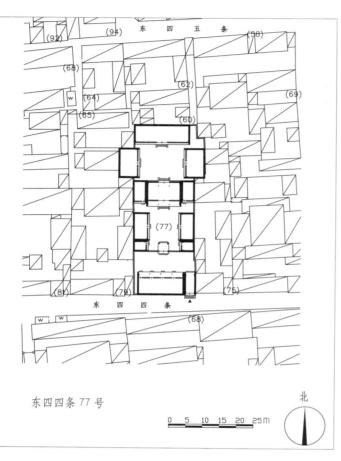

东四四条 77 号

北

0 5 10 15 20 25M

二进院西厢房

檐形式。一进院北侧五檩单卷棚顶垂花门一座，悬山顶，清水脊，合瓦屋面，折柱间安装镂雕花板，垂莲柱头，垂柱间安装镂雕花罩，梅花形门簪两枚，方形门墩一对，前后各出垂带踏跺两级。垂花门两侧连接看面墙，过垄脊，筒瓦屋面。二进院过厅三间，前后出廊，披水排山脊，合瓦屋面，前檐装修为现代门窗，明间为过道，前出垂带踏跺三级。过厅两侧耳房各一间，过垄脊，合瓦屋面，前檐装修为现代门窗。东、西厢房各三间，披水排山脊，合瓦屋面，前檐明间隔扇门四扇，次间槛墙、支摘窗，棂心后改。厢房南侧厢耳房各一间，过垄脊，合瓦屋面，前檐装修为现代门窗。三进院正房五间，前出廊，披水排山脊，合瓦屋面，前檐装修为现代门窗。东、西厢房各三间，均为翻建。

现为单位用房。

位于东城区东四街道，该院落坐北朝南，三进院落。清代晚期建筑。

大门位于院落东南隅，原为广亮大门形式，目前进行了改建，进深五檩，清水脊，合瓦屋面，戗檐砖雕狮子图案。大门西侧倒座房四间，前出廊，过垄脊，合瓦屋面，前檐装修为现代门窗，封后檐墙，砖檐为鸡嗉

垂花门花罩

三进院正房

东四四条79号

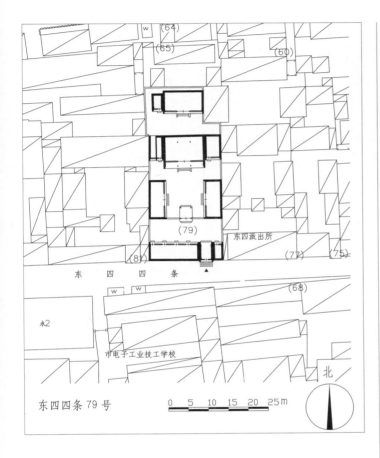

东四四条79号

大门

位于东城区东四街道。该院坐北朝南，三进院落。清代末期建筑。

大门位于院落东南隅，如意门一间，清水脊，合瓦屋面，脊饰花盘子，门楣处砖雕须弥座上承鱼鳞纹瓦花图案，戗檐雕刻花卉图案，方形门墩一对，后檐柱间饰步步锦棂心倒挂楣子。

大门东侧倒座房一间，西侧四间，过垄脊，合瓦屋面，前檐装修为现代门窗。一进院北侧有单卷垂花门一座，清水脊，合瓦屋面，方形门墩一对，上雕刻卧狮。

二进院正房三间，

戗檐砖雕

前后廊，清水脊，合瓦屋面，脊饰花盘子。东、西厢房各三间，过垄脊，合瓦屋面。正房两侧耳房各一间，西耳房西侧半间为过道，通往第三进院，房屋前檐装修均为现代门窗。

三进院正房三间，清水脊，合瓦屋面。西侧有耳房一间，过垄脊，合瓦屋面，前檐装修为现代门窗。

现为居民院。

一进院垂花门

东四四条81号

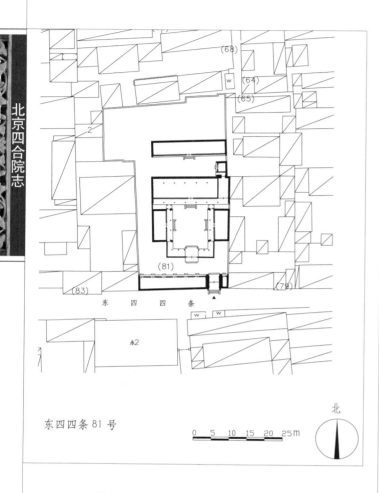

东四四条81号

位于东城区东四街道。该院坐北朝南，现存三进院落。民国时期建筑。

大门位于院落东南隅，广亮大门一间，清水脊，合瓦屋面，脊饰花盘子，檐下绘有

大门

一进院正房

箍头包袱彩画，前檐柱间装饰有雀替，戗檐及墀头处装饰有砖雕，梅花形门簪四枚，红漆

一进院正房彩画

板门两扇，门钹一对，如意形门包叶一副，六棱柱形门墩一对，大门象眼处装饰有砖雕。大门东侧门房一间，过垄脊，合瓦屋面，西侧倒座房四间，后改机瓦屋面，倒座房西侧另接平顶房三间。一进院内原有垂花门及看面墙现已无存。

二进院正房七间，前后廊，清水脊，合瓦屋面，脊饰花盘子，檐下绘有苏式彩画及箍头彩画，除明间部分保存原始隔扇风门装修，各间装修均已改为现代门窗。正房东尽间辟为过道，可通三进院，前后檐保存部分隔扇装修，卧蚕步步锦棂心。东、西厢房各三间，过垄脊，合瓦屋面，前檐装修均已改为现代门窗。

三进院正房七间，后改机瓦屋面，前檐装修为现代门窗。东厢房二间，平顶，檐下带木挂檐板，前檐装修为现代门窗。三进院后还有较大空间，但现存建筑均为新建。

现为居民院。

东四四条83号（明清造币厂）

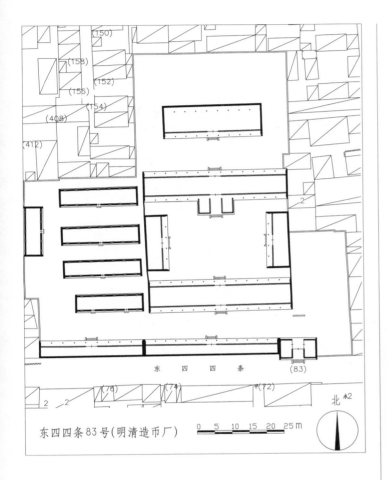

东四四条83号（明清造币厂）

0 5 10 15 20 25m

北

位于东城区东四街道。该院坐北朝南，分东、西两路。清代晚期建筑。

大门为三间一启门形式，披水排山脊，

大门

合瓦屋面，檐下绘有苏式彩画及箍头彩画，梅花形门簪四枚，红漆板门两扇，门板上装饰有门钹一对，门包叶一副，方形门墩一对。大门内一字影壁一座，方砖影壁心。大门西侧倒座房13间，前出廊，过垄脊，后改机瓦屋面，前檐装修已改为现代门窗，封后檐墙。

一进院北房13间，前后出廊，披水排山脊，合瓦屋面，明间辟为过厅可通第二进院，前后檐装修均已改为现代门窗。

第二进院北房13间，前后出廊，披水排山脊，合瓦屋面，明间辟为过厅，前带三间

二进院正房及抱厦

抱厦，硬山顶，过垄脊，合瓦屋面，披水排山脊，前檐装修已改为现代门窗。东、西配房各五间，前出廊，过垄脊，合瓦屋面，前檐装修已改为现代门窗。

三进院北房九间，前出廊，后带廊，过垄脊，合瓦屋面，前檐装修已改为现代门窗。西路北房四排，其中第一排为六间，其余三排为七间，均为合瓦屋面，装修均已改为现代门窗。院落西侧另有平顶房五间。

该院原为明清两代宝泉局东作厂。现为居民院。

东四四条85号

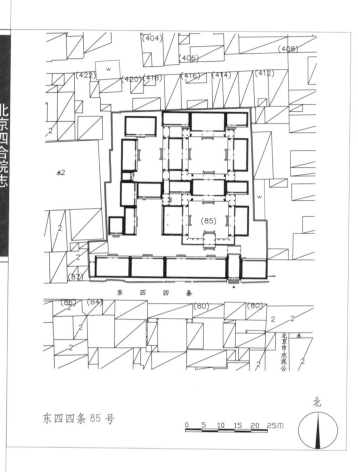

东四四条85号

0 5 10 15 20 25m

北

大门

位于东城区东四街道。该院坐北朝南，东、西两路，三进院落。清代末期至民国时期建筑。

大门位于院落东南隅，原为广亮大门，后改为如意门形式，清水脊，合瓦屋面，脊

饰花盘子，檐下绘箍头彩画，墀头、戗檐及门头均装饰有砖雕。板门两扇，门板门联"敷天箅福，寰海镜清"，门板上装饰有门钹一对，如意形门包叶一副，圆形门墩一对。大门前出如意踏跺五级，两侧有上马石。大门内东墙开门与门房相通，后檐柱间装饰有步步锦倒挂楣子。迎门有一字影壁一座，筒瓦屋面，

大门象眼砖雕

东路二进院正房

东路二进院西厢房彩画

大门内两侧有屏门，铁制仿筒瓦屋面。大门东侧门房二间，西侧倒座房十二间，鞍子脊，合瓦屋面，檐下绘有箍头彩画，前檐多数已改为现代门窗，部分残存原始装修，后檐墙内嵌拴马桩。其中倒座房最西侧一间，原开有门，现已封堵，西侧另开有旁门一间，西洋门形式，平券门，门上装饰有三角山花，现已封堵。东路一进院北侧有一殿一卷式垂花门一座，现已改为机瓦屋面，檐下绘有苏式彩画及箍头彩画，门上梅花形门簪两枚，垂花门两侧接有看面墙。二进院正房三间，前后廊，披水排山脊，合瓦屋面，檐下绘有箍头彩画，前檐已改为现代门窗。正房东、西耳房各二间，过垄脊，合瓦屋面，其中西耳房西侧半间辟为过道，可通三进院。东厢房三间，前出廊，西厢房三间，前出廊，后带廊，均为铃铛排山脊，筒瓦屋面，西厢房檐下绘有箍头包袱彩画，前檐装修已改为现代门窗，院内环以抄手游廊。三进院正房三间，前出廊，铃铛排山脊，筒瓦屋面，前檐装修已改为现代门窗。正房两侧东、西耳房各二间，过垄脊，合瓦屋面。东厢房三间，前出廊，西厢房三间，前后出廊，均为铃铛排山脊，筒瓦屋面，西厢房檐下绘有箍头包袱彩画，前檐装修已改为现代门窗，院内环以抄手游廊。

西路一进院北房五间，现已翻建，北房与倒座房间有平顶廊相连。一进院西侧有北

西侧屏门

房一间，披水排山脊，合瓦屋面。二进院北房二间，平顶，西厢房三间，过垄脊，合瓦屋面。西厢房北侧另有西房三间，过垄脊，合瓦屋面，明间建有气窗。三进院正房三间，过垄脊，合瓦屋面。西厢房三间，过垄脊，合瓦屋面，南侧耳房一间。院内各间房屋装修均已改为现代门窗。

现为居民院。

西路三进院正房

东四五条85号

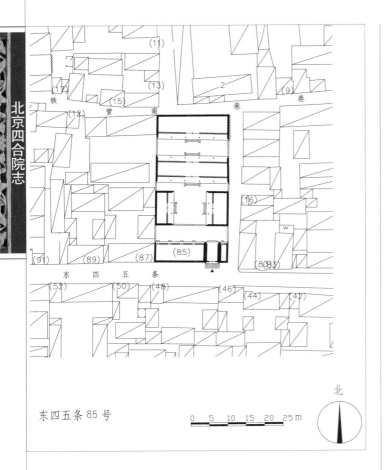

东四五条85号

0 5 10 15 20 25m

北

大门

梅花形门簪两枚，门头海棠池素面栏板装饰。大门东侧门房一间，西侧倒座房四间，过垄脊，合瓦屋面，前檐装修为现代门窗，封后檐墙。院内原有二门，现已拆除。

二进院正房五间为过厅，前后出廊，过垄脊，合瓦屋面，前后檐装修为现代门窗。东、西厢房各三间，前出廊，过垄脊，合瓦屋面，前檐装修为现代门窗。后罩房五间，前出廊，过垄脊，合瓦屋面，前檐装修为现代门窗。

该院曾为一位焦姓商人住宅。

现为居民院。

位于东城区东四街道。该院坐北朝南，三进院落。民国时期建筑。

大门位于院落东南隅，如意大门一间，清水脊，合瓦屋面，脊饰花盘子，博缝头装饰砖雕，双扇红漆板门，饰如意形头门包叶，

大门及倒座房

二进院正房

东四五条91号

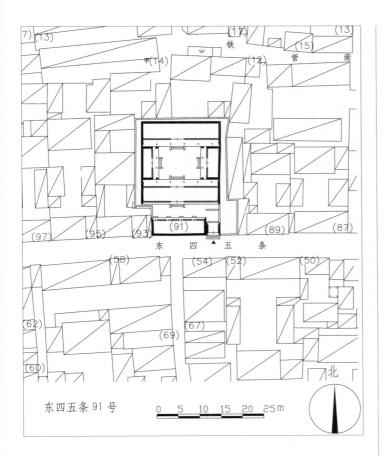

东四五条91号

0 5 10 15 20 25m

大门

位于东城区东四街道。该院坐北朝南，二进院落。民国时期建筑。

大门位于院落东南隅，蛮子大门一间，铃铛排山脊，筒瓦屋面，双扇红漆板门，两侧带余塞板，上饰走马板。一进院大门西侧倒座房四间，为原址翻建。

二进院正房五间半，前出廊，披水排山脊，合瓦屋面，前檐装修为现代门窗。南房五间半，明间为一进院通二进院过道，前出廊，过垄脊，合瓦屋面，前檐装修为现代门窗。东、西厢房各三间，前出廊，过垄脊，合瓦屋面（部分翻机瓦），前檐装修为现代门窗。二进院内各房彼此相连，呈"口"字形。

现为居民院。

二进院正房

东四五条129号

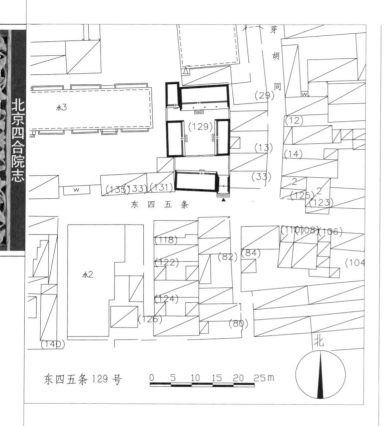

东四五条129号

大门

位于东城区东四街道。该院坐北朝南，二进院落。民国时期建筑。

大门位于院落东南隅，金柱大门一间，过垄脊，合瓦屋面，双扇红漆板门，门钹一对，两侧带余塞板，六角形门簪两枚，上饰走马板，圆形门墩一对，前檐柱间饰雀替，梁架绘箍头彩画，门内后檐柱间饰步步锦棂心倒挂楣子。大门西侧倒座房三间半，过垄脊，合瓦屋面，东侧第二间做夹门窗装修，其余各间采用槛墙、支摘窗，存部分十字方格棂心。门内迎门座山影壁一座，套沙锅套花瓦装饰，抹灰软影壁心，砖砌撞头。院内原有二门，现已拆除。

二进院正房四间，前出廊，平顶屋面，前檐饰素面挂檐板，西侧第二间做夹门窗装修，其余各间采用槛墙、支摘窗，棂心后改。

正房西侧平顶耳房一间，前檐装修为现代门窗。东、西厢房各三间，平顶屋面，前檐饰素面木挂檐板，明间夹门窗，次间槛墙、支摘窗（部分已改），井字玻璃屉棂心。

现为居民院。

西厢房

东四六条3号

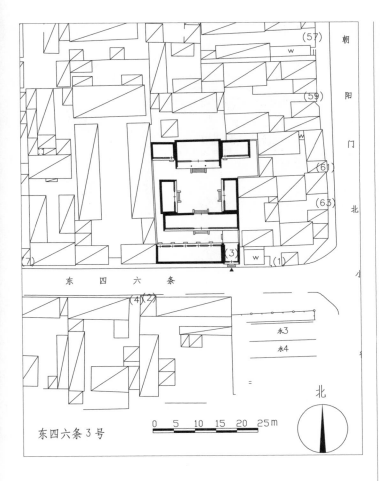

东四六条3号

二进院正房

鞍子脊，合瓦屋面，其东梢间现辟半间门道，双扇红漆板门，前檐装修为现代门窗。

一进院正房五间，明间为门道，清水脊（脊残），合瓦屋面，前檐装修为现代门窗。

二进院正房三间，前出廊，清水脊，合瓦屋面，脊饰花盘子，前檐装修为现代门窗。正房两侧耳房各二间，鞍子脊，合瓦屋面，前檐装修为现代门窗。东、西厢房各三间，鞍子脊，合瓦屋面，前檐装修为现代门窗。

该院曾为中华民国总统徐世昌的住宅。徐世昌（1855—1939），生于河南汲县（今卫辉），清光绪进士。民国七年（1918）10月，由皖系操纵的"安福国会"选为"总统"。民国十一年（1922）第一次直奉战争后，直系获胜，控制了北洋政府。曹锟、吴佩孚幕后操纵老国会指徐世昌总统为非法，迫其在6月2日去职退出政界，居住天津英租界。

现为居民院。

位于东城区东四街道。该院坐北朝南，二进院落。民国时期建筑。

原大门一间，清水脊，合瓦屋面，脊饰花盘子，现已封堵。大门西侧倒座房五间，

大门及倒座房

东四六条13号、石桥东巷18号

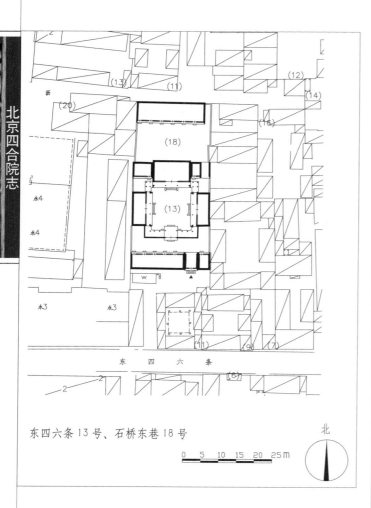

东四六条13号、石桥东巷18号

0 5 10 15 20 25m

北

二进院正房

双扇板门遗失，两侧带余塞板，梅花形门簪两枚，前檐装饰垂莲柱头，檐檩绘苏式彩画，后檐花板装饰现已遗失。

二进院正房三间，前出廊，清水脊，合瓦屋面，脊饰花盘子，前檐装修为现代门窗。正房两侧耳房各二间，过垄脊，合瓦屋面，其东耳房东侧一间为门道，翻机瓦屋面，装修均为现代门窗。东、西厢房各三间，前出廊，过垄脊，合瓦屋面，前檐装修为现代门窗。院内各房与垂花门间原有游廊相连，现已拆除。

三进院（石桥东巷18号院）后罩房六间，已翻机瓦屋面，前檐装修为现代门窗。

现为居民院。

位于东城区东四街道。该院坐北朝南，三进院落。清代末期建筑。

大门位于院落东南隅，如意大门一间，清水脊，合瓦屋面，脊饰花盘子，双扇板门，装饰如意头形门包叶，梅花形门簪两枚，门头套沙锅套花瓦装饰。方形门墩一对，门前出如意踏跺三级。大门东侧门房一间，西侧倒座房五间，已翻机瓦屋面，墙体改红机砖砌筑，前檐装修为现代门窗。

一进院有一殿式垂花门一座，筒瓦屋面，

13号院二门垂莲柱头

石桥东巷18号院后罩房侧立面

东四六条19号

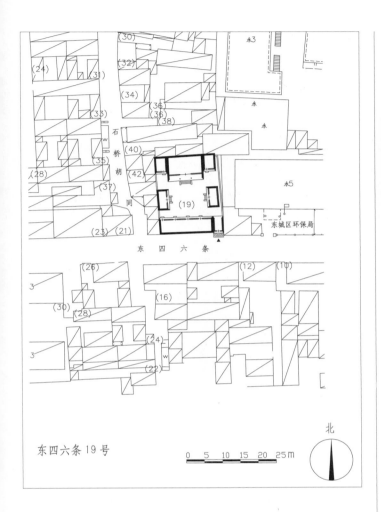

东四六条19号

大门

倒座房四间，鞍子脊，合瓦屋面，前檐装修为现代门窗，冰盘檐封后檐墙。院内正房三间，前出廊，清水脊，合瓦屋面，脊饰花盘子，前檐装修为现代门窗。正房两侧耳房各一间，其东耳房已拆改，西耳房鞍子脊，合瓦屋面。东厢房三间，原址翻建，机瓦屋面，前檐装修为现代门窗。西厢房三间，鞍子脊，合瓦屋面，前檐装修为现代门窗。

现为居民院。

位于东城区东四街道。该院坐北朝南，一进院落。民国时期建筑。

大门位于院落东南隅，如意大门一间，清水脊，合瓦屋面，脊饰花盘子，戗檐及博缝头装饰砖雕，双扇红漆板门，门钹一对，门联书"忠厚传家久，诗书继世长"。门头做砖雕栏板装饰，方形门墩一对。大门西侧

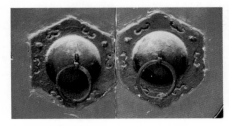

门钹一对

大门西侧博缝头砖雕

东四六条22号

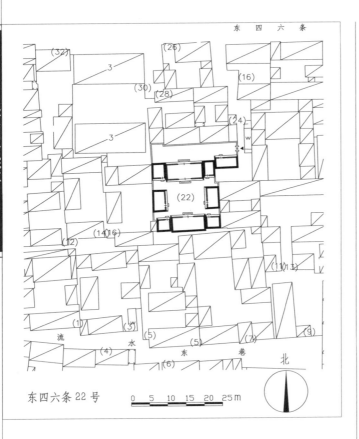

东四六条22号

北京四合院志

大门

二进院东厢房

位于东城区东四街道。该院坐南朝北，二进院落。民国时期建筑。

大门位于院落西北隅，平顶小门楼一座，东向，双扇红漆板门，梅花形门簪两枚，门头沙锅套花瓦装饰。

一进院东侧南房二间，合瓦屋面，西侧间辟门，东侧为窗，前檐装修为现代门窗。

二进院北房三间，鞍子脊，合瓦屋面，明间为过道，前檐装修为现代门窗。北房两侧耳房各一间，现已翻建。南房三间，鞍子脊，合瓦屋面，前檐装修为现代门窗。南房两侧耳房各一间，鞍子脊，合瓦屋面，前檐装修为现代门窗。东、西厢房各二间，鞍子脊，合瓦屋面，其东厢房已翻机瓦屋面，前檐装修为现代门窗。

现为居民院。

东四六条42号

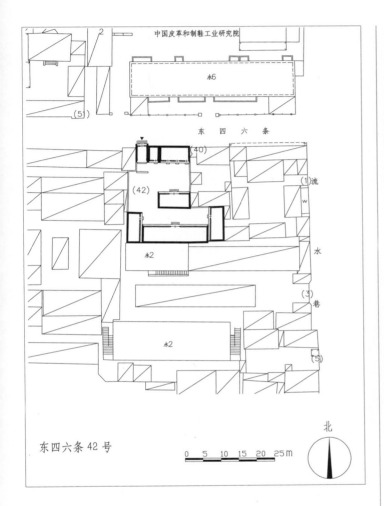

东四六条42号

0 5 10 15 20 25 M

北

一进院南房

二进院南房

位于东城区东四街道。该院坐南朝北，二进院落。民国时期建筑。

大门位于院落西北隅，北向，如意门一间，清水脊，合瓦屋面，脊饰花盘子，双扇红漆板门，梅花形门簪两枚，门楣做万不断雕刻装饰，其上为砖雕栏板，素面方形门墩一对。大门东侧门房一间，翻机瓦屋面。再东接北房三间，清水脊，合瓦屋面，前檐装修为现代门窗。门内迎门一字影壁一座，硬山顶，筒瓦屋面，方砖硬影壁心。

一进院南房三间，过垄脊，合瓦屋面，前檐装修为现代门窗。

二进院南房七间，过垄脊，合瓦屋面，前檐装修为现代门窗。东厢房三间，过垄脊，合瓦屋面，前檐装修为现代门窗。西厢房两间半，过垄脊，合瓦屋面，前檐装修为现代门窗。二进院南房前还有古树两株，均为枣树。

现为居民院。

东四六条44号

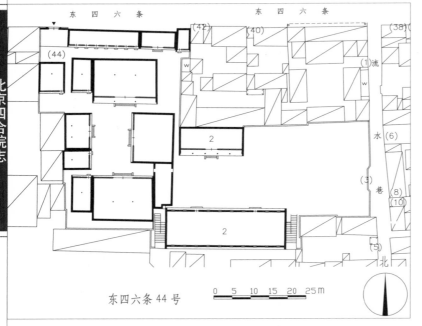

东四六条44号

0 5 10 15 20 25m

北

位于东城区东四街道。该院坐北朝南，二进院落，带东跨院一座。民国时期建筑。

大门位于院落西北隅，北向，西洋式大门一座，拱券门装修，双扇红漆板门。大门东侧北房七间，东侧再接北房三间，带东耳房一间，共十一间，均已翻机瓦屋面，前檐装修为现代门窗。

二进院北房三间，两卷勾连搭式建筑，前出廊，过垄脊，合瓦屋面，前檐装修为现代门窗。北房西侧两卷勾连搭耳房一栋，二间，过垄脊，合瓦屋面，前檐装修为现代门窗。南房三间，勾连搭式建筑，过垄脊，合瓦屋面，前檐装修为现代门窗。西接平顶耳房二间，两卷勾连搭建筑，前檐装修为现代门窗。西耳房西侧有两卷勾连搭房一栋，二间，坐北朝南，墙体改红机砖砌筑，前檐装修为现代门窗。东房三间，平顶建筑，前檐装修为现代门窗。西房三间，两卷勾连搭建筑，过垄脊，合瓦屋面，前檐装修为现代门窗。南接平顶耳房二间，两卷勾连搭建筑，前檐装修为现代门窗。南房与东房间为一座砖砌建筑，平顶，辟一间通东跨院。东跨院内北侧二层楼建筑一栋，五间，前出廊，过垄脊，筒瓦屋面，柱间装饰倒挂楣子，前檐装修为现代门窗。南侧为二层楼房一栋，十间，两侧做楼梯通二层，一层东西第三间辟门，新式装修。

现为居民院。

大门外景

东跨院北侧二层楼房的一层前檐装修

554

东四六条58号、铁营北巷26号

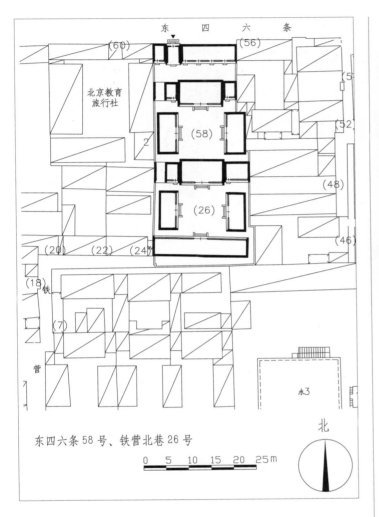

东四六条58号、铁营北巷26号

0　5　10　15　20　25m

北

58号院大门

位于东城区东四街道。该院坐北朝南，三进院落。清代末期建筑。

大门位于院落西北隅，北向，如意大门一间，清水脊，合瓦屋面，脊饰花盘子，戗檐装饰砖雕，双扇红漆板门，梅花形门簪两枚，方形门墩一对，后檐柱间装饰卧蚕步步锦棂心倒挂楣子。大门西侧门房一间，东侧北房四间，过垄脊，合瓦屋面，前檐装修为现代门窗。

二进院正房（北房）三间，过垄脊，合瓦屋面，前檐装修为现代门窗。正房东接耳房一间，过垄脊，合瓦屋面，前檐装修为现

代门窗。西接耳房二间，过垄脊，合瓦屋面，其西间为过道，象眼处雕刻图案，前檐装修为现代门窗。东、西厢房各三间，过垄脊，合瓦屋面，前檐装修为现代门窗。

三进院正房（北房）三间。正房两侧耳房各二间，西耳房西次间为过道。南房五间，已翻改。东、西厢房各三间。三进院内各房均已翻机瓦屋面，前檐装修均为现代门窗。

现为居民院。

二进院北房西侧耳房

东四六条61号

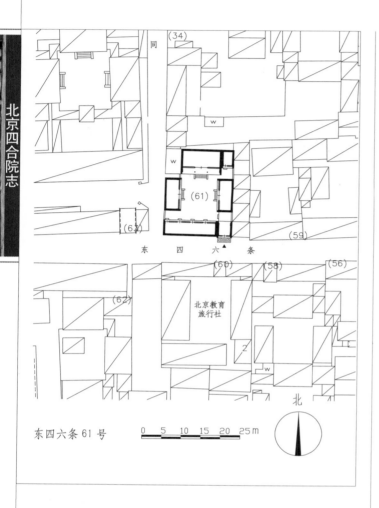

东四六条61号　　0　5　10　15　20　25m

大门

方形门墩一对，前出踏跺三级，门内象眼处装饰雕刻，后檐柱间饰步步锦棂心倒挂楣子及花牙子。大门西侧倒座房四间，过垄脊，合瓦屋面，前檐装修为现代门窗。院内正房三间，前出廊，鞍子脊，合瓦屋面，博缝头装饰砖雕，前檐装修为现代门窗。东接耳房一间，已翻机瓦屋面，前檐装修为现代门窗。东、西厢房各三间，鞍子脊，合瓦屋面，博缝头装饰砖雕，前檐装修为现代门窗。

现为居民院。

位于东城区东四街道。该院坐北朝南，一进院落。民国时期建筑。

大门位于院落东南隅，如意大门一间，清水脊，合瓦屋面，脊饰花盘子，戗檐及博缝头装饰砖雕，门楣砖雕装饰，门楣栏板均装饰砖雕，梅花形门簪两枚，双扇红漆板门，葫芦形门包叶，门钹一对，

门包叶

象眼雕刻

东四六条77号

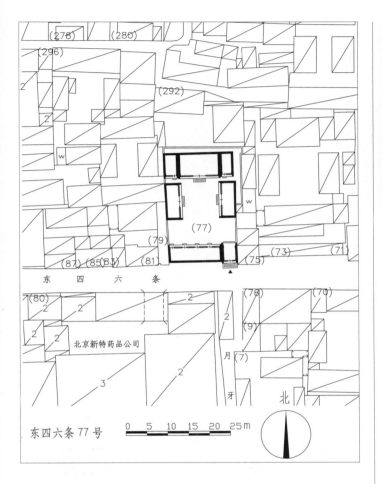

东四六条77号

正房

门，梅花形门簪两枚，门内象眼装饰刻花图案，后檐饰步步锦棂心倒挂楣子及花牙子。大门西接倒座房四间，鞍子脊，合瓦屋面，前檐装修为现代门窗。院内正房三间，清水脊，合瓦屋面，脊饰花盘子，前檐装修为现代门窗。正房两侧耳房各一间，已翻机瓦屋面，前檐装修为现代门窗。东、西厢房各三间，过垄脊，合瓦屋面，其东厢房已翻机瓦屋面，前檐装修为现代门窗。

现为居民院。

位于东城区东四街道。该院坐北朝南，一进院落。清代末期建筑。

大门位于院落东南隅，如意门一间，清水脊，合瓦屋面，脊饰花盘子，双扇红漆板

象眼砖雕局部

东厢房

东四七条15号

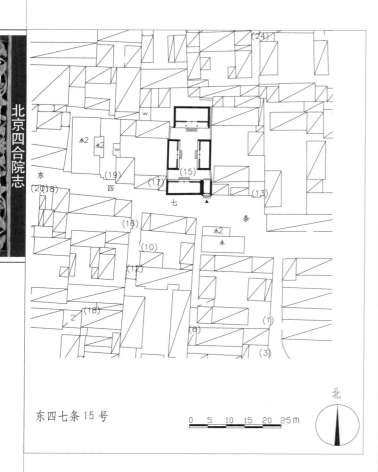

东四七条15号

北

0 5 10 15 20 25m

大门

正房

位于东城区东四街道。该院坐北朝南，一进院落。民国时期建筑。

大门位于院落东南隅，如意大门一间，清水脊，合瓦屋面，脊饰花盘子，双扇红漆板门，门内抹灰软心邸门做法，后檐柱间装饰步步锦棂心倒挂楣子。大门西接倒座房三间，已翻机瓦屋面，前檐装修为现代门窗。院内正房三间，前出廊，清水脊，合瓦屋面，脊饰花盘子，前檐装修为现代门窗。东、西厢房各三间，过垄脊，合瓦屋面，前檐装修为现代门窗。

现为居民院。

东四七条61号

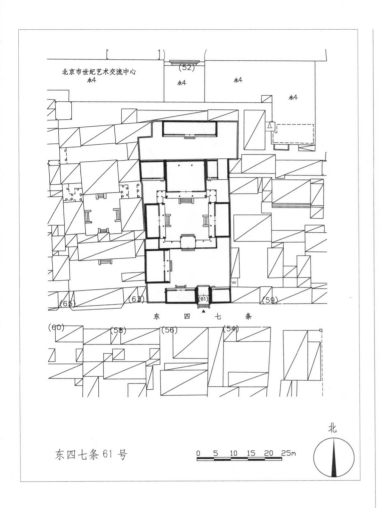

东四七条61号   0 5 10 15 20 25m

二门

位于东城区东四街道。该院坐北朝南，三进院落。清代末期建筑。

大门位于院落南侧偏东，广亮大门一间，

大门及倒座房

清水脊，合瓦屋面，脊饰花盘子，双扇红漆板门，梅花形门簪四枚，雕刻花卉图案。大门西侧倒座房三间，已翻机瓦屋面，东侧二间，清水脊，合瓦屋面，前檐装修均为现代门窗。

一进院西配房三间，前出廊，过垄脊，合瓦屋面，山墙已翻红机砖砌筑，前檐装修为现代门窗。一进院北侧单卷垂花门一座，悬山顶，已翻机瓦屋面，门扇遗失，两侧带余塞板，梅花形门簪四枚，方形门墩一对，如意踏跺四级。

二进院正房三间，前后廊，已翻机瓦屋面，东、西山墙改为红机砖砌筑，前檐装修为现代门窗。正房两侧各带耳房二间，已翻机瓦屋面，装修均为现代门窗，其东耳房东

一进院西房

一间为门道，檐柱间装饰步步锦棂心倒挂楣子。东、西厢房各三间，前出廊，已翻机瓦屋面，前檐装修为现代门窗。院内各房与垂花门间有游廊环绕，已翻机瓦屋面，梅花方柱，柱间装饰步步锦棂心倒挂楣子。

三进院后罩房五间，已翻机瓦屋面，前檐装修为现代门窗。

二门东侧游廊

该院曾为清代超勇公海兰察住宅的一部分，据《宸垣识略》记载，御前大臣、一等超勇公海兰察府第在东四牌楼北七条胡同①。海兰察（1740—1793）是个从士兵到将军的英雄人物，他原是东北海拉尔河畔的鄂温克族猎手，清乾隆二十年（1755）被征为骑兵赴准噶尔平叛，首战即生擒叛军酋长，获得"巴图鲁"封号，意为"英雄"。海兰察相继参加过征讨金川、平定台湾、收复西藏等多次战役，晋封为超勇公，由皇帝赐第居住在东四七条胡同的公爵府。乾隆五十八年（1793），海兰察从西藏返回北京后，患病逝于东四七条府中，乾隆皇帝破格批准他入祀只限于阵亡将领才能入祀的昭忠祠。清代的中南海紫光阁是陈列功臣画像的功臣阁，海兰察的画像曾四次入陈紫光阁。现在海兰察的故乡海拉尔市鄂温克博物馆，还立有他的戎装骑马大型塑像。

现为居民院。

560

---

①[清]吴长元：《宸垣识略》，北京古籍出版社，106页。

东四七条63号

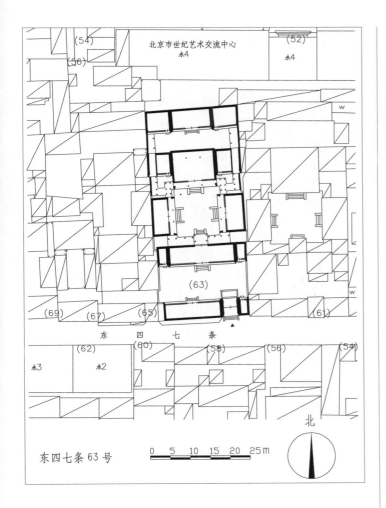

东四七条63号

大门及倒座房

位于东城区东四街道。该院坐北朝南，三进院落。清代末期建筑。

大门位于院落东南隅，广亮大门一间，已翻机瓦屋面，双扇红漆板门，门钹一对，两侧带余塞板，梅花形门簪四枚，圆形门墩一对，门后檐柱装饰雀替及箍头彩画，戗檐装饰砖雕。大门东侧门房一间。西接倒座房五间，均已翻机瓦屋面，前檐装修为现代门窗。门内迎门一字影壁一座，硬山筒瓦顶，方砖硬影壁心。两侧各有砖砌传统平顶屏门一座，门头沙锅套花瓦装饰，其东侧屏门已封堵。一进院正房五间，已翻机瓦屋面，明间为过道，前檐装修为现代门窗。两侧各接耳房一间，已翻机瓦屋面，前檐装修为现代门窗。

二进院正房三间，前后廊，铃铛排山脊，合瓦屋面，梁架绘箍头彩画，明间出垂带踏跺五级，前檐装修为现代门窗。正房两侧耳房各二间，披水排山脊，合瓦屋面，前檐装修为现代门窗，其东、西耳房外侧间为过道。东、西厢房各三间，前出廊，铃铛排山脊，合瓦屋面，前檐装修为现代门窗。院内各房均由四檩卷棚游廊相连，过垄脊，筒瓦屋面，梅花形方柱，柱间装饰步步锦棂心倒挂楣子。

三进院后罩房三间，清水脊，合瓦屋面，脊饰花盘子，前檐装修为现代门窗。后罩房两侧耳房各二间，清水脊，合瓦屋面，脊饰花盘子，前檐装修为现代门窗。院内两侧原有游廊，现已拆除。

现为居民院。

东四七条65号

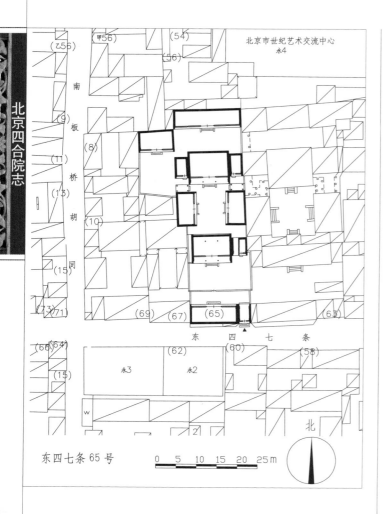

东四七条65号

0 5 10 15 20 25m

北

二进院正房

位于东城区东四街道。该院坐北朝南，四进院落。民国时期建筑。

大门位于院落东南隅，如意门一间，清水脊，合瓦屋面，脊饰花盘子，双扇红漆板门，装饰如意形门包叶，梅花形门簪两枚，刻吉祥字样。大门西接倒座房三间，清水脊，合瓦屋面，脊饰花盘子，前檐装修为现代门窗，老檐出后檐墙。一进院北侧有屏门式二门一座，机瓦屋面，门板已失。

二进院正房三间，前后廊，清水脊，合瓦屋面，脊饰花盘子，金柱位置保存有局部支摘窗装修。正房东接耳房一间，清水脊，合瓦屋面，脊饰花盘子，其西侧半间为过道，

檐柱间装饰卧蚕步步锦棂心倒挂楣子。

三进院正房三间，前出廊，清水脊，合瓦屋面，脊饰花盘子，戗檐装饰砖雕，金柱位置保存卧蚕步步锦棂心横披窗装修。正房两侧耳房各一间，过垄脊，合瓦屋面，前檐装修为现代门窗。东厢房三间，已翻机瓦屋面，西厢房三间，过垄脊，合瓦屋面，北接平顶廊，前檐装修为现代门窗。

四进院后罩房五间，已翻机瓦屋面，前檐装修为现代门窗。西跨院内北房三间，过垄脊，合瓦屋面，原为书房，前檐装修为现代门窗。

现为居民院。

东四七条69号

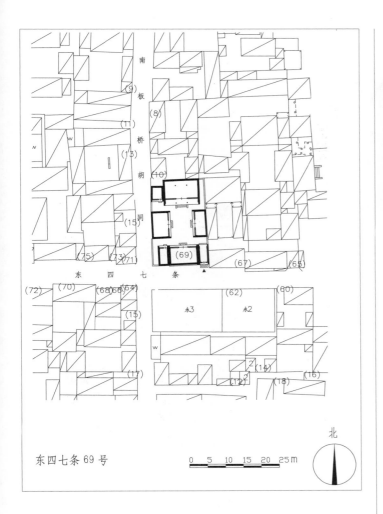

东四七条69号

北

正房

水脊，合瓦屋面，脊饰花盘子，双扇红漆板门，门钹一对，门楣砖雕装饰，方形门墩一对，门内原有花砖地面。大门西侧倒座房三间，倒座房西侧带耳房一间，均为鞍子脊，合瓦屋面，老檐出后檐墙，前檐保存隔扇风门和支摘窗装修。院内正房三间，前后廊，鞍子脊，合瓦屋面，前檐装修为现代门窗。正房西侧耳房一间，已翻机瓦屋面，前檐装修为现代门窗。东、西厢房各三间，过垄脊，合瓦屋面，前檐装修为现代门窗。

现为居民院。

位于东城区东四街道。该院坐北朝南，一进院落。民国时期建筑。

大门位于院落东南隅，如意门一间，清

大门及倒座房

第二篇

东城区四合院

东四七条77号、79号

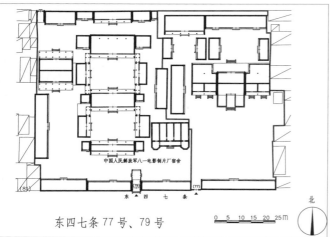

东四七条77号、79号

位于东城区东四街道。该院坐北朝南，三进院落，面积近2000平方米，由前院、后院和西院三组院落组成，分为东西两组建筑。清代建筑。

77号院原大门已毁，后改随墙门一座。倒座房八间，现已翻建。一进院庭院开阔，正向建有正房、耳房，建筑高大。正房一座，建于台基之上，三间，进深二间，歇山顶，过垄脊，灰筒瓦屋面，铃铛排山。明间吞廊，前出抱厦三间，灰筒瓦卷棚顶屋面，抱厦前排采用梅花方柱。主体建筑木构架均施以彩绘，除天花以上还部分保存以外，露明部分已全部损毁。明间前出垂带踏跺五级，前檐装修为现代门窗。东、西耳房各二间，建于

77号院大门及倒座房

高大的台基之上，过垄脊，灰筒瓦屋面，西耳房前坡屋面后改机瓦，两卷勾连搭。前檐装修为现代门窗。现在，一进院庭院正中建有20世纪60年代所建二层楼房一栋。

后院由南房，东、西耳房，东、西厢房，后罩房组成。南房建于高台之上。三间，进深二间（与一进院正房互为前后坡），歇山顶，过垄脊，灰筒瓦屋面，铃铛排山。主体建筑木构架均施以彩绘，除天花以上还部分保存以外，露明部分已全部损毁。明间前出垂带踏跺三级，前檐装修为现代门窗。东、西耳房各

77号院二进院正房

二间，建于高大的台基之上。过垄脊，灰筒瓦屋面，两卷勾连搭（与一进院耳房互为前后坡），前檐装修为现代门窗。东、西厢房各三间，原过垄脊，合瓦屋面后改机瓦屋面，前檐装修为现代门窗。

后罩房九间，原过垄脊，合瓦屋面后改机瓦屋面，前檐装修为现代门窗。西院由正房，东、西厢房组成。正房一座，五间，原过垄脊，合瓦屋面后改机瓦屋面，前檐装修为现代门窗。东、西厢房各三间，原过垄脊，合瓦屋面后改机瓦屋面，前檐装修为现代门窗。

77号院房屋形体高大，建筑等级较高，主体建筑做法讲究，墙体采用城砖、丝缝砌

筑方法，虽建成近百年，墙体外观依旧完好如初。

79号院由东、中、西三路建筑组成。金柱大门一间，清水脊，合瓦屋面。戗檐饰高浮雕狮子图案，博缝头雕万事如意雕饰。红漆板门两扇，圆鼓形门墩两个，门框正中六角形门簪四个，上书福禄吉祥。木构五架梁，梁架施以苏式彩绘，柱间带雀替。大门正面建有垂带踏跺三级。倒座房

79号院大门

十间，清水脊，合瓦屋面，前檐装修为现代门窗。大门正对大式青砖硬山一字影壁，灰筒瓦，砖檐为冰盘檐做法，檐下饰连珠雕饰，砖博缝。普通砖下碱，素面软心，两侧带撞头。门内两侧原建有屏门一道，现已损毁。

中路建筑为该院的主体建筑，共为四进。一进院正房一座，五间，清水脊灰筒瓦屋面。前后廊，明间为穿堂门，前后出垂带踏跺三级。明间隔扇门四扇，步步锦棂心装修。次、梢间槛墙，玻璃屉子，步步锦棂心。东、西耳房各一间，过垄脊，灰筒瓦屋面，前檐装修为现代门窗。

二进院正房一座，五间，过垄脊，灰筒瓦屋面，排山勾滴。前后廊，明间为穿堂门，前后出垂带踏跺三级。廊心墙饰花卉砖雕，戗檐饰高浮雕狮子图案。梁架绘以箍头彩画。明间隔扇门四扇，步步锦棂心装修。次、梢间槛墙，玻璃屉子，步步锦棂心。东、西耳房各一间，过垄脊，灰筒瓦屋面，前檐装修为现代门窗。东、西厢房各三间，过垄脊，

合瓦屋面，排山勾滴。前出廊，梁架绘以苏式彩画。前檐装修为现代门窗。

三进院正房一座，五间，过垄脊，灰筒瓦屋面，排山勾滴。前后廊，廊心墙饰花卉砖雕，戗檐饰高浮雕狮子图案。梁架绘以箍头彩画。槛窗风门，明间出垂带踏跺三级。东、西耳房各二间，过垄脊，灰筒瓦屋面，前檐装修为现代门窗。东、西厢房各三间，过垄脊，灰筒瓦屋面，排山勾滴。前出廊，梁架绘以苏式彩画。前檐装修为现代门窗。

四进院正房一座，五间，带前廊，清水脊，合瓦屋面。槛窗风门，明间出垂带踏跺三级。东、西耳房各三间，过垄脊，合瓦屋面，前檐装修为现代门窗。

东路建筑共有二进院落。第一进院由倒座房和西式建筑组成。倒座房七间，清水脊，合瓦屋面。前檐装修为现代门窗。庭院正中建有西式建筑一座，平面呈不规则的"U"字形。第二进院东房一座，五间，过垄脊，原合瓦屋面后改机瓦。前檐装修为现代门窗。

西路建筑共有二进院落。第一进院由正房和西厢房组成。正房一座，五间，过垄脊，合瓦屋面，排山勾滴，勾连搭形式。前接平顶廊，明间出垂带踏跺三级。前檐装修为现代门窗。西厢房一座，九间，过垄脊，灰梗

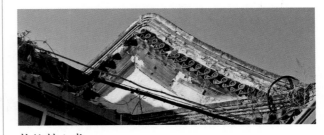

铃铛排山脊

筒瓦屋面

79号院大门与倒座房清水脊花盘子

顶屋面。前檐装修为现代门窗。厢耳房一间，已翻建。第二进院由正房和南房组成。正房一座，五间，过垄脊，合瓦屋面。前檐装修为现代门窗。西耳房一间，过垄脊，合瓦屋面。前檐装修为现代门窗。南房一座，五间，过垄脊，合瓦屋面，排山勾滴，勾连搭形式（与一进院正房互为前后坡）。前接平顶廊，明间出垂带踏跺三级。前檐装修为现代门窗。

79号院平面布局清晰完整，每进院落建筑整齐，主体建筑做法讲究。东路中西结合的建筑艺术风格，以及院内建筑中精美的石雕、木雕、砖雕展示了其独特的文化价值和美学价值。

这座院落清代时为辅国公载灿府、辅国公溥钊府。同治五年（1866），愉郡王的后裔载灿承袭了辅国公。载灿最初住在龙头井的愉郡王府，同治十年（1871）十二月初四，军机大臣奉旨，将载灿的府第赏给贝勒载滢居住，将东四七条官房赏给载灿居住。于是载灿一家就搬到了东四七条的灿公府。载灿有个独生女儿，自幼不爱女红，却喜欢骑射，平时还爱穿着男子装束。光绪十二年（1886）十二月，额驸景寿的第四个儿子志钧过继给春福为嗣，承袭承恩公的爵位，搬到东四七条的春公府居住。灿公府与春公府两家邻居，交往频繁。光绪二十四年（1898），载灿的独生女儿嫁给了志钧，成为志钧的嫡夫人，并演绎出一段爱情故事，成为街巷里的一段佳话。

20世纪20年代，该院落被山西阎锡山重金所购，成为阎锡山在北京的别馆。阎锡山（1883—1960），字百川、伯川，号龙池，山西五台人，日本陆军士官学校第六期毕业生，清朝陆军步兵科举人，组织与领导了太原辛亥起义。民国时期，历任山西省都督、督军、省长、北方国民革命军总司令、太原绥靖公署主任、第二战区司令长官、山西省政府主席、国民政府行政院院长、国防部部长。一级上将。新中国成立前夕去台湾，病逝台北，从辛亥革命开始统治山西达38年之久。

77号院为原办公区域，79号院为原生活区域。

该院抗战时期一度成为日军的高级会社。东四七条79号院还在一段时间内成了山西大学的临时校舍。据山西大学教育系教授侯怀银介绍，民国三十七年（1948）5月，随着晋中战役的推进，太原陷入解放军强大的包围之中。山西大学广大师生积极响应，离开太原，迁校北平。教育系和全校各院系同学历经艰辛，来到了北平。在到达北平之初，临时搬进东四七条阎锡山公馆，作为山西大学的临时校舍。山大迁委会在79号院里发表了《告各界同胞书》和《告全国同学书》[①]。

中华人民共和国成立后，此院子一分为二，77号院成为北京市城建第五公司宿舍，原有建筑格局尚存，主体建筑基本完整，院内私建违章建筑现象十分严重。79号院成了八一电影制片厂的干部宿舍，冯德英（《苦菜花》作者）、刘江（《闪闪的红星》里胡汉三的扮演者）等很多文艺界人士都先后在此居住过。

---

① 《国立山西大学文学院教育学系史》（1945—1949）

东四七条83号

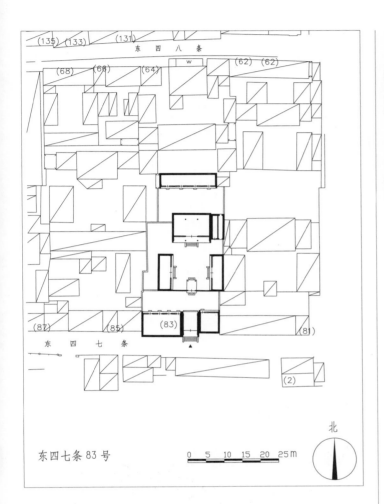

东四七条83号

北

大门

瓦屋面，脊饰花盘子，前檐装修为现代门窗。正房东接耳房一间，为西洋式平顶建筑，东半间辟为过道，西半间拱券门装修。东厢房三间，清水脊，合瓦屋面，前檐装修为现代门窗。西厢房三间，鞍子脊，合瓦屋面，博缝头装饰砖雕，前檐装修为现代门窗。

三进院有后罩房四间，已翻机瓦屋面，前檐装修为现代门窗。

现为居民院。

位于东城区东四街道。该院坐北朝南，三进院落。民国时期建筑。

大门位于院落南侧偏东，东南角金柱大门一间，鞍子脊，合瓦屋面，双扇红漆板门，两侧带余塞板，梅花形门簪四枚，方形门墩一对，门内后檐柱间装饰工字卧蚕步步锦棂心倒挂楣子。大门东侧倒座房二间，已翻机瓦屋面，西侧倒座房四间，鞍子脊，合瓦屋面，前檐装修为现代门窗。

一进院北侧二门一座，已翻机瓦屋面，双扇门板已失，砖雕门簪两枚，门内两侧装饰盘长如意倒挂楣子。

二进院正房三间，前后廊，清水脊，合

正房

第二篇

东城区四合院

东四七条85号

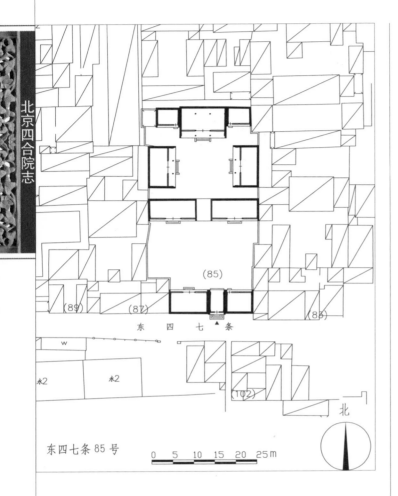

东四七条85号

位于东城区东四街道。该院坐北朝南，二进院落。民国时期建筑。

大门位于院落南端中部偏东，如意大门一间，清水脊，合瓦屋面，脊饰花盘子，戗

大门及倒座房

檐及博缝头装饰花卉砖雕，双扇红漆板门，梅花形门簪两枚，门头套沙锅套花瓦装饰。大门东接倒座房二间，西接倒座房三间，均为鞍子脊，合瓦屋面，前檐装修为现代门窗，封后檐墙。

一进院正房七间，鞍子脊，合瓦屋面，明间为门道，前檐装修为现代门窗。

二进院正房三间，前后廊，鞍子脊，合瓦屋面，前檐装修为现代门窗。正房两侧各接耳房二间，鞍子脊，合瓦屋面，前檐装修为现代门窗。东、西厢房各三间，前出廊，其中西厢房为皮条脊，合瓦屋面，东厢房后改机瓦屋面，前檐装修为现代门窗。

现为居民院。

二进院正房

东四七条92号

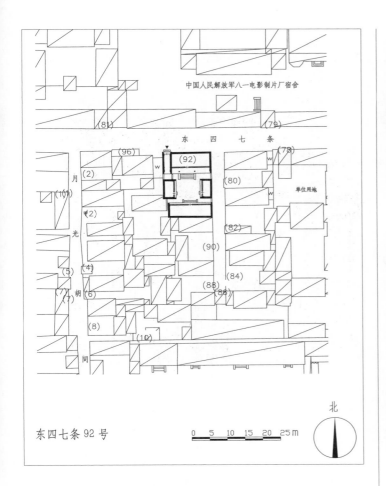

东四七条 92 号

大门

位于东城区东四街道。该院坐北朝南，一进院落。民国时期建筑。

大门位于院落西北隅，北向，窄大门半间，与北房连为一体，只是砌出墙腿子，清水脊，合瓦屋面，脊饰花盘子，戗檐及博缝头装饰砖雕，墀头饰花篮砖雕，双扇红漆板门，装饰如意头门包叶，门钹一对，两侧带余塞板，方形门墩一对，门内走马板绘风景彩画，后檐装饰盘长如意倒挂楣子，传统方砖地面。大门东侧北房（正房）二间半，前出廊，清水脊，合瓦屋面，脊饰花盘子，明间夹门窗，次间支摘窗，棂心后改，上饰步步锦棂心横披窗。南房三间，鞍子脊，合瓦屋面，为原址翻建，前檐装修为现代门窗。东、

西厢房各二间，其东厢房为原址翻建，西厢房过垄脊，合瓦屋面，前檐装修为现代门窗。

现为居民院。

北房

东四八条18号

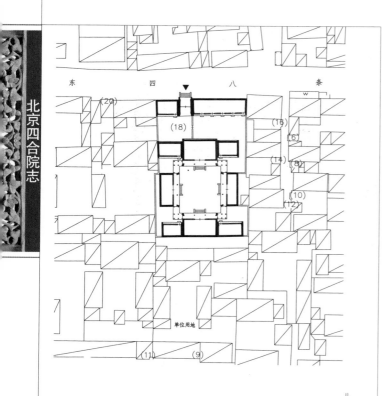

东四八条18号

0 5 10 15 20 25m

北

二进院南房

位于东城区东四街道。该院坐南朝北，二进院落。清代末期建筑。

大门位于院落北侧偏西，北向，广亮大

大门及倒座房

门一间，清水脊，合瓦屋面，脊饰花盘子，双扇红漆板门，两侧带余塞板，梅花形门簪四枚，上为走马板，方形门墩一对，门外垂带踏跺六级，门内后檐柱间装饰卧蚕步步锦棂心倒挂楣子。大门东侧北房五间，西侧北房二间，清水脊，合瓦屋面，脊饰花盘子。一进院原有屏门一座，现已拆除（仅存方形门墩一对）。

二进院北房三间，前出廊，清水脊，合瓦屋面，脊饰花盘子。两侧各接耳房二间，清水脊，合瓦屋面，脊饰花盘子。南房（正房）三间，前出廊，清水脊，合瓦屋面，脊饰花盘子。两侧各接耳房二间，清水脊，合瓦屋面，脊饰花盘子。东、西厢房各三间，前出廊，清水脊，合瓦屋面，脊饰花盘子。院内各房原有游廊相连，现已无存，房屋前檐装修为现代门窗。

现为居民院。

东四八条19号

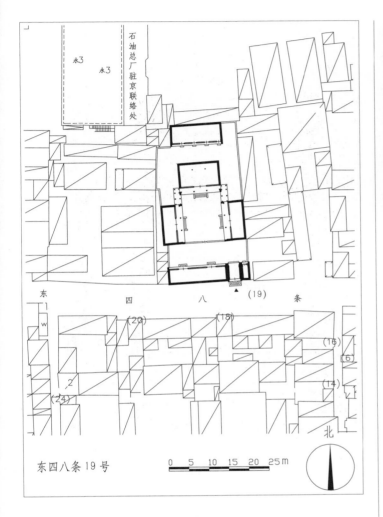

东四八条19号

二进院正房

扇红漆板门，装饰如意头形门包叶，两侧带余塞板，梅花形门簪两枚，方形门墩一对，如意踏跺五级，门内地面方砖墁地。大门东接门房一间，西接倒座房六间，均为过垄脊，合瓦屋面。院内原有二门，现已拆除。

二进院正房三间，前后廊，清水脊，合瓦屋面，脊饰花盘子，前檐装修为现代门窗。东、西厢房各三间，前出廊，清水脊，合瓦屋面，脊饰花盘子，前檐装修为现代门窗。院内各房原有游廊环绕，现已拆改。

三进院后罩房四间，已翻机瓦屋面。

现为居民院。

大门

位于东城区东四街道。该院坐北朝南，三进院落。民国时期建筑。

大门位于院落东南隅，蛮子大门一间，清水脊，合瓦屋面，脊饰花盘子，双

二进院东厢房

东四八条20号

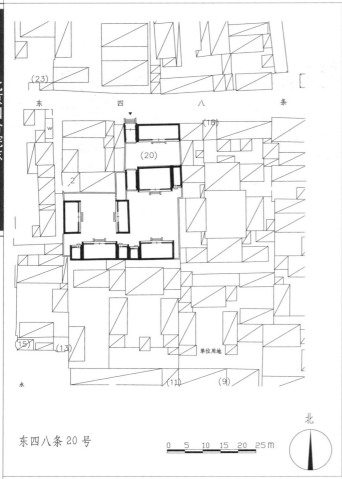

东四八条20号

0 5 10 15 20 25m

北

二进院西厢房座山影壁

位于东城区东四街道。该院坐北朝南，二进院落。民国时期建筑。

大门位于院落西北隅，金柱大门一间，北向，后改机瓦屋面，双扇红漆板门，梅花形门簪两枚，前檐柱间饰雀替，方形门墩一对，门外出垂带踏跺六级，门内后檐柱间装饰卧蚕步步锦棂心倒挂楣子。大门东接北房三间，已翻机瓦屋面，前檐装修为现代门窗。

二进院北房三间，清水脊，合瓦屋面，脊饰花盘子，墙体丝缝砌法，前檐装修为现代门窗。正房两侧各带耳房一间，过垄脊，合瓦屋面，其西耳房为过道，后檐柱间饰步

步锦棂心倒挂楣子。南房三间，清水脊，合瓦屋面，脊饰花盘子，前檐装修为现代门窗。南房西接耳房一间，已拆改。西跨院南房三间，灰梗屋面，前檐装修为现代门窗，两侧耳房各一间，已拆改。东厢房三间，灰梗屋面。西厢房三间，机瓦屋面。主院与跨院间有门相连，门头饰沙锅套花瓦装饰。

现为居民院。

东四八条25号

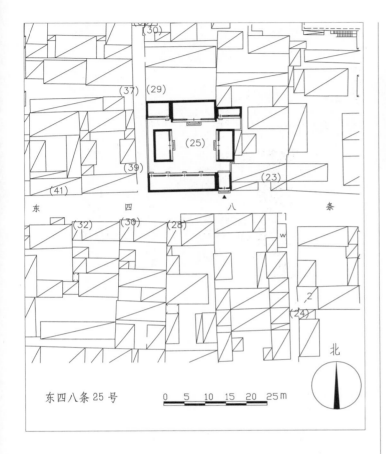

东四八条25号

西厢房

间，鞍子脊，合瓦屋面，现将东侧第二间辟为门道，双扇红漆板门，门钹一对，方形门墩一对，前檐装修为现代门窗。院内正房三间，过垄脊，合瓦屋面。正房两侧耳房各二间，过垄脊，合瓦屋面。东、西厢房各三间，鞍子脊，合瓦屋面。院内房屋前檐装修均为现代门窗。

现为居民院。

　　位于东城区东四街道。该院坐北朝南，一进院落。民国时期建筑。

　　原大门位于院落东南隅，如意大门一间，清水脊，合瓦屋面，脊饰花盘子，门头沙锅套花瓦装饰，现已封堵。大门西侧倒座房四

原大门门楣花瓦

大门东侧方形门墩

东四八条41号

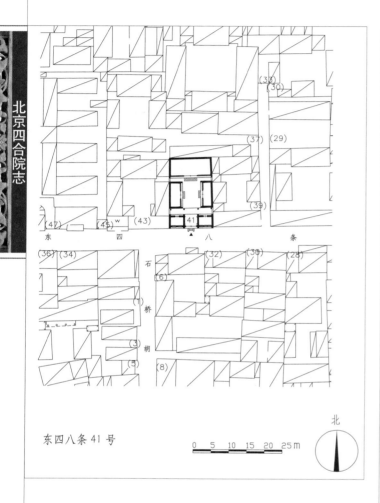

东四八条41号

北

0 5 10 15 20 25m

大门

正房

位于东城区东四街道。该院坐北朝南，一进院落。民国时期建筑。

临街南房三间，西洋式建筑，明间辟为拱券门，双扇红漆板门，两侧带余塞板，上饰半圆形走马板，方壁柱，次间为拱券窗装修，门外垂带踏跺三级，门内后檐装饰菱形套椀心倒挂楣子，檐下饰素面木挂檐板。正房三间，清水脊，合瓦屋面，脊饰花盘子，前檐装修为现代门窗。东、西厢房各三间，过垄脊，合瓦屋面，前檐装修为现代门窗。

现为居民院。

东四八条43号

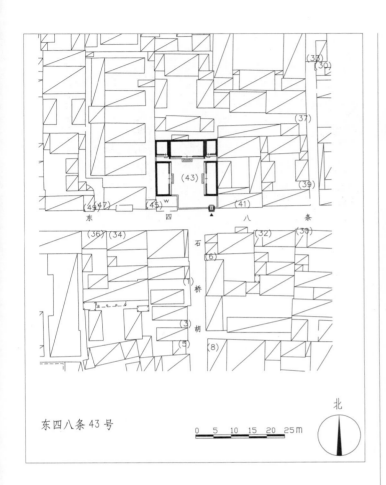

东四八条43号

大门

正房

位于东城区东四街道。该院坐北朝南，一进院落。民国时期建筑。

大门位于院落东南隅，小门楼一座，清水脊，筒瓦屋面，脊饰花盘子，双扇红漆板门，如意头形门包叶，门联书"忠厚传家久，诗书继世长"，梅花形门簪两枚，方形门墩一对，门外如意踏跺三级。大门西侧原有倒座房，现已拆改。院内正房三间，清水脊，合瓦屋面，脊饰花盘子。正房两侧耳房各一间，过垄脊，合瓦屋面，前檐装修为现代门窗。东、西厢房各三间，过垄脊，合瓦屋面。该院建筑前檐装修均为现代门窗。

现为居民院。

东四八条47号、49号

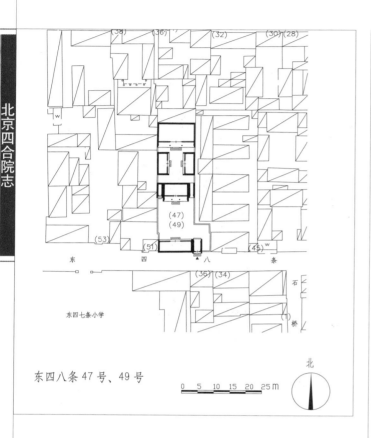

东四八条47号、49号

一进院正房

位于东城区东四街道。该院坐北朝南，二进院落。民国时期建筑。

大门位于院落东南隅，大门一间，现已翻建。大门西侧倒座房三间，已改建。一进院正房三间，前出廊，过垄脊，合瓦屋面，前檐明间隔扇风门，次间槛墙、支摘窗，棂心后改，明间出踏跺三级。正房两侧耳房各一间，其东耳房为过道，过垄脊，合瓦屋面。二进院正房三间，前出廊，清水脊，合瓦屋面，脊饰花盘子，前檐装修为现代门窗。东、西厢房各三间，均为原址翻建。

九三学社创始人之一张西曼（1895—1949）曾于民国十四年（1925）前后在此院居住过。光绪三十四年（1908），张西曼经宋教仁、谭仁凤介绍加入同盟会。民国八年（1919），与李大钊、陈独秀等组织了社会主义研究会，宣传俄国十月革命。同时任外交部俄文专修馆教员。民国十一年（1922），张西曼搬到了东四北八条23号（今东四八条47号、49号），他在这个小院里面从事著述、教学工作，筹备社会活动。民国十六年（1927），北伐军占领武汉后，张西曼南下任武汉国民政府政治顾问，离开了北京。民国三十七年（1948）底，在中国共产党的帮助下，张西曼秘密离开南京，于民国三十八年（1949）2月抵达北平。同年7月10日，张西曼积劳成疾，在北平逝世。

现为居民院。

二进院东厢房

东四八条63号

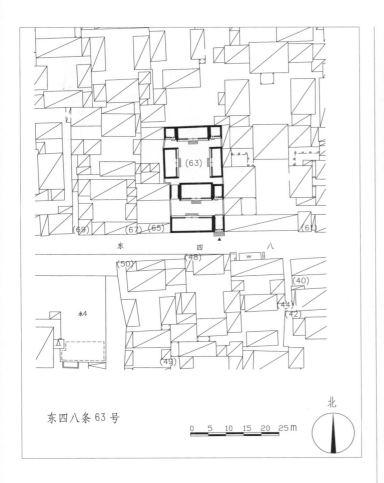

东四八条 63 号

0 5 10 15 20 25m

北

二进院正房

二进院西厢房

位于东城区东四街道。该院坐北朝南，二进院落。民国时期建筑。

大门位于院落东南隅，如意大门一间，清水脊，合瓦屋面，脊饰花盘子，门板上有

一进院正房

门包叶，上饰万不断纹样，梅花形门簪两枚，方形门墩一对。大门西侧倒座房三间，已翻机瓦屋面。

一进院正房三间，过垄脊，合瓦屋面，前檐装修为现代门窗。两侧耳房各一间，西耳房已拆除，东耳房已翻机瓦屋面。二进院正房三间，扁担脊，合瓦屋面，前檐装修为现代门窗。两侧各接耳房一间，过垄脊，合瓦屋面。东、西厢房各三间，机瓦屋面，前檐装修为现代门窗。

现为居民院。

东四八条77号

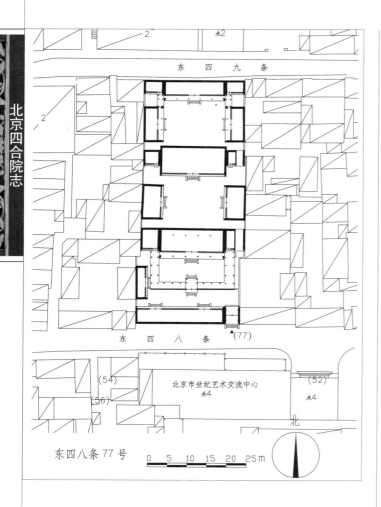

东四八条 77 号

大门

位于东城区东四街道。该院坐北朝南，四进院落。清代末期至民国时期建筑。

大门位于院落东南隅，广亮大门一间，清水脊，合瓦屋面，脊饰花盘子，前后戗檐均装饰砖雕，博缝头装饰花卉砖雕，双扇红漆板门，梅花形门簪四枚，圆形门墩一对，门内梁架绘箍头彩画。大门西侧倒座房七间，过垄脊，合瓦屋面，前檐装修为现代门窗。

大门内西侧戗檐砖雕

一进院北侧原有垂花门一座，现已拆除。

二进院正房五间，前后廊，披水排山脊，合瓦屋面。正房两侧原有耳房，已改建。西厢房三间，已翻机瓦屋面。院内原有游廊，已拆除。

三进院正房五间，过垄脊，合瓦屋面。东侧原接耳房一间，已拆改。西接平顶房一间，传统挂檐板及冰盘檐。东、西厢房各三间，脊形不详，合瓦屋面，经近期改造。

四进院正房五间，前出廊，东、西耳房各二间。东、西厢房各三间，前出廊，均已改建。

现为居民院。

二进院西侧窝角廊

东四八条79号

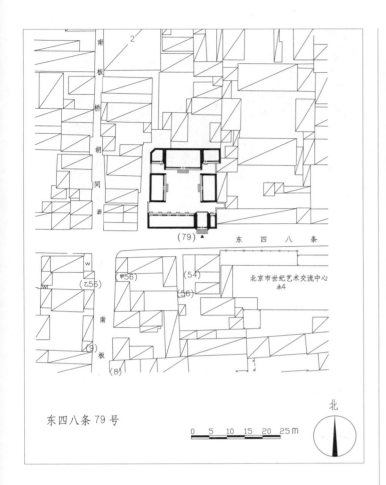

东四八条 79 号

北

0 5 10 15 20 25 M

大门东侧博缝头雕花

正房

位于东城区东四街道。该院坐北朝南，一进院落。民国时期建筑。

大门位于院落东南隅，一间，清水脊，合瓦屋面，脊饰花盘子，博缝头装饰砖雕，

现已封堵。大门东侧接门房一间，过垄脊，合瓦屋面，西接倒座房五间，已翻机瓦屋面。该院现于 77 号院倒座房西侧间开便门，双扇红漆板门。院内正房三间，披水排山脊，合瓦屋面，前檐装修为现代门窗。正房两侧耳房各二间，合瓦屋面。东、西厢房各三间，已翻机瓦屋面，前檐装修为现代门窗。

现为居民院。

倒座房

东四八条121号

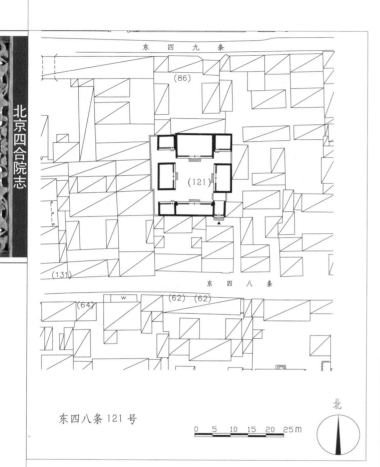

东四八条121号

西厢房

位于东城区东四街道。该院坐北朝南，一进院落。清代末期建筑。

大门位于院落东南隅，如意大门一间，鞍子脊，合瓦屋面，双扇板门，装饰梅花形门簪两枚，圆形门墩一对，门内后檐柱间装

饰卧蚕步步锦棂心倒挂楣子。大门西侧倒座房三间，鞍子脊，合瓦屋面。倒座房西侧接耳房一间，为后期翻建，前檐装修为现代门窗。门内迎门座山影壁一座，清水脊，筒瓦屋面，脊饰花盘子，硬影壁心，砖砌撞头。院内正房三间，清水脊，合瓦屋面，脊饰花盘子，前檐装修为现代门窗。正房两侧各接耳房一间，其西耳房为新建新式红砖房屋，东耳房按原制新建，鞍子脊，合瓦屋面，前檐装修为现代门窗。东、西厢房各三间，鞍子脊，合瓦屋面，前檐装修为现代门窗。

现为居民院。

倒挂楣子

东四八条125号

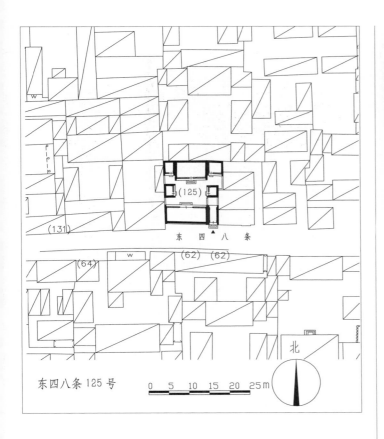

东四八条125号

正房

老檐出后檐墙，开砖套方窗三扇，前檐明间夹门窗，棂心后改，次间槛墙、支摘窗，菱形套棂心。院内正房三间，过垄脊，合瓦屋面，明间夹门窗，圆角长方框嵌玻璃棂心，次间槛墙、支摘窗，棂心后改。两侧各接耳房一间，过垄脊，合瓦屋面。东、西厢房各一间，传统平顶房，机瓦屋面，前檐饰如意头形挂檐板。

现为居民院。

位于东城区东四街道。该院坐北朝南，一进院落。民国时期建筑。

大门位于院落东南隅，蛮子大门一间，过垄脊，合瓦屋面，双扇红漆板门，梅花形门簪两枚，方形门墩一对，门外踏跺三级。大门西侧倒座房三间，过垄脊，合瓦屋面，

大门及倒座房

西厢房

流水巷11号

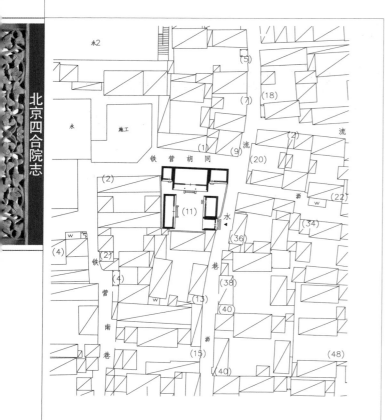

流水巷11号

0　5　10　15　20　25m

北

大门

挂楣子。院内正房（北房）三间，前出廊，清水脊，合瓦屋面，脊饰花盘子，前檐装修为现代门窗。正房东侧耳房二间，西侧一间，过垄脊，合瓦屋面，前檐装修为现代门窗。大门北侧接东厢房二间，鞍子脊，合瓦屋面，前檐装修为现代门窗。西厢房三间，鞍子脊，合瓦屋面，前檐装修为现代门窗。

现为居民院。

　　位于东城区东四街道。该院坐北朝南，一进院落。清代末期建筑。

　　如意大门一间，东向，开于院落东南隅，清水脊，合瓦屋面，脊饰花盘子，戗檐装饰砖雕花卉，双扇红漆板门，梅花形门簪两枚，砖雕门楣，门头砖雕栏板装饰，方形门墩一对，门内后檐柱间装饰盘长如意棍心倒

大门南侧戗檐砖雕

正房

铁营北巷1号、3号、5号

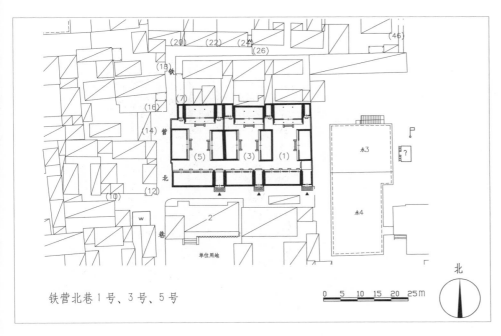

铁营北巷1号、3号、5号

0 5 10 15 20 25M

北

位于东城区东四街道。该院坐北朝南，三组东西并联式一进院落。清代末期建筑。

1号院：如意大门一间，位于院落东南隅，清水脊，合瓦屋面，脊饰花盘子，戗檐及博缝头装饰砖雕，双扇红漆板门，梅花形门簪两枚。大门西侧倒座房四间，过垄脊，合瓦屋面，前檐装修为现代门窗。院内正房三间，前后廊，机瓦屋面，前檐装修为现代门窗。正房两侧耳房各一间，机瓦屋面，前檐装修为现代门窗。东厢房三间，为原址翻建。

3号院：倒座房四间，已翻机瓦屋面，东侧一间辟为门道，双扇红漆板门，前檐装修为现代门窗。院内正房三间，前后廊，清水脊，合瓦屋面，脊饰花盘子，部分支摘窗装修保存，十字海棠棂心横披窗。西接耳房一间，合瓦屋面，前檐装修为现代门窗。东、西厢房各三间，过垄脊，合瓦屋面，前檐装修为现代门窗。

5号院：大门一间，位于院落东南隅，已翻机瓦屋面，现已封堵。大门西接倒座房四间，过垄脊，合瓦屋面，前檐装修为现代门窗。现大门开于院落西侧倒座房与西厢房南山墙之间，双扇红漆板门。院内正房三间，前后廊，清水脊，合瓦屋面，脊饰花盘子，前檐装修为现代门窗。两侧耳房各一间，过垄脊，合瓦屋面，前檐装修为现代门窗。东厢房三间，为原址翻建。西厢房三间，过垄脊，合瓦屋面，前檐装修为现代门窗。

现为居民院。

1号院大门西侧倒座房

5号院正房

育芳胡同5号

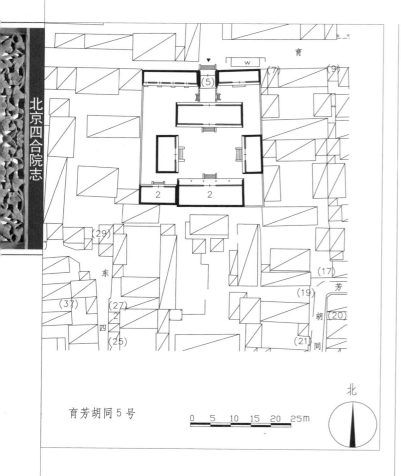

育芳胡同 5 号

0 5 10 15 20 25m

北

大门

位于东城区东四街道。该院坐南朝北，二进院落。民国时期建筑。

大门位于院落北侧正中，金柱大门一间，过垄脊，筒瓦屋面，双扇红漆板门，两侧带余塞板，梅花形门簪四枚，走马板，圆形门墩一只（仅存西侧门墩），前檐柱间装饰雀替，门内后檐柱间装饰卧蚕步步锦棂心倒挂楣子。大门两侧共接北房七间（东侧三间，西侧四间），已翻机瓦屋面，前檐装修为现代门窗。大门与一进南房间有甬道相连，甬道两侧垂带踏跺各三级。一进院南房五间为过厅，过垄脊，合瓦屋面，明间前檐装修为现代门窗，次间槛墙、四抹槛窗，棂心嵌玻璃，上带斜十字方格棂心横披窗。

二进院南侧二层楼一栋，坐南朝北，主楼五间，前出廊，筒瓦屋面，廊柱间装饰步步锦棂心倒挂楣子，一层明间开拱券门，前出垂带踏跺五级，楼内有木制楼梯可通二楼。主楼西接次楼三间，筒瓦屋面，二层支摘窗装修，棂心后改，其余装修为现代门窗。东、西厢房各三间，其东厢房为过垄脊，筒瓦屋面，西厢房已翻机瓦屋面，前檐均装修为现代门窗。

现为居民院。

二进院南侧主楼二层装修

月光胡同12号

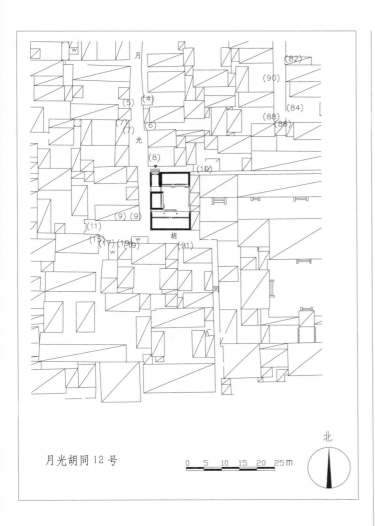

月光胡同12号

0 5 10 15 20 25m

北

位于东城区东四街道，该院坐南朝北，一进院落。清代末期至民国时期建筑。

原如意大门一间，开于院落西北隅，清水脊，合瓦屋面，脊饰花盘子，现已封堵。

门钹一对

大门

现于院落西墙开随墙门一座，西向，双扇板门，装饰如意头形门包叶，门钹一对。原大门东侧北房二间，清水脊，合瓦屋面。南房（正房）三间，前出廊，过垄脊，合瓦屋面。前檐明间隔扇风门，裙板有木雕，次间两侧槛墙、支摘窗，棂心后改。西房二间，合瓦屋面。

现为居民院。

南房

月牙胡同6号

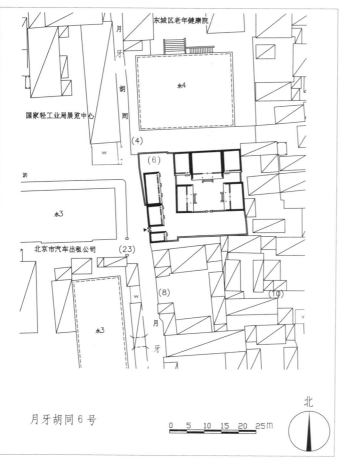

月牙胡同 6 号

0 5 10 15 20 25m

北

二门

东厢房

位于东城区东四街道。该院坐北朝南，二进院落。民国时期建筑。

大门位于院落西南隅，小门楼形式，西向，双扇红漆板门，六角形门簪两枚。大门南侧门房（西房）一间，北侧西房二间，再北侧接西房三间，均已翻机瓦屋面。一进院北侧二门一座，小门楼形式，铃铛排山脊，筒瓦屋面，两侧饰披水。

二进院正房三间，前出廊，已翻机瓦屋面。正房两侧耳房各一间，已翻机瓦屋面。东、西厢房各三间，前出廊，已翻机瓦屋面，前檐装修为现代门窗。

现为居民院。

月牙胡同8号

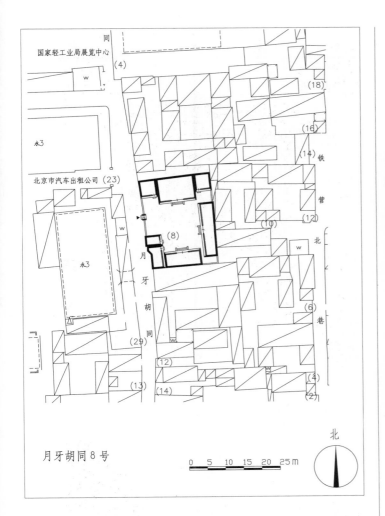

月牙胡同8号

大门

位于东城区东四街道。该院坐北朝南，一进院落。民国时期建筑。

大门位于院落西墙中部，小门楼形式，西向，清水脊，合瓦屋面，脊饰花盘子，双扇铁门。院内北房三间，清水脊，合瓦屋面。正房两侧耳房各一间，过垄脊，合瓦屋面。西房二间，北接西房一间，东房七间，南房三间，均为后期翻建。

"文化大革命"前，中国民主同盟第五届中央委员会副主席萨空了在此院居住，"文化大革命"后搬出。

现为单位用房。

石桥胡同11号

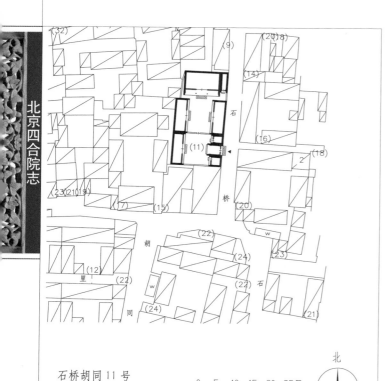

石桥胡同11号

0 5 10 15 20 25m

北

大门

正房

位于东城区东四街道。该院坐北朝南，二进院落。民国时期建筑。

大门位于院落东南隅，如意大门一间，东向，清水脊，合瓦屋面，脊饰花盘子，门头沙锅套花瓦装饰，现已封堵。大门南北两侧东房各一间，清水脊，合瓦屋面。现大门开于院落东北，东向，随墙门一座，双扇红漆板门。一进院西房三间，为原址翻建。院内北侧原有二门一座，现已拆除。

二进院正房三间，前出廊，清水脊，合瓦屋面，脊饰花盘子。东耳房一间，披水排山脊，合瓦屋面。东、西厢房各三间，清水脊，合瓦屋面，脊饰花盘子。院内房屋前檐装修均为现代门窗。

现为居民院。

第八章 北新桥街道

北新桥街道位于东城区东北部，东起东二环路，南至平安大街，西起东四北大街、雍和宫大街，北至北二环路。面积2.62平方千米，有主要大街5条、胡同84条。全国重点文物保护单位有雍和宫、柏林寺，市级文物保护单位有北新仓、通教寺、前永康胡同7号等，区级文物保护单位有北沟沿胡同23号四合院；保存比较好的院落有东四十三条97号（艾青住所）等。

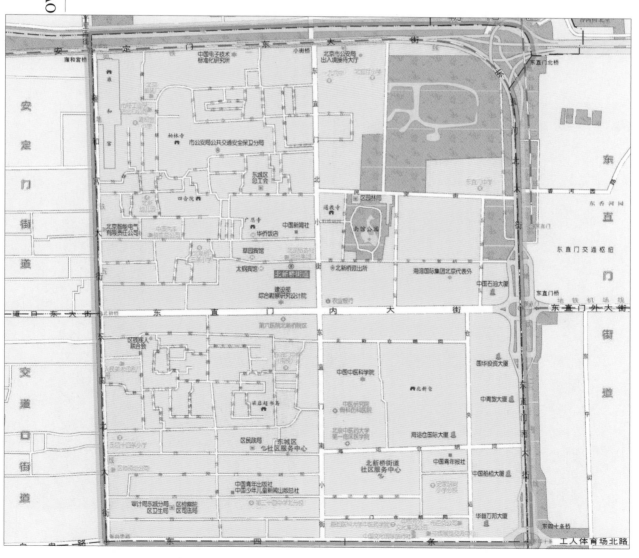

第一节

文保院落

DI-YI JIE　WEN-BAO YUANLUO

前永康胡同7号

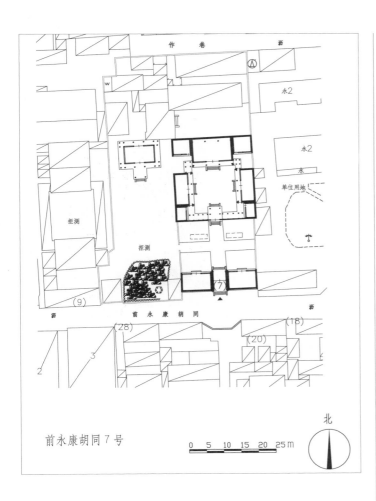

前永康胡同7号

0 5 10 15 20 25 M

北

大门东倒座房前檐

砖雕，梅花形门簪四枚，圆形门墩一对，门前垂带踏跺四级。大门对面八字影壁一座，硬山筒瓦顶，冰盘檐下砖雕花卉，影壁心砖雕竖匾形式，匾额文字无存。大门东侧倒座房三间，西侧三间，清水脊，合瓦屋面，脊饰花盘子，前出廊，前檐均为明间隔扇风门，次间槛墙、支摘窗，棂心后改现代玻璃框，门窗上带步步锦棂心横披

八字影壁心匾额

位于东城区北新桥街道。该院坐北朝南，两路二进院落。清代末期建筑。

东路：大门位于院落南侧中部，广亮大门形式，披水排山脊，合瓦屋面，后檐戗檐

大门

八字影壁西侧

东路二进院正房

东路垂花门

一间半，过垄脊，合瓦屋面。东、西厢房各三间，前出廊，过垄脊，合瓦屋面，戗檐处砖雕花卉图案，前檐装修为现代门窗。厢房南侧厢耳房各一间，翻建。垂花门两侧的各四间抄手游廊均绘有壁画，内容有亭台楼阁、小桥流水等，现已斑驳不清。

西路：为花园。北部为一座花厅，五间，卷棚歇山顶筒瓦屋面，前檐明间出悬山抱厦一间，前檐装修为现代门窗。南部为一

西路假山上亭子

座土石相间的假山，假山东侧有一座六角攒尖顶亭子，方形宝顶，柱间冰裂纹棂心倒挂楣子。

此院清代晚期曾为大太监张兰德（俗称小德张）的住宅。2003 年公布为北京市文物保护单位。现为单位用房。

窗，封后檐墙。一进院北侧一殿一卷式垂花门一座，门后檐柱绿色屏门四扇，圆形门墩一对，前出垂带踏跺四级。垂花门两侧连接看面墙和抄手游廊，清水脊，筒瓦屋面。二进院正房三间，过垄脊，合瓦屋面，前后廊，戗檐处砖雕花卉图案，博缝头砖雕如意头图案，前檐装修为现代门窗。正房两侧耳房各

西路花厅

东路二进院东厢房

北沟沿胡同23号

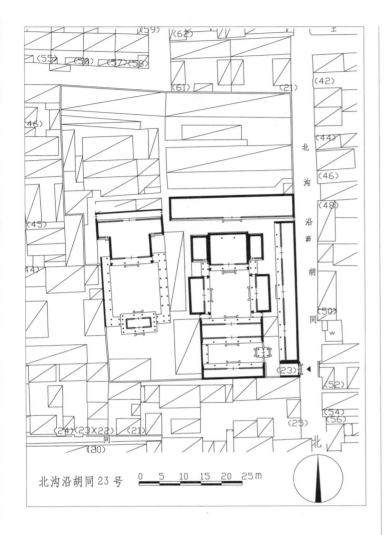

北沟沿胡同23号 0 5 10 15 20 25m

大门

位于东城区北新桥街道。该院坐北朝南，为东、西两路三进四合院。清代晚期至民国时期建筑。

大门位于院落东南隅，东向，西洋式大门，板门门包叶上饰万不断纹饰，方形门墩一对。大门北侧有临街东房十一间，前出廊，合瓦屋面，前檐装修为现代门窗，封后檐墙。门外有软心一字影壁一座，硬山顶，筒瓦屋面，门内有软心座山影壁一座，筒瓦屋面，上饰栏板雕刻，并装饰连珠纹，博缝头雕万事如意图案。

东路为住宅区，三进院落。一进院有一

殿一卷式垂花门一座，东向，悬山顶，筒瓦屋面，花板残损，方形垂柱头，梅花形门簪两枚，方形门墩一对。一进院北房五间为过厅，前后出廊，扁担脊，合瓦屋面，明间辟为门道，前檐柱间饰工字卧蚕步步锦棂心前后倒挂楣子，后檐饰步步锦棂心前后倒挂楣子，各出踏跺三级，前檐装修为现代门窗。南房五间，前出廊，干槎瓦屋面，前檐装修为现代门窗。院内西侧为平顶游廊，柱间装饰冰裂纹倒挂楣子。

二进院正

影壁上栏板装饰侧立面

东路一进院垂花门

西路花园正房

房三间，前出廊，干槎瓦屋面，前檐装修为现代门窗。正房两侧耳房各一间，鞍子脊，合瓦屋面，前檐装修为现代门窗，均为老檐出后檐墙。东、西厢房各三间，前出廊，扁担脊，合瓦屋面，前檐装修为现代门窗。院内各房均有抄手游廊相连。

三进院后罩房七间，已改机瓦屋面，前檐装修为现代门窗。

西路为花园，南侧有敞轩三间，歇山顶，卷棚顶，灰筒瓦屋面，四周有游廊环绕。北侧有正房五间，前出三间抱厦，前出廊，装饰龟背锦棂心倒挂楣子，前檐装修为现代门

窗，门窗上保存有龟背锦横披窗。正房后接平顶廊，中间与两侧各开拱券门一扇，饰如意头砖刻挂檐板。

1986年1月21日，东城区人民政府将北沟沿23号作为"梁启超故居"，公布为北京市东城区文物保护单位。后经多方查证和梁启超直系亲属声明，梁启超未曾在此院居住。2012年，文保单位保护牌由名人故居改为四合院①。

现为居民院。

大门内座山影壁耳子与三岔头装饰

---

① 《北京故居，梁启超根本没住过——东城区文委去年摘牌 不再属名人故居文保单位》，《京华时报》，2013年8月16日第18版。

第二节 一般院落

DI-ER JIE YIBAN YUANLUO

东四十一条73号

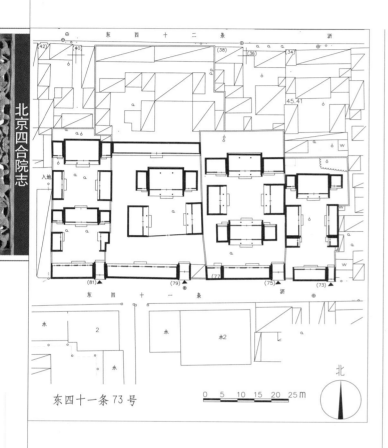

东四十一条73号

大门瓦当及花盘子

大门

位于东城区北新桥街道。该院坐北朝南，一进院落。民国时期建筑。

大门位于院落东南隅，蛮子大门一间，清水脊，合瓦屋面，脊饰花盘子，六角形门簪两枚，板门两扇，圆形门墩一对，后檐柱间饰工字卧蚕步步锦棂心倒挂楣子及花牙子。大门西侧倒座房三间，过垄脊，合瓦屋面，前檐部分保存有支摘窗，棂心后改，封后檐墙。正房三间，清水脊，合瓦屋面，前出廊，前檐装修为现代门窗。正房东、西两侧耳房各一间，过垄脊，合瓦屋面，前檐为门连窗，棂心后改。东、西厢房各三间，过垄脊，合瓦屋面，厢耳房各一间，过垄脊，合瓦屋面，前檐均装修为现代门窗。

现为居民院。

大门后檐柱间工字卧蚕步步锦棂心倒挂楣子及花牙子

东四十一条75号、77号

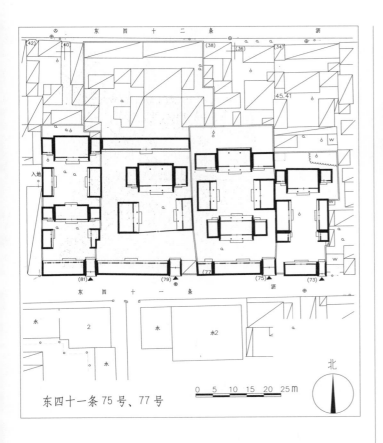

东四十一条 75 号、77 号

位于东城区北新桥街道。该院坐北朝南，三进院落。民国时期建筑。

大门位于院落东南隅，广亮大门一间，披水排山脊，合瓦屋面，垂脊饰花盘子，瓦当饰盘长纹图案，戗檐砖雕花卉图案，六角形门簪四枚，红漆板门两扇，门外廊心墙，

大门

西厢房瓦当

方形门墩一对。大门西侧倒座房六间，后改水泥机瓦屋面，前檐明间夹门窗，次间槛墙、支摘窗，梢间、尽间门连窗，棂心均为后改，封后檐墙。

一进院有正房三间，过垄脊，合瓦屋面，前后出廊，山墙墙体部分已改动，前檐装修为现代门窗。东、西耳房各一间，后改水泥机瓦屋面，前檐装修为现代门窗。

二进院有正房三间，过垄脊，合瓦屋面，前后廊，前檐装修为现代门窗。正房东、西两侧耳房各二间，过垄脊，合瓦屋面，前檐装修为现代门窗。东、西厢房各三间，过垄脊，合瓦屋面，前出廊，前檐明间夹门窗，次间槛墙、支摘窗，步步锦棂心，其上为步步锦棂心横披窗。

现为居民院。

大门垂脊饰花盘子砖

东四十一条79号

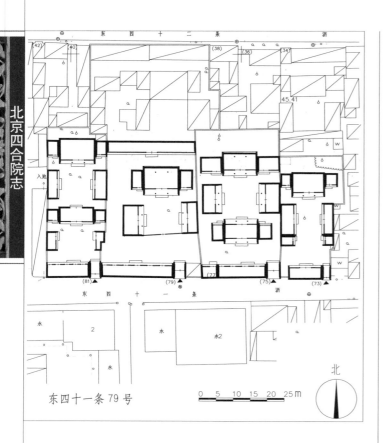

东四十一条79号

0 5 10 15 20 25m

北

影壁

缝头均砖雕牡丹花图案，走马板，六角形门簪两枚，红漆板门两扇，门外廊心墙，门内邸门软心做法。大门西侧倒座房六间，过垄脊，合瓦屋面（屋面部分改为灰梗屋面），前檐装修为现代门窗，封后檐墙。二门拆除。

二进院内正房三间，过垄脊，合瓦屋面，前后廊，前檐装修为现代门窗，老檐出后檐墙。东、西耳房各一间。后改水泥机瓦屋面，前檐装修为现代门窗。东、西厢房各三间。过垄脊，合瓦屋面，前出廊，前檐装修为现代门窗。

三进院有后罩房十间，为原址翻建。据传，此院为民国时期驻俄大使夏某的寓所。

现为居民院。

位于东城区北新桥街道。该院坐北朝南，四进院落。民国时期建筑。

大门位于院落东南隅，广亮大门一间，清水脊，合瓦屋面，脊饰花盘子（花草砖），瓦当饰吉祥及盘长纹，门外戗檐砖雕花卉图案、博缝头砖雕牡丹花图案，门内戗檐、博

大门及倒座房

二进院正房

598

东四十一条81号

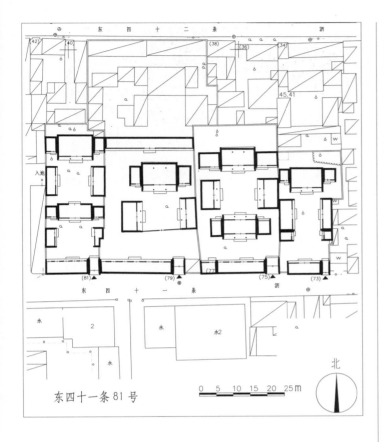

东四十一条81号

0 5 10 15 20 25m

位于东城区北新桥街道。该院坐北朝南，二进院落。民国时期建筑。

大门位于院落东南隅，金柱大门一间，

大门

大门后檐柱间倒挂楣子

清水脊，合瓦屋面，红漆板门两扇，梅花形门簪四枚，方形门墩一对，后檐柱间饰卧蚕步步锦棂心倒挂楣子。大门西侧倒座房五间，过垄脊，后改水泥机瓦屋面，前檐装修为现代门窗。

一进院正房三间，过垄脊，合瓦屋面，前檐装修为现代门窗。正房两侧耳房各一间，东耳房为过道，过垄脊，合瓦屋面，前檐装修为现代门窗。东、西厢房各二间，过垄脊，后改水泥机瓦屋面，前檐装修为现代门窗。

二进院正房三间，过垄脊，合瓦屋面，前出廊，前檐装修为现代门窗。正房两侧耳房各一间，后改水泥机瓦屋面，前檐装修为现代门窗。东、西厢房各三间，过垄脊，合瓦屋面，前檐装修为现代门窗。

现为居民院。

一进院正房

东四十一条93号

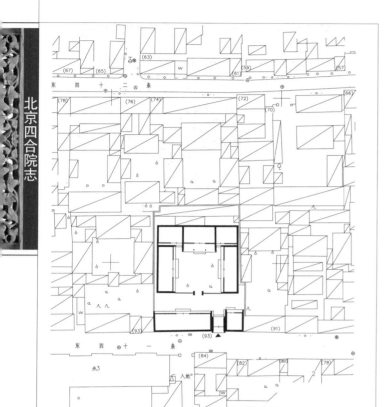

东四十一条93号

0 5 10 15 20 25m

北

门簪

红漆板门两扇，门外廊心墙，前檐柱间饰雀替，圆形门墩一对。大门东侧倒座房一间，西侧五间，过垄脊，筒瓦屋面，前檐装修为现代门窗，封后檐墙。二门为西洋式门，南面额题隶书："寄傲"，北面额题隶书："容安"。取陶渊明《归去来兮辞》中"倚南窗以寄傲，审容膝之易安"句。

二进院正房三间，前出廊，屋顶女儿墙，方柱，柱出头。正房两侧耳房各一间，原址翻建。东、西厢房各三间，过垄脊，合瓦屋面，檐下砖砌平券门窗，券顶拱心石，隔扇门装修。院内建筑地面均为花砖地面。

现为居民院。

位于东城区北新桥街道。该院坐北朝南，二进院落。民国时期建筑。

大门位于院落东南隅，金柱大门一间。铃铛排山脊，筒瓦屋面，梅花形门簪四枚，

大门及倒座房

东四十二条27号

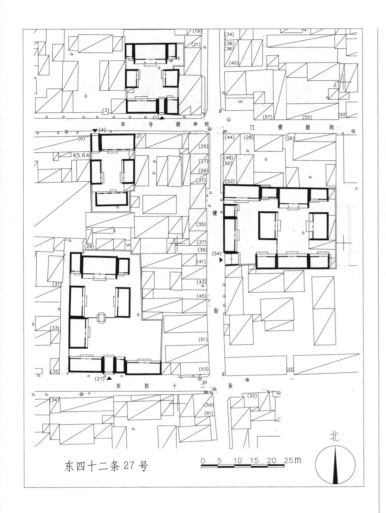

东四十二条 27 号

大门

位于东城区北新桥街道。该院坐北朝南，二进院落。民国时期建筑。

大门位于院落东南隅，如意门一间，清水脊，合瓦屋面，脊饰花盘子，戗檐砖雕牡丹图案，门楣花瓦装饰，梅花形门簪两枚。大门东侧倒座房一间，西侧三间，水泥机瓦屋面，前檐装修为现代门窗，封后檐墙。大门东侧倒座房的东侧另有南房三间。一进院内西厢房三间，鞍子脊，合瓦屋面，前檐装修为现代门窗。

一进院北侧一殿一卷式垂花门一座。二进院正房三间，清水脊，合瓦屋面，脊饰花盘子，前出廊，前檐装修为现代门窗。正房两侧耳房各一间，东、西厢房各三间，均已翻建，前檐装修为现代门窗。

现为居民院。

二进院正房

东四十二条28号

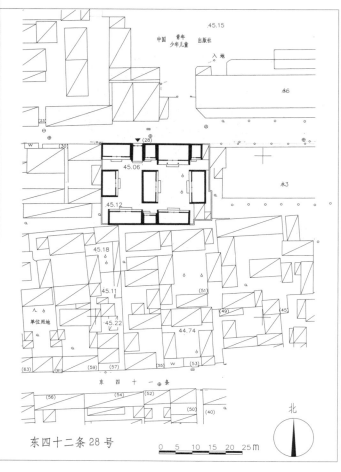

东四十二条28号

大门

位于东城区北新桥街道。该院坐北朝南，东西并联两组院落。民国时期建筑。

大门位于西院东北角，北向，如意大门一间，清水脊，合瓦屋面，脊饰花盘子，瓦当饰盘长纹图案，戗檐砖雕牡丹花图案，博缝头砖雕牡丹花图案，门楣花瓦做法，梅花形门簪两枚，红漆板门两扇。

东院有北房三间，过垄脊，合瓦屋面，前出廊，前檐明间夹门窗，次间槛墙、支摘窗，步步锦棂心，明、次间均带方胜纹棂心横披窗，封后檐墙。东、西耳房各一间，过垄脊，合瓦屋面，前檐装修为现代门窗。东、西厢房各三间（西厢房翻建）。过垄脊，合瓦

屋面，前檐装修为现代门窗。南房三间，过垄脊，合瓦屋面，前檐明间夹门窗，次间槛墙、支摘窗，棂心后改。

西院内大门西侧有北房三间，过垄脊，合瓦屋面，前檐装修为现代门窗。西厢房三间。现代机瓦屋面，前檐装修为现代门窗。南房三间，过垄脊，合瓦屋面，前檐明间夹门窗，次间槛墙、支摘窗，棂心后改。

现为居民院。

东院北房

东四十二条39号

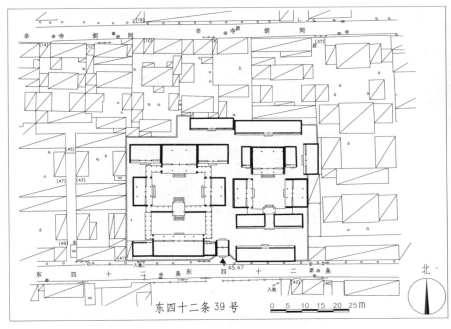

东四十二条39号

大门垂脊砖雕

大门内倒挂楣子

位于东城区北新桥街道。该院坐北朝南，两路三进院落。清代晚期建筑。

大门位于西路院东南隅，广亮大门一间，铃铛排山脊，合瓦屋面，瓦当上装饰吉字与盘长纹饰，双扇红色板门，门簪四枚，圆形门墩一对。大门外两侧撇山影壁，墙心及岔角砖雕双鱼图案，现已残损。影壁两侧连接南院墙。

西路：大门西侧倒座房五间，前出廊，披水排山脊，合瓦屋面，前檐装修为现代门窗。倒座房东侧耳房一间，西侧耳房二间，一进院北侧一殿一卷式垂花门一座，方形垂柱头，花板雕刻残毁，缠枝花卉图案花罩，圆形门墩一对。垂花门两侧连接看面墙与抄手游廊。二进院正房三间，前出廊，前檐明间隔扇门，次间槛墙玻璃窗。正房两侧耳房各三间，东、西厢房各三间，前出廊，披水排山脊，合瓦屋面。三进院，后罩房一排五

大门及倒座房

撇山影壁

屏门

西路垂花门门簪

间，为后翻建。该组院落的房屋均由廊子连通，现存部分廊子为平顶廊，带有倒挂楣子。

东路：一进院南房七间，翻建。北房七间，现代机瓦屋面。明间为过厅，前后檐出垂带踏跺三级。二进院内正房三间，前出廊，清水脊，合瓦屋面，前檐明间隔扇门，次间槛墙、支摘窗，步步锦棂心。正房两侧耳房各一间，东、西厢房各三间，前出廊，院内原有抄手游廊连接各房，现已无存。三进院后罩房七间系后翻建。

现为居民院。

垂柱头

转角廊子

西路垂花门

西路二进院正房

东四十二条53号

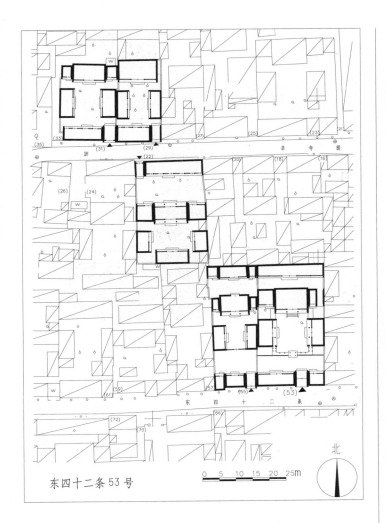

东四十二条53号

大门

大门雀替

位于东城区北新桥街道。该院坐北朝南，三进院落。清代后期建筑。

大门位于院落南侧偏东，广亮大门一间，清水脊，合瓦屋面，脊饰花盘子，戗檐砖雕牡丹花图案，前檐柱间饰雀替，梅花形门簪四枚，红漆板门两扇，圆形门墩一对，门内邱门硬心做法，后檐柱间饰卧蚕步步锦棂心倒挂楣子。大门东侧倒座房一间、西侧三间，过垄脊，合瓦屋面，前檐装修为现代门窗，封后檐墙。二门已拆除。

二进院正房三间，清水脊，合瓦屋面，脊饰花盘子，前出廊，前檐装修为现代门窗。

正房两侧耳房各一间，过垄脊，合瓦屋面，前檐装修为现代门窗。东耳房为过道。东、西厢房各三间，前出廊，过垄脊，合瓦屋面，前檐装修为现代门窗。正、厢房之间有抄手游廊连接。

三进院后罩房五间，过垄脊，合瓦屋面，前檐明间夹门窗，次、梢间槛墙、支摘窗，棂心后改。

现为居民院。

东四十二条55号

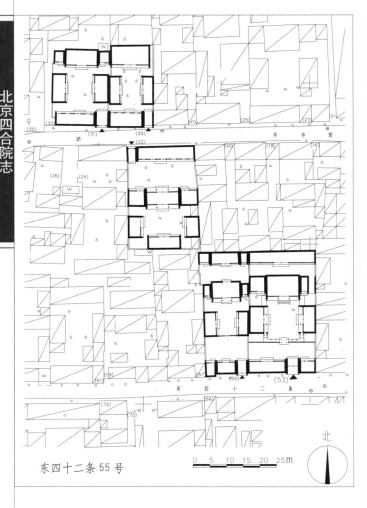

东四十二条55号

座山影壁

清水脊，合瓦屋面，脊饰花盘子，戗檐砖雕牡丹花图案，红漆板门两扇，方形门墩一对。

院内迎门为座山影壁一座，素面软影壁心。大门西侧倒座房四间，过垄脊，合瓦屋面，前檐装修为现代门窗，封后檐墙。二门已拆除。

二进院正房三间，过垄脊，合瓦屋面，前出廊，前檐装修在檐柱位置，明间隔扇风门，次间槛墙、支摘窗，棂心后改。正房两侧耳房各一间，过垄脊，合瓦屋面，前檐装修为现代门窗。东、西厢房各三间，过垄脊，合瓦屋面，前檐装修为现代门窗。

三进院正房三间，过垄脊，合瓦屋面，前檐装修为现代门窗。正房两侧耳房各一间，过垄脊，合瓦屋面。

现为居民院。

位于东城区北新桥街道。该院坐北朝南，三进院落。清代后期建筑。

大门位于院落东南隅，蛮子大门一间。

大门外景

东四十三条75号、77号

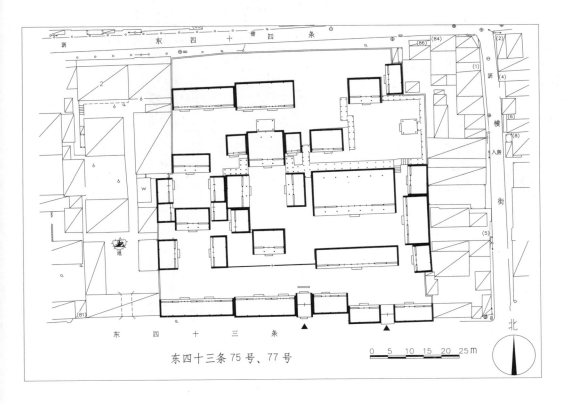

东四十三条 75 号、77 号

0 5 10 15 20 25m

北

位于东城区北新桥街道。该院坐北朝南，三路四进院落。清代晚期建筑。

中路：77 号（东四十四条 90 号院），大门位于院落南侧偏东，广亮大门一间，过垄脊，合瓦屋面，梅花形门簪四枚。门外路南侧一字影壁一座，门内迎门一字影壁一座，均为硬山顶过垄脊，筒瓦屋面。大门东侧倒座房三间，西侧五间，过垄脊，合瓦屋面，前檐装修均为现代门窗，封后檐墙。二进院前原有二门及看面墙现已无存。院内正房三间，披水排山脊，合瓦屋面，铃铛排山，前出一卷抱厦，为悬山顶，灰筒瓦屋面，前檐装修为现代门窗。三进院正房三间，前后廊，后檐明间北带抱厦一间，前檐装修为现代门窗。正房两侧耳房各二间，过垄脊，合瓦屋面。东、西厢房各三间，前出廊，过垄脊，合瓦

中路大门及倒座房

中路门外一字影壁（原为八字）

门外影壁墙帽

东路75号大门

屋面，前檐装修为现代门窗。原来院内有平顶抄手游廊连接各房，现仅存西北角一段，檐下木挂檐板，饰瓦当纹样彩绘。四进院正房五间，过垄脊，合瓦屋面，前檐装修为现代门窗。

西路：一进院有倒座房六间，后改机瓦屋面。二进院原二门及看面墙现已无存，院内正房三间，前出平顶廊，过垄脊，合瓦屋面，前檐装修为现代门窗。东、西厢房各三间，过垄脊，合瓦屋面。三进院正房三间，前出廊，过垄脊，合瓦屋面，东、西厢房各二间，南侧各接耳房二间，均为过垄脊，合瓦屋面。四进院正房五间，过垄脊，合瓦屋面，前檐装修为现代门窗，封后檐墙。中、西两路五

进院后罩房十间，为后添建。

东路：75号（东四十四条88号院），大门位于院落南侧中部，广亮大门一间，披水排山脊，合瓦屋面，现前檐位置后砌筑砖墙，墙上开门。大门东侧倒座房四间，西侧三间，均为披水排山脊，合瓦屋面，前檐装修为现代门窗，封后檐墙。一进院北房七间，披水排山脊，合瓦屋面，前檐装修为现代门窗。二进院北房七间，前后廊，披水排山脊，合瓦屋面，铃铛排山，戗檐处砖雕松鹤延年图案，前檐装修为现代门窗。院落东侧一栋三开间二层楼，南北两侧接东配房各三间，均为过垄脊，合瓦屋面。三进院正房三间，前出廊，披水排山脊，合瓦屋面，铃铛排山。院内平顶抄手游廊连接二、三进院各房及中路院落，檐下带木挂檐板，绘有彩画。院内原有假山叠石，现已无存。四进院（东四十四条88号院），原格局难辨识，仅存后罩房五间，翻建。

现为居民院。

中路二进院正房

东四十三条79号、81号、83号

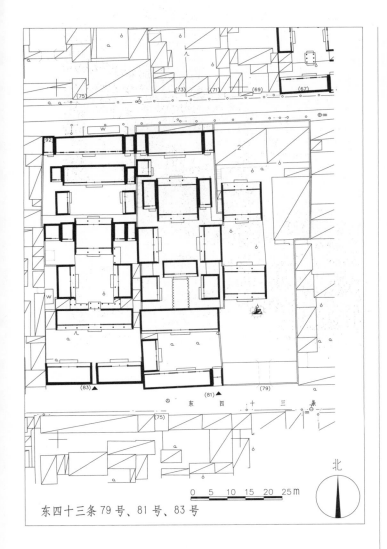

东四十三条79号、81号、83号

位于东城区北新桥街道。该院坐北朝南，三路四进院落。清代后期建筑。

中路（81号）：大门位于院落东南隅，

中路大门及撇山影壁

中路大门前檐柱雀替

原屏门处踏跺

中路大门门墩

广亮大门一间，清水脊，合瓦屋面，脊饰花盘子，梅花形门簪四枚，圆形门墩一对，前檐柱间饰雀替。门外撇山影壁一座。大门西侧倒座房六间，清水脊，合瓦屋面，脊饰花盘子，前檐保存部分步步锦棂心支摘窗，封后檐墙。一进院内正房七间，为过厅形式，过垄脊，合瓦屋面，前出廊，明间为过道，室内石膏吊顶，方砖十字墁地，前出垂带踏跺三级。二进院正房五间，为过厅形式，后改水泥机瓦屋面。东厢房二间，过垄脊，合瓦屋面，西厢房二间原址翻建。三进院正房三间，前后廊，铃铛排山脊，合瓦屋面，馊

门外一字影壁

檐砖雕喜鹊登梅，前檐明间吞廊，横披为套方锦万字棂心。正房两侧耳房各一间，过垄脊，合瓦屋面，前檐装修为现代门窗。东、西厢房各三间，前出廊，过垄脊，合瓦屋面（西厢房后改水泥板瓦屋面），前檐装修为现代门窗。四进院后罩房五间，前出廊，过垄脊，合瓦屋面，翻建。

东路（79号）：为此院的花园部分。现仅存两座北房，建筑形制相同：三间，前后廊，披水排山脊，合瓦屋面，铃铛排山，前檐装修为现代门窗。现有假山、水池均为现代添建。院北部存有一株硕大的黄金树，为北方罕见树种。

东路一进院花厅（79号）

西路（83号）：原大门为蛮子大门形式，现已改建为一座现代随墙门，门东西两侧倒座房各四间，翻建。一进院正房七间，为过厅形式，披水排山脊，合瓦屋面，明间为门道，门扇丢失，梅花形门簪四枚，方形门墩一对，门道后檐接廊罩式垂花门一座，灰筒瓦屋面，两侧抄手游廊现已封堵。二进院正房三间，前后廊，清水脊，合瓦屋面，前檐装修为现代门窗，老檐出后檐墙。东、西耳房各二间。东、西厢房各三间，前出廊，西厢房清水脊，合瓦屋面，东厢房原址翻建，院内抄手游廊连接各房。三进院正房五间，过垄脊，合瓦屋面，保存有部分支摘窗及万不断棂心横披

西路一进院过厅明间

窗。正房两侧耳房各一间。东、西厢房各二间，过垄脊，合瓦屋面。四进院后罩房七间，机瓦屋面，原址翻建。后罩房西北角有后门一座（东四十四条92号院后二进院落由此门出入），为如意门一间，清水脊，合瓦屋面，门楣瓦花，梅花形门簪两枚，方形门墩一对。

现为居民院和单位用房。

东四十三条97号

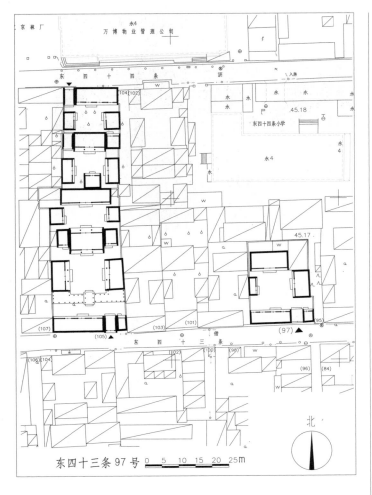

东四十三条97号 0 5 10 15 20 25m

位于东城区北新桥街道。该院坐北朝南，一进院落。

大门位于东南隅，蛮子门一间，清水脊，

大门外景

合瓦屋面，脊饰花盘子。大门东侧倒座房一间，西侧四间，过垄脊，合瓦屋面，前檐装修为现代门窗。院内正房三间，鞍子脊，合瓦屋面，前檐装修为现代门窗。东厢房三间，西厢房二间，过垄脊，合瓦屋面，前檐装修为现代门窗。

院内栽着一棵紫玉兰和一棵龙爪槐。

该院在1990年至1996年曾为现代著名诗人艾青住所。艾青（1910—1996），原名蒋正涵，曾用笔名莪加、克阿、林壁等，生于浙江金华，现代诗人，著有《大堰河》《北方》《向太阳》《黎明的通知》等诗集。艾青1949年2月随部队进京后，担任国立北平艺专（中央美术学院前身）军代表，此后一直住在单位的公房里，忙于国内外的文化活动和诗歌创作。1957年艾青被错划为右派被迫离开北京。1979年改正后艾青回到北京，任中国作家协会副主席、国际笔会中心副会长。1985年，艾青获法国文学艺术最高勋章。1990年6月6日，艾青从协和医院病愈出院后，住进了东四十三条97号，在这里度过了生命中的最后六年。

该院现建筑均为原址翻建。东城区挂牌保护院落，现仍由艾青家属居住。

东四十三条105号

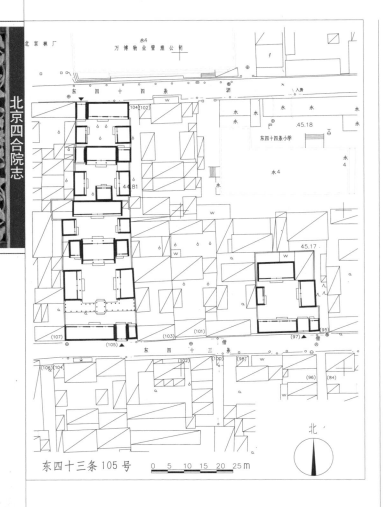

东四十三条105号　　0　5　10　15　20　25 m

正房

和八方交四方图案。门内座山影壁一座，清水脊，筒瓦屋面。大门西侧倒座房四间，东侧一间，过垄脊，合瓦屋面，前檐装修为现代门窗，老檐出后檐墙。二门为垂花门，已拆。

二进院正房三间，披水排山脊，合瓦屋面，前后廊，木构架绘箍头彩画，前檐明间隔扇风门，次间槛墙、支摘窗，棂心后改。正房两侧耳房各一间，披水排山脊，合瓦屋面，前檐装修为现代门窗。东、西厢房各三间，披水排山脊，合瓦屋面，前出廊，前檐明间夹门窗，次间槛墙、支摘窗，棂心后改。

三进院后罩房五间，披水排山脊，合瓦屋面，前檐部分保存有槛墙、支摘窗装修，棂心均为后改。东、西厢房各二间，披水排山脊，合瓦屋面（西厢房原址翻建），前檐门连窗、槛墙、支摘窗，棂心后改。

现为居民院。

位于东城区北新桥街道。该院坐北朝南，三进院落。民国时期建筑。

大门位于东南隅，如意门一间，清水脊，合瓦屋面，脊饰花盘子，连珠纹门楣，素面栏板，梅花形门簪两枚。红漆板门两扇，如意头形门包叶一对，大门象眼处砖雕万不断

大门象眼砖雕

西厢房垂脊

612